水电厂运行常见事故及其处理

主　编　孟宪影
副主编　张丽娟　王向伟　刘莹莹

黄河水利出版社
·郑州·

内 容 提 要

本书针对当前水电厂机电设备运行中较常出现的事故/故障进行分析,是关于水电厂运行事故/故障处理的入门书。本书内容主要包括水电厂运行常见事故/故障处理的基本原则与方法,水电厂主机、水电厂辅助设备、水电厂电气一次设备、水电厂电气二次设备的基本知识及常见事故/故障的处理方法等。

本书可供从事水电厂运行、维护、电网调度的工作人员参考使用,也可供工科院校水电类专业师生阅读参考。

图书在版编目(CIP)数据

水电厂运行常见事故及其处理/孟宪影主编.—郑州:黄河水利出版社,2021.3

ISBN 978-7-5509-2955-5

Ⅰ.①水… Ⅱ.①孟… Ⅲ.①水力发电站-运行-事故处理 Ⅳ.①TV737

中国版本图书馆 CIP 数据核字(2021)第 053067 号

组稿编辑:田丽萍 电话:0371-66025553 E-mail:912810592@qq.com

出 版 社:黄河水利出版社 网址:www.yrcp.com

地址:河南省郑州市顺河路黄委会综合楼 14 层 邮政编码:450003

发行单位:黄河水利出版社

发行部电话:0371-66026940、66020550、66028024、66022620(传真)

E-mail:hhslcbs@126.com

承印单位:河南承创印务有限公司

开本:787 mm×1 092 mm 1/16

印张:20.25

字数:470 千字

版次:2021 年 3 月第 1 版 印次:2021 年 3 月第 1 次印刷

定价:60.00 元

前 言

本书为国网四川省电力公司科技项目立项资助项目。

撰写本书的目的是针对当前水电厂机电设备运行中较常出现的事故/故障处理情况进行分析及汇总,整理出事故/故障处理的思路及方法,为水电站运行、维护、电网调度等人员提供具有一定参考价值的技术书籍。

本书具有以下特点:

(1)针对性强。针对当前水电厂机电设备运行中较常出现的事故/故障进行分析,提出事故/故障处理的思路和方法,适用于水电厂运行、维护人员和大中专学生。

(2)事故/故障案例新。案例大多来源于水电厂生产现场近几年发生的事故,能真实反映当前事故处理的实际及特点。

(3)取材广,案例丰富、翔实。从二滩、龚嘴、亭子口等众多水电厂生产现场收集案例,并加以分析整理。很多案例分析都是取自各电厂的事故分析报告,能取各家之长,有一定的借鉴意义。

(4)角度新。本书的编写先从设备的结构、工作原理入手,并结合其结构和工作原理进行案例分析,使理论知识和案例分析相呼应,便于读者理解和掌握。

本书的第 1 章主要介绍事故处理的原则及方法;第 2 章介绍了水轮机及发电机的基本知识及常见事故/故障处理方法;第 3 章介绍了油水气系统及进水阀等水电厂辅助设备的基本知识及常见事故/故障处理方法;第 4 章介绍了变压器、高压断路器、隔离开关、电压互感器、电流互感器等电气一次设备的基本知识及常见事故/故障处理方法;第 5 章介绍了调速装置、励磁装置、同期装置、继电保护装置、安稳装置等电气二次设备的基本知识及常见事故/故障的处理方法。

本书的编写人员及编写分工如下:第 1 章 1.1、第 2 章 2.1 由国网四川省电力公司技能培训中心(学院)刘莹莹编写;第 1 章 1.2,第 2 章 2.2,第 3 章,第 5 章 5.1、5.2、5.5 由国网四川省电力公司技能培训中心(学院)孟宪影编写;第 4 章、第 5 章 5.4 由国网四川省电力公司技能培训中心(学院)张丽娟编写;第 5 章 5.3、5.6 由大唐四川发电有限公司王向伟编写。全书由孟宪影担任主编,并负责统稿及审核;由张丽娟、王向伟、刘莹莹担任副主编。

本书在撰写过程中,参考了许多书籍和水电厂的相关资料,两河口水力发电厂的李刚及东北电力大学的蔡可欣给予了大力支持,在此一并表示衷心感谢!与此同时,对本书引用和参考的其他资料的作者也表示感谢!

由于编者水平和实践经验有限,本书难免存在不妥之处,敬请广大读者批评指正。

编 者

2020 年 10 月

目 录

前 言
第 1 章 水电厂运行事故处理的基本原则及方法 …… (1)
1.1 事故处理的基本原则及方法 …… (1)
1.2 主要电气设备事故/故障处理的相关规定 …… (3)
第 2 章 水电厂主机常见事故及其处理 …… (11)
2.1 水轮机常见事故及其处理 …… (11)
2.2 发电机常见事故及其处理 …… (31)
第 3 章 水电厂辅助设备常见事故及其处理 …… (63)
3.1 油系统常见事故及其处理 …… (63)
3.2 技术供水系统常见事故及其处理 …… (81)
3.3 排水系统常见事故及其处理 …… (96)
3.4 气系统常见事故及其处理 …… (105)
3.5 水轮机进水阀常见事故及其处理 …… (117)
第 4 章 水电厂电气一次设备常见事故及其处理 …… (134)
4.1 变压器常见事故及其处理 …… (134)
4.2 高压断路器常见事故及其处理 …… (149)
4.3 高压隔离开关常见事故及其处理 …… (159)
4.4 互感器常见事故及其处理 …… (166)
4.5 母线常见事故及其处理 …… (174)
4.6 其他配电装置常见事故及其处理 …… (179)
4.7 厂用电系统常见事故及其处理 …… (192)
第 5 章 水电厂电气二次设备常见事故及其处理 …… (200)
5.1 调速器常见事故及其处理 …… (200)
5.2 励磁装置常见事故及其处理 …… (224)
5.3 同期装置常见事故及其处理 …… (250)
5.4 继电保护装置常见事故及其处理 …… (263)
5.5 安稳装置常见事故及其处理 …… (278)
5.6 计算机监控系统常见事故及其处理 …… (291)
参考文献 …… (318)

目 录

前 言

参考文献

第1章　水电厂运行事故处理的基本原则及方法

1.1　事故处理的基本原则及方法

1.1.1　设备的工作状态

1.1.1.1　设备的正常运行状态

设备在规定的外部环境(额定电压、额定气温、额定海拔、额定冷却条件、规定的介质状况等)下,保证连接(或在规定的时间内)正常达到额定工作能力的状态,称为额定工作状态,即设备的正常运行状态。

1.1.1.2　设备的异常运行状态

设备的异常运行状态就是不正常的工作状态,是相对于设备的正常工作状态而言的。设备的异常运行状态是指设备在规定的外部条件下,部分或者全部失去额定工作能力的状态,例如:

(1)设备出力达不到铭牌要求,水轮机达不到额定出力,变压器不能带额定负荷,断路器不能通过额定电流,母线不能通过额定电流等。

(2)设备不能达到规定的运行时间,变压器带额定负荷不能连续运行,电流互感器长时间运行时发热超过允许值,隔离开关通过额定电流时过热等。

(3)设备不能承受额定电压;瓷件受损的电气设备在额定电压下形成击穿;变压器绕组绝缘破坏后,在额定电压下造成的匝间短路、层间短路等。

1.1.1.3　设备的事故状态

设备运行中的异常状态就是事故状态的前奏,如果处理不当或延误处理时间就可能转化为事故状态。事故本身也是一种异常状态。通常,异常状态中比较严重的或已经造成设备部分损坏、引起系统运行异常、中止对用户供电的状态,称为事故状态。

由以上可以看出,设备的异常运行或故障,将导致整个电网的不安全运行,称为事故状态。果断、正确、迅速地处理好事故,其意义非常重大。

1.1.2　事故处理的一般规定

(1)发生事故和处理事故时,值班人员不得擅自离开岗位,应正确执行调度、值长、班长的命令,处理事故。

(2)在交接班手续未办完而发生事故时,应由交班人员处理,接班人员协助、配合。在系统恢复稳定状态或值长同意交接班之前,不得进行交接班。只有在事故处理告一段落或值长同意交班后,方可进行交接班。

(3)处理事故时,系统调度员是系统事故处理的领导者和组织者,值长是发电厂全厂事故处理的领导者和组织者,值班人员是电气事故处理的执行者。值班人员接受值长指挥,值长接受系统调度员的指挥。

(4)处理事故时,各级值班人员必须严格执行发令、复诵、汇报、录音和记录制度。发令人发出事故处理的命令后,要求受令人复诵自己的命令,受令人应将事故处理的命令向发令人复诵一遍。如果受令人未听懂,应向发令人问清楚。命令执行后,应向发令人汇报。为便于分析事故,处理事故时应录音。事故处理后,应记录事故现象和处理情况。

(5)事故处理中若下一个命令需根据前一命令执行情况来确定,则发令人必须等待命令执行人亲自汇报后再定,不能经第三者传达,不准仅根据表计的指示信号判断命令的执行情况(可做参考)。

(6)发生事故时,各装置的动作信号不要急于复归,以便查核及正确分析和处理事故。

1.1.3 事故处理的一般原则

(1)迅速限制事故的发展,消除事故的根源,解除对人身和设备安全的威胁。

(2)注意厂用电、站用电的安全,设法保持厂用、站用电源的安全。

(3)事故发生后,根据表计、保护、信号及自动装置动作情况进行综合分析、判断,做出处理方案。处理中应防止非同期并列和系统事故扩大。

(4)在不影响人身和设备安全的情况下,尽一切可能使设备继续运行。必要时,应在未直接受到事故损害和威胁的机组上增加负荷,以保证对用户的正常供电。

(5)在事故已被限制并趋于正常稳定状态时,应设法调整系统运行方式,使之合理,让系统恢复正常。

(6)尽快对已停电的用户恢复供电。

(7)做好主要操作及操作时间的记录,及时将事故处理情况汇报有关领导和系统调度员。

(8)水电厂发生事故后,处理时应考虑对航运的影响。

1.1.4 事故处理的一般程序

(1)判断故障性质。根据上位机显示、光字牌报警信号、系统中有无冲击摆动现象、继电保护及自动装置动作情况、仪表及计算机打印记录、设备的外围特征等进行分析判断。

(2)判明故障范围。设备故障时,值班人员应到故障现场,严格执行安全规程,对该设备进行全面检查。母线故障时,应检查断路器和隔离开关。

(3)解除对人身和设备安全的威胁。若故障对人身和设备安全构成威胁,应立即设法消除,必要时可停止设备运行。

(4)保证非故障设备的运行。应特别注意将未直接受到损害的设备进行隔离,必要时启动备用设备。

(5)做好现场安全措施。对故障设备,在判断故障性质后,值班人员应做好现场安全

措施，以便检修人员进行抢修。

(6)及时汇报。值班人员必须迅速、准确地将事故处理的每一阶段情况报告给值长(或值班长)，避免事故处理发生混乱。

1.1.5 事故处理时各岗位人员的职责

(1)发电厂发生事故时，值长(或值班长)通过电话迅速向系统调度汇报事故情况，听取调度的处理意见。

(2)事故发生后及事故处理过程中，值长用口头或电话向值班长发布事故处理的命令后，值班长复诵后立即执行。值班长根据值长的命令，口头向值班员发布命令，值班员受令复诵后，立即执行。执行完毕，用口头或电话向值班长汇报；值班长用口头或电话再向值长汇报。

(3)在紧急情况下，值班长来不及向值长请示时，可直接向值班员发布事故处理的命令。事故处理后，值班长用口头或电话再向值长汇报。

(4)水电厂发生事故时，电厂值长用电话与系统调度直接联系，听取调度的处理意见。在事故发生后及处理过程中，值长口头直接向值班员发布事故处理命令，值班员受令复诵后立即执行。执行完毕，口头向值长汇报。

1.2 主要电气设备事故/故障处理的相关规定

1.2.1 发电机事故/故障处理相关规定

1.2.1.1 发电机事故/故障处理原则

(1)迅速判断、果断处理，尽力避免事故扩大，保证人身及设备的安全，严禁在处理中造成事故的进一步扩大。

(2)保证厂用交流、直流及重要负荷供电的可靠性。

(3)配合调度，积极操作，保证电力系统的稳定运行。

(4)事故发生后运行值班负责人及有关人员应根据事故追忆，微机上所反映的各种信息和表计，保护、信号、自动装置等具体动作报告进行综合分析，迅速做出准确的处理；各种故障、事故信号未经运行值班负责人许可，不得任意复归。

(5)事故处理完后，运行值班负责人、专责工程师应对事故发生经过和处理时间做好完整的记录，事后做出总结。

1.2.1.2 发电机事故/故障处理流程

(1)保护装置动作后，根据监控画面状态、参数、报警信息判断保护是否误动，通知维护值班人员做进一步检查。

(2)安排人员现场检查核实一、二次设备及保护动作情况，将停运及在运设备情况汇报生产指挥中心，并加强对在运设备的监视运行。

(3)发布 ON-CALL 信息，向各级相关领导汇报。

(4)根据事故大小，通知现场值班负责人派人协助事故处理。

(5)根据生产指挥中心命令及《电站运行规程》相关条款进行操作处理。

(6)打印保护动作报告和故障录波器动作报告,并将保护具体动作情况向生产指挥中心汇报。

(7)发布事故处理完毕 ON-CALL 信息。

1.2.1.3 发电机事故/故障后的一般检查项目

(1)机组出口开关、发电机灭磁开关是否跳闸,如未跳闸,应立即设法跳开。

(2)检查、记录机组保护装置和自动装置及监控系统事故报表动作情况。

(3)判明是否因继电器、保护元器件、微机模件误动或者工作人员误动而造成。

1.2.1.4 发电机事故/故障发生时处理要点

(1)根据仪表(上位机)显示、设备异常现象和外部征象判断故障或事故确已发生。

(2)在运维班长的统一指挥下,协调安排值班人员进行处理,采取有效措施遏制故障或事故的发展,解除对人身和设备的危害,恢复设备的安全稳定运行;按照设备的管理权限,及时将处理情况向集控中心(调度)、电站汇报,发生着火事故应立即汇报生产部相关领导,严重事故应向副总经理汇报。

(3)在处理过程中,值班人员应坚守岗位,迅速正确地执行运维班长的命令。对重大突发事件,值班人员可依照有关规定先行处理,然后及时汇报。

(4)在事故保护动作停机过程中,注意监视停机过程,必要时加以帮助使机组解列停机,防止事故扩大。

(5)对事故设备应尽快隔离,对正常设备保持或尽快恢复运行。

(6)处理完毕后,当值运维班长应如实记录故障或事故发生的经过、现象和处理情况。处理过程中要注意保护事故现场,未经运维班长同意不得复归事故信号或任意改动现场设备情况,紧急情况(例如危及人身安全时)除外。

1.2.2 变压器事故/故障处理相关规定

1.2.2.1 变压器应立即检查处理的情况

变压器运行中出现漏油、油位过高或过低、温度异常、声音异常等不正常现象,应立即检查处理,必要时通知维护值班人员协助处理并报告主管生产副厂长。

1.2.2.2 变压器应联系维护/检修人员检查处理的情况

(1)变压器内部声音异常或响声性质特别。

(2)压力释放阀流油,但未喷烟。

(3)套管裂纹或有闪烙放电痕迹。

(4)变压器漏油,上盖掉落杂物,危及安全运行。

(5)油色变化过甚,经化验不合格。

1.2.2.3 如未自动跳闸应立即停电处理的情况

(1)发生危及变压器安全的故障,而变压器保护拒动。

(2)变压器运行声音明显异常,或内部有放电声、爆裂声。

(3)油枕或压力释放阀喷油。

(4)变压器冒烟着火。

(5)变压器冷却器运行正常,负荷变化不大,油温异常上升不能控制。

(6)变压器严重漏油或喷油,使油位低于最低极限。

(7)变压器套管有严重的破损、放电或引线接头熔断。

(8)变压器附近设备着火、爆炸或发生对变压器构成严重威胁的情况。

1.2.2.4　变压器保护动作有关规定

(1)差动保护区内电气设备故障时,故障不消除不得送电。当检查结果确定为外部故障引起差动误动或差动保护本身有问题,在重瓦斯和过流及其他保护正常投入时,由调度决定变压器可否在差动保护退出情况下,恢复送电。

(2)主变压器(简称主变)重瓦斯保护动作跳闸后未查出跳闸原因,在未试验合格前不许再投入运行。

(3)保护动作跳主变三侧后,三侧开关均应跳闸;主变有某侧开关没有跳闸,值班人员应做好记录并报告值长联系调度。

(4)变压器在运行中,发生重瓦斯和差动保护同时动作时,未经查明原因、排除故障并试验合格,不得将变压器投入运行。

(5)如出现有保护动作信号,但开关未跳,引起主变该电压等级侧开关跳闸,在得到调度的命令,将拒动的出线开关及两侧刀闸断开后,才能恢复主变该侧开关送电;拒动的出线开关未经隔离,主变该侧开关不得投入运行。

1.2.3　高压断路器事故/故障处理相关规定

1.2.3.1　高压断路器事故/故障处理的有关规定

(1)保护动作出口开关跳闸后,不管开关重合是否成功,值班人员均应对开关外观进行仔细检查。

(2)如果是保护动作出口开关拒绝跳闸造成的越级跳闸,在恢复系统送电前,应先拉开拒绝跳闸开关两侧的刀闸将故障开关隔离,然后恢复其他线路供电,待拒绝跳闸的开关检修试验合格后,方可投入运行。

(3)六氟化硫开关有严重漏气且压力达到闭锁值时,必须断开该开关的控制电源空气开关,并禁止操作该开关,然后按照值班调度员指令进行倒负荷等操作。

(4)六氟化硫开关发生意外爆炸或严重漏气等事故时,接近设备要谨慎,应选择从“上风口”接近设备并必须戴防毒面罩。

(5)运行中(或送电中)的开关非全相运行时,若两相断开应立即断开该开关,若一相断开应立即合上该开关。当合闸仍不能恢复非全相运行时,应立即断开该开关。操作后应立即报告值班调度员。

(6)3/2开关接线方式下,若某一开关因故不能分闸,而母线有两个及以上完整串运行,可以采用远方操作拉开故障开关两侧刀闸的办法将故障开关隔离。

(7)双母线接线方式下,某一出线元件开关因故不能分闸,可采用倒母线方式将故障开关单独连接在某条母线上,然后断开母联开关,将故障开关停电隔离。故障开关停电隔离后,应尽快恢复双母线正常运行方式。

(8)双母线接线方式下,母联开关因故不能分闸,可先倒空一条母线,再拉开母联开关两侧刀闸。

(9)3/2 开关接线方式下,当发现某一开关泄压,但压力未降到分合闸闭锁,现场采取措施后开关压力仍无法恢复正常时,应向调度申请停电处理。

(10)3/2 开关接线方式下,若某一开关因故不能分闸,可考虑采用将故障开关各侧设备停电,再无压拉开故障开关两侧刀闸的办法将故障开关隔离;若故障开关连接设备不能停电,可参照上述(6)执行。

1.2.3.2 开关异常应及时予以消除,不能消除的需立即汇报调度,并在缺陷记录簿上记录的情况

(1)开关分、合闸位置指示不正确,与后台监控机显示的位置不符。

(2)开关本体瓷瓶套管部分有积尘,伴随有轻微电晕。

(3)开关的连接导线、导线夹头、构架等金属部位有明显锈蚀或变形现象。

(4)水泥基础有下沉或裂痕。

(5)操作机构箱内有螺丝松动引起的各开关辅助接点、空气开关、继电器、端子排等设备发热、打火烧焦等现象。

(6)电机电源空气开关跳开后合不上。

(7)操作机构箱内加热器损坏或电源空气开关跳开后合不上。

(8)操作机构箱门不平整、开启不灵活、关闭不严。

1.2.3.3 开关有下列情况之一者,应立即申请停电处理

(1)瓷瓶套管有严重破损或有严重放电现象。

(2)引线接头严重发热或引线发生断股、散股现象。

(3)SF_6 气体泄漏严重,发出闭锁信号。

(4)弹簧储能机构电动、手动均不能储能。

(5)均压电容有异常响声。

(6)发出控制回路断线信号,但操作电源空气开关完好。

1.2.4 高压隔离开关事故/故障处理相关规定

1.2.4.1 刀闸、地刀有下列情况之一者,值班人员应设法消除,不能消除的,向值长或调度汇报,并记入设备缺陷记录簿

(1)操作连杆、操作把手脱漆、生锈、弯曲变形、卡销脱落。

(2)构架、瓷瓶上端及底座脱漆、生锈,瓷瓶上端、底座、中间法兰固定螺栓松动。

(3)刀闸、地刀下面的水泥地面崩裂下塌。

(4)刀闸、地刀辅助接点防雨套筒脱漆、生锈、损坏脱落,电缆头松脱。

1.2.4.2 在运行中刀闸或地刀有下列情况之一者,值班人员必须立即向值长及调度汇报

(1)刀闸或地刀支撑绝缘瓷瓶破裂损坏或有放电痕迹。

(2)刀闸或地刀下面的水泥地板下塌造成刀闸或地刀严重倾斜。

(3)刀闸或地刀引线断股。

(4)刀闸或地刀引线接头螺栓螺帽松脱引起引线接头发热。

(5)刀闸或地刀动、静触头接触不良引起发热变红、扯弧。

(6)刀闸或地刀在操作中拒绝分、合闸。

(7)操作连杆、操作把手卡紧无法操作。

(8)刀闸或地刀操作时三相不同期或无法合闸到位。

1.2.5 互感器事故/故障处理相关规定

1.2.5.1 在运行中电流互感器有下列情况之一者,值班人员必须立即向值长及调度汇报,要求停电处理

(1)电流互感器严重过热。

(2)电流互感器有异味、冒烟。

(3)电流互感器引线接头发热或发生断股、散股。

(4)电流互感器外壳开裂。

(5)内部声音异常或产生放电声。

(6)SF_6 电流互感器气压降至安全运行值绿区以下。

(7)电流互感器外壳接地线损坏。

(8)电流互感器二次侧开路。

(9)电流互感器的地基崩裂或支撑柱破裂。

(10)套管有破损、裂纹及放电闪络现象。

1.2.5.2 电流互感器、电压互感器有以下情况之一者,需立即停电

(1)严重的火花放电及过热、冒烟、焦味。

(2)外壳破裂漏油,环氧浇铸式设备破裂。

(3)高压熔断器更换后又熔断。

(4)如发现着火,按消防系统运行规程的相关规定进行灭火操作,但必须停电后进行。

1.2.5.3 在运行中电压互感器有下列情况之一者,值班人员必须立即向值长及调度汇报,必要时进行停电处理

(1)电压互感器接头绝缘瓷瓶有裂纹、破损或闪络放电现象。

(2)电压互感器渗漏油严重,已看不到油位。

(3)电压互感器引线接头发热严重,温度超过规定值(70 ℃),影响正常运行。

(4)电压互感器内部有烧焦臭味、冒烟、着火现象。

(5)电压互感器内部有异常放电声或其他噪声。

(6)电压互感器外壳接地线断裂损坏。

(7)电压互感器二次空气开关烧坏,其接线松脱或接触不良,电压闭锁继电器损坏。

(8)电压互感器接头引线有断股或散股现象。

(9)电压互感器二次电缆损坏。

(10)电压互感器端子箱门关闭不严引起进水、端子排接线端子松脱现象。

(11)电压互感器地基有裂缝或下塌现象。

1.2.5.4 电压互感器故障处理的其他相关规定

(1)如果发生电压互感器二次回路故障或在事故处理中须立即停用电压互感器的情

况，应先汇报调度。

(2)当电压互感器一次侧无熔断器，压互感器或与它相连接的避雷器发生闪络或有异响等故障现象的紧急情况下需要立即停电时，应立即报告调度/值长，按照调度命令断开该母线上所连接的开关，在无电的状态下，拉开故障的电压互感器。

(3)禁止用直接拉开刀闸的方法隔离故障电压互感器，对双母线接线应倒空一条母线后，通过母联开关切除故障。

(4)35 kV 电压互感器故障，应停用 35 kV 母线后，通过开关切除故障。

(5)当电压互感器停电或电压回路断线时，应申请将相关保护退出运行，这些保护主要有：

①线路的距离保护、带方向的零序电流保护。

②低电压保护。

③检同期、检无压的重合闸。

④主变的阻抗保护，带方向的零序电流保护。

⑤电容器的欠压保护。

1.2.6 厂用电及电动机的事故/故障处理相关规定

1.2.6.1 厂用电系统事故/故障处理相关规定

(1)用一切可能的办法保证发供电设备(压油装置、主变冷却器等)及重要辅助设备(技术供水泵、高低压空压机等)继续运行，以保证对电网正常供电。

(2)尽快对停电的设备恢复供电。

(3)调整厂用电系统运行方式，使其恢复正常。

(4)断路器事故跳闸后，对设备进行外观检查一次无异常后，可试合一次。若试送电失败，在未查明原因之前，不应再送电。主保护动作和电动机电源断路器跳闸不适用于此项规定。

(5)当系统发生电压/频率降低时，应及时切除一些不重要的负荷(如全厂通排风机等)；当电压/频率继续降低并严重威胁厂用电的安全时，应与调度联系，根据机组运行情况拉开相应主变高压侧断路器与系统解列，由发电机带厂用电运行。

(6)当厂用电全部中断时，值班人员应采取一切有效措施，恢复厂用电的运行，防止事故扩大。厂用电中断的时间不宜超过 10 min；否则，应有序退出运行中的机组。

1.2.6.2 电动机事故/故障处理相关规定

(1)运行中的电动机有下列情况之一者，应先启动备用电动机再将其停运检查：

①电动机及其拖动的负载有异音或强烈振动。

②电动机的电流超过了额定电流。

③电动机的温度或其轴承温度有显著升高。

④电动机振动较大，但还未危及其拖动的负载。

(2)运行中的电动机有下列情况之一者，应立即停运检查：

①危及人身、设备安全时。

②电动机着火时。

③有强烈振动或异音、异味。

④电动机缺相运行时。

(3)电动机事故跳闸后应进行的检查项目:

①分别测量电动机的三相对地绝缘、相间绝缘、电缆绝缘。

②检查电动机及其拖动的负载是否有卡滞现象。

③检查电动机的热继电器及其他保护装置是否动作。

④检查操作熔断器是否熔断,控制箱内是否有明显的断线或短路现象。

⑤若检查中未发现有上述现象,可将电动机试启动一次。若启动不成功,在未查明原因之前不得再次启动。

1.2.7 继电保护、自动装置及计算机监控系统事故/故障处理相关规定

1.2.7.1 继电保护及自动装置事故/故障处理相关规定

(1)根据仪表(上位机)显示、设备异常现象和外部征象判断故障或事故确已发生。

(2)在值长/运行维护管理工程师的统一指挥下,协调安排值班/值守人员进行处理,采取有效措施遏制故障或事故的发展,解除对人身和设备的危害,恢复设备的安全稳定运行,按照设备的管理权限,及时将处理情况向调度、项目部和公司汇报,发生着火事故还应及时联系消防部门。

(3)在处理过程中,值班/值守人员应坚守岗位,迅速正确地执行值长/运行维护管理工程师的命令。对重大突发事件,值班/值守人员可依照有关规定先行处理,然后及时汇报。

(4)对事故设备应尽快隔离,对正常设备保持或尽快恢复运行。

(5)处理完毕后,当班值长/运行维护管理工程师应如实记录故障或事故发生的经过、现象和处理情况。处理过程中要注意保护事故现场,未经值长/运行维护管理工程师同意不应复归事故信号或任意改动现场设备情况,紧急情况(例如危及人身安全时)除外。

1.2.7.2 计算机监控系统事故/故障处理相关规定

(1)操作员工作站出现报警时,计算机会自动弹出报警画面或人工调出有关画面进行查证。若是设备故障,确认报警后,处理设备故障;若是计算机系统故障,通知维护确认并处理。

(2)若操作员工作站出现故障,操作无任何反应,即可认为工作站死机。操作员在另两台中的任意一台操作员工作站进行监视控制,并通知维护处理。

(3)当两台服务器均出现死机或网络系统故障时,须立即通知维护进行处理,并派人员到现场巡视,且保持与集控中心的通信联系。现场人员应严密监视机组有功、无功负荷及机端电压、励磁电流等关键性运行参数的变化情况,必要时进行手动操作。

1.2.8 励磁系统事故/故障处理相关规定

1.2.8.1 需密切监视励磁系统运行状况,必要时停机检修的情况

(1)自动调节通道退出,手动调节通道(转子电流闭环)运行时。

(2)调节器发生不能自恢复的局部软件、硬件故障,但不影响机组运行时。

(3)故障的某一自动调节通道退出,备用通道运行时。

(4)在不影响发电机运行的情况下,并联运行的功率柜退出,故障功率柜继续运行时。

(5)功率柜冷却系统及自动励磁调节器电源中有一路故障时。

(6)在发电机运行限制曲线范围内,发生了限制无功功率或限制转子电流的运行及各种限制、保护辅助功能退出运行时。

(7)励磁变压器或励磁功率柜冷却系统故障,励磁系统限制负荷运行时。

1.2.8.2 需立即检查分析,确认故障原因,采取相应措施的情况

(1)发电机出现励磁电流、无功功率异常降低,机组尚未失步时,应立即降低有功功率,增加励磁电流。

(2)起励失败时,检查起励回路设备电源,未查清原因前,不应再次启动。

(3)当发电机集电环、电刷产生强烈火花时,应尽快降低发电机的有功功率及无功功率至消除不正常现象为止。如果所采取的措施无效,应将发电机解列。

1.2.8.3 需将励磁系统立即退出运行的情况

(1)绝缘下降,不能维持正常运行。

(2)温度明显升高,采取措施后仍超过规定的允许值。

(3)励磁系统一次回路各部连接处过热,超过制造厂家规定的允许值。

(4)转子过电压保护因故障退出时。

(5)励磁调节器失控或工作通道故障而备用通道不能自动切换或投入时。

(6)故障功率柜退出后,剩余功率柜容量不足以满足机组额定负荷运行要求时。

(7)采用集中冷却方式的冷却系统故障,按厂家规定时间不能恢复时。

(8)灭磁电阻的损坏总数超过20%时。

1.2.8.4 需立即停机检修的情况

当励磁系统相关设备故障引起下列故障时,应立即停机检修。检修完毕需通过相关试验验证,在确认故障设备恢复正常后方可投入运行。

(1)转子过电流、失磁。

(2)定子过电压。

(3)励磁变压器过电流。

(4)励磁变压器差动保护动作及励磁系统误强励。

(5)灭磁开关误跳。

第2章　水电厂主机常见事故及其处理

2.1　水轮机常见事故及其处理

2.1.1　水轮机基本知识

水电厂是将水能转换成电能的工厂，在其能量转换的过程中，水轮机起到了重要的作用。水轮机是水电厂中的水力原动机，当具有势能和动能的水流通过水轮机时，将水流的能量传给了水轮机转轮，推动水轮机转动，从而形成旋转的机械能。在水电厂中，水轮机与发电机经主轴相连接，旋转的水轮机转轮通过主轴带动励磁后的发电机转子旋转，形成一个旋转的磁场，发电机定子线圈因切割磁力线进而产生电能。

2.1.1.1　水轮机工作参数

在水电站运行中，反映水轮机工作过程基本特性的参数，称为水轮机基本工作参数。其基本工作参数主要有水头、流量、功率、效率、转速等。

1. 水头 H

水电站水头是指任意断面处单位重量水的能量，单位是 m，有毛水头和净水头之分。所谓毛水头，就是指水电站上下游水位的落差，习惯上称为水电站的总水头。净水头也是水轮机的工作水头，是水轮机进口与出口测量断面的总水头差，它是毛水头扣除水流流过水工建筑物的各种损失后，给予水轮机的实际工作水头，也就是水轮机做功用的有效水头。

2. 流量 Q

水轮机流量是单位时间内通过水轮机进口测量断面的水的体积，用符号 Q 表示，单位为 m^3/s。在正常运行时，流量的大小取决于水轮机导叶的开度。

3. 功率 P

1) 水轮机输入功率 P_{in}

水轮机输入功率是指水轮机进口水流所具有的水力功率，单位为 kW 或 MW。

$$P_{in} = \rho g Q H = 9.81QH \quad (kW) \tag{2-1}$$

2) 水轮机输出功率 P_{out}

水轮机输出功率是水轮机主轴实际输出的机械功率，单位为 kW 或 MW。

由于水流在通过水轮机时会产生一部分损耗，包括容积损失、水力损失和机械损失，因此水轮机的输出功率要小于水轮机的输入功率，两者之间的关系为

$$P_{out} = P_{in}\eta = 9.81QH\eta \quad (kW) \tag{2-2}$$

式中：Q 为流量；H 为净水头；η 为水轮机效率。

4. 效率 η

在实际运行中,水流的能量不可能全部得到利用,有少部分能量被各种因素(水力损失、容积损失、传动摩擦等)消耗掉,所以水轮机的输出功率小于水流输入水轮机的功率。效率是水轮机输出功率与其输入功率的比值,用符号 η 表示。由于能量损失的存在,η 是一个小于1的系数,它表示水流能量的有效利用程度,目前水轮机效率最高可达93%~96%。

5. 转速 n

水轮机转速是水轮机转轮单位时间内旋转的圈数,用符号 n 表示,单位为 r/min。

2.1.1.2 水轮机分类

不同的水头和流量,所适用的水轮机形式和种类也不一样,见表2-1。现代水轮机按水能利用的特征分为两大类,即反击式水轮机和冲击式水轮机。

表2-1 水轮机形式及其适用范围

类型	形式		适用水头(m)
反击式	混流式		25~700
	轴流式	轴流转桨式	3~80
		轴流定桨式	3~50
	斜流式		40~120
	贯流式	贯流转桨式	<20
		贯流定桨式	
冲击式	水斗式		100~2 000
	斜击式		20~300
	双击式		5~150

1. 反击式水轮机

转轮利用水流的压力能和动能做功的水轮机是反击式水轮机。在反击式水轮机流道中,水流是有压的,水流充满水轮机的整个流道,从转轮进口至出口,水流压力逐渐降低。水流通过与叶片的相互作用使转轮转动,从而把水流能量传递给转轮。为减少水流与叶片相互作用时的能量损失,反击式水轮机的叶片断面多是空气动力翼型形状。反击式水轮机根据其适应的水头和流量不同,又分为混流式、轴流式、斜流式和贯流式四种形式。其中,以混流式水轮机与轴流式水轮机应用最为广泛,下面介绍混流式及轴流式水轮机的特点。

1)混流式水轮机

混流式水轮机是指轴面水流径向流入、轴向流出转轮的反击式水轮机,又称法兰西斯式水轮机或辐向轴流式水轮机。混流式水轮机为固定叶片式水轮机,混流式水轮机的转轮由上冠、叶片、下环连接成一个整体。因此,结构简单,具有较高的强度,运行可靠,效率高,应用水头范围广,一般用于中高水头水电站。大中型混流式水轮机应用水头范围为30~450 m,水泵混流式水轮机应用水头高达700 m,中小型混流式水轮机的适用水头范围

为25~300 m。

2)轴流式水轮机

轴流式水轮机是指水流轴向进、出转轮的反击式水轮机。其转轮形似螺旋桨,水流在转轮区域是轴向流进、轴向流出的。根据叶片在运行中能否相对转轮体自动调节角度,又分为轴流转桨式和轴流定桨式。

轴流转桨式水轮机是指转轮叶片可与导叶协联调节的轴流式水轮机,其转轮叶片可根据运行条件调整到不同角度,转轮叶片角度在不同导叶开度都保持相应的协联关系,实现了导叶与桨叶的双重调节,扩大了高效率区的范围,使水轮机有较好的运行稳定性。但它需要一套转动桨叶的操作机构,因此结构复杂,造价高。轴流转桨式水轮机主要用于大中型水电站,应用水头范围为3~80 m。

轴流定桨式水轮机是指转轮叶片不可调(或停机可调)的轴流式水轮机。其转轮叶片相对转轮体是固定不动的,其出力仅依靠导叶来调节,结构简单,造价低,但在偏离最优工况时效率会急剧下降。因此,一般用于水头变幅较小的小型水电站,应用水头通常为3~50 m。

2. 冲击式水轮机

转轮只利用水流动能做功的水轮机是冲击式水轮机。冲击式水轮机的明显特征是:水流在进入转轮区域之前,先经过喷嘴形成自由射流,将压能变为动能,自由射流以动能形式冲动转轮旋转,故称为冲击式。在冲击式水轮机流道中,水流沿流道流动过程中保持压力不变(等于大气压力),水流有与空气接触的自由表面,转轮只是部分进水,因此水流是不充满整个流道的。为有利于水流动能做功,冲击式转轮叶片一般呈斗叶状。按射流冲击转轮叶片的方向不同,可分为水斗式(切击式)、斜击式和双击式。其中,以水斗式应用较为广泛。水斗式水轮机指转轮叶片呈斗形,且射流中心线与转轮节圆相切的冲击式水轮机。它靠从喷嘴出来的射流沿转轮切线方向冲击转轮而做功,这种水轮机的叶片如勺状水斗,均匀排列在转轮的轮辐外周。水斗式水轮机适用于高水头、小流量的水电站。小型水斗式水轮机的应用水头为40~250 m;大型水斗式水轮机用于200~450 m水头的水电站,目前最高应用水头达1 772 m。

2.1.1.3 水轮机结构

不同类型的水轮机结构不同,反击式水轮机主要由引水室、导水机构、转轮、尾水管、主轴等部分组成,现对其各组成部分分别加以说明。

1. 引水室

水轮机引水室的主要作用是将水流顺畅且轴对称地引向导水机构,分为开敞式引水室、罐式引水室、蜗壳式引水室三种类型。其中应用最多的是蜗壳式引水室,根据其材料不同又分为金属蜗壳和混凝土蜗壳。在水头小于40 m时一般采用混凝土蜗壳;当水头较高时,需要在混凝土中布置大量钢筋,造价可能比金属蜗壳还要高,且钢筋布置过密会造成施工困难,因此多采用金属蜗壳。

2. 导水机构

水轮机导水机构的作用是形成和改变进入转轮水流的环量,保证水轮机具有良好的水力特性,调节水轮机流量,改变机组输出功率,并在机组停机时,用于截断水流。在混流式水轮机、轴流式水轮机中，导水机构位于蜗壳座环内圈，主要由顶盖、底环、控制环、导叶、导叶套筒、导叶传动机构（包括导叶臂、连杆、连接板）和接力器等部分组成。

导水机构的工作原理（见图 2-1）：当接力器腔体接受调速器系统送来的压力油后，便可控制接力器的推拉杆，改变导叶的开度，达到调节水轮机流量的目的。

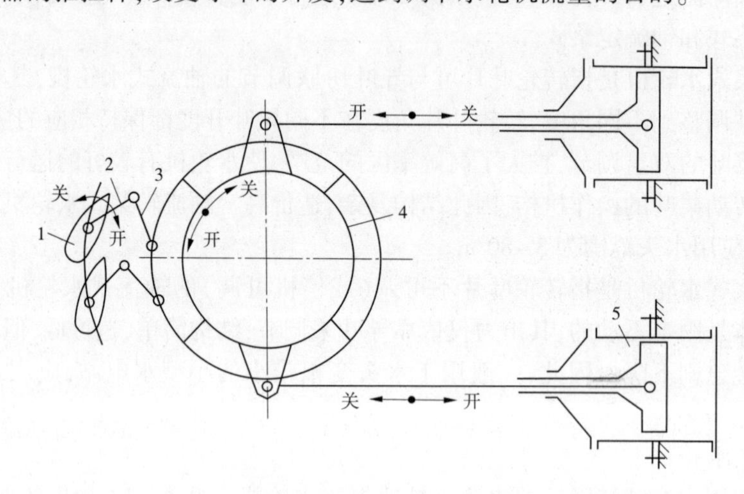

1—导叶；2—转臂；3—连杆；4—控制环；5—接力器

图 2-1　导水机构工作原理图

1）导叶

导叶是导水机构的主要组成部件，均匀地分布于转轮外围的底环与顶盖之间。导叶一般由导叶体和导叶轴组成，断面形状为翼形，首端较厚，尾端较薄。

当停机时，导叶首尾相接，切断水流。但导叶上下端面与顶盖、底环处存在着端面间隙，导叶首尾相接处存在立面间隙。这些间隙产生停机漏水损失；在压气调相运行时，会产生漏气损失，还会产生间隙气蚀破坏。

对于中低水头大中型水轮机的立面间隙，采用压嵌橡皮条的方式，用螺钉固定的压条将橡皮密封条压在导叶上。对于高水头水轮机的立面间隙，加不锈钢保护层，提高导叶加工精度，进行精密研磨处理，以取得较好效果。立面间隙，则是通过导叶传动装置的补偿元件加以调整的。如耳柄式传动机构是通过旋套调整的；叉头式传动机构的补偿元件是调节螺杆，或者现配偏心销。

2）导叶传动机构

导叶传动机构的作用是传递导叶接力器压力油的作用力，使导叶转动，以达到开关导叶、调节机组流量的目的。导叶传动机构的形式常用的有叉头式传动机构和耳柄式传动机构两种。

3）导水机构的环形部件

（1）控制环。作用是传递接力器作用力，并通过传动机构转动导叶的环形部件。为了减少摩擦和转动灵活，在控制环的底面和侧面装有抗磨板。控制环上部有耳环和推拉杆相连，下部与叉头或耳柄相连，通过它使每个导叶传动机构同步动作，开启或关闭导叶。

（2）顶盖和支持盖。是水轮机的主要部件，在顶盖的导叶轴孔内装有导叶套筒，顶盖

上平面的支持环支撑着控制环，是水轮机的主要受力部件，要求有足够的强度和刚度，所以多数的顶盖和支持盖为箱形结构。混流式水轮机只有顶盖，轴流式水轮机有顶盖和支持盖，对于小型轴流式水轮机，为了简化结构，则把顶盖和支持盖设计成整体结构。

3. 转轮

转轮是水轮机将水流转变为旋转机械能的核心部件，要求转轮具有良好的水力性能、足够的强度和刚度。

不同类型水轮机转轮结构不同，混流式水轮机转轮一般由上冠、叶片、下环、止漏装置、泄水锥和减压装置组成，如图2-2所示。上冠的外形与圆锥体相似，其作用是支撑叶片并与下环形成过流通道。上冠的上部中央为均布有数个螺孔的上冠法兰，用以连接主轴；小尺寸转轮的上冠不设法兰面，只设带有锥度的中心孔，并与主轴通过锥面定心、轴头螺母定位、键传力矩来获得固定连接。在上冠中心开有中心孔，用以减轻重量并作为轴心补气通道，消除转轮内真空。在上冠法兰外围四周有若干个泄水孔，并装有减压装置，以减小作用在转轮上的轴向水压力。上冠的下锥面上均匀布置着若干个转轮叶片。上冠的外轮缘处装有止漏装置（也称止漏环），减小转动部分与固定部分之间的漏水损失。叶片断面形状为翼形，上端与上冠相接，下端与下环固连，下环的作用是将全部叶片连成整体，增加转轮的强度和刚度。泄水锥外形为一空腔圆锥体，连接在上冠下方，用以引导由叶片出来的水流顺利地变成轴向，避免水流旋转和互相撞击而造成水力损失。

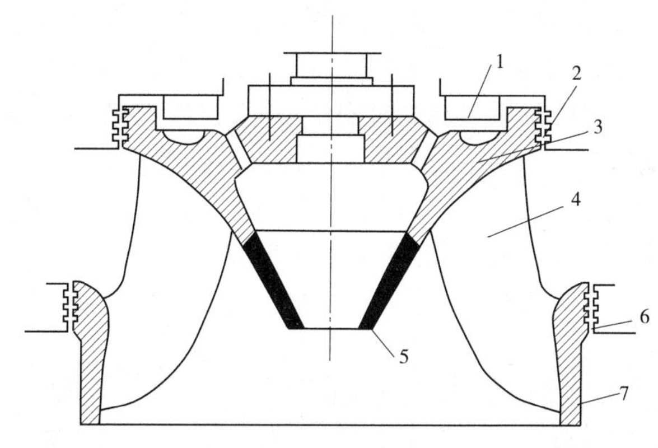

1—减压装置；2、6—止漏环；3—上冠；4—叶片；5—泄水锥；7—下环

图2-2 混流式水轮机转轮

轴流式水轮机的转轮由转轮体、桨叶、泄水锥、密封装置和桨叶操动机构组成，如图2-3所示（密封装置和桨叶操动机构未画出）。转轮体又称轮毂，其作用主要是装置转轮桨叶和布置桨叶操动机构。桨叶也称轮叶，是能量转换的主要部件，呈空间扭曲状，断面为翼形，悬臂固定在转轮体上。根据工作水头的不同，轴流式水轮机桨叶数目一般为3~8片。桨叶操动机构安装于转轮体内部，由调速器进行控制，主要作用是改变桨叶的转角，使其与导叶开度、工作水头相适应，从而保证水轮机效率在任一工况下变化不大。

4. 尾水管

尾水管是反击式水轮机的泄水部件，位于转轮后的出水管段，以利用转轮出口水流的位能和部分动能。根据其形状的不同，尾水管又分为锥形尾水管、弯管形尾水管和弯肘形

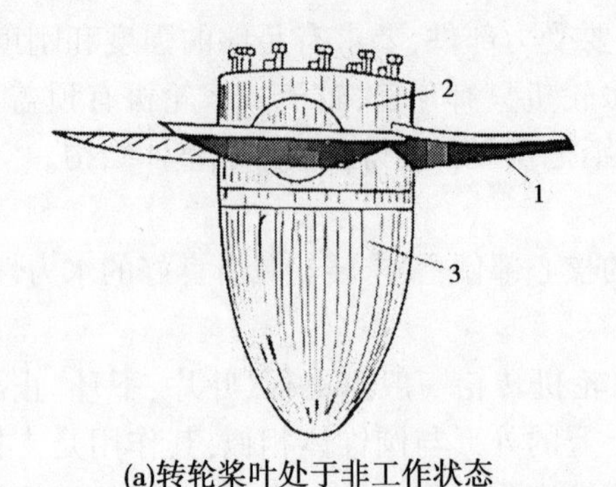

(a)转轮桨叶处于非工作状态

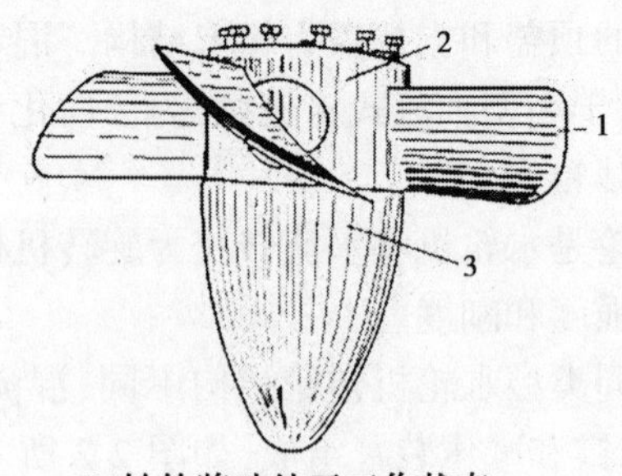

(b)转轮桨叶处于工作状态

1—桨叶;2—转轮体;3—泄水锥

图 2-3　轴流式水轮机转轮

尾水管。

5. 主轴

水轮机主轴是其主要部件之一,它的一端与发电机轴相连,另一端接水轮机转轮。它的作用是将水轮机转轮的旋转机械能传递给发电机,从而带动发电机转子旋转。此外,主轴还承受转轮的轴向水推力和转动部件的重量。

6. 主轴密封

主轴密封是用以减少主轴与固定部件之间漏水的装置,一般装在主轴法兰上方,地方狭窄,工作条件差,对多泥沙水电站,其工作条件更为恶劣。水轮机主轴密封是水轮机正常工作的重要保护装置,直接关系到水轮机安全运行。按其工作方式可分为两种:一种是机组正常运行中,橡胶轴承压力水箱的密封和稀油润滑轴承下部防止机组漏水的密封,称为工作密封。这种密封结构形式常见的有填料式、橡胶平板式、端面式和水泵式等。另一种是检修主轴密封时阻止主轴与固定部件之间漏水的可膨胀式密封,称为检修密封。这种密封结构形式有空气围带式、抬机式等。

1) 工作密封

填料密封的结构如图 2-4 所示,填料常采用橡胶石棉填料或方形油麻盘根,将其置于填料箱 3 内,通过压环 2 调节填料的松紧程度,防止主轴下部的水流漏入。这种结构会磨损主轴,而且填料本身极易损耗,有些机组为保护主轴,在主轴与填料接触段加设耐磨环或护套。这种结构一般适用于小型水轮机和低水头水轮机。

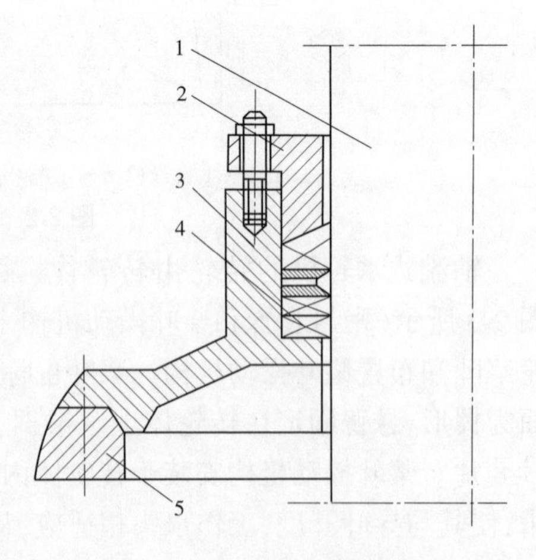

1—主轴;2—压环;3—填料箱;4—填料;5—顶盖

图 2-4　填料密封的结构示意

单层橡胶平板密封的结构如图 2-5 所示,主要由转环 1 和密封橡胶板 4 组成。转环固定在主轴上随主轴一起转动,密封橡胶板依靠托板、压板和螺栓固定在顶盖支座上,借助水压作用将橡胶压到转动抗磨板上,从而起密封作用。这种结构避免了主轴磨损,结构简单,并对密封面因

磨损出现的间隙具有自动补偿作用，但是对于经常开停机的机组，易引起橡胶板上下弯折而折断。目前，对此结构进行改进的措施，是将托板延伸并钻若干个孔，这样橡胶板不能向下弯折，从而延长了使用寿命。

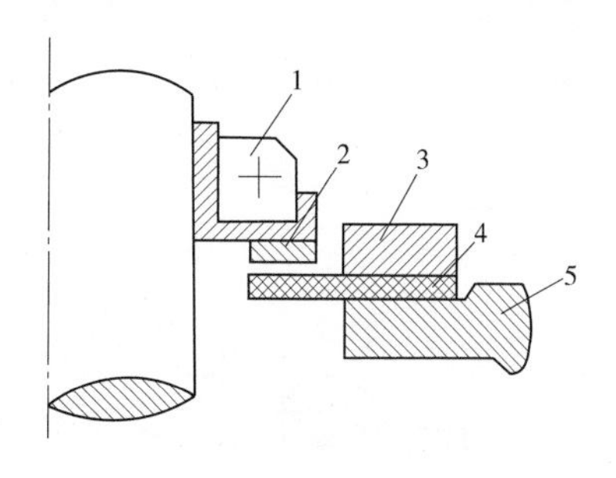

1—转环；2—抗磨板；3—压板；
4—橡胶板；5—托板

图 2-5　单层橡胶平板密封的结构示意

机械式端面密封的结构如图 2-6 所示，转环 1 固定在主轴上，碳精块或尼龙块等抗磨材料组成的环形密封圈 2，用压板固定在托架 3 上，利用弹簧 5 的弹力加大密封圈 2 与转环端面的密封压力。这种结构因弹簧长时间浸在水中而易生锈卡阻，且圆周分布的弹簧弹力不均，调整不好易产生偏卡、偏磨，性能不够稳定，适用于水质较清洁的中小型水轮机。

水压式端面密封的结构如图 2-7 所示，结构特点与机械式类似，它是依靠外部引入清洁压力水的水压作用使密封圈 3 与转动的抗磨衬板 4 的端面压紧，改善了端面密封力的均匀性，适用于泥沙较多的水电站。

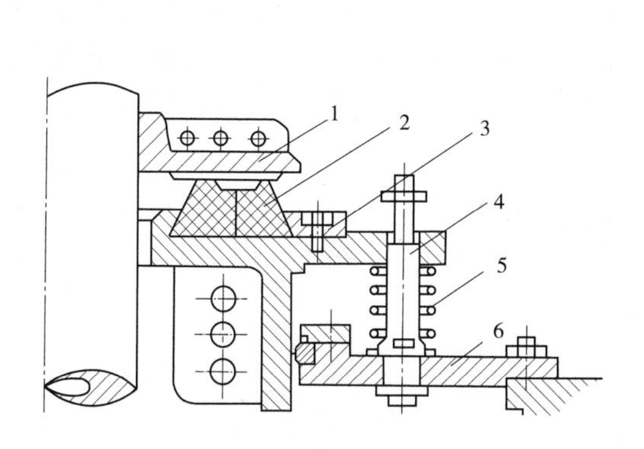

1—转环；2—密封圈；3—托架；
4—引导柱；5—弹簧；6—支承座

图 2-6　机械式端面密封的结构示意

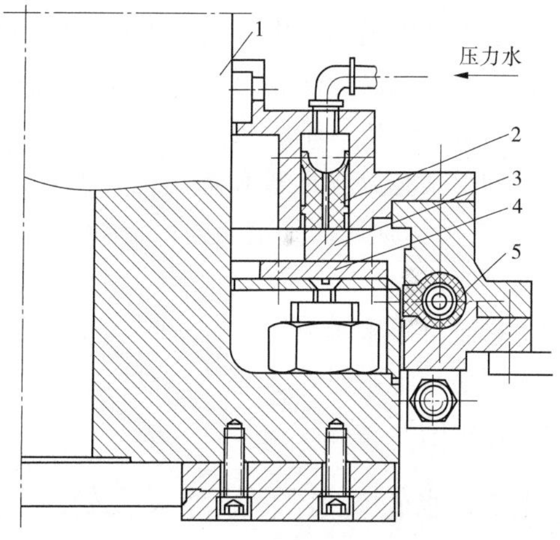

1—主轴；2—橡皮条；3—密封圈；
4—衬板；5—检修密封

图 2-7　水压式端面密封的结构示意

2）检修密封

围带式检修密封的结构如图 2-8 所示，它利用模具压制成中空的围带固定在顶盖某一部件上，在正常运行中与转动部分保持 1.5～2 mm 间隙，停机检修时充压缩空气，使围带扩张而密闭间隙起到封水作用。此结构操作简便，且封水性能好，适用于大中型水轮机。

抬机式检修密封的结构如图 2-9 所示，转动部分的主轴法兰保护罩上装橡胶平板，正常运行时与固定部分脱离，随主轴旋转。停机检修时，转动部分需抬机使橡胶平板紧贴密封座而起到密封作用。

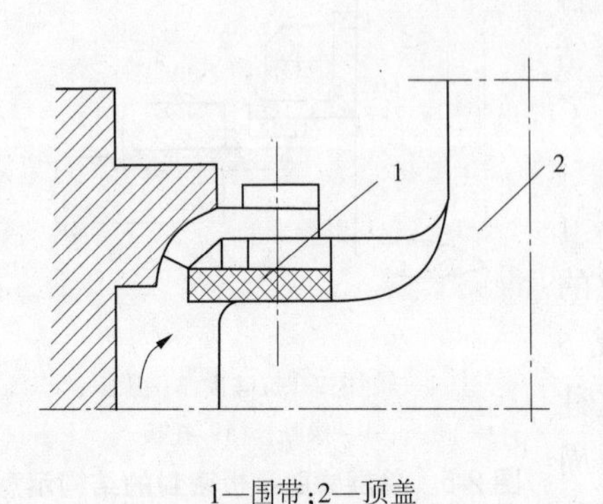

1—围带；2—顶盖

图 2-8 围带式检修密封的结构示意

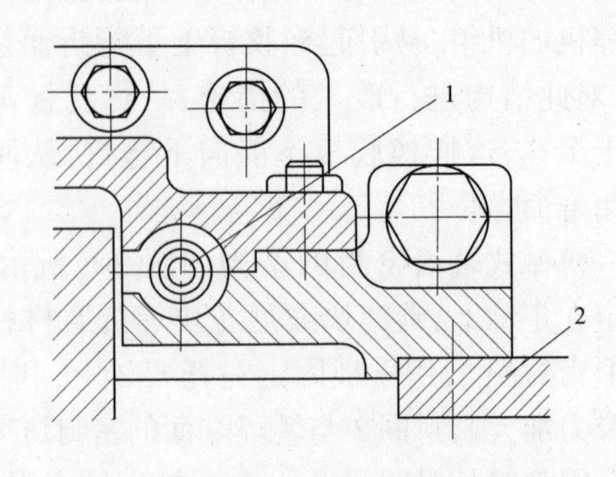

1—橡胶平板；2—主轴

图 2-9 抬机式检修密封的结构示意

水轮机密封装置在运行中是不可见的，但密封装置的运行状态必须随时监视，否则将危及水导油盆的安全。

7. 水轮机导轴承

水轮机导轴承是保持主轴中心位置，并承受主径向力的轴承。水轮机导轴承的主要作用是承受机组运行中主轴传来的径向力和振摆力，约束主轴轴线位置。导轴承在结构布置上应尽量靠近转轮，以缩短转轮至轴承距离，保证主轴和转轮运行的稳定性和可靠性。立式水轮机导轴承按润滑介质不同，分为水润滑导轴承和稀油润滑导轴承，而稀油润滑导轴承又有分块瓦式和圆筒瓦式两种。卧式机组的导轴承既要承受机组旋转的径向力，又要承受旋转部分重量，其工作条件较立式机组差，往往把导轴承和推力轴承放在一个轴承座内。

水轮机导轴承是运行的主要监视对象，也是检修和维护的主要项目。导轴承运行中常见问题是轴承过热，严重时会烧瓦。常见的故障有轴承磨损、间隙变大。这些问题直接影响机组的安全稳定运行，为此对导轴承必须重视。

2.1.2 水轮机事故/故障及其处理

2.1.2.1 水轮机剪断销剪断事故/故障及其处理

1. 水轮机剪断销剪断

1）故障现象

（1）上位机发对应“机组剪断销剪断”信号，或相应信号继电器掉牌或光字信号牌亮。

（2）机组振动、摆度增大（发生在剪断销剪断个数较多时），水导瓦温可能升高，导叶处发出金属断裂声，个别导叶拒动作。

2）故障原因

（1）信号器引线故障。

（2）两导叶间被杂物卡住。

（3）导叶轴承采用尼龙轴套时，由于尼龙套处理不当而吸水膨胀，将导叶轴抱过紧。

（4）水轮机顶盖或底环抗磨板采用尼龙材料时，尼龙抗磨板可能凸起。

(5)各导叶连杆尺寸调整不当或锁紧螺母松动。

(6)导叶打开或关闭过快,使剪断销承受冲击剪力而剪断。

3)故障处理

(1)若因信号器引线接触不良或折断引起,则联系维护人员处理。

(2)到水轮机室确认剪断销已经剪断后,检查剪断的剪断销数目。如果只有1个剪断销剪断,并且机组振动、摆度在允许范围内,则将调速器切手动,调整机组负荷,使所有导叶位置一致,对好需要处理的剪断销位置,更换剪断销,在更换时做好防止导叶突然转动的安全措施。

(3)机组事故停机过程中,若遇剪断销剪断,则应监视进水阀关闭情况,如不能自动关闭,则手动帮助。

(4)当发现多个剪断销剪断,使机组产生强烈振动、摆度且无法减小时,或同一方向有两个及以上剪断销剪断,应联系调度先关闭进水阀再停机处理,并及时向上级部门汇报。

(5)机组运行中更换剪断销,应限制负荷运行,将调速器切手动方式运行,且工作人员不能将手脚置于两拐臂之间,避免导叶被水流冲翻及其拐臂伤人。

2. 实例一:剪断销信号线接点虚连

1)故障现象

2009年10月,某电厂1#机组在开机前调试过程中,当投入发电机控制回路和保护回路时,控制台上“水车事故”光字牌亮,蜂鸣器随之响起。经检查发现1#机组水车自动化盘剪断销信号继电器动作,致使机组不能开机并网。

2)故障原因

经过现场实地检查,确认剪断销并未剪断,在对剪断销接线进行检查的过程中,用万用表测出接点虚连。剪断销长时间处于潮湿空气中,接点受到空气水分的侵蚀而生锈,焊点断开连接,导致保护动作。

3)故障处理

针对故障原因,对剪断销信号装置断点处重新进行焊接,恢复了对开焊点所保护导叶的保护,从而使整个剪断销保护全部正常工作。

3. 实例二:剪断销频繁剪断

背景:某电厂总装机容量为2×25 MW,为混流式水轮机。该水电站导水机构包括导叶24个、顶盖、底环、控制环及传动机构等,分别进行说明。

24个活动导叶在ϕ 3 957 mm圆周上均布,导叶为整体铸成,导叶立面为刚性接触密封,上、下端面为间隙密封。导叶为三支点支撑,上、中、下轴套均采用具有自润滑性能的钢背复合材料FZ-2,轴颈处设有密封环,用以封水和泥沙。

顶盖由Q235-B钢板焊接成整体,安装在座环上,与座环的结合面处有橡皮条封水。顶盖、底环与转轮的上、下环之间为迷宫密封。导叶最大可能开度$a_0 = 297$ mm。顶盖上有24块限位块,以限制导叶开度及避免导叶在失控时翻转。

控制环为钢板焊接结构,2只大耳通过销子及推拉杆与接力器相连,24只小耳通过连板销与传动机构相连,以操作导叶转动。控制环与顶盖接触的径向、轴向摩擦面上均装有

FZ-2 复合抗磨块各 4 块。

导叶传动机构包括导叶臂、连杆。连杆与导叶臂之间装有剪断销,当导叶转动受阻力量超过一定值时,剪断销剪断并发出信号,此时连杆与导叶臂脱开,从而对其他部件起到安全保护作用。连杆长度可通过螺杆调整,调整后用螺母锁紧。导叶臂上装有端盖,端盖中心的螺栓用来调整导叶上、下端面的间隙。

1)故障现象

2014 年 7 月 12 日至 2014 年 12 月 20 日,该电厂 1#、2#机组剪断销在开、停机过程中共剪断 14 次,其中 1#机组剪断 6 次,2#机组剪断 8 次。1#机组最先出现在开机过程中,第一剪断销剪断,更换后再开机又剪断;2#机组在关机时剪断,在更换后无水情况下调试再次剪断。

2)故障原因

初步分析故障原因可能为:

(1)水轮机活动导叶被卡阻。

(2)导叶端面间隙由于机组运行振动变得不合适。

(3)拐臂连接螺栓松动、摩擦板摩擦力小,从而使剪断销受力大,超过其承受力使其剪断。

经过排查,发现并非上述原因,进一步排查,发现剪断销多次剪断的原因为:导水机构拐臂连杆长度发生变化使剪断销剪断。

3)故障处理

(1)打开蜗壳门进入导叶附近检查后,未发现卡阻物。

(2)用塞尺检查导叶端面间隙,发现最小的不小于 0.2 mm,在合理范围内。

(3)调节螺栓使摩擦板摩擦力增大,仍未能解决问题。

(4)调整拐臂连杆长度,剪断销未再剪断。

2.1.2.2 主轴密封事故/故障及其处理

1. 机组主轴密封流量过低报警

1)故障现象

(1)上位机发出对应“机组主轴密封流量过低”报警信号。

(2)主轴密封温度可能升高。

(3)机组可能出现机械事故停机。

2)故障原因

(1)流量开关误发信号。

(2)密封水系统过滤器堵塞。

(3)供水系统有漏点。

(4)主轴密封磨损严重。

3)故障处理

(1)检查流量开关是否误发信号,若是,通知检修人员处理。

(2)检查主轴密封水系统过滤器是否堵塞,供水系统是否有漏点,若有,则立即处理。

(3)检查清洁水和技术供水系统供水是否正常。

(4)监视顶盖水位及主轴密封磨损是否正常。

(5)若无法恢复,主轴密封水压应进行停机处理。

2. 实例一:主轴密封大量漏水导致顶盖水位升高

背景:某电厂水轮机组设计水头为78 m,最大水头为92.5 m;设计尾水位为392 m。2010年8月以来,受下游水电厂蓄水及尾水渠道堵塞的影响,机组实际运行最高尾水位为396.50~396.70 m。

1)故障现象

(1)2010年8月以来,开机空转就发现主轴密封大量漏水,呈喷涌状,顶盖水位迅速上升。开启顶盖排水射流泵后,仍不能阻止顶盖水位上升趋势。

(2)由于主轴密封漏水严重,水电站只能限制机组负荷在43 MW以下,负荷大于43 MW时必须投入应急备用的顶盖排水潜水泵,才勉强控制住水位上升。

(3)当机组负荷大于49 MW时,加装的顶盖排水泵也无法满足顶盖排水要求,必须减负荷,否则顶盖处水位将持续上升,造成水淹机组事故,给安全生产带来隐患。

2)故障原因

水轮机工作密封的效果如何主要取决于密封块的端面与转动抗磨环接触是否紧密,从故障现象来分析,漏水量大,一定是密封环与转动抗磨环接触不紧密。初步分析漏水可能与以下原因有关:

(1)密封环卡阻。在安装中虽已保证密封环和转动抗磨环接触,但由于密封环被卡住,而且阻力大于密封环自重和外界水压力,致使密封接触面间不能形成水膜,导致密封失效。

(2)技术供水压力不够。技术供水管道管径偏小,导致进入密封块下腔压力水流流量偏小,小于通流孔的漏水量,不能形成压力,密封块不能被顶起,密封块与转环之间有间隙,漏水量偏大。

(3)密封块变形损坏。转动环上任意一点的速度方向是其做圆周运动的切线方向,其摩擦力的方向与其相反,密封块工作中所受的力除重力、水压力外,还有摩擦力。在摩擦力的作用下,密封块有随转环转动的趋势,但由于受到定位销的约束,会出现密封块定位销孔与定位销贴紧的情况,也存在密封块定位销孔变形、密封块结合部位脱胶断裂情况。

2010年1#机组进行B级检修,停机对主轴密封进行了分解检查,发现:

(1)密封块的摩擦副材料变形(密封块材料变形与骨架脱离),只有2个半圆部位的头部在运行时与转动抗磨环有接触摩擦的痕迹,其他部位几乎没有摩擦痕迹,即绝大部分摩擦面无法接触进行密封。

(2)主轴密封座的橡皮盘根密封条老化,直径偏小,起不到密封作用,而且密封部件的端部接触部位没有进行胶合,导致压力箱体内的压力无法建立,使得密封部件未能被顶起与摩擦面接触。

(3)考虑到主轴密封与固定销之间的摩擦力等因素,主轴密封处技术供水压力应不小于0.2 MPa,但技术供水泄漏过大,导致技术供水压力不够。

(4)密封面润滑水的引入孔的面积偏大导致技术供水的压力不能建立,主轴密封无法工作。

(5)主轴密封水在进水口不远处大量泄漏,只有局部受力,即使加大压力,仍有可能卡住,导致主轴密封受力不均匀。

上述情况印证了初步分析的正确性。

3)故障处理

解决主轴密封漏水的方案同时考虑了压力、水量两方面因素:

(1)更换主轴密封处的ϕ6 mm 橡胶条,减少漏水量,并尝试使用ϕ6.1 mm 或ϕ6.2 mm 橡胶条代替,选择时以主轴密封装置能够靠自重较为轻松下落为准。

(2)根据情况对部分取消ϕ6 mm 密封面润滑水的引入孔进行封堵,同时将密封块销钉孔用硅胶封堵,以保证技术供水有足够的压力。

(3)改造原主轴密封供水管路,由单根 *DN*15 管路连接至供水环管供水,改为 *DN*25 供水管连接至技术供水环管直接供水。

(4)将主轴密封水压力提高至 300 kPa,并以供水阀缓慢调节水量、水压,控制主轴密封与顶盖的摩擦力及对顶盖的压应力,避免主轴密封与顶盖接触过紧干磨,调节时以主轴密封处有少量漏水为宜。

(5)对密封件的摩擦副材料变形部位进行处理,使整个摩擦面保持平整。

(6)主轴密封座的橡皮盘根密封条直径若有偏小或者老化,可以根据具体情况进行更换。

(7)对主轴密封部件的 2 个半圆端部按照图纸要求进行密封胶合。

(8)利用以前的主轴密封管道加装一套 700 kPa 压缩空气管路,保证停机时顶起密封块使之与转动抗磨环紧密接触,以确保技术供水出现故障时顶盖水位不能迅速上升,不发生水淹导轴承事故。

3. 实例二:导叶弯曲连杆与拐臂连接偏心销锁定螺母脱落,导致主轴密封大量漏水

背景:2018 年 9 月 29 日,某电厂上游水位 88.60 m、下游水位 78.50 m,入库流量 978 m^3/s,出库流量 978 m^3/s 。110 kV Ⅰ段母线、Ⅱ段母线并列运行;10.5 kV Ⅰ段母线、Ⅱ段母线分段运行;10.5 kV Ⅰ段母线带 1#厂变运行,10.5 kV Ⅱ段母线带 2#厂变运行;400 V Ⅰ、Ⅱ段分段运行,其备自投装置按正常方式投入运行;1#发电机组有功功率 19.98 MW,无功功率 1.91 MV·A;当时 2#发电机组有功功率 19.64 MW,无功功率 2.7 MV·A;3#发电机组有功功率 15.09 MW,无功功率 1.97 MV·A。

1)故障现象

03:39,监盘人员听到异常响声,通过工业电视发现 2#机组主轴密封大量漏水。

2)故障原因

(1)直接原因:2#机组 7#导叶弯曲连杆与拐臂连接偏心销锁定螺母脱落。

(2)间接原因:

①机组运行工况恶劣,机组拦污栅堵塞,电厂回水、来水丰沛,机组长期在低水头、大负荷状态下运行,一次调频频繁动作造成导叶经常性大幅度调整,机组各部件长时间处于高强度、高振动运行状态。

②偏心销锁定螺母锁定块设置在螺母与拐臂间,未充分考虑到偏心销轴向位移造成锁定块失效因素,采用点焊造成固定力不足,导致螺母无法有效锁定。

③偏心销锁定螺母未设置定位标识，无法及时判断其位置情况。

3）故障处理

（1）报告分公司集控中心，申请2#机组停机。

（2）分公司集控中心远方下令停机，机组停机后经现场检查发现2#机组主轴密封端盖漏水减小，2#机组7#导叶弯曲连杆与拐臂连接销杆锁定螺母脱落，导致连杆与拐臂脱离，7#导叶在失控状态。

（3）关闭2#机组尾水闸门，使用手拉葫芦将7#导叶关回至与拐臂合适的相对位置，将偏心销回装，拧紧锁定螺母，并在锁定螺母与销杆前端、拐臂分别焊接锁定块进行加固。

（4）针对主轴密封端盖漏水情况，重新调整了主轴密封压盖的剩余压缩量，由原来8.7 mm的剩余压缩量调整至7 mm的剩余压缩量后无漏水现象。

2.1.2.3　水淹厂房事故及其处理

1. 水淹厂房事故

1）事故现象

（1）厂房有大量漏水。

（2）中控室可能有异常振感。

（3）厂房内可能有异常响声。

2）事故原因

（1）机组进人孔门爆开（连接螺栓断裂）。

（2）机组技术供水水管破裂。

（3）检修水泵或渗漏水泵出口水管破裂。

（4）厂外暴雨或洪水涌入厂房。

3）事故处理

（1）若因机组进人孔门爆开导致事故发生，则应首先确认来水源和故障机组，并发停机令解列故障机组和关闭进水阀，运行人员应密切监视渗漏泵工作情况。若来水猛烈，在渗漏泵工作正常情况下厂房内水位还迅速上升危及其他机组安全运行，当班值长应立即汇报调度要求全停其他机组。

（2）若因机组技术供水水管破裂导致事故发生，则首先确认来水源和水源大小，关闭相应阀门，隔断水源，根据现场情况确定是否停机，派人现场监视渗漏集水井水位及渗漏泵的运行情况。

（3）若因检修水泵或渗漏水泵出口水管破裂导致事故发生，则应停用相应排水泵，关闭排水泵出口阀门，做好临时排水措施，在排水泵房进行临时封堵并设置围堰。如果出口水管破裂导致水轮机层大量积水，则在水轮机层进行临时封堵并设置围堰，必要时停相关运行机组。

（4）当因厂外暴雨或洪水涌入厂房导致事故发生，进水危及运行发电机组时，运行人员应立即申请停机。当厂房外洪水从防洪门向厂房内灌注时，通知防汛抢险突击队在安装间设置止水挡板或堆积临时挡水墙堵水，组织厂房进水的疏、堵、排水工作，防止洪水威胁设备，同时将厂房进水引至渗漏井或防洪门外。

2. 实例一:导叶中轴套大量喷水,导致水车室被淹

背景:某水电站共有5台混流式水轮发电机组,机组水导轴承分为上下两个油盆及水导回油箱,水导回油箱安装在水轮机顶盖上,通过外循环油泵实现水导油循环与冷却。2016年7月7日,水电站5台机组全部运行,机组AGC、AVC均正常投入。

1)事故现象

16:44,监控先后报:4#机组2#顶盖排水泵运行动作,4#机组1#顶盖排水泵运行动作,4#机组水导回油箱油混水报警,4#机组水导油槽油位高动作。

2)事故原因

(1)导叶中套筒固定螺栓疲劳断裂,中套筒在水压作用下上浮,顶盖下部水流沿16#导叶中套筒周边涌出,造成水车室水位上涨,是造成本次事件的直接原因。

(2)接力器至调速器漏油箱排油管的穿墙套管未封堵,水车室水位上升后经其流向位置较低的调速器漏油箱,导致漏油箱进水,并经漏油泵抽至调速系统回油箱,是造成本次事件扩大的直接原因。

(3)电站为电网主力调峰电站,启停机及负荷调整频繁,自机组投入AGC运行以来,频繁地穿越振动区和在振动区附近运行;2016年入汛后,电站尾水位长时间保持较高水位运行,顶盖及中套筒下部水压增大,压力脉动增加;2016年5月以来,电站机组多次出现长时间空载运行工况,其中4#机组累计空载运行时间达334 min。空载运行期间,机组各部位振动、摆度值均大幅增大,其中4#机组顶盖振动值约增大到平时运行工况的3倍。上述情况加剧了顶盖的振动,加速了中套筒固定螺栓的疲劳速度,是造成事件发生的次要原因。

(4)电站4#机组于2015年11月15日完成最近一次C级检修,对16#导叶中轴套密封及8颗固定螺栓进行了更换和紧固。因导叶中套筒固定螺栓隐藏于顶盖内部,巡检人员在日常巡检中无法对其进行检查。进入高温大负荷时期后,为保障迎峰度夏供电安全,全厂机组停机检查的机会较少,于2016年5月6日完成4#机组最近一次定检后,至障碍发生时总运行时间已达1 206 h。螺栓缺陷问题不能及时发现并消除,是造成事件发生的间接原因。

3)事故处理

(1)当班值长立即安排巡检人员现场检查,同时汇报电网调度和相关领导。

(2)随后通过工业电视发现4#机组水车室顶盖处有水花涌动,现场检查水车室水位异常上涨,无法控制,当班值长向电网调度申请4#机组停机。

(3)16:59,在机组负荷降至28 MW时按下4#机组中控室紧急停机按钮。

(4)17:00,按下4#机组中控室紧急落门按钮,停机落门正常。

(5)汇报电网调度及公司领导,启动公司水淹厂房应急预案,断开水车室相关电源,同时打开蜗壳盘形阀泄压,打开4#机组技术供水消压。

(6)19:20,4#机组压力钢管消压完成,落下4#机组尾水检修闸门。

(7)21:10,4#机组尾水检修闸门下落到位,打开4#机组尾水盘形阀排水,随后水车室水位逐步下降,最高淹没水位为水车室环形踏板(高程204 m)以上约117 cm。

(8)22:35,4#机组水车室水位下降至环形踏板以下,现场检查发现漏水部位在4#机

组16#导叶中套筒部位，用于固定16#导叶中套筒的8颗螺栓（M20的8颗镀锌螺栓）均已断折，导致16#导叶中套筒在水压作用下上浮，失去了密封功能，顶盖下部水流沿16#导叶中套筒周边涌出，造成水车室被淹（16#导叶中套筒断折的8颗螺栓，其中3颗螺栓断点在法兰面以上约33 mm，5颗螺栓断点在法兰面以下3~5 mm不等）。

（9）7月8日凌晨开始对4#机组进行抢修。对水轮机导轴承及相关油管路、回油箱、油冷却器等解体检查清扫；检查更换被水淹损坏的水导外循环泵2台电机、顶盖排水泵2台电机、漏油箱2台电机；将调速器系统回油箱、压油槽、接力器及管路透平油排至209油库并更换新油，更换3台压油泵出口滤芯、双精过滤器滤芯；更换16#中套筒外圈O形密封和内圈V形密封后回装，中套筒压板用6颗（其中1颗未取出，1颗螺纹丝扣损坏）新20×60镀锌螺栓紧固；同时按照机组定检项目对发电机设备进行检查。

（10）全部工作完成后，进行调速器建压，对尾水及压力钢管充水。

（11）7月10日07:47，充水完成，提起快速闸门。

（12）08:00，4#机组开机空转，检查主机各技术指标正常。

（13）09:29，4#机组并网。

（14）11:40，4#机组正式归调。

3. 实例二：水轮机主轴与转轮连接螺栓断落，导致水淹泵房事故

背景：某电厂共6台灯泡贯流式机组，事故前机组上游水位124.6 m，下游水位112.3 m。2#、4#、6#机组并网运行，分别带30.0 MW、20.0 MW、30.0 MW负荷；1#、3#、5#机组在停机备用状态。设备按正常方式运行，系统无异常。

1）事故现象

17:45，中控室振感异常，听到“轰轰”响声，监控画面显示各台机组负荷正常。值长调节4#机组负荷，感觉声音有明显异常，初步判断4#机组存在问题。现场作业人员到中控室报告厂房有大量漏水，高程92.1 m层渗漏泵已自动启动排水。

2）事故原因

（1）检查发现水轮机主轴与转轮连接螺栓（M90，18根，材质3Cr13）有12根断裂，其中脱落5根，在流道现场找到3根，2根已找不到，找到的脱落螺栓已有明显的弯曲，螺杆和螺帽有较多和较深的挤压变形痕迹，其中3根螺栓的断口已磨平；内导水锥从分瓣处断裂变形，散落在流道内；水轮机检修密封、主轴密封支撑板变形损坏；转轮叶片进水边、止漏环等有不同程度的被刮痕迹。

（2）经对失效螺栓材料力学性能、化学元素及金相组织的试验和分析，并结合失效螺栓的宏观断口检查分析及相关设计资料的审查，本次事故的直接原因主要是：连接螺栓设计未考虑国产材料与进口材料在疲劳强度、冲击韧性等力学性能上存在较大差别的实际状况，在螺栓材质选择上存在问题，造成了4#机组转轮连接螺栓疲劳断裂。

（3）螺栓断裂后，和主轴密封板的分瓣连接部位相互撞击，脱出螺孔，同时主轴密封板及与其连接的主轴密封零部件受损脱落，卡阻、撞击检修密封支撑环、检修密封、内导水锥，使它们的连接螺栓及销钉在结合面折断，水轮机主轴密封失效。水从内导水锥与内导环结合面的48个螺栓孔（M20）和4个销钉孔（ϕ16 mm）大量喷出（流量：1 099 m^3/h），经水轮机竖井进入高程94.1 m层廊道，造成高程94.1 m层廊道的渗漏，检修排水泵、润滑

油泵及其电气控制设备被淹。

(4)厂房排水系统设计时只考虑厂房、机组正常状态下的漏水,对事故大量漏水未做考虑,设计标准偏低,厂房设计排水能力为 260 m^3/h,只能满足正常情况下厂房内的渗漏水,在事故大量漏水情况下,排水能力明显不足。

(5)设计上机组流道进水口没有快速闸门,现有闸门紧急操作需要 2 h,不能快速关闭闸门。

3)事故处理

(1)值长立即联系中调同意将 4[#]机组停机退出运行,下令值班人员检查两台深井泵启动抽水情况,同时向各级人员汇报。

(2)17:56,发现漏水无法控制,立即启动"水淹泵(厂)房应急预案",同时申请把 2[#]、6[#]机组退出运行,运行人员密切监视水位上涨情况,维护人员现场密切监视两台深井泵运行情况,根据水位上涨情况,逐步切除有可能被淹的设备电源,并做安全隔离措施。

(3)20:00 左右,关闭 4[#]机组进水口及尾水闸门。同时下令调集防洪抢险物资,安装临时排水泵抽水,组织抢险队在 4[#]、5[#]机组段筑起临时挡水堰,拦截往 5[#]、6[#]机组段的水流。由于水势太大,水位上涨太快(水位上涨幅度为 2 cm/min,测算漏水量约 1 099 m^3/h),挡水堰在较短时间内被冲垮,组织抢险人员用棉胎等材料多次试图封堵漏水点,均因水压过大,流速过快,未取得成功。

(4)闸门关闭完毕后,经过 0.5 h 的观察,水位仍继续上涨,遂联系潜水人员增援,潜水人员到达后,开始潜水及堵漏的准备工作。同时安装临时排水泵抽水,通过污水泵管道排出厂房。

(5)次日 01:30,潜水员成功地用棉物堵住尾水闸门中间缝隙,此时临时排水泵增加到 5 台,排水量增大,廊道内水位上涨速度明显减缓。

(6)02:00,水位停止上涨,经继续抽水,水位开始下降。

(7)02:03,再次组织抢险人员对 4[#]机组水轮机内导环与内导水锥把合螺栓孔实施木塞封堵。

(8)02:37,封堵完毕,水位得到控制。

(9)对损坏螺栓进行更换修复。

(10)对进水的发电机定子等设备进行干燥处理。

(11)对金属结构进行一次全面的统计、检查、检测、分析、处理,有关项目列入检修项目。

(12)加强对重要金属部件的金属监督,更换同材质的 5[#]、6[#]机组螺栓,加强对 1[#]、2[#]、3[#]机组螺栓的检查,并将定期检验列入检修规程。

(13)核算厂房意外进水量和现有水泵抽排水能力,对厂房排水系统进行改造。

2.1.2.4 机组振动摆度过大事故/故障及其处理

1. 水力振动

1)故障现象

(1)机组振幅随机组的过流量增加而加大,振频为导叶数或叶片数与转频的乘积。

(2)机组振动、摆度在某种工况下突然增大,振频为 1/(2~6)转频,尾水管压力脉动大。

(3)振动、摆度随机组过流量增大而增加,梳齿压力脉动也随机组过流量增大而增加,各量的振频与转频相同,当发生自激振动时,振频很接近于系统的固有频率。

(4)机组振动、摆度随机组过流量增大而增加;振频为转频。

(5)机组振动、摆度随机组过流量增大而增加;振频$f=(1.18\sim0.2)W/b$(W—叶片出水边相对流速,b—叶片出水边厚度)。

(6)机组振动、摆度突然增加,有时发出怪叫的噪声,常为高频振动。

(7)机组在某负荷工况下振动大;尾水管入孔噪声大,尾水管压力脉动也大;振频为高频。

2)故障原因

(1)机组导叶或叶片开口不均。

(2)由尾水管内偏心涡带引起的振动。

(3)梳齿间隙相对变化率大,引起压力脉动增大而加剧振动。

(4)转轮叶片线型不好。

(5)由叶片出口卡门漩涡引起的振动。

(6)转轮叶片断裂或相邻的几个剪断销同时折断。

(7)由汽蚀引起的振动。

3)故障处理

(1)处理开口不均匀度达到合格要求。

(2)尾水管采用有效的补气措施,增装导流装置或阻水栅。

(3)查出使间隙相对变化率大的原因,如间隙过小,偏心摆度过大,梳齿不圆度过大等,视情节处理;可以用综合平衡法控制机组的运转状态,减小不平衡力。

(4)校正转轮叶片线型。

(5)修正叶片出水边形状,增强叶片的刚度,改变其自振频率,破坏卡门涡频率。

(6)必须处理并修复叶片,或更换已断的剪断销。

(7)自然补气或强迫补气,叶片修型或加装分流翼,泄水锥修型。

2. 机械振动

1)故障现象

(1)机组一启动,轴摆度就较大且轴摆度的大小与转速的变化无明显的关系,有时负荷下降,轴摆度减小;振频为转频。

(2)机组摆度值在各种工况下都比较大,而且为无规律变化现象;上机架存在不规则的振动。

(3)推力瓦受力不均,运行中摆度值大。

(4)盘车时数据不规则,运行中摆度值大,且有时大时小现象,极小的径向力变化便可使轴摆度相位和大小改变。

(5)机组各导轴承径向振动大,且与转速无关;负荷增加时振动增大;振频为转频。

(6)某导轴承处径向振动大、摆度大,动态轴线变化不定。此时,振频由转频变为固有频率,振幅随负荷增加而加大。

(7)机组某部分振动明显,振幅随机组负荷增加而增加;振频为转频。

(8)振动振幅值随转速的增加而增大,且与转速的平方成直线关系;振频为转频。

2)故障原因

(1)水轮机、发电机轴线不正。

(2)推力头与镜板结合螺丝松动(推力头与镜板间绝缘垫变形或破裂)。

(3)镜板波浪度大。

(4)推力头与轴配合间隙大。

(5)三导轴承不同心(或轴承与轴承不同心)。

(6)导轴承间隙过大(导轴承调整不当或导轴承润滑不良)。

(7)振动系统构件刚度不够(或联结螺丝松动)。

(8)转子质量失均,与发电机同轴的励磁机转子不正。

3)故障处理

(1)校正轴线。

(2)上紧螺丝;处理已破的绝缘垫,并校正轴线。

(3)处理镜板波浪度。

(4)在拆机检修时,采用电刷镀工艺将推力头内孔适当减小;若不能拆机,则用综合平衡法控制摆度增大。

(5)重新调整轴承中心与间隙。

(6)重新调整轴承间隙。

(7)增加刚度或紧固螺丝。

(8)做现场平衡试验,校正励磁机转子。

3. 电气振动

1)故障现象

(1)发电机定子外壳径向振幅值随励磁电流增加而加大;频率为转频;振动相位与相应部位处轴摆度的相位相同。

(2)发电机定子轴向、切向、径向振幅值随转速增加而增加;随励磁电压的增加而增加;冷态启动时尤为严重;有时发出“嗡”或“吱”的噪声;发电机定子切向、径向振动出现 50 Hz 或 100 Hz 的频率;在励磁和带负荷工况下,振幅随时间增加而减小。

(3)振幅随励磁电流的增加而增加;振幅随温度的增加而增加;振频与转频相同;有时出现与磁极数有关的频率。

(4)振幅值随励磁电流增加而加大,当励磁电流增大到一定程度时振幅值趋向稳定;振频为转频。

(5)定子振幅增大,有转速频率及转频的奇次谐波分量出现,严重时使阻尼条疲劳断裂和部件损坏。

2)故障原因

(1)定子椭圆度大。

(2)定子铁芯铁片松动。

(3)发电机定子镗内磁极辐向位置不均匀。

(4)转子匝间短路。

(5)三相负荷不平衡。

3)故障处理

(1)处理发电机定子椭圆度,使之合乎要求。

(2)将定子铁芯硅钢片进行压紧,紧固压紧螺栓和紧顶螺丝并加固;严重时需要重新叠片;处理定子结合缝松动。

(3)调整空气间隙至合格;磁极不平衡量较小时,可以用综合平衡加配重控制。

(4)更换匝间短路线圈;在短路的线匝对称方向人为地短路一匝,使之平衡,不对称力抵消,这样可短时间内运行。

(5)控制相间电流差值,一般10万kW及以下的水轮发电机组,三相电流之差不超过额定电流的20%;容量超过10万kW者不超过15%;直接水冷定子绕组发电机不超过10%。

2.1.2.5 其他事故/故障及其处理

1.水轮机顶盖水位升高

1)故障现象

(1)上位机发出“机组顶盖水位升高”信号,相应信号继电器掉牌或光字信号牌亮。

(2)现场检查顶盖水位高。

2)故障原因

(1)顶盖相关排水设施未正常运行或顶盖自流排水孔堵塞。

(2)主轴密封漏水量增加。

(3)顶盖水位监测设备误动作。

3)故障处理

(1)检查顶盖自流排水孔是否畅通,如堵塞,则设法疏通。

(2)若密封漏水大,可适当调整负荷,并开启均压排水阀。

(3)若浮子继电器误动作,则通知维护人员处理。

(4)若顶盖水位上升无法控制,应调整负荷或申请停机处理,并汇报相关部门。

2.实例一:水轮机导叶拐臂双连板下侧连板脱落

1)故障现象

2015年5月30日15:20,在巡检时发现5#水轮机的18#导叶拐臂双连板下侧连板脱落。本次事件未造成设备设施损坏、机组退备、减少出力等情况。

2)故障原因

在5#水轮机A级检修回装过程中,机组检修项目部施工人员未按工艺要求安装水轮机17#、18#、19#拐臂双连板连接(夹紧)螺栓的螺母定位开口销(直径5 mm),机组运行过程中,螺母松动且无开口销限制而脱落,从而导致18#拐臂双连板下侧连板脱离安装位,掉落在水轮机顶盖上。

3)故障处理

(1)通知维护/检修人员进行处理。

(2)要求检修项目部进一步树立质量意识,加大对各项工作的检查监管力度,把好质量关。同时,要做好对工作人员的警示教育工作,增强作业人员的职业素养和责任心,杜绝类似事件再次发生。

(3)要求现场负责人加强对工序、工艺把控和重要部位的检查,确保检修质量。

(4)加强三级验收管理,对关键工艺、关键部位要进一步细化,逐一核实,做好检查监督工作。

(5)结合本水电站投产以来发生的类似事件,梳理重要工序、工艺,并及时做好对新员工的培训工作。

3. 实例二:控制环卡阻无法正常停机

背景:水电站共装有 5 台、单机组容量为 3.8 万 kW 的贯流式水轮发电机组,电站上游设计水位海拔为 2 050 m,下游尾水位在 2 034.5~2 038 m 运行,设计水头 12.5 m。2016 年 10 月 17 日 09:34,某水电站 1#~4#机组运行,5#机组停机,4 台机组所带负荷 12 万 kW,每台带负荷 3 万 kW,负荷调整由人工在中控室监控电脑的负荷增减条上操作调整。10:40 上游水库水位下降至 2 048.7 m,水库上游来水量减小,运行值班人员对 1#机组减负荷准备停机。

1)故障现象

1#机组停机过程中,导叶开度关至 23%时,导叶无关闭趋势,机组转速维持在 76%n_e,走停机流程退出。

2)故障原因

(1)1#机组为卧式机组,控制环装配于外配水环,外配水环环板外圆上有 90°的 V 形槽;控制环装配有环形压板,并与环形压板内圆形成 90°V 形槽。外配水环外环与控制环间 V 形槽内装配有直径 50 mm 的钢球。外配水环固定不动,控制环与 2 个接力器推拉杆相连,通过接力器推拉杆操作控制环做周向移动。由于机组卧式布置,控制环的自重落在外配水环的上部,并压在钢球上。

(2)在机组开关和运行过程中,钢球在控制环和外配水环外环板的 V 形槽内滚动,滚动过程中与钢球接触的 V 形槽面会受挤压力而磨损。

(3)机组长期运行后 V 形槽与钢球接触处就产生了凹槽,控制环由于重力下沉,控制环与外配水环间的间隙变小到零后,外配水环与控制环的钢体部分在顶部摩擦,控制环移动受阻,就出现了卡阻。

3)故障处理

(1)立即手动投入 1#机组 2 台高压顶起油泵。

(2)将 1#机组调速器控制方式切至现地,“电手动”关闭导叶,导叶开度无变化。

(3)随即切至“机手动”,先开后关导叶(机组转速最高升至 108 r/min),导叶开度由 23%降至 0.08%,转速下降,走停机流程 1#机组停机正常。

(4)停机 1 个月,对控制环进行检修,补焊控制环和外配水环的 V 形槽,并打磨光滑。

4. 实例三:机组大轴补气上端盖观察窗漏水

1)故障现象

2016 年 9 月 24 日 21:48,某水电站 1#机组大轴补气上端盖观察窗漏水,影响机组正常开机运行。

2)故障原因

(1)大轴补气上端盖观察窗部位一颗固定螺栓的螺栓孔底部堵板脱落,水库冲沙试验期间,机组处于停机状态,在电站尾水位升高的正压力下,水从补气管内通过大轴补气上端盖观察窗固定螺栓的螺栓孔漏出。

(2)大轴补气上端盖观察窗一颗固定螺栓过长,比另外7颗螺栓长15 mm,安装螺栓时顶破螺栓孔底部堵板。历年1#机组C级检修中均开展了大轴补气装置的检查处理工作,但未发现和处理该问题。

3)故障处理

(1)通知维护/检修人员进行处理。

(2)要求检修部门制订检修质量管理措施,加强检修过程管理,及时发现和消除设备隐患和缺陷。

(3)要求检修部门梳理规程与规范、设备图纸和说明书的相关技术要求,增强设备隐患排查治理工作的针对性。

2.2 发电机常见事故及其处理

2.2.1 水轮发电机基本知识

2.2.1.1 水轮发电机作用及分类

1.作用

水轮发电机的主要作用是将水轮机的旋转机械能转换成电能,其结构与性能的好坏对水电站的安全、稳定、高效运行起着至关重要的作用。

2.分类

(1)按布置方式,可分为卧式和立式两种。卧式水轮发电机适合中小型、贯流式及冲击式水轮机,一般低、中速的大中型机组多采用立式水轮发电机。

(2)按推力轴承位置,立式发电机又分为悬式和伞式两种。推力轴承位于转子上方的发电机称为悬式水轮发电机,适用于转速在100 r/min以上。推力轴承位于转子下方的发电机称为伞式水轮发电机,无上导的称为全伞式,有上导的称为半伞式,它适用于转速在150 r/min以下。

(3)按冷却方式,可分为空气冷却和水冷却两种。

2.2.1.2 水轮发电机组成

水轮发电机主要由定子、转子、机架、轴承、冷却器、制动器等部件组成。

1.定子

定子与转子是水轮发电机的主体部件,水轮发电机就是依靠定子绕组切割转子旋转磁场而发电的。水轮发电机定子主要由机座、铁芯、三相绕组等组成。铁芯固定在机座上,三相绕组嵌装在铁芯的齿槽内。发电机定子机座、铁芯和三相绕组统一体统称为发电机定子,也称为电枢。

1)机座

机座用来固定定子铁芯,在悬式机组中,它又是支撑整个机组转动部分的重要部件,主要承受轴向荷重、定子自重及电磁扭矩并传递给基础。此外,它还构成冷却风路的一部分。

定子机座一般呈圆形,小容量水轮发电机多数采用铸铁整圆机座,也有采用钢板焊接的箱形结构;较大容量的水轮发电机的机座由钢板制成的壁、环、立筋、合缝板等零件焊接组装而成。机座应有足够的刚度,同时还应能适应铁芯的热变形。

2)铁芯

定子铁芯用来嵌放定子线圈,并构成电机磁路的一部分。定子铁芯一般由 0. 35~0. 5 mm 厚的扇形硅钢片叠压而成,扇形硅钢片内圆周有嵌放线圈的槽,外圆周有固定用的鸽尾槽,以便将扇形硅钢片固定在机座的鸽尾筋上。在叠装扇形硅钢片时,每隔 30~80 mm 就留有 10 mm 左右的通风沟,铁芯两端放置压板,用双头螺杆拉紧而成为一个整体。整个铁芯固定在机座内圆周的定位筋上。

为了测量定子铁芯的温度,定子铁芯内埋有测温元件,一般沿铁芯轴向放在中心处和接近两端处。如须测沿轴向温度分布,可多埋几处。电阻元件埋入后,用环氧树脂固定好,引出线须用屏蔽线。

3)绕组

定子绕组的作用是感应电动势,通过电流,实现机电能量的转换。定子绕组由若干线圈按照一定的规律连接而成,定子绕组放在定子铁芯内圆周的槽内,并用槽楔压紧,绕组端部用绑绳固定在端箍上。同步发电机定子绕组一般采用双层叠绕组或双层波绕组,并多采用分数槽绕组,以便改善电动势的波形。

2. 转子

转子主要由转轴、支架、磁轭和磁极等组成。

1)转轴

转轴的作用是传递扭矩,并承受机组转动部分的重量和轴向水推力。

2)支架

转子支架的作用是将磁轭与转轴连接起来,通常由轮毂和轮辐组成,轮毂固定在转轴上,磁轭固定在轮辐上,如图 2-10 所示。

3)磁轭

转子磁轭用来固定磁极,同时也是电机磁路的一部分。大中型发电机转子磁轭用 2~5 mm 厚钢板冲成扇形片交错叠成整圆,每叠 4~5 cm 留一道通风沟,最后用拉紧螺杆固定成一个整体,磁轭外圆周开有 T 尾槽,以便与磁极铁芯的 T 尾相挂接,如图 2-10 所示。

4)磁极

如图 2-11 所示,转子磁极一般用 1~1. 5 cm 厚的钢板冲片叠成,在磁极的两端加上磁极压板,拉紧螺杆紧固成整体,并用 T 尾与磁轭的 T 尾槽连接。磁极的极靴部分为曲面,该曲面与电枢内圆周之间的间隙即为气隙,极靴既能固定励磁绕组、阻尼绕组,又能改善气隙主磁场的分布。磁极都是成对出现的,并沿着圆周按 N、S 的极性交错排列。

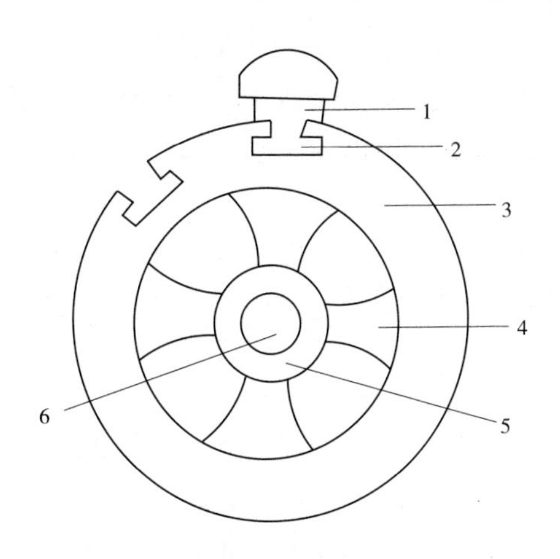

1—磁极;2—T尾;3—磁轭;4—轮辐;5—轮毂;6—转轴

图2-10 凸极发电机转子结构示意图

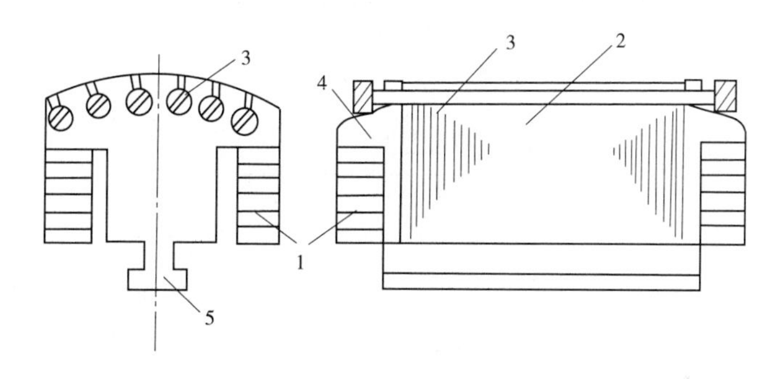

1—励磁绕组;2—磁极铁芯;3—阻尼绕组;4—磁极压板;5—T尾

图2-11 凸极发电机的磁极

5)励磁绕组

励磁绕组多采用绝缘扁铜线在线模上绕制而成,后经浸渍热压处理,套在磁极的极身上,如图2-11所示。励磁绕组中通过直流电流,产生极性和大小都不变的恒定磁场,在原动机的拖动下旋转,使极性和大小都不变的恒定磁场变为旋转的磁场,该旋转的磁场切割定子绕组而使定子绕组感应电动势。

6)阻尼绕组

阻尼绕组是将裸铜条插入极靴的孔内,再用端部铜环将全部铜条端部焊接起来,形成一个鼠笼形的绕组,如图2-11所示。阻尼绕组可以起到抑制并列运行的发电机转子振荡的作用。

3. 轴承

水轮发电机的轴承分为导轴承和推力轴承两种。

1)导轴承

导轴承是用来承受水轮发电机组转动部分的径向机械不平衡力和电磁不平衡力,并约束轴线径向位移和防止轴的摆动,使机组轴线在规定数值范围内旋转的结构。导轴承主要由轴领、轴瓦、支柱螺钉和托板等组成,如图2-12所示。导轴承的常见故障是瓦温偏高,严重时甚至烧瓦,一般是通过温度传感器将温度信号转换为电信号传至中控室仪表或计算机监视器上,监视导轴承的油温。运行中还要到现场巡视导轴承油位、油质情况,漏油情况,冷却水压力等情况,确保导轴承安全。

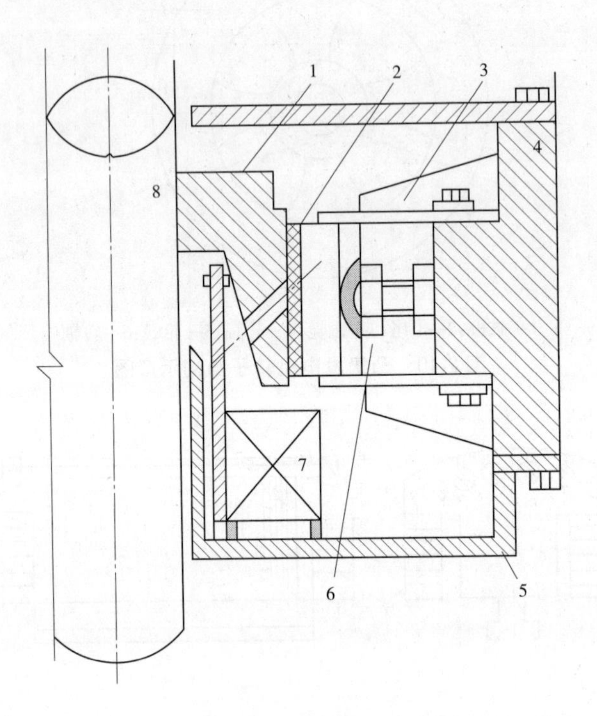

1—轴领;2—轴瓦;3—托板;4—支架;5—油槽;6—支柱螺钉;7—冷却器;8—主轴

图 2-12　导轴承结构示意图

2)推力轴承

推力轴承承受立式水轮发电机组转动部分的全部重量及水轮机转轮上的轴向水推力。大容量机组的轴向水推力负荷可达数千吨,所以推力轴承是水轮发电机制造上最困难的关键部件,也是运行中经常出故障的部件。推力轴承由推力头、镜板、推力瓦和轴承座等构成,其结构如图 2-13 所示。

推力头用热套的方法固定在转轴上,镜板用定位销固定在推力头的下面,镜板和推力头与转轴一起旋转。推力瓦为推力轴承的静止部分,一般做成扇形,整个圆周一般均匀分布有 8~12 块推力瓦。钢坯推力瓦浇有 3~5 mm 厚的巴氏合金,该合金硬度低,耐磨性好。镜板与推力瓦的接触面光洁度极高,加之在机组转动时镜板与推力瓦接触面之间有一层薄薄的油膜,极大地降低了转动时的摩擦阻力。每个推力瓦下面有托盘将推力瓦托住。整个推力轴承装在一个盛有润滑油的密封油槽内,油不仅起润滑作用,也起冷却作用。对于中小容量机组,油的冷却是靠装在油槽内的冷却器来散热的,称为内循环冷却方式。

对于大型水轮发电机组,仅靠装在油槽内的冷却器散热,其冷却效果达不到要求,因此可采用镜板泵外循环冷却方式,即在镜板(或推力头)上开径向孔构成简易离心泵,在镜板的外缘装集油槽用以汇集热油,并将热油送入管路,经外置冷却器,再回到推力瓦。热负荷较高、冷却条件较差的轴承,在镜板的内缘还须加装导流圈,迫使油从轴承底座流

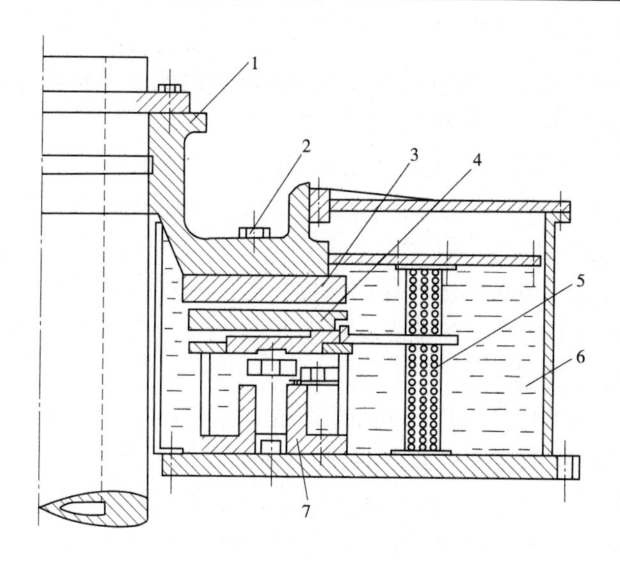

1—推力头;2—定位销;3—镜板;4—推力瓦;5—冷却器;6—油槽;7—轴承座

图 2-13 推力轴承结构示意图

向泵孔,使瓦间部分冷油不致被抽走,以改善轴瓦的润滑冷却,如图 2-14 所示。

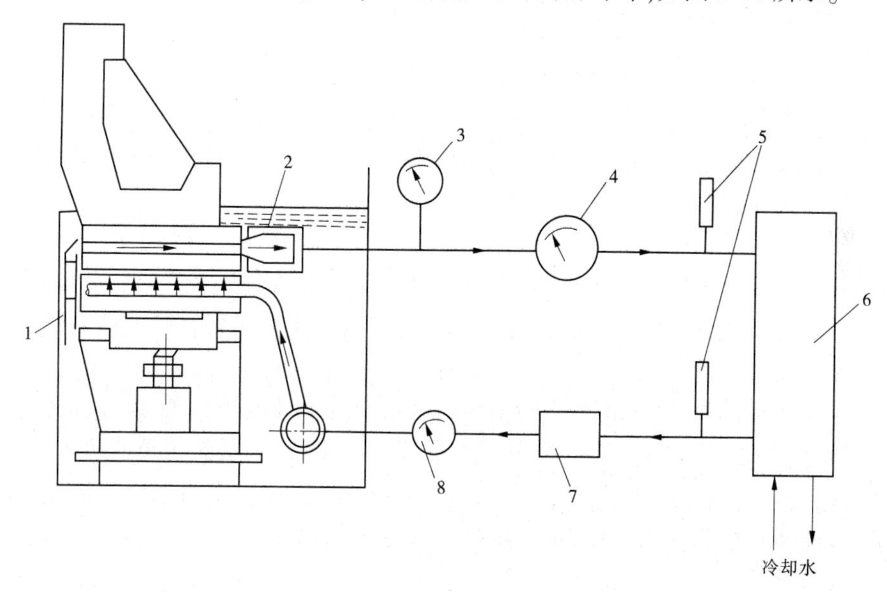

1—导流圈;2—集油槽;3—压力表;4—流量表;5—温度计;6—冷却器;7—滤油器;8—示流信号器

图 2-14 镜板泵外循环冷却系统

推力轴承的常见故障仍是瓦温偏高,严重时甚至烧瓦,一般也是通过温度传感器将温度信号转换为电信号/数字信号传至中控室仪表或计算机监视器上,监视推力轴承的油温。运行中还要到现场巡视推力轴承油位、油质情况,漏油情况,冷却水压力等情况,确保推力轴承安全。

4. 集电环与电刷装置

集电环与电刷装置的作用是将在静止的励磁装置中的直流电流送到旋转的励磁绕组

中,为发电机转子励磁。

集电环固定在转轴上,经电缆或铜排与励磁绕组连接,直流电经电刷正极、集电环正极、励磁绕组、集电环负极、电刷负极形成回路。

集电装置应设在便于观察和维护及无油雾和灰尘污染的位置。大容量悬式水轮发电机,集电环一般布置在上机架中心体内,伞式水轮发电机的集电环大多布置在上导轴承和上机架的上面(半伞式)或机组顶端(全伞式)。

(1)集电环。水轮发电机的集电环用钢板制成,直径较小的集电环做成套筒式,直接热套在套筒上;直径较大的集电环做成支架式,支架式集电环又分为整圆和分瓣两种,用绝缘螺杆将集电环固定在支架上。

(2)电刷装置。主要由导电环和电刷等组成。导电环一般通过绝缘螺杆固定在上机架中心体内;根据电刷的数量和尺寸,导电环可做成半圆形或扇形。正、负导电环沿圆周交错布置,以防碳粉引起短路。电刷的材料为电化石墨,为减少运行中电刷的维护工作量,常采用恒压弹簧式刷握。每个导电环上的电刷数和电缆接头数应在两个以上,不允许采用单刷和单接头,这样可防止因电刷接触不良或接头松脱而导致机组失磁。

集电环与电刷装置的常见故障是滑环打火、电刷引线脱落、电刷长度不够、电刷粉尘及油污引起集电环短路等,运行人员必须到现场巡视集电环与电刷装置的运行状况,确保安全。

5. 机架

机架是立式水轮发电机安装推力轴承、导轴承、制动器及水轮机受油器的支撑部件,是水轮发电机较为重要的结构件。机架由中心体和支臂组成,一般采用钢板焊接结构,中心体为圆盘形式,支臂大多为工字梁形式。

机架按照其所处的位置分为上机架和下机架,按照承载性质分为负荷机架和非负荷机架。安置推力轴承的机架称为负荷机架,主要承受机组转动部分的全部重量、水轮机轴向水推力、机架和轴承的自重、导轴承传递的径向力及作用在机架上的其他负荷。非负荷机架主要用来安置导轴承,要承受的径向力有转子径向机械不平衡力和因定子、转子气隙不均匀而产生的单边磁拉力,要承受的轴向负荷有导轴承及油槽自重、制动器传递的力或上盖板及转桨式水轮机的受油器。对悬式水轮发电机来说,上机架为负荷机架,下机架为非负荷机架;对伞式水轮发电机来说,上机架为非负荷机架,下机架为负荷机架。中小型立式水轮发电机一般为悬式机组,推力轴承位于上机架内。

6. 制动系统

额定容量为1 000 kVA及以上的立式水轮发电机一般采用空气制动系统。目前,水轮发电机主要采用机械制动,其制动系统由制动器和管路系统组成。一台发电机一般有8个或12个制动器。

制动器顶部有耐磨耐热材料制成的制动块。用它与转子的制动环接触使机组制动。制动块下部是定位板,当高压油通入活塞下腔时,活塞、定位板和制动块将同时被顶起。活塞外的缸套即制动器座,其下部留有给油(给气)和吹积油的孔,以及溢油孔等。制动器座外有一个大螺母,利用它可以顶住定位板并可在一定范围内调整制动块高程。

7. 冷却系统

同步发电机的额定容量主要由电机的机械强度和温升等因素决定。大型同步发电机中损耗的功率高达数千千瓦，如不采取各种冷却措施把因损耗功率转换来的热量带走，电机的温升就容易超过绝缘材料的极限允许值，影响电机的安全运行和寿命。因此，同样一台发电机，如果冷却效果好，就允许发出更大的电功率；反之，就会限制发电机的输出功率。由此可见，提高大容量发电机的冷却效果具有重要的实际意义。

水轮发电机的冷却方式根据冷却介质可分为空气冷却、水冷却、氢气冷却三种，下面介绍常用的空气冷却。

空气冷却是一种简单的冷却方式，结构简单，运行维护方便。但是空气的传热系数相对较小，冷却效果不够理想。因此，采用空气冷却的汽轮发电机，最大容量不超过50 MW。水轮发电机由于直径大，轴向长度短，体积大，转速低，冷却问题不突出，通常采用空气冷却。

采用空气冷却的水轮发电机有开敞式、管道式和闭路循环三种方式。

(1)开敞式通风方式的特点是：结构简单，安装方便；但冷却空气由机房吸入，电机温度受环境温度影响大，防尘、防潮性能差，绝缘易受侵蚀。用于小型水轮发电机。

(2)管道式通风方式与开敞式通风方式不同之处在于：冷却空气一般来自温度较低的水轮机室，热空气则靠电机的自身风压作用经管道排到厂房外面，为了清洁空气，在进风风路中常设滤尘器。用于小型水轮发电机。

(3)闭路循环通风方式的特点是：空气成闭路循环，利用空气冷却器将热空气的热量带走，因而冷风稳定，温度低，空气清洁、干燥，有利于绝缘寿命，安装维修方便。

闭路循环通风方式，按风路不同又可分为封闭双路径向通风系统、双路轴向通风系统及双路径向无风扇通风系统。下面介绍广泛用于大、中容量水轮发电机的封闭双路径向通风系统的风路构成。

如图2-15所示，在转子产生的风压作用下，冷却空气从转子支臂上、下方空间进入转子磁轭中间的径向通风沟，经过励磁线圈表面、电机气隙、定子线圈、定子铁芯的径向通风沟、定子机座，进入空气冷却器，风变冷后从空气冷却器出来分成两路，一路从上挡风板下面回到支臂上方，另一路从机墩中的风洞进入支臂下方。

2.2.1.3　机组运行中需手动事故停机或紧急事故停机的情况

1. 手动事故停机情况

机组运行中遇有下列情况之一者，应立即汇报生产指挥中心/调度转移负荷解列停机；必要时可按上位机（现地工控机）显示屏上“事故停机”按钮或机旁“事故停机”按钮解列停机：

(1)各轴承瓦温迅速上升或稳定上升（10 ℃/min），或者与其他机组相比有显著差别。

(2)轴承实际温度超过报警温度或接近事故停机温度。

(3)冷却水中断，轴承温度上升至报警温度仍有上升趋势，且无法恢复供水。

(4)轴承油位急剧下降。

(5)机组转动部分与固定部分有金属撞击声，或其他异常声音危及机组安全运行。

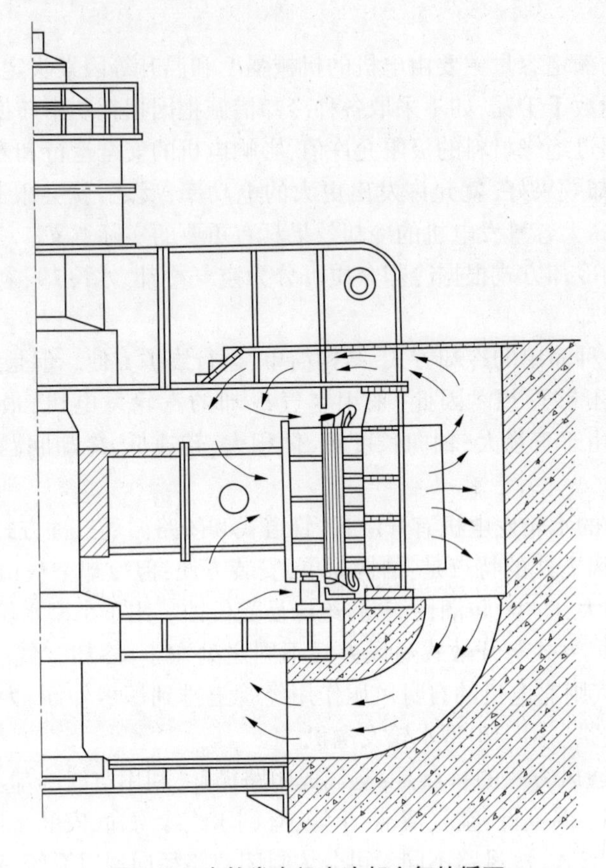

图 2-15　水轮发电机中冷却空气的循环

(6)机组振动、摆度超过允许值并继续恶化。

2. 手动紧急事故停机情况

机组运行中，遇到下列情况时，工作闸门应能自动关闭，若工作闸门未自动关闭，则按上位机(现地工控机)显示屏上“紧急事故停机”按钮或机旁“紧急事故停机”按钮解列停机：

(1)机组Ⅱ级过速时。

(2)机组事故停机时遇剪断销剪断。

(3)机组顶盖排水堵塞，顶盖水位不断上涨，水导轴承将被水淹没。

(4)油压低于事故低油压动作值，且仍在继续下降。

(5)发电机着火。

(6)其他严重危及人身及设备安全的情况。

紧急事故停机除自动跳开发电机主断路器、灭磁开关，机组做事故停机并同时发出紧急事故信号外，还要关闭机组主阀/进水口闸门。

应特别注意，事故停机、紧急事故停机、手动紧急停机时，运行人员应根据仪表、断路器位置指示、断路器分闸弹簧张紧程度等综合判断断路器确已分闸，机组转速确已降至$35\%n_e$以下方能刹车制动。若发电机出口断路器未分开而贸然刹车制动，强大的气隙旋

转磁场将在转子轮毂、铁芯、阻尼绕组上感生涡流并严重发热，可能引起发电机燃烧的严重后果。

事故停机或紧急事故停机后，运行人员不应立即将保护复归，而应及时报告上级领导或调度等待处理，并做好记录。事故停机后应进行全面检查分析，找出原因，进行处理。

2.2.2 发电机常见事故/故障及其处理

2.2.2.1 发电机转子事故/故障及其处理

1. 发电机转子一点接地

1）故障现象

监控系统报发电机转子一点接地保护报警信号（Ⅰ段）或动作信号（Ⅱ段），现地发电机保护屏转子接地保护报警或动作跳闸。

2）故障原因

（1）转子外部接地：转子励磁电缆接地，碳刷架烧损，滑环（集电环）、引线、槽绝缘损坏，转子磁极软接手断裂接地或端部严重积灰，碳刷粉尘过厚。

（2）转子内部接地：磁极上游侧螺杆受潮接地、磁极线圈与铁芯间有丝状物插入造成接地、磁极上游侧线圈与铁芯的缝隙有油泥引起接地，励磁线圈因离心力作用内套绝缘擦伤，磁极绕组及绝缘垫板老化、受潮。

（3）保护装置或回路引起接地：大轴一点接地回路端子松动导致不平衡发转子接地信号，保护装置回路设备老化造成误发转子接地信号。

3）故障处理

目前，转子一点接地的处理方法主要有两种，一种是先检查再停机，处理方法如下：

（1）转子一点接地报警后，自动/手动投入转子两点接地保护。

（2）外部寻找可疑部分加以消除。

（3）用压缩空气吹扫滑环、碳刷架等处的积灰（注意空气中应无水或油）。

（4）如经上述处理，故障仍不能消除，则向值长和专业工程师汇报，经同意后方可继续运行，但须尽早安排停机检查，予以消除。

另一种处理方法是先停机再检查，具体如下：

（1）如转子回路、励磁回路有人工作，应立即停止其工作。

（2）检查保护装置是否动作跳闸，若仅发报警信号，则复归信号，判断是否保护误发信号。若信号不能复归，则立即联系调度转移负荷，停机处理。

（3）检查转子、滑环及绝缘支座有无异常情况，检查励磁系统是否正常，检查风洞内有无异常，测量转子绝缘。

（4）进一步检查励磁回路、保护装置，故障消除后做发电机零起升压试验，正常后投入运行。

第一种处理方法，保证机组不因误发信号而影响运行，小型机组应用较多；第二种处理方法先停机后检查，保证机组安全，大型机组应用较多。目前，根据转子一点接地故障的严重程度/接地电阻的大小，转子一点接地保护作用于发信（Ⅰ段）和跳闸（Ⅱ段）两种情况。

2. 实例一:机组转子一点接地保护动作停机

背景:某水电厂事故前机组运行情况:1FB、2FB、3FB、4FB、5FB、6FB、7FB、8B 并网运行,8F 冷备用。

1)事故现象

(1)××年 7 月 22 日 11:42:50,2#机组注入式转子一点接地报警。

(2)11:42:55,2#机组注入式转子接地保护动作。

(3)11:42:55,2#机组发电机出口开关 202 分位。

(4)11:42:55,2#机组灭磁开关分位。

(5)11:42:55,发电机保护停机,2#机组电气事故停机操作(流程自动启动)。

(6)11:42:55,2#机组调速器紧急停机电磁阀动作。

(7)11:42:56,主变洞公用 500 kV 第一套故障录波装置启动录波。

(8)11:42:56,2#机组故障录波装置启动。

(9)11:42:57,2#机组转速大于 115%n_e(电气一级过速)。

(10)11:43:01,2#机组转速大于 129%n_e(电气二级过速)。

(11)11:43:03,2#机组注入式转子一点接地报警复归。

(12)11:43:03,2#机组注入式转子接地装置报警复归。

(13)11:43:12,2#机组导叶全关。

(14)12:07:08,2#机组停机态到达。

2)事故原因

(1)直接原因:2#机组上导轴承供(排)水阀门脱落的金属铭牌卡在 23#磁极绕组与磁轭之间,导致 2#机组转子绕组发生接地故障。

(2)间接原因:机械班上导轴承供水阀门的设备管理责任落实不到位,对转子上方阀门铭牌的拆除工作未做详细交代,未对拆除铭牌带出风洞情况进行记录,未对其他铭牌去向进一步排查。

3)事故处理

(1)11:42,将 2F 跳闸情况汇报集控中心。

(2)11:43,令拦河闸坝值班员密切监视二级闸坝水位。

(3)11:43,令值班人员现场检查机组保护动作情况、监视 2#机组停机过程,必要时手动帮助。

(4)11:44,通知检修部派相关班组到现场检查 2#机组情况。

(5)11:44,合上 8F 出口刀闸 2081(集控操作)。

(6)11:46,8F 发电操作(集控操作)。11:51,8F 出口开关 208 合闸。

(7)11:47,将 2#机组跳闸情况汇报相关领导。

(8)11:48,值班员汇报:

①2#机组转子接地装置上显示 R_g 值为 0.08 kΩ,保护装置上有转子一点接地保护动作报警信号。

②2#机组调速器 A、B 套电调柜上有急停阀动作信号。

③2#机组灭磁开关分位。

④2#机组故障录波：11:42:55,2#发电机保护A套转子一点接地保护动作。11:43:22,2#发电机保护A套转子一点接地保护动作。11:43:31,2#发电机保护A套外部重动变位启动。

⑤2#发电机、励磁保护A套:2#发电机A套外部重动保护动作。

⑥2#发电机、励磁保护B套:无报警信号。

⑦安控装置:11:42:55,01—装置启动,05—装置动作出口。

(9)12:20,申请集控中心:将2#机组由冷备用转检修。

(10)12:23,拉开2#机组出口刀闸2021(集控操作)。

(11)12:23,集控中心令:将2#机组由冷备用转检修。14:13,执行完成,汇报集控中心。

(12)12:23,集控中心令:将2F控制权由集控侧切至电厂侧。12:24,执行完成,汇报集控中心。

(13)12:33,保护班汇报:检查转子接地保护装置接地故障仍存在,待转子摇测绝缘后再进一步确认故障点。

(14)13:04,投入2#发电机出口地刀2027,汇报集控中心。

(15)13:19,集控中心令:退出电厂安控装置2#机组安控切机功能。13:25,执行完成,汇报集控中心。

(16)13:30,电气班汇报:2#机组转子绝缘检测阻值为零。

(17)13:52,令值班员在2#机组励磁变低压侧挂一组三相短路接地线。

(18)14:10,通知检修部:2#发电机防转动措施已完成,可以安排人员进行2#发电机转子检查。

(19)14:47,通知水工部检查1#上游调压室及1#引水洞的数据监测情况。

(20)15:35,收到安生部《临时工作申请单》(工作内容:2#发电机转子绕组一点接地检查;申请工作时间:7月22日12:00至7月23日11:30)、《2#机组转子一点接地保护动作检查处理情况说明》两份,与安生部核对无误,传真至集控中心。

(21)15:51,集控中心令:《临时工作申请单》(工作内容:2#发电机转子绕组一点接地检查)开工,短信通知厂领导及相关班组负责人。

(22)16:30,自动班汇报:2#机组励磁系统、调速器系统、筒阀系统二次部分未见异常。

(23)16:48,机械班汇报:2#机组机械转动部分未见异常。

(24)16:50,检修部汇报:2#机组电气部分除转子部分外,其他未见异常。

(25)17:22,机械班汇报:2F发电机上固定挡风板已对称拆除2块,申请进行2F发电机盘车,以检查2F发电机每一个磁极;令值班员配合。

(26)17:24,向机械班交代:对2F发电机风洞内、转子上、水车室进行全面检查,撤出所有人员并派专人把守。

检查发现2#机组上导轴承供(排)水阀门脱落的金属铭牌卡在23#磁极绕组与磁轭之间,将23#磁极绕组与磁轭之间的异物取出。测量23#磁极绝缘电阻值为无穷大。

(27)03:20,将2#机组检查处理情况工作进度汇报集控中心。

(28)05:40,机械班汇报:2F发电机拆除的上固定挡风板已全部恢复,现场已清理干净,人员已全部撤离。

(29)05:50,电气班汇报:测量2#机组转子绝缘电阻合格。

(30)05:53,将安生部《2#机组转子一点接地保护动作检查处理情况说明》传真至集控中心,向集控中心申请:2F由检修转冷备用,开机至空转观察动态条件下转子绝缘电阻值情况。

(31)06:05,集控中心令:将2F由检修转冷备用,进行2F动态条件下转子绝缘电阻值检查,不得影响运行设备。

(32)07:36,2#机组具备手动开机试验条件,通知检修部可以进行2F手动开机试验。

(33)07:54,监控组班闭锁2#机组蠕动流程。

(34)08:06,2#机组开启筒阀至全开,汇报检修部。

(35)08:09,2#机组手动开机滑行,检修部通知:现场检查2#机组各部无异常,可以手动开机。

(36)08:11,2#机组手动开机至空转。08:21,2#机组空转态到达,检修部通知:现场检查2#机组手动开机正常,转子绝缘检查无异常。

(37)08:24,监控班恢复2#机组蠕动流程。

(38)08:40,检修部汇报:2F开机试验过程正常,满足报完工条件。

(39)08:42,安生部同意向集控中心报完工。

(40)08:53,申请集控中心同意:《临时工作申请单》(工作内容:2#发电机转子绕组一点接地检查)报完工,短信通知厂领导及相关负责人。

(41)08:58,集控中心令:投入安控装置2#机组安控切机功能。09:17,执行完成,汇报集控中心。

(42)09:18,CCS发2#机组停机令。09:36,停机态到达。

(43)09:58,集控中心令:将2F控制权由电厂侧切至集控侧。09:59,执行完成,汇报集控中心。

4)暴露问题

(1)发电机上部结构设计未考虑掉物的风险。该厂的发电机上导轴承供(排)水和油阀门为法兰连接结构,布置在转子支架上方,长期运行存在漏水、漏油进入发电机内部的隐患,且阀门与转子之间没有构建有效防止掉物的防护措施,螺栓、铭牌等物件易脱落进入发电机内部。

(2)检修管理不到位。本次事故发生前的2#机组C级检修,停机后测量转子绝缘电阻值0.6 MΩ,较上轮检修后转子绝缘值379 MΩ悬殊,检修期间仅对磁极下端部和可观察到的转子回路进行了外观检查和清扫,未做进一步检查。最近的一次2#机组手动开机试验,发生转子一点接地保护动作停机且测量转子绝缘为0.36 MΩ的情况下,判断为2#发电机受潮,也未采取加热烘燥后重新测量绝缘电阻等措施确认原因,致使2#机组在存在隐患的情况下投运。

5)改进措施

(1)全面排查检修管理工作中存在的问题,切实落实设备管理的主体责任,加强专业人员技术培训,提高检修人员的安全质量意识,保证设备安全稳定运行。

（2）强化检修精细化管理，细化检修项目、验收标准等，并做好检修交代和资料存档。

3. 发电机转子两点接地

1）事故现象

先发转子一点接地信号，警铃响；转子电流表指示剧增，转子和定子电压表指示降低；无功表指示降低，功率因数提高甚至进相运行；机组振动增大，严重时失步；风洞内可能有焦臭味；失磁保护可能动作跳闸。

2）事故原因

转子回路有短路情况。

3）事故处理

（1）若保护未动作停机，应立即紧急停机。

（2）检查发电机出口断路器、灭磁开关是否拉开，如未拉开，应立即拉开出口断路器及灭磁开关，将机组解列停机。

（3）机组停机后测量转子绝缘。

（4）对发电机定子、转子、风洞、励磁系统等进行全面检查和处理。

（5）若故障点在转子内部，须请制造厂帮助处理。

4. 转子磁极线圈故障

1）故障现象

（1）励磁电流下降接近于零，励磁电压上升至最大。

（2）有功出力下降，定子三相不平衡电流上升很多。

（3）磁极断线时发电机风洞内有焦味和烟雾，并有哧哧声。

（4）失磁保护可能动作、告警。

2）故障原因

（1）转子磁极断线（因接头焊接质量不佳，在离心力作用下断路）。

（2）转子匝间短路（被严重油污及电刷炭灰堆积；安装或日常检修时，操作不慎造成转子机械损伤；开停机或负荷变化时，转子导线和绝缘受热的胀缩引起匝间绝缘错位磨损）。

3）故障处理

（1）转子磁极断线处理方法。

保护未动时，拉开发电机出口断路器、灭磁开关，解列停机；发现着火时，进行发电机灭火。

（2）转子匝间短路处理方法。

开机时注意空载励磁电流和额定励磁电流与厂家的规定是否一致。如果发现电流有明显增加或引起明显振动，应判断发电机有转子短路的可能，可适当减少负荷，使发电机的电流与振动减少到允许范围之内，待停机后进行检查处理。运行中加强监视。

5. 实例二：机组转子绝缘能力降低

背景：某水电站为长引水式小型水电站，于2016年10月至2017年2月进行渠道改造施工，施工期间机组停机。

1)故障现象

(1)2017年1月18日,对2#机组进行清扫和绝缘测试工作,转子绝缘电阻为0.75 MΩ。

(2)2月21日12:18,开2#机组至空转。15:00,开始对2#机组进行递升加压试验。当机端电压升至6 kV时,2#机组转子一点接地保护装置告警,停机检查转子绝缘为零。考虑机组已经停机数月,怀疑转子绕组受潮。

2)故障原因

(1)机组检修时,设备防护、清扫工作不到位,导致金属杂质掉入磁极,开机运行后内部绝缘磨损,是导致本次事件的直接原因。

(2)2月21日机组开机前,未进行转子绝缘测试,仍使用1月18日测试结果,间隔时间较长,未能及时发现存在隐患,是导致此次事件的主要原因。

(3)小型水电站技术力量薄弱,对设备故障现象分析能力较差,不能针对故障现象及时做出判断,导致在故障未消除的情况下仍然开机建压,使磁极内部故障由一点接地恶化为两点接地,是导致本次事件的间接原因。

3)故障处理

(1)2月22日,对2#机组转子引线和外观拆机检查,回装、开机空转烘焙转子。因机组空转烘焙发电机温度只能达到20 ℃,绝缘未恢复。

(2)2月23日,对2#机组采用直流焊机升流烘焙方法进行烘燥,24日对转子再次进行绝缘测试仍不合格。

(3)2月25日,采用直流焊机加电流方式检查,发现转子一号磁极(顺时针转子引线进线第一个磁极)在靠水轮机侧磁极线圈拐弯中部有冒烟发热痕迹,确定了该磁极存在绝缘薄弱点。经现场人员将发电机挡风板、阻尼环、风扇叶片拆除,分解故障磁极引线后再进行检查。除一号磁极外,其他磁极绝缘在50 MΩ以上,满足正常运行要求。将一号磁极键拉出,拆下一号磁极发现磁极绕组内圈明显有烧糊痕迹,内外痕迹对应一致。磁极解体后,故障位置有几颗黑色金属碎屑掉出,直径大约2 mm。磁极吊出解体后,电站人员随即对磁极线圈绝缘进行了修复处理,对线圈及磁轭表面炭化痕迹进行清扫和清洁,对损坏的绝缘进行重新包扎和环氧浸渍。绝缘处理完毕,磁极线圈经烘烤干燥后,通过交流阻抗试验和绝缘试验确定线圈没有匝间短路和绝缘破损情况,随即进行磁极回装。

(4)2月29日,完成磁极回装,开机试运行正常。

6. 实例三:机组转子动态匝间短路

背景:某水电厂发电机组为高水头混流式水轮发电机组,机组额定容量75 MW,立式布置,悬式机组,磁极5对10个,额定转速600 r/min,额定水头458 m。2006年7月投入商业运行,历年年检预试发电机定、转子试验数据无异常。

1)事故现象

(1)机组参数突变现象:××年8月15日23:48:15,机组负荷72 MW,机组振动摆度发生突变,上导:X向由131 μm增至750 μm(正常值≤476 μm),Y向由154 μm增至630 μm(正常值≤476 μm);下导Y向由102 μm增至671 μm(正常值≤308 μm);上机架:X向7 μm增至179 μm(正常值≤50 μm),Y向7 μm增至129 μm(正常值≤50 μm);Z向

11 μm增至95 μm(正常值≤40 μm);其他部位振摆值无变化。

(2)保护动作情况。

机组水机保护定值:上导、下导、水导报警值60 ℃,动作值65 ℃。8月15日23:48:15,机组振动、摆度发生突变;23:51:35(异常3 min),上导10块瓦瓦温均突变上升至65 ℃以上,上导瓦温过高保护动作停机,停机过程中其中一块瓦最高温度达70 ℃。无其他保护动作或告警。

2)事故原因

6#磁极存在动态匝间短路故障造成本次机组停运。

3)事故处理

(1)机组停机后,对尾水管、转轮、蜗壳等过流部件,以及定、转子外观和大轴等设备进行了检查均正常。

(2)检查各部无异常后,将机组开机至空转机组,振动、摆度与故障前正常运行时的数据基本一致无异常。零起升压至30%额定电压后,各部导轴承及机架振动摆度开始陡增。初步判断为机组振动、摆度突变主要是电气原因导致,排除机械原因。故障对象主要是转子部分。

(3)机组稳定性试验分析。

对机组进行动平衡试验。机组开机至空转工况,振动、摆度幅值小,且基本不随转速变化,机组不存在明显的动不平衡现象。

对机组做递增升压试验,从起励至50%额定励磁电压工况,上导轴承摆度和定子机壳中部水平振动幅值有小幅上升,其余测点振动、摆度幅值基本不变,所有测点相位均保持不变。

电压从50%额定励磁电压上升到60%额定励磁电压,上机架振动幅值从小于7 μm上升至37 μm,上导摆度幅值从350 μm上升至680 μm,定子机壳中部水平振动从20 μm上升至59 μm,以上测点相位均顺时针移动约45°;其余测点振动、摆度幅值亦有增加,但相位基本不变。

电压从60%额定励磁电压上升到65%额定励磁电压,上机架振动幅值从37 μm上升至56 μm,上导摆度幅值从680 μm上升至770 μm,定子机壳中部水平振动从59 μm上升至109 μm,以上测点相位均顺时针移动约20°;此时下导轴承(实际为法兰)摆度值最大为360 μm,水导轴承摆度值最大为101 μm,下机架水平振动最大值为37 μm,且相位与空转工况基本一致,进一步判断电气方面存在故障。

(4)静态下转子大电流试验、整体交流耐压试验、动态下机组过速试验均正常。

(5)利用转子交流阻抗仪和示波器通过测试转子动态、静态交流阻抗,判断其10个磁极中有1个磁极存在动态匝间短路。

(6)静态下对10个磁极进行单个测试,交流阻抗数据一致,与历年数据对比基本一致。

(7)静态下对转子整体测试,交流阻抗与历年数据对比基本一致。

(8)将机组开机至空转状态,在动态下测试机组转子交流阻抗得到一个阻值,再将机组转速下降至34.5%n_e时,转子交流阻抗发生变化,阻值下降约20%,初步判断为转子存在动态匝间短路。

(9)将机组磁极按短接、不短接等组合方式，分别测试机组静态、动态情况下阻值，发现6#磁极阻值有异常，在机组转速下降过程中阻抗下降。

(10)使用动态探测线圈波形法，在机组定子铁芯处利用导线制作成探测线圈，将探测线圈电压引出接入示波器，机组开机后在转子绕组上施加适当的励磁电流，然后测试一个周波内转子10个磁极在探测线圈上的感应电压波形，发现6#磁极所产生的感应电压幅值与其他9个磁极产生的感应电压幅值相差14%左右，同时结合上述试验结果，故判断故障原因为6#磁极存在动态匝间短路故障造成本次机组停运。

探测线圈在6#磁极上的感应电压幅值与其他9个磁极相差14%左右，如图2-16所示。

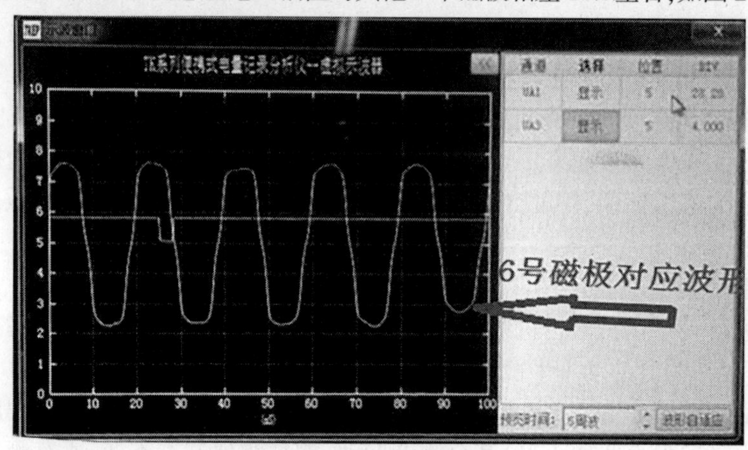

图2-16　60%转子额定电流

(11)动态匝间短路故障磁极确认后，首先要查看该磁极绕组有无明显烧焦或者放电痕迹。如无明显痕迹，为了尽快消除故障，在不吊转子的情况下从机坑内拔出该磁极，再次查看有无明显烧焦或者放电痕迹。如有明显痕迹但不严重，则可在现场将磁极线圈与铁芯进行分离，小心撬开故障点处的线圈，将损坏的匝间绝缘清理干净，再使用特制的绝缘纸和环氧树脂重新处理线圈匝间绝缘。用千斤顶压紧撬开部位，待24 h环氧树脂完全固化后取下千斤顶。对处理完成后的磁极进行绝缘电阻、直流电阻、交流阻抗及交流耐压等电气试验，试验合格后可回装磁极，进一步进行动态试验。

(12)故障磁极拔出后，如果没有发现明显烧焦或者放电痕迹，则无法确认故障点，或者发现烧焦部位已损坏较严重，现场无法进行修复处理，则需返厂维修，由厂家将磁极铁芯、线圈解体后，重新制作磁极线圈匝间绝缘，彻底消除匝间短路缺陷。

2.2.2.2　发电机定子事故/故障及处理

1.“发电机定子接地”发信号

1)故障现象

(1)“发电机定子接地”光字牌亮；保护盘$3U_0$(零序电压)或3ω定子接地信号灯亮；有时出现定子铁芯温度不正常升高并伴有上升的趋势。

(2)对于中性点不接地系统，定子零序电压升高，最高可达100 V，接地相对地电压下降甚至为0，非故障相对地电压升高，最高可达线电压；经消弧线圈接地系统，其消弧线圈

电流表有指示。

2) 故障原因

(1) 定子出口母线接地。

(2) 定子绕组刮、卡、绝缘不良(如绝缘老化、受潮、机械损伤)。

(3) 接头受热膨胀碰壳、爬电。

(4) 中性点附近定子绕组发生匝间短路,发展成绕组对铁芯击穿。

(5) 大气过电压波及发电机中性点,造成中性点对地绝缘击穿。

(6) 动物及鸟类引起接地。

(7) 电压互感器二次或本体故障等。

(8) 水冷机组漏水及内冷却水导电率严重超标,引起接地报警。

(9) 发变组单元接线中,主变压器低压绕组或高压厂用变压器高压绕组内部发生单相接地,都会引起定子接地报警信号;发电机带开口三角形绕组的电压互感器高压熔断器熔断时,也会发出定子接地报警信号,这种现象通常称为"假接地"。

3) 故障处理

根据保护动作情况,判断定子接地为真接地还是假接地,假接地时应联系检修班对二次系统或机端电压互感器进行处理,真接地则处理方法如下:

(1) 选测发电机定子三相对地电压,根据数值判断接地相及接地性质(对于中性点不接地系统,定子电压表指示三相不平衡,接地相对地电压降低,未接地相对地电压升高);若为金属性接地,应立即联系调度停机检查。

(2) 若定子三相电压对称且仅有 3ω 定子接地信号灯亮,接地点可能靠近中性点,应重点对中性点电压互感器进行检查。同时联系继保人员对定子接地保护进行检查校验。如处理无效则汇报领导,停机处理。

(3) 若一相对地电压降低,另两相对地电压升高,且定子接地 $3U_0$、3ω 信号灯均亮,应对外部进行全面检查。

(4) 通知现场所有人员禁止进入接地机组、母线所在区域,若要进入,应穿绝缘靴,戴绝缘手套,防止跨步电压。

(5) 检查故障信号单元机组风洞,发现有焦味、烟雾现象,立即将机组停机。

(6) 对接地区域的一次设备进行详细检查,查明是否存在漏水、放电迹象。如果水内冷机组有漏水现象,立即停机处理。

(7) 上述检查无异常时,应分别试停机端电压互感器,查二次回路,如查不出应尽快停机处理。

(8) 确认为发电机定子非金属接地时,应根据现场规程规定,迅速转移负荷,切换厂用电,联系调度停机检查处理。

注意:

(1) 定子接地保护作用停机时,按定子绕组故障处理。做好安全措施:拉开机组出口刀闸(开关),验电,装设接地线;使用摇表进行绝缘摇测,确定接地相别。

(2) 发变组单元定子接地时间不能超过 0.5 h, 发电机单元不超过 2 h。

4)定子接地保护原理/术语

(1)基波零序电压保护(简称 $3U_0$)。

当发电机定子绕组A相距中性点 α 处发生单相接地时,故障点处作为零序源,系统中零序电压随测量点到大地间的阻抗大小变化。机端的零序电压为

$$U_a = (1 - \alpha)E_a, U_b = E_b - \alpha E_a, U_c = E_c - \alpha E_a \tag{2-3}$$

可见A相发生接地故障时零序电压为

$$U_0 = \frac{U_a + U_b + U_c}{3} = -\alpha E_a \tag{2-4}$$

根据故障点零序电压与 α 成正比的特点构成定子接地保护。基波零序电压可取机端电压互感器开口三角侧或中性点单相PT。当发生中性点附近的定子绕组接地时,基波零序电压保护不能灵敏的动作,即在中性点附近存在死区。该保护仅能保护发电机定子绕组的85%左右。

(2)三次谐波电压定子接地保护(简称3ω)。

正常运行时由于发电机气隙磁通密度的非正弦分布和铁磁饱和的影响,在定子绕组中感应的电动势除基波分量外,还有高次谐波分量。其中三次谐波虽然在线电势中可以将它消除,但在相电势中依然存在。因此,每台发电机总有约百分之几的三次谐波电势,设为 E_3。

在正常运行时,无论是不接地方式还是经消弧线圈接地,发电机中性点处的三次谐波电压 $|U_{n3}|$ 大于发电机机端的三次谐波电压 $|U_{t3}|$。当定子绕组发生单相接地故障时,机端和中性点处的三次谐波电压随故障点 α 按图2-17中曲线变化。利用此变化规律构成了发电机三次谐波电压定子接地保护。在发电机正常运行时保护不会误动作,而在中性点附近发生接地时,保护具有很高的灵敏度。

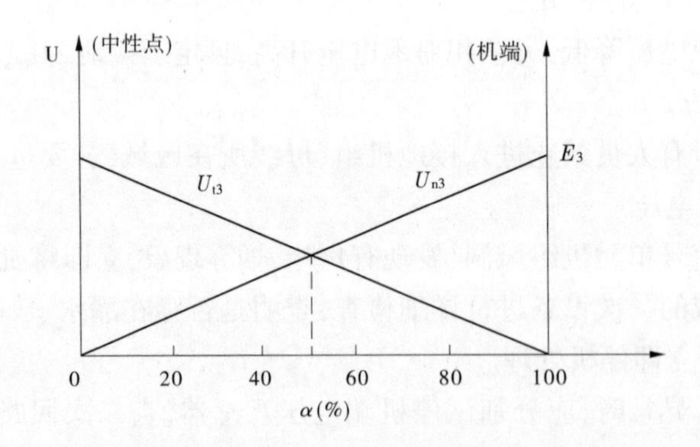

图2-17 机端和中性点处的三次谐波电压随故障点 α 变化曲线

(3)100%的定子接地保护/双频式定子接地保护。

由基波零序电压和三次谐波电压定子接地保护构成,前者保护发电机机端向内85%~95%定子绕组,后者保护发电机中性点向外25%左右的定子绕组。两者结合构成的双频式定子接地保护,可以实现100%的定子接地保护,且有部分重合区。目前国内外大型发

电厂大多配有此种保护。

2. 实例一:定子绝缘损坏致发电机定子一点接地保护动作跳闸停机

1)故障现象

(1)监控系统有7#发电机定子接地保护动作报警,发电机保护屏定子接地保护告警。

(2)主变低压侧零序电压保护动作报警信号。

(3)现地发电机保护屏100%定子接地保护动作。

(4)发电机解列停机,机组出口开关、灭磁开关跳闸。

(5)甩负荷600 MW。

2)故障原因

7#发电机180#槽上层线棒内部存在质量缺陷,运行过程中过热,导致线棒主绝缘爆裂,绝缘损坏部位对地非金属接地放电,导致定子接地保护动作、停机。

3)故障处理

(1)检查发电机出口断路器、灭磁开关跳闸良好。

(2)主变低压侧零序电压保护动作报警信号消失,接地点在机组断路器以内。

(3)停机后,检查发电机定子线圈及其引出线、离相封闭母线、风洞、消防水、发电机上导、穿墙套管、励磁变及发电机出口电压互感器高压侧有无明显故障点;检查中性点接地变压器及电阻有无过热现象。

(4)测发电机绝缘异常。

(5)进一步检查,发现发电机180#槽上层线棒内部存在质量缺陷,线棒主绝缘爆裂。

(6)更换7#发电机179#槽、180#槽、181#槽上层线棒,更换后进行定子直流电阻测试、绝缘测试、直流耐压、交流耐压及转子相关试验。

(7)要求厂商提供线棒故障的具体原因分析报告,并提出保证机组长期安全稳定运行的措施。

(8)机组检修后投入运行,还应加强对发电机运行工况的跟踪监视。

3. 实例二:2#机组出口电缆绝缘击穿,定子接地保护动作停机

1)事故现象

(1)2018年8月28日12时,某某地区发生雷雨天气,并多次出现落雷情况。12:09:00,上位机报"2#机组定子接地保护动作"、"2#机组定子接地跳闸动作";2#机组发电机断路器分闸动作、灭磁开关分闸动作,2#机组甩负荷至空转态。故障时1#机组A、B、C相电流2.5 A左右,在发电机额定电流以内;A相电压107 V,B相电压14 V,C相电压95 V,零序电压100 V。

(2)12:09:02,上位机报"1#机组定子接地保护动作"、"1#机组定子接地跳闸动作";1#机组发电机断路器分闸动作、灭磁开关分闸动作,1#机组甩负荷至空转态。故障时2#机组A、B、C相电流2.7 A左右,在发电机额定电流以内;A相电压100 V,B相电压25 V,C相电压87 V,零序电压87 V。

2)事故原因

(1)直接原因:2018年水情较好,5~8月高温时间段该电厂机组一直满负荷运行,2#发电机出口电缆长时间处在大电流强度环境下工作,加速了B相电缆绝缘的老化,造成

绝缘薄弱处对地放电,导致2#发电机出口电缆B相绝缘击穿,是造成本次设备异常事件的直接原因。

(2)间接原因:2#发电机出口电缆自2006年投入运行以来已运行12年,其间尚未进行过更换,绝缘层材质老化,绝缘性能降低,是造成本次设备异常事件的间接原因之一;发电机送出电缆共有6根电缆(共18芯)摆放在电缆槽中,电缆底部未放置绝缘板及防震材料,振动或其他外在原因长时间作用下导致绝缘层局部受损,削弱了绝缘强度,是造成本次设备异常事件的间接原因之二。

3)事故处理

(1)12:10,申请集控中心将1#、2#机组停机,集控中心同意。

(2)12:12,将事件电话汇报给集控中心、厂部各级领导;同时汇报分公司分管领导及安生部各级领导。

(3)现场确认事故动作情况,机组事故停机情况。

(4)14:00,分公司、集控中心相关领导及保护专业专家接报后赶到现场指挥抢修及原因分析工作。根据保护装置的波形分析,故障时1#机组A、B、C相电流2.5 A左右,在发电机额定电流以内,A相电压107 V,B相电压14 V,C相电压95 V,零序电压100 V,符合B相接地特征;1#发电机跳闸后,A相电压58 V,B相电压58 V,C相电压58 V,零序电压0 V,符合B相接地跳闸后故障已经消失。故障时2#机组A、B、C相电流2.7 A左右,在发电机额定电流以内,A相电压100 V,B相电压25 V,C相电压87 V,零序电压87 V,符合B相接地特征;2#发电机跳闸后,A相电压100 V,B相电压25 V,C相电压87 V,零序电压87 V,B相接地跳闸后故障仍存在,说明故障点在2#机组,不在1#机组。

(5)经现场检查发现故障点在2#机组出口电缆接头处B相,2#机组绝缘测量结果为9 MΩ,发电机零起升压时该处有放电电弧及放电烧灼的痕迹,故障现象与保护故障数据一致。

(6)1#机组经绝缘检测合格并经零起升压,无异常后于8月28日14:39并网发电。

(7)2#机组经申请集控中心同意退出备用,对2#机组B相电缆击穿处进行清理,检查损坏程度。

(8)经对2#机组B相电缆击穿处进行清理、检查损坏程度,发现只是电缆绝缘层损坏而芯线未损伤。修复完成后,出口电缆绝缘数据合格,经交流、直流耐压试验,各试验数据满足要求。

(9)对2#机组进行了零起升压、假同期试验,各试验正常。申请集控中心同意2#机组开机并网(带至额定负荷:24 MW)。

(10)已将3台机组出口电缆头绝缘套管更换,在电缆头处与电缆槽之间增加绝缘板、减振板等防护措施工作列入计划,在后续的检修项目中实施。

4. 定子过电压

1)故障现象

(1)定子过电压保护可能动作、告警。

(2)发电机定子电压表指示升高。

2)故障原因

(1)发电机甩负荷。

(2)励磁调节器故障误强励。

(3)发电机带空载长线路自励磁。

(4)机组并网前操作误加大励磁。

3)故障处理

(1)保护未动作时,立即解列停机。

(2)检查励磁调节器通道是否故障,如是,切至另一通道继续运行。

(3)若因甩负荷造成,联系调度并网运行。

(4)若因自励磁引起,降低机组转速或拉开断路器,改变运行方式恢复运行。

5. 发电机定子温度异常升高

1)故障现象

发电机定子温度超过限值,语音、信号告警。

2)故障原因

(1)测温元件故障。

(2)发电机满负荷或超负荷长时间运行,定子或转子电流越限。

(3)发电机不平衡电流过大、带故障点或局部过热。

(4)发电机冷却通风不畅或通风道气流短接。

(5)冷却水压、水流量不足或夏季水温超标。

3)故障处理

(1)检查测温装置,查明是否由于测温装置故障引起的虚假温度,如是,则立即汇报检修班组对其进行核准并处理测温装置(只有某个测点温度过高警报,核对其他温度计显示正常范围时,证明测温仪表或元件失灵,可以断开该回路测点报警,待停机后处理)。

(2)当发电机定子绕组和铁芯的温度与正常值偏差较大时,应根据仪表立即检查有无三相电流不平衡等异常运行情况,同时查明冷却器阀门是否已全开及冷却水系统是否正常,如果发电机的过热是由于冷却水的中断或进入冷却器的水量减少引起,应进行恢复或提高水压增大冷却水量;如无法处理,则应减少负荷或将发电机自电网解列。

(3)若过负荷引起,则平衡各机组负荷或与调度联系减少负荷。

(4)上述调整无效,应联系调度减小该机组有功出力,直到温度下降到额定值以内为止。

6. 定子三相电流不平衡超限

1)故障现象

(1)定子三相电流指示相差较大,负序电流指示增大。

(2)不平衡超限运行超过规定时间时,负序信号装置发“发电机不对称过负荷”信号。

2)故障原因

(1)发电机及其回路一相断开或断路器一相接触不良。

(2)某条送电线路非全相运行。

(3)系统单相负荷过大。

(4)定子电流表计回路故障。

3)故障处理

(1)汇报值长,检查原因。

(2)适当降低发电机负荷,定子三相电流之差不超过额定电流的10%,同时任一相电流不大于额定值。

(3)检查发电机、主变压器及所属回路是否有异常现象,若有,联系检修处理。

(4)检查是否电流互感器二次回路或仪表故障引起,若是,联系检修处理。

7. 发电机差动保护动作

1)故障现象

(1)监控系统有发电机相应差动保护动作报警,机组有强烈的冲击声,现地发电机差动保护动作,机组振动和摆度增大,状态监测装置报警。

(2)机组有功、无功及定、转子电压、电流显示为零,机组出口开关、灭磁开关动作跳闸,同时机组事故停机。

(3)事故机组可能有“剪断销剪断”或者“轴承瓦温升高”等故障伴随发生。

(4)发电机可能出现着火、冒烟等现象。

2)故障原因

(1)发电机内部故障(如定子绕组相间、层间、匝间短路)。

(2)定子绕组接头开焊。

(3)保护误动。

3)故障处理

(1)查看保护动作情况,监视解列、灭磁、停机过程是否正常,若自动失灵应手动帮助。

(2)若厂用电由故障机组所带,而无备用电源自动投入装置,应立即考虑恢复厂用电。

(3)转移机组负荷或启动备用机组接替负荷。

(4)现场检查发电机出口断路器及其灭磁开关应跳闸,并对差动保护范围内的一次设备进行全面检查(完全裂相横差保护动作重点检查发电机内部定子线圈故障情况),定子绕组端部需详细检查,并用测温系统检测定子绕组和铁芯发热情况。如发现有着火现象,应检查灭火系统是否投入,如未投入,在确认机组所属设备无电压后手动进行灭火。

(5)若同时伴有其他主保护或后备保护动作,则应做好安全措施,测量发电机绝缘电阻。绝缘电阻不合格时,联系维护检修人员处理;若机组绝缘电阻合格,未发现异常,经分管领导同意后对发电机递升加压。升压时,应严密监视发电机电压的变化和接地电压、电流表的情况,发现异常立即停机,正常后可继续投入运行。

(6)若是保护装置误动,在对发电机递升加压合格后,经分管领导同意,停用相应的差动保护,并退出相应的保护开入、开出压板后(A、B套保护不能同时停用),可将发电机投入运行。

2.2.2.3 集电环与电刷装置事故/故障及处理

1. 实例一:发电机碳刷温度异常

1)故障现象

运行中发现3#发电机集电环负极(上层导电环)的部分碳刷温度较高,通过持续对3#发电机碳刷温度进行跟踪监测,发现3#发电机负极碳刷温度普遍偏高,大部分碳刷温度超过110 ℃,少数碳刷超过200 ℃,负极碳刷A12瞬时最高温度达371 ℃。正极碳刷温度正常,温度基本维持在90~110 ℃,且保持均衡。

2)故障原因

发电机碳刷运行温度整体偏高,碳刷磨损量偏大;较多的碳粉积聚在集电环表面,接触面不光滑导致碳刷接触电阻偏大,碳刷进一步发热;碳刷刷辫过热氧化,引起碳刷温度进一步上升,形成恶性循环。

3)故障处理

(1)3#发电机停机后对负极滑环进行了打磨、清理,对磨损较大和温度较低、过高的碳刷及刷握进行更换。同时,为加强碳刷散热效果,减小碳刷运行温度,将负极碳粉吸尘罩进行拆除。处理后,3#发电机碳刷最高运行温度为103 ℃,大部分碳刷运行温度在70~100 ℃。

(2)在年度机组检修中,对3#发电机集电装置及碳粉收集装置进行了改造并更换发电机集电环。改造后集电环碳刷数量由66个增加为86个,同时碳粉吸尘器功率由0.95 kW提高为2 kW,增大了碳刷裕量,提高了通风散热效率。检修后集电环及碳刷运行正常,在机组满负荷(有功功率:595.84 MW;无功功率:179.88 MV·A)下,碳刷最高温度为74.3 ℃、平均温度为63.2 ℃。

2. 滑环、碳刷强烈冒火

1)故障现象

现地检查,碳刷与滑环接触处有电火花冒出。

2)故障原因

(1)碳刷的牌号或尺寸不符合要求。

(2)碳刷压力过大或不足。

(3)碳刷与滑环接触面不够。

(4)滑环表面不平或不清洁。

(5)碳刷在刷握内卡住。

3)故障处理

(1)减少发电机的有功及无功负荷。

(2)只能一人穿上绝缘靴或站在绝缘垫上,不使衣服及擦拭白布被机器挂住,扣紧袖口,发辫应放在帽内,使用干净、干燥的白布擦拭滑环的表面。

(3)如果上述措施无效并形成环火时,应将发电机解列停机。

(4)当励磁机着火冒烟时,应立即紧急停机灭磁,并按消防规程规定进行灭火。

3. 发电机碳刷着火

1) 故障现象

(1) 上位机报发电机电压越限。

(2) 故障录波动作。

(3) 励磁电流较大。

(4) 励磁系统调节器触摸屏有故障信号。

(5) 风罩内冒烟并着火,存在刺鼻气味。

2) 故障原因

(1) 励磁电流过大。

(2) 碳刷、滑环脏污。

3) 故障处理

(1) 查看上位机报警光字,查阅故障录波频繁动作原因。

(2) 监视发电机运行参数,是否励磁电流过大。

(3) 现场对励磁系统进行检查,检查励磁调节柜触摸屏是否有报警信息。

(4) 对故障录波屏进行检查,确认是否励磁电流越限引起报警。

(5) 若检查转子滑环有打火现象,确认励磁电流过大,汇报中控室转移负荷,将励磁系统切至现地,减小励磁电流。

(6) 若励磁转子滑环出现环火,应立即按下事故停机按钮。

(7) 退出转子一点接地保护功能,对转子滑环进行清扫处理。

(8) 待全部检查正常、措施实施完毕后,对机组进行递升加压,若无异常,经分管领导同意后可投入运行。

2.2.2.4 发电机轴承事故/故障及处理

1. 发电机轴承温度升高

1) 故障现象

上位机发出对应机组"轴承温度升高"信号,或相应信号继电器掉牌或光字信号牌亮。

2) 故障原因

(1) 测温装置异常。

(2) 冷却水供给不足。

(3) 冷却器堵塞。

(4) 轴承油槽油位降低。

(5) 轴承油槽油位升高。

(6) 冷却器进水阀阀芯脱落。

(7) 机组振动、摆度过大。

3) 故障处理

(1) 若测温装置异常引起个别测点温度升高,则退出异常测点,监控测温装置温度测点显示跳跃引起,同时通知维护人员进行处理。

(2) 若轴承冷却器进、排水阀开度不够,则调整进、排水阀;若机组冷却水压力不足,

则检查水源的水质处理装置或供水泵的运行情况，及时投入备用水源、供水泵或机组的顶盖供水。

(3)若是汛期，河水浑浊，则可能是冷却器堵塞很严重，可切换轴承冷却器的供水方式。

(4)若轴承油槽油位降低，则及时补充同型号合格油至正常油位，并查找漏油原因。

(5)若发现轴承油槽油位比以前升高，应联系检修班组鉴定油质，同时进行汇报。

(6)若是由冷却器进水阀阀芯脱落在关闭侧引起，则调整机组负荷使其运行在最优工况，同时进行汇报。

(7)若机组振动、摆度过大，则应避开振动区运行；若剪断销剪断，则按相关规定进行处理。

(8)若发生以上情况之一者，禁止退出温度测点。

2. 实例一：机组推力瓦温过高异常停机

1)事故现象

某水电厂2018年9月25日，监控系统上位机依次报：

(1)10:08:29:000，1#机组正推力瓦温度2升高动作。

(2)10:08:29:008，1#机组正推力瓦温度2过高动作。

(3)10:08:30:000，1#机组调速器紧急停机动作。

(4)10:08:36:026，1#发电机出口开关911分闸。

2)事故原因

1#机组正推力瓦温度2测温电阻本体引出线与电缆连接端子接触不良引起阻值增大，测温装置发出温度升高、过高报警信号，监控系统启动事故停机流程。

3)事故处理

(1)10:09，1#机组停机完成，现场检查1#机组正推力瓦温度2显示635.7 ℃。检查1#机组正推力瓦温度1显示42.3 ℃，属正常值，初步判断测温电阻回路异常引起。

(2)10:10，报告集控中心1#机组异常停机情况，申请2#机组并网。

(3)现场检查1#机组正推力瓦温度2测温电阻时，发现本体引出线与电缆连接端子接触不良，经紧固后检查测值恢复正常水平。

(4)检查、紧固1#机组正推、反推、水导、发导其余测点测温电阻接线端子，使用焊锡熔接牢固。

(5)11:02，1#机组开机至空转态，检查正推力瓦温度1、2温度显示正常，分别为41.5 ℃、40.5 ℃。

3. 实例二：机组下导摆度超标

1)故障现象

4#机组安装调试阶段及2016年3月投入商业运行以来，一直存在下导摆度超标(报警值300 μm)现象，下导+X方向摆度最小值260 μm，最大值407 μm(1#、2#、3#机组下导摆度最大值分别为122 μm、172 μm、75 μm)。

2)故障原因

机组轴线不合格(上导摆度0.14 mm，大于厂家的规定值0.07 mm)及下导轴瓦间隙异常导致机组下导摆度偏大。

3)故障处理

(1)通知维护/检修人员处理。

(2)在2017年度4#机组C检修期间，将上导、下导轴承轴瓦支柱螺栓返厂加工，将支柱螺栓工作端头面按设计要求加工成球面，并对螺栓端头进行热处理以达到设计硬度。

(3)重新调整4#机组轴线及下导轴瓦间隙，调整后下导摆度满足规范要求。

(4)检查其余3台机组上导、下导轴承支柱螺栓，若不满足设计要求，则进行相应处理。

2.2.2.5 发电机其他事故/故障及处理

1.发电机非同期并列

1)事故现象

(1)定子电流在合闸瞬间有较大冲击，然后出现摆动。

(2)机端电压降低。

(3)发电机产生振动且伴随较大异音。

2)事故原因

(1)人为误操作。

(2)同步回路接线错误。

(3)同期装置故障。

(4)发电机断路器不同期合闸。

3)事故处理

(1)如果发电机非同期并列时引起出口断路器跳闸，则应立即停机，拉开灭磁开关，并对发电机各部位及同期装置进行检查，测量定子绕组绝缘情况，无异常后方可再次开机并列。

(2)如果非同期并列后开关未跳闸，且很快拉入同步运行，可暂不解列，但应严密监视发电机各部位温度、振动和摆度，并进行风洞检查。如运行中有异常，应尽快停机检查。

(3)如果非同期并列后开关未跳闸，且出现发电机振荡或失步，则应立即将发电机解列停机，并对发电机各部位及同期装置进行检查，测量发电机绝缘。

(4)若非同期并列造成发电机着火，应立即解列、灭磁、停机，组织灭火。

2.发电机剧烈振荡或失去同步

发电机振荡分为异步、同步振荡两种，对应的现象和处理措施如下。

1)故障现象

(1)异步振荡现象。

①发电机、变压器及联络线的电流表、功率表周期性剧烈摆动。

②发电机定子电压和母线上各点电压周期性摆动，振荡中心的电压波动最大，并周期性降到接近于零。

③失步的两个系统间联络线的输送功率往复摆动，出现明显的频率差异，送端频率升高、受端频率降低，且略有波动。

(2)同步振荡现象。

①发电机和线路上的功率、电流有周期性变化,波动较小,发电机有功功率大于零。

②发电机端和电网的电压波动较小,无明显的局部降低。

③发电机和电网的频率变化不大,全电网频率同步降低或升高。

2)故障原因

(1)静态稳定破坏,主要是由于运行方式变化或故障点切除时间过长而引起。

(2)发电机与系统联结的阻抗突增。

(3)电力系统中功率突变,供需严重失去平衡。

(4)电力系统中无功功率严重不足,电压降低。

(5)发电机调速器失灵。

(6)发电机失去励磁,吸收大量的无功功率。

(7)发电机电势过低。

(8)互联系统联系薄弱和负阻尼特性引发低频振荡。

3)故障处理

(1)异步振荡处理方法。

①退出自动发电控制、自动电压控制装置。

②频率升高的水电站,立即降低机组有功出力,使频率下降,直至振荡消除,但不应使频率低于49.50 Hz,同时应保证厂用电的正常供电。

③频率降低的水电站,立即在机组额定出力范围内增加机组有功出力,使频率升高,直至49.50 Hz以上。

④增加机组的无功出力,尽可能使电压提高至允许最大值。

⑤具有低频自启动的水电站,应退出低频自启动功能。

(2)同步振荡的处理方法。

①退出自动发电控制、自动电压控制。

②增加机组的无功功率,尽可能使电压提高至允许最大值。

③根据调度指令,提高电压,适当降低送端的有功功率,增加受端的有功功率。

④立即检查调速器、励磁调节器等设备,查找振荡源,若发现调速器或励磁调节器等设备故障,应立即消除故障。

(3)此外,无论哪种类型的振荡,还应当注意:

①系统振荡过程中,不得将机组调速器切换至“电手动”或“机手动”运行,同时注意加强对机组压油装置、剪断销、双连臂、顶盖等部位的监视。如机组低油压报警,应检查压油泵是否运行正常,如未启动,应立即启动压油泵运行。

②对有功功率采取限制负荷运行,可以防止导叶大幅度地开关,以免发生剪断销剪断及调速系统低油压事故。

③系统振荡过程中,应停止倒闸操作,确保厂用电的安全。

④在系统振荡时,除现场运行规程规定外,不应解列发电机。当频率或电压严重下降至威胁到厂用电的安全时,可将厂用电(全部或部分)与系统解列运行。

⑤如发电机失磁造成机组本身强烈振荡而失去同步,则应将机组解列。

⑥按运行规程规定进行事故处理及振荡消除后的检查项目。

3. 发电机着火

1) 事故现象

(1) 从发电机盖板密封不严处、风洞内冒出绝缘胶臭味及浓烟。

(2) 发电机定子铁芯或线圈某点温度可能极高。

(3) 发电机差动保护或匝间短路保护可能动作。

(4) 发电机定子接地信号可能动作。

(5) 发电机各电气参数可能波动。

(6) 保护动作停机。

2) 事故原因

(1) 定子绕组匝间或相间长时短路。

(2) 绝缘击穿(雷击和过电压引起绝缘损坏)、线圈绝缘老化、绝缘表面脏污、接头过热、接头或并头套开焊、局部铁芯过热、杂散电流引起火花。

(3) 绕组被掉入电机内的异物擦伤、定子绕组层间绝缘损坏、转子磁极连接处开焊。

(4) 发电机过负荷时间太长(定子电流和励磁电流都超过额定值)及外部的原因,都会引起发电机冒烟和着火。

(5) 转子和定子相摩擦,机组过速时使个别转动部件损坏,在离心力的作用下将损坏部件甩出,击伤发电机线圈,造成发电机扫膛。

(6) 空气冷却器冷却水管破裂或发电机消防用水误投入,引发定子绕组短路。

(7) 非同期并列等。

3) 事故处理

(1) 如机组未自动停机,应立即操作紧急停机按钮,紧急停机。

(2) 监视机组解列、灭磁、关主阀和停机情况,自动不灵时,立即手动帮助。

(3) 拉开发电机出口刀闸和电压互感器刀闸。

(4) 对密闭式冷却发电机,如在热空气道的出口有事故风门,应立即拆去铅封,关闭风门。

(5) 当发电机出口断路器、灭磁开关跳闸后,复归调速器紧急停机电磁阀,开启蝶阀,打开导叶少许,保持机组 10%额定转速运行。

(6) 确认发电机所有电源已断开,发电机已灭磁(定子无电压)后,立即打开本机消防水阀进行灭火。

(7) 检查水车室,消防水正常投入后,在水车室上方应有水流沿主轴法兰流出。

(8) 根据当时机组运行方式,设法由其他机组接替其负荷。

(9) 待火全灭后停稳机组,做好安全措施,报告相关领导,通知检修人员处理。

4) 灭火过程中应注意事项

(1) 不准破坏密封。

(2) 不准用沙子或泡沫灭火。因为有些泡沫灭火器的化学物品是导电的,会使电机绝缘性能大大降低,沙子灭火会给检修造成很大困难。

(3) 灭火期间运行人员不准进入风洞内。

(4) 灭火后进入风洞时,必须戴防毒面具。

(5)灭火期间发电机冷却水不应中断。

(6)灭火时最好维持机组在10%额定转速左右低速运行,有助于机组冷却和防止局部过热。

(7)当火熄灭后,有条件时应维持发电机转速较长时间盘车,以防转子变形。

4. 发电机转子表层过负荷(定子负序过流)保护动作

1)故障现象

(1)监控系统有“发电机转子表层过负荷”保护动作信号。

(2)发电机三相负荷不对称,发电机断路器非全相运行,转子温度升高。

(3)现地发电机保护屏“发电机转子表层过负荷”保护动作。

(4)发电机出口断路器、灭磁开关跳闸,发电机灭磁停机。

2)故障原因

(1)断路器非全相运行。

(2)发电机内部故障。

(3)线路/系统故障。

(4)其他不对称故障。

3)故障处理

(1)停机后,应进入风洞用红外测温仪检查发电机转子线圈端部是否有过热等异常现象。

(2)测量机组绝缘。

(3)重点检查是否是由断路器非全相运行引起的保护动作,检查断路器和发电机内部有无异常。

(4)查看保护信息管理系统保护动作信息,分析是否有不对称故障。

(5)若是由系统故障引起,待系统故障消除后,并入系统。

(6)若是由断路器非全相引起,通知维护/检修人员检查处理,正常应做分、合试验后方可投运。

(7)若是不对称故障,对离相封闭母线、发电机和主变压器电压互感器高压侧、发电机电流互感器、发电机出口断路器、励磁变和主厂变高压侧、发电机中性点接地变等设备进行全面检查,判明故障原因并处理。

5. 发电机逆功率保护动作

1)现象

(1)监控系统有发电机逆功率保护动作报警。

(2)发电机运行中导叶或主阀、工作门可能关闭。

(3)机组可能有异常振动声,发电机端电压降低,机组励磁装置强励动作。

(4)现地发电机保护屏发电机逆功率保护动作,发电机出口断路器、灭磁开关跳闸,机组空转。

2)故障原因

(1)导叶、主阀、工作门误关闭。

(2)调速器故障。

(3)保护误动。

3)处理

(1)如误关导叶,应迅速将其打开,注意将导叶开至空载开度以上,并加强监视机组摆度、振动和温度,检查定子、转子线圈有无异常。

(2)检查是否调速器故障导致误关导叶,若是,则检查并排除故障。

(3)若机组已解列,应对风洞及定、转子线圈进行检查,并测机组绝缘。

(4)检查是否保护误动。

(5)若工作门落下或主阀关闭,应查明原因并消除,原因未查明之前禁止提工作门或打开主阀。

6. 轴电流保护报警

1)故障现象

(1)中央控制室电铃响,语音警报,随机报警窗口有轴电流、机组机械故障等报警信号。

(2)机旁自动盘故障灯亮,轴电流故障掉牌,且不能复归。

(3)在下部轴承测轴电流,表计有电流指示。

2)故障原因

(1)由于推力轴承或上导轴承绝缘损坏,转动部件与固定部件接触形成轴电流回路(仅发电机下导轴承绝缘损坏时,一般不产生轴电流)。

(2)由于推力油槽内有微量的水或灰尘造成瞬间轴电流。

(3)由于推力轴承或上导轴承冷却器破裂造成油槽进水,绝缘破坏而产生轴电流。

(4)由于运行或检修人员在上导测摆度时,误用摆度表,将主轴与上导油槽短接瞬间产生轴电流报警。

(5)保护误发信号。

3)故障处理

(1)复归信号,如果能够复归信号,即为瞬间轴电流,监视温度运行即可。

(2)监视各部轴承瓦温和油温上升情况。

(3)属于绝缘或油质问题引起的轴电流故障,应联系调度转移负荷停机,检查发电机轴、上导、推力轴瓦有无放电烧伤痕迹,化验机组各油槽油质是否劣化,如劣化更换新油。检查轴电流回路,测量轴瓦支撑绝缘,必要时更换。

(4)属于检修人员测摆度时引起的,可将测摆度工具用绝缘材料包上。

(5)如为误报,将机组投入运行,通知维护/检修人员处理。

7. 机组运行中甩负荷

1)故障现象

(1)机组出口开关跳闸。

(2)机组导叶关至空载以下后又恢复至空载。

(3)机组有可能过速停机。

2)故障原因

(1)保护动作跳闸。

(2)发电机出口断路器误动作。

3)故障处理

(1)若机组未过速则维持空载运行或停机,查明出口开关跳闸原因并处理,正常后将机组并入系统。

(2)若机组已过速停机则按过速停机处理,并检查断路器误跳原因和机组过速原因。

(3)机组甩负荷过速停机后要检查的项目如下:

①永磁机各部件有无损坏,发电机励磁滑环及碳刷有无损坏,发电机转子有无明显变形或焊逢裂开。

②各轴承油箱油位及管接头有无漏油,水封装置有无损坏,真空破坏阀有无漏水或阀杆拉断,导叶剪断销有无剪断。

(4)再次开机后应测量机组摆度。

8. 发电机非全相运行

1)故障现象

(1)定子三相电流严重不平衡。

(2)断开相电流表显示为0。

(3)发电机负序电流表指示异常增大。

(4)发电机振动声音较大。

2)故障原因

(1)主断路器机构卡涩。

(2)分相操作的主断路器一相甚至两相油压消失。

3)故障处理

(1)当发电机在同期并网或解列时发现出口断路器一相未合上,另外两相已合上(或一相运行或两相运行未合上)时,立即将该发电机与系统解列后立即向上级调度/集控中心及站领导汇报。

(2)如果不能自动解列,则可调整负荷电流降低到最低时,手动断开一次,并汇报相关部门领导。

(3)如果手动也不能将该断路器断开,可能机构已被卡死,则断开上一级开关将机组解列。

9. 机组过速

1)故障现象

(1)监控系统:电铃响,语音警报,随机报警窗口有“转速115%以上”、“转速140%以上”或“转速160%以上”、“事故电磁阀动作”、“紧急停机关快门(主阀)”、“机械事故”等报警信号,并伴随有电气事故信息,快门(主阀)红灯灭,对应机组出口开关跳闸,机组事故停机。

(2)发电机有功、无功为零。

(3)调速器动作,导叶全关,开限全闭,转速升高大于140%(160%),事故电磁阀投入,紧急停机灯亮,机组转速表指示逐步降低到0,导叶平衡表有关机信号。

(4)机旁有机组升速声。

2）事故原因

（1）停机时，机组解列调速器故障，导叶开度不关，造成机组过速。

（2）停机或甩负荷时调速器失灵（主配压阀卡在开侧），使机组产生过速。

（3）开机过程中，导叶反馈信号（位移传感器）中断而造成导叶开度增大到开限位置。

（4）调速器在手动，机组未并网，开限大于空载开度而造成机组过速。

（5）微机调速器参数改变或水头设定过低，造成机组过速。

（6）转速继电器误动作造成误报警。

3）事故处理

（1）确认机组已过速时，应监视过速保护装置能否正常动作，若拒动应操作紧急停机按钮，并关闭快门（主阀）。

（2）检查导叶全关，开限全闭，调速器是否失常。若导叶未全关，应立即手动关闭。

（3）监视风闸投入良好，不良时手动帮助。

（4）检查快门（主阀）自动关闭良好，动作不良时手动操作关快门（主阀）。

（5）在停机过程中监视各转动部件是否有异常声音和气味。

（6）机组全停，快门（主阀）全关后，拉开快门（主阀）动力电源开关。

（7）检查事故原因，联系检修处理。

（8）机组过速停机后，对机组进行全面检查完毕，才可以启动机组，开机后测量摆度，正常后方可并入系统运行。

第3章　水电厂辅助设备常见事故及其处理

3.1　油系统常见事故及其处理

3.1.1　油系统基本知识

3.1.1.1　油系统的分类及作用

1.油系统分类

水电站的机电设备在运行中,主要用到供机组润滑、散热及液压操作使用的透平油和供变压器、油断路器等电气设备绝缘、散热、消弧使用的绝缘油两种。用管网将用油设备、储油设备、油处理设备、油化验设备和监测控制元件等连接起来组成的系统,称为油系统。因此,水电厂的油系统主要有透平油系统和绝缘油系统两种,两系统应分开设置。

2.油系统作用

1)透平油系统作用

透平油系统又称汽轮机油系统,它在水电厂中的主要作用如下:

(1)润滑及散热作用:机组运行过程中,油在机组的运动件(轴)与约束件(轴承)之间的间隙中形成油膜,以油膜的液态摩擦代替固体之间的干摩擦,从而减少设备的摩损和发热。同时流动着的润滑油还可将摩擦产生的热量通过对流的方式携带出来,并与空气或冷却水进行热量交换,从而起到散热作用。

(2)液压操作作用:水轮机调速器对不同形式水轮机的导叶、桨叶和针阀的操作,以及水轮机进水阀、放空阀和液压阀的操作等,都需要很大的操作功,一般都以透平油作为传递能量的工作介质。

透平油的选取应按黏度进行,压力大、转速低的设备宜选用黏度大的透平油;反之应选用黏度小的透平油。机组润滑用油和调速系统等操作用油宜选用同一牌号透平油。

水电厂中使用的国产透平油主要有 HU-22、HU-30、HU-46 和 HU-57 四种牌号,牌号的数值表示油在 40 ℃时的运动黏度。目前,中小型水电厂中常用的国产透平油的牌号为 HU-30 和 HU-46,且通常选择防锈型的。

2)绝缘油系统作用

绝缘油的绝缘强度比空气大,其介质强度为空气的 6 倍左右,主要用其做绝缘介质来提高电气设备运行的可靠性,同时它还可以吸收和传递电气设备运行时产生的大量热量;此外,绝缘油还可将油断路器(油开关)断开负载时的电弧熄灭,故绝缘油系统的主要作用是绝缘、散热和消弧。水电厂中绝缘油的类型主要有变压器油、开关油及电缆油三种。

在水电厂中,透平油和变压器油用油量最大,大型水电站用油量可达数百吨乃至数千吨，中小型水电站也可达数吨到数百吨。

3.1.1.2 油系统的任务及组成

1. 油系统任务

为保证设备安全经济运行，油系统必须完成下列各项任务：

(1)接收新油。

(2)储备净油。

(3)给设备供、排油。

(4)向运行设备添油。

(5)油的监督、维护和取样化验。

(6)污油的净化处理。

(7)废油的收集及处理。

2. 油系统组成

水电站的油系统由以下几部分组成：

(1)储油设备。主要用于储存净油、临时的废油或从机组设备中排出的污油。水电厂一般用金属油槽(也称油罐或油桶)储存油品，主要有净油槽、运行油槽、中间油槽等。

(2)油处理设备。包括输油设备和净油设备，如油泵、压力滤油机、真空滤油机、真空泵、滤纸烘箱及油过滤器等。油处理设备一般布置在油处理室内。

(3)油化验设备。包括油化验装置、仪器及药物等，主要用于对新油和运行油进行化验。油化验设备一般放置在油化验室中。

(4)管网。是将油系统设备与用户连接起来的管道系统。

(5)测量和监视控制元件。用于监视和控制油系统设备运行方式和运行状态。

3.1.1.3 油系统图分析

1. 油系统图说明

表明油系统的基本组成、连接情况和运行方式的平面展开示意图，称为油系统图。由于水电厂中油水气系统的管道纵横交错，阀门及自动化元件众多，为便于操作控制，各个系统的阀门和管道被编以不同的代码，且管道表面被涂以不同颜色以示区别。

1) 系统阀门编号及管道颜色说明

油水气系统在编号时一般按先进后出的原则，每个独立的部分编完之后紧跟着的是该部分的压力表及压力信号器、压力传感器的编号，压力传感器的表阀根据保护编号进行命名，如低压气干管上压力传感器×YX 命名为“低压气管压力信号器×YX 气源阀 03××”。对逆止阀、安全阀、减压阀不进行编号，只根据其作用进行命名。系统阀门编号的含义如下：

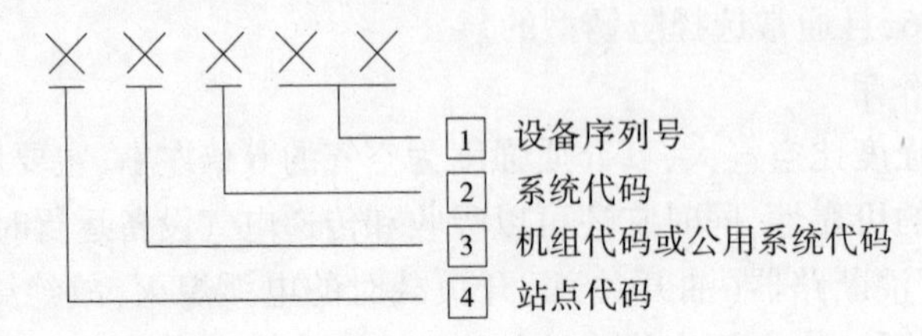

1为设备序列号，用于对同一子系统内同类设备提供一个唯一的标识，采用数字代

码，码长两位。

2为系统代码，采用数字代码，油系统代码为 1，水系统代码为 2，气系统代码为 3，码长一位。

3为机组代码或公用系统代码，采用数字代码，1F 机组代码为 1，2F 机组代码为 2，公用系统代码为 0，码长一位。

4为站点代码，用字母表示，一般为电站名称汉语拼音的第一个字母。如田湾河电站编号 D 表示大发，J 表示金窝，R 表示仁宗海。此代码可根据实际情况选用。

如田湾河电站某阀门编号为 D3104，则表示大发电站 3#机组油系统第 4#阀门。

还有许多电厂习惯采用四位数编码，其每位编码表示的含义与上述编码的表示含义相同，只是没有站点代码那一项。如阀门编号 2116 表示 2#机组油系统的第 16#阀门。

另外，如表 3-1 所示，管道颜色不同表示的意义也不同。

表 3-1　不同管道颜色所表示的意义

颜色	红色	黄色	草绿色	深蓝色	黑色	白色	橘红色
对应管道	压力油管或进油管	排油管或漏油管	冷却排水管	冷却进水管	排污管	空气管	消防水管

2）油系统中常用图形符号及说明

油系统图中，所有的设备及元件都用特定的图形符号来表示，这些图形符号的含义及说明见表 3-2。

2. 油系统实例

图 3-1 为某水电厂透平油系统图，表 3-3 为该透平油系统的操作程序表。该厂装有两台机组，水轮机型号为 HL(F)-LJ-200 型，水轮机轴承为水润滑；该厂为长隧洞引水，设有调压井，引水系统布置方式为一管两机，每台机组均装设ϕ 1.3 m 球阀，两球阀共用一台 HYZ-1.6-4.0 型油压装置进行操作；调速器为 HGS-80-4.0 型微机调速器，并配以 HYZ-1.6-4.0 型油压装置；发电机为 SF4-J33-10/4000 型，悬吊式结构。

在安装场布置有透平油罐室、油处理室和烘箱室。油处理室和机组用油设备之间用两根干管连接，使得净油与污油分开，在油处理室无供排油干管。设两台齿轮油泵，一台为固定式，一台为移动式。各净油设备均用活接头和软管连接，管路较短，操作阀门较少，净油设备可以移动，较灵活机动，但管路与活接头连接工作量较大。

该油系统能很好地满足运行和维护的要求，适用于中小型机组。对于大型机组，油处理室管路与设备连接可采用固定连接方式，检修时可节省连接时间，但操作时切换阀门较多，且管路较长，投资较大。

一般小型水电厂的油系统，均采用手动操作。有的水电厂采用重力加油箱，向用油设备注油和添油，方便可靠；有的水电厂全部采用人工向设备注油和添油。

表 3-2　油系统图形符号含义及说明

符号	名称	符号	名称	符号	名称
	取样油嘴		油呼吸器		节流阀
P	压力滤油机		油泵		电接点压力表
V	真空净油机		油罐		油位计
	活接头		截止阀		液压阀
	电磁配压阀		闸阀		油混水信号器
	止回阀		浮子式信号器		电动机
	三通旋阀		电磁式信号器		冷却器
	旋塞阀		弹簧式安全阀		过滤器(油气)
	三通阀		重锤式安全阀		油水分离器 (汽水分离器)
P	压力传感器	T	温度传感器	D	压差信号器
	堵头		减压阀 (小头为高压侧)		软管

表 3-3　某水电厂混流式机组透平油系统的操作程序表

序号	工作名称	使用设备	操作程序及设备
1	运行油罐 接收新油	油槽车,2CY1	油槽车,阀 1、2,2CY1,阀 5,运行油罐
2	运行油罐 自循环过滤	压力滤油机	运行油罐,阀 3,LY(ZJCQ),阀 5,运行油罐
3	运行油罐净油 存入净油槽	压力滤油机	运行油罐,阀 4,LY(ZJCQ),阀 8,净油罐
4	净油罐向 设备充油	油泵 2CY2	净油罐,阀 7,2CY2,阀 10、11 和 15(HGS-80),阀 13 和阀 17(机组),阀 21(HYZ-1.6-4.0)
5	机组检修排油	油泵 2CY1	(HYZ-1.6-4.0),阀 19、20(机组),阀 18、14(HGS-80),阀 12、16,阀 9,2CY1,阀 5,运行油罐
6	运行油罐排污	油泵 2CY1,油槽车	运行油罐,阀 3,2CY1,阀 2、1,油槽车
7	设备废油排除	油泵 2CY1,油槽车	阀 19、20、16、12,阀 9,2CY1,阀 2、1,油槽车
8	清洗污油泵	油泵 2CY1,油槽车	净油罐,阀 7、2CY1,阀 23、22,油槽车

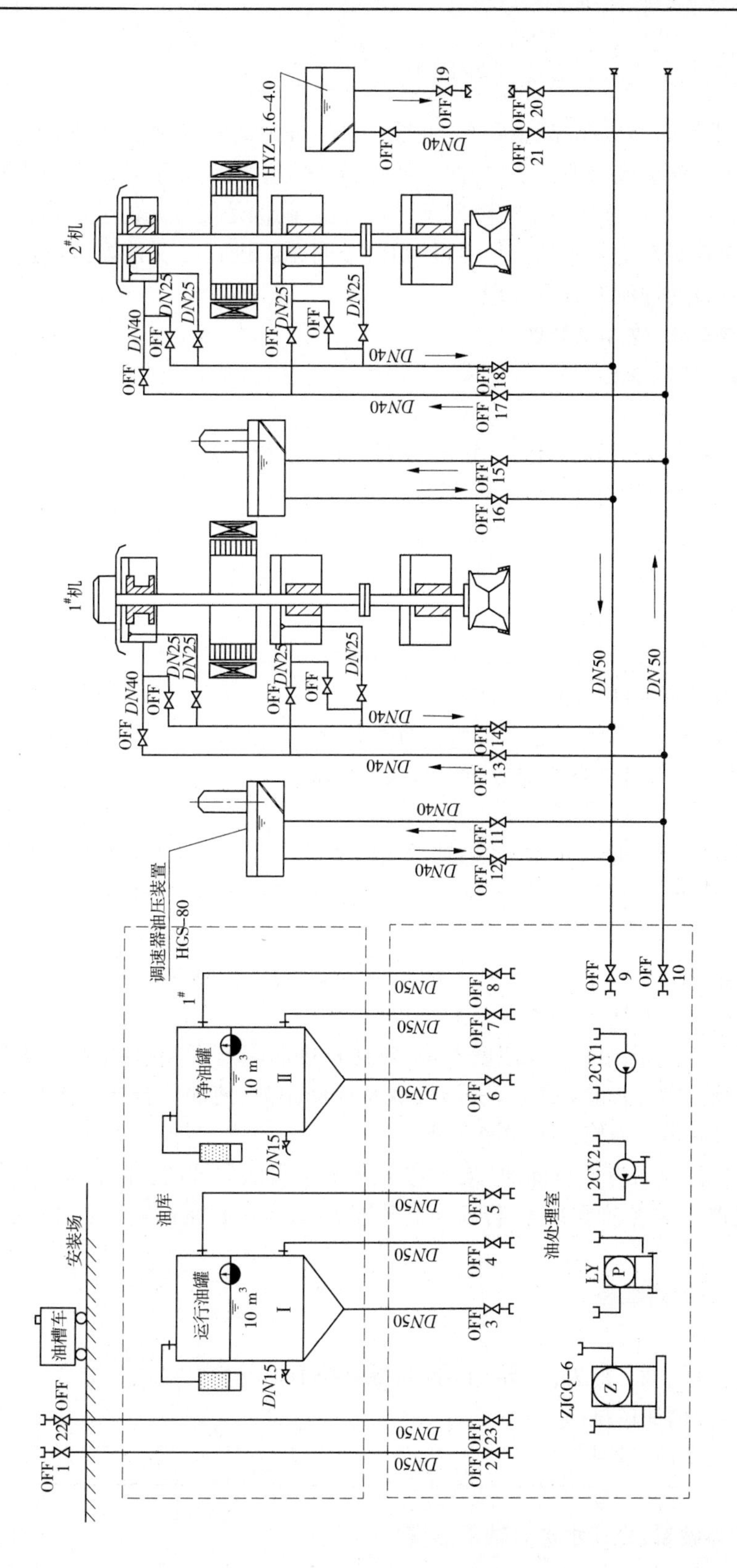

2CY1—移动油泵；2CY2—固定油泵；LY—压力滤油机；ZJCQ—真空滤油机

图 3-1　某水电厂透平油系统图

3.1.2 油系统常见事故/故障及其处理方法

水电厂油系统常见的事故/故障主要有:上导、下导、推力或水导轴承油槽油位、油温异常;油压装置的压力油罐或回油箱油压、油位、油温异常等。无论是哪种类型的故障,在处理前一般都要通过现场检查或多个故障现象比较分析,确认是信号元件/回路故障误发报警信号,还是故障真实发生。若是信号误报,则需查明原因进行必要处置;若是故障确实发生,则需进入故障处理流程进行处理。

3.1.2.1 轴承油槽事故/故障及处理

1. 轴承油槽油位过低报警

1) 故障现象

(1) 监控系统简报:"×F 推力(上导/下导/水导)油槽油位异常"。

(2) 现场检查:油槽油位过低。

2) 故障原因

(1) 运行中油槽密封盘根老化,长期漏油引起推力油槽油面下降。

(2) 油槽排油阀关闭不严漏油。

(3) 油槽液位计因某种原因破碎或密封不严漏油。

(4) 循环油路有严重漏油、跑油之处。

(5) 油压减载装置系统漏油引起推力油槽油面下降。

(6) 油槽液位信号器/传感器本身故障引起误动作报警。

3) 故障处理

(1) 检查轴承油槽油位是否正常,如果轴承油槽油位正常,检查相应轴承油槽液位信号器/传感器是否有故障,若因其自身故障引起,可断开故障点运行并复归信号,停机后再处理。

(2) 密切监视轴承温度及油位,若油位异常降低及温度上升过快,无法维持正常运行,应立即报告值长及有关领导,联系调度解列停机处理。

(3) 若轴承温度不是很高和上升速度不快,应检查排油阀是否关严、轴承有无甩油、油槽是否有明显漏油之处,若能处理设法处理,联系检修添油,使油位合格。机组正常运行后复归信号,停机后再由检修处理漏油问题。

(4) 检查循环油路是否有严重漏油、跑油之处,若有应设法处理或关闭相应阀门。

(5) 处理期间严密监视轴承温度,若温度上升过快,应考虑联系调度人员转移负荷停机处理。

2. 轴承油槽油位过高报警

1) 故障现象

(1) 监控系统简报:"×F 推力(上导/下导/水导)油槽油位异常"。

(2) 现场检查:油槽油位过高。

(3) 可能有油混水信号器报警。

2) 故障原因

(1) 轴承冷却器破裂,冷却水进入轴承油槽。

(2)顶盖水位升高造成油槽进水或其他管路损坏将水射入油槽。

(3)油槽进油阀误开。

(4)油槽液位信号器/传感器本身故障引起误动作报警。

3)故障处理

(1)检查油色、油位是否正常,通知油化验班取油样化验,密切监视轴承油位及温度,油位异常升高及温度上升较快,无法维持正常运行时,应立即报告值长及有关领导,联系调度解列停机处理。

(2)若轴承冷却器破裂、顶盖水位升高造成油槽进水或其他管路损坏将水射入油槽,造成油位异常,应立即停机处理。

(3)检查油槽进油阀位置,若误开将其关闭。

(4)若是液位传感器或液位开关故障,通知检修/维护人员处理。

3. 推力轴承外循环油中断

1)故障现象

(1)监控系统、机组 LCU“推力轴承外循环油中断”光字牌亮。

(2)推力外循环某示流器红灯亮。

2)故障原因

(1)循环油泵故障或电源消失。

(2)油冷却器阀门误开/关。

(3)滤网堵塞。

3)故障处理

(1)检查各外循环油冷却器油压、油流量是否正常(油压应在 0.2~0.3 MPa,油流量应在 15 m^3/s 以上)。

(2)如出油压力增大、流量下降,则考虑是滤网堵塞,及时联系检修处理,运行中只允许一组停运清洗,并监视推力温度。

(3)检查油冷却器各阀门位置是否正确;若有误,应恢复正常位置。

(4)外循环油系统不能恢复正常,推力瓦温上升至危及机组安全运行时,应立即报告值长及有关领导,联系调度解列停机处理。

4. 实例一:水导轴承油槽油混水报警

1)故障现象

CCS 报“6#机组水导轴承油槽油混水报警”、“6#机组水导油位(滤波)275.13 mm 高限报警”报警信号,报警无法复归。检查 6#机组水导油槽油位实测值+50 mm、CCS 油位+275 mm,水导油槽观察孔盖板上有较多油滴且盖板不够透明;顶盖水位正常。

2)故障原因

6#机组水导轴承油冷却器使用年限接近寿命周期,管壁变薄甚至出现砂眼等缺陷,导致水导轴承油冷却器漏水。

3)故障处理

(1)申请将 6#机组停机后,取样化验确认油中含水量超标,确认油槽进水。

(2)过滤水导油槽透平油,直至油样含水量合格。

(3)判断漏水冷却器编号,将该冷却器排水管改接为直排 995 廊道排水沟,利用虹吸原理使冷却器管内压力降低,避免冷却水从漏点处继续漏水进入油槽里。

5. 实例二:上导油槽进水

1)故障现象

CCS 报“1#机组上导油槽油位(滤波)155 mm 高限报警”信号。监控系统中相关曲线反映,1#机组上导油槽油位有明显上升趋势,上导油温、瓦温未见明显异常。1#机组上导油槽油位现地显示+50 mm,通过油槽观察孔观察油质呈轻微乳白色,确认 1#机组上导油槽进水。

2)故障原因

上导轴承冷却器使用年限接近寿命周期,管壁变薄并出现砂眼,导致上导轴承冷却器下层靠近弯接头处散热翅片下部铜管漏水。

3)故障处理

(1)通过增设虹吸管将上导轴承冷却器冷却水排至顶盖外围及在线滤油控制上导油槽内透平油的含水量,进行临时处理。

(2)结合检修将上导轴承冷却器漏点进行补焊处理,后期结合机组 A 修把上导轴承冷却器整体更换。

6. 推力轴承瓦温升高故障

1)故障现象

(1)中央控制室电铃响,语音报警,水力机械故障灯亮。

(2)测温盘推力瓦温度计升至故障温度以上。

(3)巡检仪指示故障点在故障温度以上。

(4)监控台推力轴承瓦温升高至故障温度以上,“推力瓦温升高”光字牌亮。

2)故障原因

(1)推力轴承测温元件损坏、温度计或巡检仪故障引起误报警。

(2)推力冷却水水压不足或中断造成冷却效果差,引起推力瓦温升高而报警。此时,推力油槽油温较高,推力各瓦间温差较小,并有“推力冷却水中断”故障光字牌亮。

(3)推力瓦的标高调整不当(此时机组刚启动不久)或运行中的变化(此时机组振动较大)造成推力瓦之间受力不均,使受力大的推力瓦瓦温升高而报警。此时,各推力瓦间温差较大。

(4)推力轴承绝缘不良,产生轴电流,破坏油膜,造成推力瓦与镜板间摩擦力增大,使推力瓦瓦温升高而报警。此时,各推力瓦间温差较小,油色变深变黑,其他轴承也同样受影响。

(5)机组振动摆度增大引起推力瓦间受力不均,受力大的推力瓦瓦温升高而报警。此时,各推力瓦间温差较大,相邻推力瓦间温度相差不大。

(6)推力油槽油质劣化或不清洁造成润滑条件下降,引起推力瓦瓦温升高而警报。此时,可能有轴电流,或有推力油槽油面升高。

(7)推力油槽油面降低引起润滑条件下降造成推力瓦瓦温升高。此时,有推力油槽油位低报警。

(8)开停机时油压减载系统工作不正常引起润滑条件下降造成推力瓦瓦温升高。

(9)机组运行在振动区。

(10)循环油泵故障。

3)故障处理

(1)校核对应机组轴承温度,检查测温表计是否损坏或测温表计连接线是否有脱落、断线现象,若温度确实比平时或比其他机组有所升高,可以根据上个小时抄的温度表记录进行比较,或者通过机组装设同一轴承上接出的几支分表计进行比较,或者在安全措施和安全条件完全具备的情况下,用手去感觉能靠近机组轴承外壳进行初步判断轴承瓦温升高是真升高还是假升高。如果经以上方法检查判明测温装置正常,可以初步判断为轴瓦温度升高;若测温装置异常引起个别测点温度升高则退出异常测点,并通知运维/检修人员进行处理。

(2)在推力瓦瓦温故障的同时,若有推力冷却水中断故障报警,应检查推力冷却水。若推力冷却水水压不足造成冷却效果差,应检查和处理调节阀和滤过器及管路渗漏,有冷却水反冲装置的优先进行冷却水反冲/倒供;若推力冷却水中断造成冷却效果差,应检查各阀门位置(进水或排水阀误关)及开度是否正确,若有误应及时处理,必要时转移负荷,降低机组出力运行。

(3)各推力瓦间温差较大,且机组振动摆度较大时,应考虑推力瓦的标高问题。若推力瓦的标高调整不当或运行中的变化造成推力瓦之间受力不均,应紧急停机。停机后检修处理。

(4)在推力瓦瓦温故障的同时,若有轴电流故障掉牌、油色变深变黑,应测量轴电流和化验油质,密切监视推力轴承瓦温和油温,必要时申请停机处理。同时要监视其他各轴承的温度。确是轴电流引起应检修更换绝缘垫。

(5)推力油槽油质劣化或不清洁造成的推力瓦瓦温升高,应化验推力油槽油质和检查推力油槽油面。待停机后处理,进行换油和清扫油槽。若有推力油槽油面升高,应检查冷却器和推力油槽内的供水管。

(6)推力油槽油面下降引起的推力瓦温升高,应检查油压减载系统,推力油槽的给排油阀是否有漏油之处,推力油槽的挡油板是否有油甩出,密封盘根处是否漏油,推力油槽液位计是否破碎漏油。确是推力油槽漏油引起,应立即监视推力瓦瓦温的高低和上升速度及大小,根据实际情况申请正常停机或紧急停机。停机后处理漏油点,并联系检修给油槽添油。

(7)若因开停机该启动油压减载系统时未启动或压力继电器失灵引起,则联系维护/检修人员处理。

(8)若机组振动、摆度过大,则应避开振动区运行。

(9)若经上述处理,温度仍不下降,应联系调度,降低负荷;若瓦温持续升高或急剧升高,即将达到跳闸设定值,应联系调度转移负荷,立即停机并联系维护/检修人员处理。

(10)检查循环油泵工作是否正常,若不正常,则进行处理。

3.1.2.2 油压装置事故/故障及处理

1. 压力油罐油位过低报警

1)故障现象

上位机油位低报警,压油装置控制柜上有压力油罐油位低信号。

2)故障原因

(1)自动补气装置长时间动作补气未停止。

(2)压力油罐供油阀误关或放油阀误开。

(3)油泵均在切除位置或失去动力电源、控制电源。

(4)油泵自身故障或其自动化元件、控制回路故障。

(5)液位传感器/开关或其信号回路误发报警信号。

3)故障处理

(1)压力油罐实际油位如果偏低,油压正常,检查自动补气装置是否长时间动作补气未停止;如是,则排气补油,调整油气比例至正常。

(2)检查压力油罐供排油回路上阀门位置是否正确;若不正确,调整至正确位置。

(3)若油罐油位、压力均偏低,油泵未正常启动则手动启动,打油至正常油位和压力。

(4)若油泵均不能启动,则应检查动力电源和控制电源,尽快恢复油泵正常工作;若油泵自身或其控制回路、主电路故障,则联系检修处理。

(5)手动排气时,要注意油位、油压,若油压较低,则在排气的同时手动补油,恢复油压;若油压较高,则先排气后,再补油恢复油位。

(6)若实际油位正常,检查为误报警,通知维护/检修人员处理。

2. 压力油罐油位过高报警

1)故障现象

现地控制单元有压力油罐油位过高信号;压油装置控制柜上有压力油罐油位过高信号;油泵停运,压力油罐油位确实过高。

2)故障原因

(1)电接点压力表、压力开关、继电器、接触器等自动化元件故障或控制回路故障。

(2)供气阀误关或排气阀未关严。

(3)检查补气装置工作异常。

(4)自动化元件误发报警信号。

3)故障处理

(1)检查压力油罐实际压力和油位,如果压力和油位偏高,工作油泵正在运行没有正常停运,应手动停止油泵。通知维护/检修人员检查电接点压力表、压力开关或传感器等自动化元件或控制回路是否正常。

(2)检查供气阀和排气阀位置是否正确,若不正确则调整至正确位置。

(3)检查自动补气装置工作是否正常,若自动补气不正常,检查并处理。

(4)手动补气,调整油气比例。手动补气时,要注意油位、油压。若油压较高,则在补气的同时手动排油,恢复油压;若油压较低,则先补气升压后,再排油恢复油位。

(5)若实际油位正常,检查为误报警,通知维护/检修人员处理。

3. 压力油罐油压过低报警

1) 故障现象

(1) 监控系统简报:“压力油罐油压异常”。

(2) LCU 或控制装置上“压力油罐油压过低”故障光字牌亮。

(3) 压力油罐油压在故障压力以下。

(4) 备用泵可能启动。

2) 故障原因

(1) 动力盘无电源或电动机电源开关放切除位置。

(2) 两台泵误放在备用或切除位置,没有任一台放自动位置。

(3) 卸荷阀打开卡住未落下,处于卸压状态。

(4) 逆止阀卡死、排气阀关闭不严、供气阀误关闭、安全阀误开启。

(5) 电动机过负荷引起过电流继电器动作或熔断器 FU 烧断。

(6) 电动机与油泵轴不同心,启动时使电动机启动电流过大,造成电动机过负荷,引起过电流继电器动作或一次熔断器 FU 烧断。

(7) 熔断器 FU 接触不良烧断,造成电动机两相启动,引起过电流保护动作或熔断器又断一相。

(8) 电接点压力表、压力开关、继电器等自动控制元件故障,造成泵不能自动启动。

(9) 控制回路断线、二次熔断器烧断、控制回路无电源等控制回路故障。

(10) 调速器频繁动作开关导叶,使压力油罐油压急剧下降。

(11) 油管跑油造成压力下降至备用泵启动压力。

(12) 电机、油泵、电接点压力表或其他自动控制元件故障。

(13) 自动化元件误发报警信号。

3) 故障处理

(1) 若动力盘无电源引起,找到原因并处理。

(2) 若因无自动泵而引起的故障,应迅速将任一台油泵置自动位置。

(3) 若因自动泵故障引起的,应将备用泵放自动,原自动泵切除,并做检修处理。

(4) 若工作油泵在正常运转,而油压仍在继续下降,可将调速器切手动运行;若油压下降较快,应考虑停机并关主阀。

(5) 若压力油罐油面很高,应检查排气阀是否关严、供气阀是否关闭,是否有跑油之处。如有,应设法处理,并进行油面调整。

(6) 检查是否工作泵安全阀动作或卸荷阀长期卸载,通知维护/检修人员调整安全阀定值或处理故障卸荷阀。

(7) 检查是否逆止阀卡死造成油压降低过快,应立即切除故障油泵,关闭其出口阀。

(8) 检查机组是否调整负荷频繁且过快,致导叶动作频繁引起油压下降过快,若是,则暂停调整负荷。

(9) 由于系统振荡或调速器失灵而引起的油压下降故障,可用开度限制控制导叶开度变化,或调速器切手动运行,待油压正常后,复归备用泵和信号。

(10) 若电机主回路熔断器熔断,检查电机是否有短路或断线等故障。若有,则联系维护/检修人员处理;若没有,则更换新的熔断器。

(11)若控制回路无电、二次回路熔断器熔断等,找到原因并处理。

(12)若电机、油泵、自动控制元件或控制回路故障,联系维护/检修人员处理。

(13)处理完故障后应将油泵恢复至正常运行状态、待压力油罐油压恢复正常后,将压油泵恢复原系统运行。

(14)若压油槽油压下降达事故低油压,已动作于停机回路,则按低油压事故停机处理。

(15)若实际油压正常,检查为误报警,通知维护/检修人员处理。

4. 压力油罐油压过高报警

1)故障现象

(1)监控系统简报:"压力油罐油压异常"。

(2)LCU或控制装置上"压力油罐油压过高"故障光字牌亮。

(3)压力油罐油压达到或超过压力过高故障报警值。

(4)油泵安全阀及补气装置安全阀可能动作。

2)故障原因

(1)补气阀一直开启或补气装置异常。

(2)压力传感器等自动化元件故障,致使油泵不能自动停泵。

(3)安全阀未正确动作。

(4)自动化元件误发报警信号。

3)故障处理

(1)若两台油泵均在运行,压力油罐油位、油压均高,应将调速器切至"机手动"控制,将油泵切除,交替开启压力油罐排油阀、排气阀,调整油压、油位正常,查明原因,通知维护值班人员处理。

(2)若油泵未启动运行,而压力油罐油位低、油压高,检查是否自动补气阀动作不能复归或手动补气阀在开启,设法断开补气回路恢复正常,调整油气比例正常,否则应通知维护值班人员处理。

(3)若为压力传感器等自动化元件故障或安全阀未正确动作,联系维护/检修人员处理。处理后做油泵自动启停试验及自动补气试验,正常后恢复运行。

(4)若实际油压正常,检查为误报警,通知维护/检修人员处理。

5. 油压装置事故低油压

1)事故现象

(1)监控系统、压油装置控制柜报"油压装置事故低油压"。

(2)机组跳闸、调速器动作导叶全关,紧急停机。

(3)压力油罐油压降至事故油压以下。

(4)集油槽油面可能过低。

2)事故原因

(1)由于供油管跑油、压油罐有严重的漏气之处造成油压下降。

(2)由于集油槽跑油,造成集油槽油面过低或没油,使两台泵均启动也不能正常供油

供压，而造成事故低油压。

(3)由于电网事故引起振荡或调速系统失灵引起调速器不稳，接力器大开度频繁/反复调整，造成油压急剧下降。

(4)由于压力油罐中油位过高，调速器动作时造成压力油罐油压急剧下降。

(5)由于两台泵均有故障，或无电源，或开关在切位，造成油泵无法自动补油。

(6)由于油压装置数显压力控制仪失压，油泵无法自动补油。

(7)误关事故低油压压力传感器(压力开关)，给油阀或液位传感器/开关故障误动作。

3)事故处理

(1)若发现大量喷油，机组未事故停机，将油泵控制把手全部置“切除”，阻止继续跑油，并应避免高压喷油伤人。油路跑油、压力油罐漏气引起的事故应查明漏点，通知检修处理。若调速器压力管路破裂跑油，应先关闭调速器总给油阀，再通知检修处理。

(2)系统振荡或调速系统失灵，停机后要详细检查整个调速系统，排除故障。

(3)油泵电源、开关位置异常引起的故障，仅处理电源并将开关放至适当的位置即可；油泵故障引起的应检修油泵。

(4)采用落机组工作闸门或关主阀的方式停机，监视事故停机过程，若自动动作不良，可手动帮助。停机后，投入调速器接力器锁定。

(5)若油压装置的数显压力控制仪失压，处理方法有如下两种：

方法一：先不恢复数显压力控制仪供电，将油压装置手动补油、补气至油压、油位正常；用万用表检查“事故低油压”接点是否断开，如确已断开，恢复对数显压力控制仪供电；将控制方式切换为自动。

方法二：先不恢复数显压力控制仪供电，将数显压力控制仪的“事故低油压”接点解开，恢复对数显压力控制仪供电；将控制方式切换为自动方式，在自动方式下补油、补气至油位、油压正常；恢复数显压力控制仪的“事故低油压”接线。

(6)若误关事故低油压压力传感器(压力开关)给油阀，则应立即开启，正常后重新启动机组。

(7)检查是否为油压装置低油压开关误动等原因导致，若是则通知维护/检修人员处理。

6.集油槽/回油箱油位过低报警

1)故障现象

(1)监控系统简报：“回油箱油位异常”。

(2)控制装置上“回油箱油位”报警灯亮。

(3)集油槽油位低于规定值。

2)故障原因

(1)集油槽跑油或漏油泵不启动。

(2)漏气或自动补气装置异常。

(3)集油槽排油阀误开。

(4)油系统漏油严重或漏油泵故障。

(5)集油槽液位传感器/开关或其信号回路误发报警信号。

3)故障处理

(1)若为集油槽跑油或漏油泵不启动,联系检修处理。

(2)若检查为漏气或自动补气装置不能正常工作致使压力油罐油位过高、回油箱油位过低,应设法处理并调整压力油罐油位、油压正常,集油槽油位正常,通知维护值班人员处理。

(3)若检查为集油槽排油阀误开,则将其关闭。

(4)若为油系统漏油严重或漏油泵故障,短时不能恢复,影响调速系统正常工作,应联系生产指挥中心解列停机。

(5)若为液位变送器/液位开关或其信号回路误发报警信号,联系维护/检修人员处理。

7. 集油槽/回油箱油位过高报警

1)故障现象

(1)监控系统简报:"回油箱油位异常"。

(2)控制装置上"回油箱油位过高"报警灯亮。

(3)集油槽油位高于规定值。

2)故障原因

(1)压力油罐油位过低造成。

(2)集油槽冷却水管破裂或其他原因。

(3)集油槽液位变送器/开关或其信号回路误发报警信号。

3)故障处理

(1)若为集油槽油位过高而压力油罐油位过低,参考压力油罐油位过低故障处理,调整压力油罐油位、油压至正常。

(2)检查油色是否正常,有无进水,如油已乳化或进水,联系生产指挥中心停机更换油。

(3)若为自动化元件误发报警信号,联系维护/检修人员处理。

8. 集油槽/回油箱油温过高

1)故障现象

(1)集油槽/回油箱温度比正常时高。

(2)油泵长期启动。

(3)回油箱冷却器冷却水中断。

2)故障原因

(1)油泵长时间连续运行。

(2)负荷调整频繁。

(3)调速器接力器抽动。

(4)压力油罐排油阀未关严。

(5)集油槽冷却系统工作异常。

3）故障处理

（1）如果油泵长时间启动未停运，检查是否油泵卸载阀未复归或者安全阀误动，并停止油泵。

（2）如果因负荷调整频繁（AGC、一次调频）造成，尽量少调整负荷。

（3）如果调速器接力器抽动，将调速器切“机手动”。

（4）检查压力油罐排油阀是否关严。

（5）检查集油槽冷却器冷却水是否中断，冷却油泵是否正常启动，并处理。

9. 压油泵启动频繁

1）故障现象

（1）压力油罐液位升高。

（2）集油槽液位降低。

（3）工作泵频繁启动。

（4）无备用泵启动故障。

2）故障原因

（1）压油罐排气阀关闭不严漏气，压力油罐给气阀（无自动补气功能，平时管路中无气）关闭不严漏气。

由于阀门关闭不严，造成的油压下降，必须通过油泵打油用油量来保持压力。这样压力油罐中的油气比例遭到破坏，使压力油罐的蓄油能力降低，在耗用同样油的情况下，压油罐内压力下降较快，导致油泵启动频繁。

（2）控制回路电源接触不良或控制回路中启动继电器不能正常工作。

（3）油泵卸载阀未复归或者安全阀误动。

（4）压力油罐排油阀误开。

（5）电接点压力表、压力传感器/压力开关故障或触点接触不良。

3）故障处理

（1）应将调速器切在手动方式下运行，使运行中的用油量减少，停机后检修处理故障。

（2）将工作油泵切为备用，备用油泵切为工作油泵。检修处理时，首先检查各触点的接触情况，对虚接处进行处理或更换继电器。

（3）检查是否为油泵卸载阀未复归或者安全阀误动，若是，联系检修人员处理。

（4）检查排油阀是否误开，若是则关闭。

（5）若电接点压力表等自动化元件故障，联系检修人员进行处理。

10. 压油泵长时间运行

1）故障现象

压油泵长时间运行。

2）故障原因

（1）压力变送器/开关或其信号回路故障。

（2）压油泵空转。

（3）有大量漏油或接力器频繁动作。

3)故障处理

(1)检查压力油罐实际压力,若油压过高,则手动停止油泵的运行,同时检查压力开关/压力传感器及其信号回路是否故障。若是,应对故障部分进行更换或处理。

(2)检查压油泵是否空转,确认油压、油位有无上升,检查其控制回路,并采取相应措施进行处理。

(3)检查有无大量漏油现象,检查卸载阀是否漏油,是否卡阻而不能复位。若是,应对故障部分进行更换和处理。

11.压油装置压油泵备用泵启动

1)故障现象

(1)监控系统报压油泵备用泵启动信号。

(2)压力油罐压力低于备用泵启动值。

(3)主、备用泵同时启动向压力油罐补油。

2)故障原因

(1)工作油泵不启动或启动抽不上油。

(2)油泵启动、停止整定值变位。

(3)供油管路或接力器漏油。

(4)压力油罐排油阀关闭不严。

(5)调速器接力器抽动。

3)故障处理

(1)若工作油泵不启动或启动不上油,则查明不启动和不上油的原因,无法消除时,将备用泵切自动运行,并通知检修处理。

(2)若油泵启动、停止整定值变位,则联系维护/检修人员调整。

(3)若供油管路或接力器漏油,联系维护/检修人员处理。

(4)若压力油罐排油阀因振动开启,则全关压力油罐排油阀。

(5)若调速器抽动,则设法消除其抽动。

12.实例一:1#机组低油压保护动作跳闸

1)事故现象

(1)××年4月12日01:39,某水电厂CCS相继报“1#机组油压装置集油槽油位异常”、“1#机组油压装置备用油位1启泵运行”、“1#机组机油压装置压力异常”、“1#机组压油罐油气比例异常”、“1#机组油压装置备用油位2启泵运行”、“1#机组油压装置备用油位3启泵运行”报警信号。

(2)01:48,CCS报“1#机组油压装置极低油压停机动作”、“1#机组紧急落进水口闸门动作”等报警信号,1#机组跳闸,甩负荷80 MW。

2)事故原因

(1)当班运行值班人员监盘时做无关工作,未发现监控系统报警信号。集控中心当班值长对值班工作管理不到位,值班监盘纪律监管不严。集控中心运行室对运行值班管理不到位。

(2)1#机组油压装置回油箱油位开关故障,闭锁了1#、2#、3#、4#四台油泵自动启动流

程,导致四台油泵均无法正常自动启动,造成压力油罐油压、油位持续降低,事故极低油压、极低油位保护动作跳闸。

(3)控制部分元件老化,油压装置控制逻辑功能不完善。水电站1#机组油压装置集油槽油位开关已投入使用16年,油压装置控制逻辑未考虑可靠性,在单个元件故障时就闭锁油泵自动启动程序。

3)事故处理

(1)检修人员现场检查发现1#机组油压装置回油箱油位开关故障,导致四台油泵均无法自动启动,压力油罐油压、油位持续降低,导致极低油压、极低油位保护动作跳闸,1#机组停运,1#机组进水口工作闸门落至全关。

(2)更换1#机组调速器回油箱油位开关,并补充备品,对其他机组达到使用寿命的油箱油位开关进行更换。

(3)修改机组油压装置控制系统回油箱油位低信号闭锁四台油泵启动的逻辑,当回油箱油位的模拟量和开关量同时达到油位低时才闭锁四台油泵启动,即回油箱油位传感器无故障下,则模拟量和开关量任一达到油位低时报"回油油位低"信号,但不闭锁油泵启动;当模拟量和开关量均达到油位低时才闭锁油泵启动。当回油箱油位传感器故障时,油位低开关量达到并经5 s延时即闭锁油泵启动,同时报出"回油油位低"信号。防止回油箱油位接点故障或误动导致四台油泵无法自动打油。

(4)优化监控事件信息描述、事故信号颜色和报警声音。

(5)加强值班监盘管理,值内人员相互提醒。

3.1.2.3 油系统其他设备故障及处理

1. 滤油器压差过大

1)故障现象

滤油器压差过大报警。

2)故障原因

滤油器堵塞;自动化元件误报。

3)故障处理

检查滤油器前后端实际压差是否过大,是否为自动化元件误报。若压差不大,为误报,联系维护/检修人员检查处理相关自动化元件及回路;若压差过大,则进行如下处理:

(1)如果滤油器堵塞,手动切换至备用滤油器运行,并注意切换后滤油器前后压差是否正常。

(2)通知维护/检修人员清洗或更换堵塞滤油器滤芯。

(3)若双精滤油器报警,一般需停机后进行切换;否则在切换过程中,可能造成控制管路压力不稳定,导致导叶误开、误关。

2. 漏油箱油位过高

1)故障现象

(1)监控系统简报:"×F漏油箱油位异常"。

(2)漏油装置控制箱"液位高"报警灯亮。

(3)漏油箱油位上升(高于报警值),可能往外溢油;压油装置集油槽油位可能降低。

2)故障原因

(1)自动化元件误发报警信号。

(2)漏油泵失去电源,漏油泵未启动或故障。

(3)漏油泵出口阀关闭不严,逆止阀卡死或油泵内有空气。

(4)漏油量过大。

(5)顶盖水位升高淹没漏油箱。

3)故障处理

(1)现场检查漏油箱实际油位是否过高,是否为信号误报。若是信号回路故障,通知维护/检修人员处理。

(2)若漏油泵未启动,应手动启动油泵抽油;若不能启动,则应检查电源和操作系统、测控系统有无故障,防止漏油箱溢油,并立即通知维护值班人员处理。

(3)若漏油泵抽不上油,应检查出口阀是否关闭严密,逆止阀是否卡死,或油泵内是否有空气,并进行处理,不行则通知检修人员处理。

(4)无论是油泵还是其他设备故障不能正常抽油,都应联系生产指挥中心,机组尽量不调整负荷,调速器切“机手动”控制;联系检修,准备油桶,防止漏油槽跑油;做停泵检修措施;检修漏油泵、处理漏油;启动油泵打油,油面正常后,复归信号。

(5)检查是否漏油量过大,通知维护检修人员处理。

(6)若为机组顶盖水位升高淹没漏油箱造成,则按水淹机组顶盖进行处理。

3. 漏油箱油位过低

1)故障现象

(1)监控系统简报:“×F 漏油箱油位异常”。

(2)漏油装置控制箱“液位低”报警灯亮。

(3)漏油箱油位降低(低于报警值)。

2)故障原因

(1)自动化元件误发报警信号。

(2)漏油泵油位低,报警值设置不合理。

(3)漏油泵连续运行,未自动停泵。

3)故障处理

(1)检查若漏油泵实际油位正常,则为自动化元件误发报警信号,联系维护/检修人员处理。

(2)若为漏油泵自动停泵时报“油位异常”,判断为“停泵油位”与“低油位报警”处于临界值,或定值漂移造成。应汇报生技处修改定值。

(3)如漏油泵未自动停止,应立即切除其操作电源,通知维护/检修人员检查其控制回路及漏油泵本体有无损坏。漏油泵停运后,应联系调度使运行机组尽量不调负荷、少调负荷或电调切“机手动”。

4. 实例一:2#主变 C 相绝缘油中溶解气体含量升高

1)故障现象

(1)××年 6 月 21 日,某水电厂在主变在线监测系统中发现 2#主变 C 相绝缘油中总

烃、CH_4、H_2及 CO 含量明显升高，及时取油样在实验室化验检测出 2# 主变 C 相绝缘油中 C_2H_2含量为 0.743 μL/L，且总烃、H_2、CH_4、C_2H_6亦有明显升高。

（2）7 月 2 日，C_2H_2 乙炔达到最大值 0.82 μL/L，之后呈下降趋势。12 月，2# 主变 C 相绝缘油中溶解气体 C_2H_2 缓慢上升，H_2、CH_4、C_2H_4、C_2H_6 亦缓慢上升。

（3）12 月 11 日，将潜油泵由 1#、2# 切换为 1#、3# 运行。潜油泵调整后 C_2H_4 气体稳定，C_2H_2 气体呈微量下降趋势，H_2、CH_4、C_2H_6 气体仍然缓慢上升。12 月 30 日，色谱分析数据为：C_2H_2 0.796 μL/L，总烃 86.493 μL/L。

2）故障原因

经跟踪检查和分析，初步判断 2# 主变 C 相绝缘油中出现 C_2H_2 的原因为变压器内部发生低能量放电，而产生低能量放电的主要原因是主变投运已接近 20 年，设备绝缘在长期运行过程中出现了老化现象。

3）故障处理

（1）加强对 2# 主变 C 相的监测，定期进行绝缘油色谱分析，跟踪气体含量变化趋势，并对 2# 主变 C 相进行全面红外谱图测温。

（2）每天监测 2# 主变 C 相的运行工况，并关注 2# 主变的电压、电流等参数的变化情况。

（3）在 2# 机组维修过程中，对 2# 主变 C 相进行滤油处理，滤油后主变运行中继续跟踪监测。

（4）邀请厂家技术人员及行业专家进行技术诊断分析。

（5）检查备品变压器是否完好，已准备好变压器更换方案，做好变压器更换应急处置准备。

3.2 技术供水系统常见事故及其处理

3.2.1 技术供水系统基本知识

3.2.1.1 技术供水的作用及对象

1. 作用

水电厂的供水包括技术供水、消防供水及生活供水。技术供水又称生产供水，其主要作用是对水电站中运行的各种机电设备进行冷却、润滑与水压操作，它是保证水电站的安全、经济运行所不可缺少的组成部分。小型水电站常以技术供水为主，兼顾消防供水及生活供水，从而组成统一的技术供水系统。

2. 对象

（1）发电机空气冷却器（简称空冷器）。

（2）推力轴承及导轴承油冷却器。

（3）水冷式空压机的冷却。

（4）水冷式变压器的冷却。

（5）水轮机导轴承的润滑和冷却。

(6)油压装置集油槽油冷却器。

除上述技术供水对象外,还有水轮机主轴密封用水、深井泵轴瓦润滑用水、高水头电站水轮机进水阀的液压操作用水、射流泵用水等。对于双水内冷式发电机,还有定子绕组和磁极线圈空心导线的冷却用水。

3.2.1.2 用水设备对供水的要求

用水设备对供水系统的水量、水温、水压、水质有一定的要求,原则上是水量足够、水温适宜、水压合适、水质良好。

1. 水量

水轮发电机组总用水量包括发电机空气冷却器用水量、推力轴承油冷却器用水量与各导轴承(油)冷却器用水量等。根据我国已运行大中型水电站机电设备用水量的统计分析,发电机空冷器占总用水量的70%,推力轴承与导轴承冷却器占总用水量的18%,水冷式变压器占6%,水导轴承的水润滑与冷却占5%,其他约占1%。由此可见,发电机空冷器的用水量与推力轴承和导轴承的冷却用水量占了绝大部分。

2. 水温

技术供水水温是供水系统设计中的一个重要条件,一般按夏季经常出现的最高水温考虑。技术供水的水温与很多因素有关,如取水的水源、取水的深度、各地气温变化等。水温对冷却器的影响很大,如果进水温度增高,则冷却器的有色金属消耗量将增加,冷却器的尺寸也将增大,造成布置上的困难。一般当冷却水温增高3 ℃,冷却器高度将增加50%,同时水温超过设计温度时,也会使发电机无法发足出力。一般进水温度最高应不超过30 ℃。

冷却水温过低也是不适宜的。因为水温过低,会使冷却器黄铜管外凝结水珠。一般要求进口水温不低于4 ℃,同时冷却器进出口水的温差不能太大,一般要求保持2~4 ℃,以避免沿管长方向因温度变化太大而造成裂缝和漏水。

3. 水压

1)机组冷却器对水压的要求

进入冷却器的冷却水,应有一定的水压,以保证必要的流速和所需的水量。机组各冷却器的进口水压上限一般不超过0.2 MPa,主要是受到制造厂冷却器铜管强度的限制;各冷却器进口水压的下限则取决于冷却器内部压降及排水管路的水头损失。

2)水冷式变压器对水压的要求

水冷式变压器的冷却方式有内部冷却和外部冷却两种。内部冷却是将冷却器装在变压器的绝缘油箱内,外部冷却是将热交换器置于冷却水槽中,使绝缘油在交换器循环从而得到冷却。在水冷式变压器中如果发生水管破裂或热交换器破裂,就会使油水渗合,发生很大的危险,特别是冷却水渗入绝缘油中,其后果将是灾难性的,所以对水冷式变压器冷却水的水压控制较严,要求冷却器进口处水压不得超过变压器中的油压。当电站的技术供水引到水冷式变压器前的压力较高时,应采用减压措施,以满足水压要求,保证安全。

3)水冷式空压机对水压的要求

水冷式空压机的水压可不限于0.2 MPa,可以略为加大,但不宜超过0.3 MPa。

4)水润滑导轴承对水压的要求

水润滑导轴承的橡胶轴瓦必须有一定的供水压力才能形成足够的润滑水膜,一般为0.15~0.20 MPa。水压过低润滑效果不良,水压过高又会损坏设备。

4. 水质

水电站的技术供水,不管是取自地表还是地下,或多或少总会有一些杂质。杂质进入用水设备,对用水设备的安全和经济运行是非常不利的。为保证各冷却器的安全和经济运行,冷却水的水质一般应满足如下几点要求:水中不含有悬浮物;含沙量少且颗粒小;硬度较小,应不大于8~12;pH值反应为中性;力求不含有机物、水生物及微生物;含铁量小、不含油分。

总之,对于冷却水的水质,应以水对冷却管道的腐蚀、结垢和堵塞等情况来衡量。

对于轴承润滑和轴承密封用水,要求更高:

(1)含沙量和悬浮物必须控制在0.1 g/L,泥沙的粒径在0.01 mm以下。

(2)润滑水中不允许含有油脂及其他对轴承和主轴有腐蚀性的杂质。

3.2.1.3 水源及供水方式

1. 水源

技术供水的水源选择是很重要的,一般要求取水可靠,水量充足,水温适当,水质较好,引水管路简单且操作维护检修方便。

技术供水系统的水源除主水源外,还应有可靠的备用水源。一般可作为水电站技术供水的水源有如下几种。

1)上游水库

上游水库,是一个丰富的水源,从水质方面看,水库调节容量越大,水越深,则水质越好。上游水库取水,常用坝前取水与压力钢管(或蜗壳)取水两种方式,对中高水头的水电站还可从水轮机的顶盖取水。

2)下游尾水

当水电站水头过高或过低时,可考虑下游尾水做水源,通过水泵将水送至各用水设备。自下游尾水取水时,应注意机组尾水冲起的泥沙和引起的水压波动,以及因机组负荷变化而引起的下游水位升降等给水泵运行带来不利的影响,应尽可能提高取水口的位置,但取水口必须在最低尾水位0.5 m以下。另外,还应注意取水口不要设置在机组冷却水排水口附近,以免水温过高而影响冷却器的冷却效果。水泵吸水管的管口应焊有法兰,并设有拦污栅网,以防杂物吸入。这种取水方式比坝前取水的可靠性要差一些,在水泵故障或厂用电断电时技术供水也会中断,且运行费用较大。

3)地下水源

为了取得经济、可靠和较高质量的清洁水,以满足技术供水,特别是水轮机导轴承润滑用水的要求,若水电站附近有地下水源,则可加以利用。因为地下水源一般都比较清洁,水质较好,但硬度较大,某些地下水源还具有较高的水压力,有时可能获得经济实用的水源。该技术供水系统比较复杂。

4)其他水源

中高水头混流式机组可利用水轮机上止漏环的漏水作机组技术供水,称为顶盖取水。其优点是:水量充足,供水可靠;止漏环间隙对漏水起了良好的减压作用,水压稳定;操作简单,随机组启、停而自动供、停水,随机组出力增减而自动增减供水量。其缺点是:当机组做调相运行时,需另有其他水源供水。

此外,水电站附近的瀑布、支流和小溪等都可以作技术供水的水源。

2. 供水方式

水电站技术供水方式因水头、水质、机组形式及布置特点等的不同而不同,常用的供水方式有自流供水、水泵供水、混合供水及射流泵供水等。

1) 自流供水

自流供水系统的水压是由水电站的自然水头来保证的。水电站水头在15~80 m,当水温、水质符合要求时,一般可考虑采用这种供水方式。水头小于15 m时,采用自流供水将不能保证一定的水压;而水头大于80 m时,采用自流供水一方面浪费了水能,另一方面又使减压实现起来较为困难。

自流供水方式供水可靠,设备简单,投资少,运行操作方便,易于维修,是设计、安装、运行都乐于选用的供水方式。特别是水头在20~40 m的水电站,一般都采用自流供水方式。当水头大于40~50 m而采用自流供水时,为了保证各冷却器进口的水压符合制造厂的要求,一般要装设可靠的减压装置,对多余的水头进行削减,这种供水方式称为自流减压供水。

2) 水泵供水

当水电站水头高于80 m,用自流供水方式已不经济;当水头小于12 m时,用自流供水无法满足用水设备对水压的最低要求。此时通常采用水泵供水方式。对低水头电站,视具体情况可将取水口设置在上游水库或下游尾水;对于高水头电站,一般均采用水泵从下游取水。采用地下水源而水压不足时,亦用水泵供水。

3) 混合供水

混合供水是由自流供水和水泵供水相混合的供水方式。水头为12~20 m的水电站,单一供水往往不能满足要求,需采用混合供水。

(1) 自流供水与水泵供水交替使用的系统。

(2) 自流与水泵按用户同时供水的系统。

4) 射流泵供水

当水电站水头为80~170 m时,为了减少自流供水的水能浪费,宜采用射流泵供水。由上游水库取水作为高压工作液流,在射流泵内形成射流,抽吸下游尾水,两股液流相互混合,形成一股压力居中的混合液流,作为机组的技术供水。射流泵供水兼有自流供水和水泵供水特点,它运行可靠,维护简单,设备和运行费用较低。

5) 循环供水

若机组冷却水取自河水,而河水的水质、泥沙等都不可避免地存在一些问题。为了彻底解决水质难题,目前很多机组采用循环供水。循环系统一般由尾水冷却器、循环水池及泵房、循环水泵及电气控制柜、供水总管、回水总管等五部分组成。循环冷却技术供水的优点是:解决了技术供水的水质问题;提高了电站运行可靠性;有利于环保。

3.2.1.4　技术供水系统的组成和设备配置方式

1. 组成

由上面的分析可知,技术供水系统由水源、管网、用水对象及量测控制元件等组成。技术供水系统的水源除主水源外,还应有可靠的备用水源。技术供水系统的管网由取水干管、供水支管及管路附件组成。量测控制元件用于监视、控制和操作供水系统的有关设备,保证技术供水系统正常运行。

2. 设备布置方式

如何恰当地确定设备配置,主要取决于水电站的单机容量和机组台数,通常有以下几种。

1)集中供水

全厂所有机组的用水设备,都由一个或几个共用的取水设备取水,技术供水通过共用的供水干管供给各机组的用水设备。这种设备配置便于集中布置,运行和维护比较方便,适用于中小型水电站。对于大中型电站来说,因为自动控制比较复杂,而且在运行机组台数改变时容易引起技术供水系统的水压波动,故不太适合。

2)单元供水

全厂没有共用的供水设备和管道,每台机组各自设置独立的取水和供水设备,独立运行。其优点是运行灵活,可靠性高,便于实现自动控制,而且机组间互不干扰,便于运行与维护。这种配置适用于大型机组,特别是水泵供水的大、中型水电站。

3)分组供水

机组台数较多时,若采用集中供水,则管道过长易造成供水不均,或管道直径过大给设备的布置带来困难;若采用单元供水,则设备数量又过多,同样会造成设备的布置困难,同时设备投资大。若将机组分为若干组,每组设置一套独立取水和供水设备,并独立运行,使之既具有集中供水的优点,又具有单元供水的灵活性,从而既减少了设备的投资,又方便了系统的运行。

3.2.1.5　技术供水系统实例分析

1. 技术供水系统图形符号

将技术供水系统中的水源、用水设备及量测元件等按它们之间的实际位置及连接关系,用规定的符号绘制而成的示意图,称为技术供水的系统图。技术供水系统图常用图形符号如表3-4所示,排水系统的图形符号与之基本相同。

2. 技术供水系统图实例分析

图3-2为自流单元供水系统图。主水源取自蜗壳或压力钢管,蜗壳或压力引水管上的取水口按1.5~2台机组用水量考虑,作为其他机组的备用,全厂连接成一个备用供水干管。蜗壳或压力钢管取水口后装有止回阀,以免输水系统故障时冷却水倒流。主水源经滤水器过滤后,供机组冷却、润滑用。

此外,全厂设2~3个坝前取水口,作为技术供水的备用水源。在洪水季节取表层水,水中含沙量较小;在夏季温度较高时,取深层水,以提高冷却效果。此种系统具有布置简单、运行可靠的优点。凡不受机组开、停机影响的用水,如消防、生活及空压机冷却水等,都由此水源供水。因水导对供水可靠性和水质要求高,由两水源经二次过滤和自动阀门并联供水。

两水源通过联络管道和阀门相连,系统简单,运行灵活、可靠,设备分散布置在地面上,方便安装、运行和维修。

表 3-4 水系统图例符号

符号	名称	符号	名称	符号	名称
	截止阀		消火喷头		压力表
	止回阀		消火栓		压力信号器
	软管		盘形放水阀		自吸泵
	接点压力表		旋塞		压差调节阀
	电磁阀		液位信号器		深井泵
	大小头		双向示流信号器		潜水泵
	减压阀		软接头		三通阀
	安全阀		水位变送器		滤水器
	取水口拦污栅		流量计		双向供水转阀

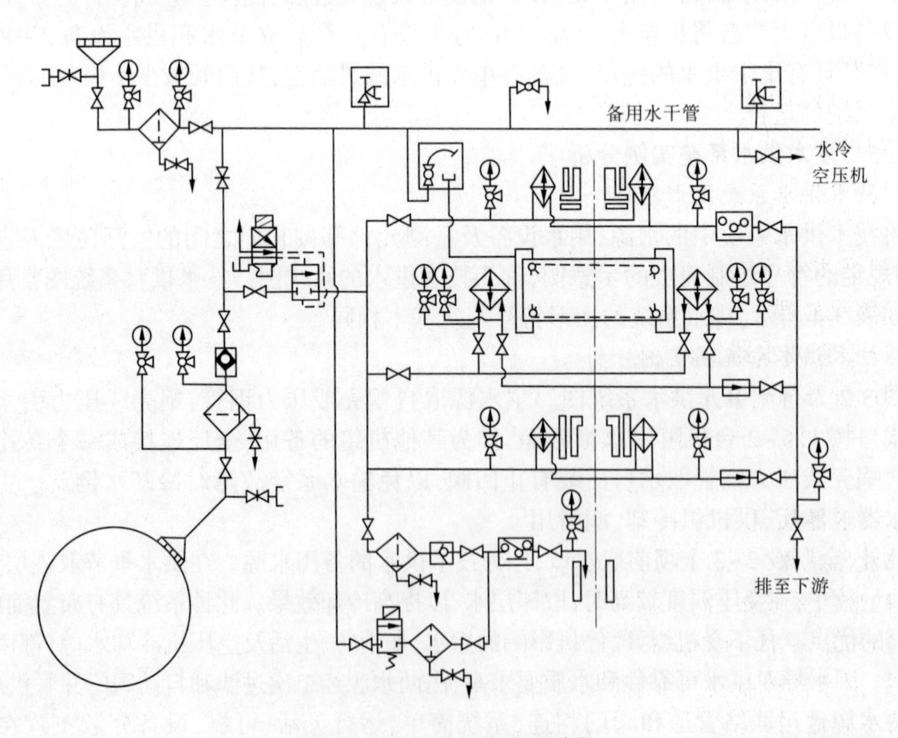

图 3-2 自流单元供水系统图

该技术供水系统的供水对象主要有：各机组的推力及上导油槽冷却器、发电机空气冷却器、下导油槽冷却器的冷却水，水导轴承的润滑水，空压机冷却水及机组消防用水。

3.2.2 技术供水系统的常见事故/故障及其处理

3.2.2.1 供水设备事故/故障及处理

1. 机组取水口拦污栅堵塞

1）故障现象

（1）机组拦污栅压差计测量值超过报警值。

（2）在同一水头下机组负荷明显下降。

2）故障原因

（1）取水口拦污栅堵塞。

（2）自动化元件或测量回路故障。

3）故障处理

（1）现场实际测量机组拦污栅压差，若实际压差不大，则压差自动化元件或测量回路故障，应联系检修处理。

（2）若实际压差较大，应汇报生技处和生产指挥中心机组拦污栅压差数据，通知维护人员操作捞渣机进行清淤，并根据生技处指示停机清理拦污栅。

（3）若机组拦污栅压差过大，则联系生产指挥中心将机组限负荷运行或停机清理拦污栅。

2. 蜗壳滤水器出口压力降低

1）故障现象

（1）操作屏“滤水器堵塞”报警。

（2）滤水器出口压力降低，压差表指示大于报警值（一般为0.03 MPa）。

2）故障原因

（1）滤水器堵塞。

（2）滤水器不能自动启动排污。

3）故障处理

（1）检查滤水器启动排污清洗是否正常，若滤水器不能自动启动排污，应手动启动滤水器进行排污清扫直至压力恢复正常。

（2）若滤水器手动排污不畅或滤水器故障，则联系维护/检修人员对滤水器进行清扫。

3. 滤水器故障

1）故障现象

（1）监控系统报“滤水器故障”信号。

（2）机组各部温度有升高趋势。

（3）滤水器控制器“滤筒故障”“排污阀故障”指示灯亮。

2）故障原因

（1）排污电磁阀故障。

(2)减速电机故障。

(3)控制回路故障。

(4)排污阀过力矩、压差过高。

3)故障处理

(1)手动控制排污,查看滤水器压差。

(2)滤水器不能排污,应检查是否排污电磁阀故障不能开启。

(3)减速电机故障应检查是否回路故障或其他原因。

(4)检查是否控制回路故障,是否排污阀过力矩、压差过高,若是则联系/检修人员处理。

4. 机组蜗壳取水口吹扫装置故障

1)故障现象

(1)吹扫无气流。

(2)吹扫无效果。

2)故障原因

(1)AC220 V、DC24 V、PLC 电源故障。

(2)阀门位置错误或故障。

(3)气流消失。

(4)水压越限。

3)故障处理

(1)若电源消失,检查机旁动力屏滤水器控制开关、自动测控装置屏内二次保险在投入。若保险熔断,更换同容量的保险;操作报警清除,若报警信号不能消除,通知维护/检修人员处理。

(2)若阀门位置错误或故障,则操作报警清除;若报警信号不能消除,检查阀门位置指示是否正确或阀门电机是否发生故障,否则,通知维护/检修人员处理。

(3)若气流消失,检查供气阀是否打开及低压气源是否正常,若阀门打开,低压气源压力正常,操作报警清除。若报警信号不能消除,通知维护/检修人员处理。

(4)若水压越限,进行手动吹扫操作,操作报警清除。若报警信号不能消除,通知维护/检修人员处理。

5. 技术供水总管水压/流量低

1)故障现象

(1)上位机报机组总冷却水中断信号。

(2)可能伴随有冷却水压越低限信号。

(3)现地检查相应的示流器指示绿灯灭、红灯亮。

2)故障原因

(1)供水泵未启动或故障。

(2)供水阀、排水阀未开启、阀芯卡塞或调节阀开度不够。

(3)水源水压不足。

(4)蜗壳、供水泵、坝前取水口堵塞或滤水器堵塞。

(5)供水管路有堵塞或管路漏水。

(6)自动化元件或信号回路故障。

3)故障处理

(1)若主备用水源都采用水泵供水,检查机组技术供水泵阀门、管路供水阀是否全开;检查技术供水泵是否启动,若未启动,则检查水泵动力电源、控制电源是否正常,若电源不正常,应检查电机主回路及控制回路空气开关是否跳开,试送电源后,若恢复正常,立即启动技术供水泵保证流量正常。若供水泵自身故障,通知检修处理。

(2)若技术供水主水源采用自流供水,检查是否为机组水头较低,应立即切换至备用水源并通知检修处理,检查供水流量是否恢复正常。

(3)检查机组技术供水阀、排水阀位置及开度是否正确;若不正确,则调整至正确位置。

(4)检查供水管路是否堵塞或漏水,若短时不能处理,则联系检修处理。

(5)检查蜗壳、供水泵或坝前取水口是否堵塞,滤水器是否堵塞,若堵塞则申请停机并联系维护人员进行清洗排污。

(6)监视机组轴承温度、冷热风温度上升情况,降低机组负荷运行。若冷却水无法恢复,轴承温度迅速上升超过报警值,且有继续上升趋势,应立即向调度/生产中心申请停机处理。

(7)若自动化元件或信号回路故障(压力开关故障或通道故障),应及时通知维护/检修人员进行处理。

6. 循环水池水位降低

1)故障现象

监控系统报“循环水池水位过低”。

2)故障原因

(1)循环冷却供水系统有漏水处。

(2)补水电磁阀电源消失或异常。

(3)管路上各阀门位置有误。

(4)补水用水源水压低。

(5)循环水池水位过低或水泵故障。

(6)液位传感器故障。

3)故障处理

(1)检查循环水池水位是否降低,若降低则手动开启补水阀补水;若未降低,则为液位传感器/开关或信号回路故障,则联系运维/检修人员处理。

(2)检查循环冷却供水系统的管阀、仪表、管件等,若有漏水,联系维护/检修人员处理。

(3)检查补水电磁阀电源工作是否正常、前端手动阀是否全开;否则将其调整至正确状态/位置。

(4)检查机组、主变三通排水阀位置是否正确,不正确则切换至循环水池侧。

(5)检查补水用水源水压是否正常,若异常检查并处理。

(6)若循环水池水位过低,水泵抽不上水,则启动备用水泵,由备用水池供水。

(7)若水池水位下降明显变快或补水频繁,表明循环冷却供水系统的管阀、仪表、管件等有漏水或液位传感器故障,应查清并联系检修处理。

7. 实例一:主备用水源同时供水造成水淹技术供水层事故

背景:2012 年 4 月 27 日 18:12,某水电站 1#机组(27 MW+8.3 MV·A)、2#机组(31.4 MW+7.0 MV·A)、3#机组(29.6 MW+7.0 MV·A),通过 110 kV 母线经某一线、某二线送出。母线电压 U=116.17 kV,母线频率 f=50.05 Hz。厂用系统:Ⅰ、Ⅱ、Ⅲ段分段运行,11#变压器带 400 VⅠ段、13#变压器带 400 VⅢ段运行,10 号变压器、400 VⅡ段备用。因入库流量增加,运行值班人员联系省调开 1#机组,同意。

1)事故现象

(1)18:09,1#机组自动开机至空载。

(2)18:12,1#机组由空载转入发电状态,1#机组出口开关 111 自准并网,1#机组有功带至 27 MW。

(3)18:54,监控上位机报公用技术供水阀门全开,循环水池水位显示 5.89 m 之后迅速显示 1.00 m,运行值班员立即进行检查,发现技术供水层循环水池人孔门往外冒水,技术供水层上水已至地面高度约 1.2 m,且水位在迅速上涨,运行值班员立即切断技术供水层所有电源,将情况汇报发电部领导。

(4)技术供水层水位上升到 587 m 以上(技术供水层高程 582 m),所有浸水设备涉及 3 台机组技术供水系统控制盘、压力表、变送器等自动化元器件及各阀门、电机,公用技术供水系统控制盘、泵及电机,生活消防供水系统控制柜、泵及电机,低压气系统控制盘、压力表、压力开关等自动化元器件及储气罐、2 台制动低压风机,1 台检修低压风机,1 台临时低压风机,中压气系统控制盘、压力表、压力开关等自动化元器件及储气罐、2 台中压风机,2 台中压风干燥机,3 台机漏油泵控制柜及泵,透平油室 2 个空储油罐,油处理室齿轮泵、板式滤油机,真空净油机,3 台机技术供水层交流配电盘。

2)事故原因

(1)该水电站机组冷却供水设计采用自流供水(蜗壳取水)和循环水泵供水两种方式,正常运行以自流供水(蜗壳取水)为主供水方式。技术供水控制回路逻辑设计不合理,没有不同方式下的相互闭锁回路。自投运以来为降低厂用电率,一直采用蜗壳自流供水方式。4 月 27 日,为确保汛期机组技术供水系统安全,对技术供水系统检查后对 1#机组技术供水采用循环水泵供水方式进行试验。试验完毕后,关闭了循环水泵供水阀 1226 阀和 1203 阀,恢复了蜗壳自流供水方式,但供水方式功能控制把手却置于循环水泵供水方式,与实际供水方式不对应。由于 1#机组技术供水时机组冷却供水阀 1205 阀门存在缺陷(不能自动开关,需停机将进水闸门和尾水闸门关闭后才能处理,故该阀门一直处于长开状态),自流供水方式下 1205 阀、1206 阀、1225 阀为常开状态。开机时,1226 阀、1203 阀自动打开,导致两路同时供水,经 1226 阀进入循环水池淹没技术供水层,是此次事故的直接原因。

(2)该水电站自投运以来,技术供水方式每年在汛前进行一次切换试验,本次对 1#机组技术供水采用循环水泵供水方式进行试验后,当班运行人员没有全面检查技术供水方

式功能把手的位置，是此次事故的主要原因。

(3)接班值运行人员工作交接不清楚，接班后没有及时到位检查机组运行及技术供水方式。发现技术供水层上水后未能及时有效地采取停机等应急措施，导致事故扩大，是此次事故的另一主要原因。

(4)闸门设计与防汛设计存在缺陷，机组进水口闸门盖板和尾水闸门盖板必须长期封盖，且单机盖板数量总共达35块(进水口20块、尾水15块)，落门时要不停倒换抓梁和门库。采取紧急落进水及尾水闸门措施时，至少需要5 h，导致尾水倒灌时间延长。同时，由于进水口闸门和门槽间、尾水闸门与门槽间密封效果不好，漏水量较大，也增加了机组流道漏水量和尾水倒灌量，对技术供水层上水后影响了排水效果。

3)事故处理

(1)接到运行人员汇报后，厂领导立即赶赴现场，并下达“某水电站水淹厂房应急预案”启动命令，各相关部门立即进行应急处置。

(2)19:20，第一批应急处置抢险人员赶到现场。根据现场上水情况初步判断上水地点及原因，采取紧急架设潜水泵排水措施，19:35，第1台排水泵架设完毕并开始抽水。

(3)19:40，厂应急抢险人员携带相关抢险设备，分三批陆续赶到该水电站厂房参与应急抢险，随后第2台、第3台排水泵架设完毕并开始抽水。此时水位上涨至587 m(尾水高程591 m)，存在上水即将淹没水轮机层及厂用电源层(高程588 m)的危险，情况非常危急。随即联系省调，19:47，将1#机组出力压至空载；19:50，1#机申请停机；20:26，将3#泄洪闸开启，保持库水位不上涨；20:46，先后将2#、3#机组申请停机；22:05，将第4台排水泵架设完毕并开始抽水，此时由于机组全停，第4台临时潜水泵启动排水后，水位上升至水轮机层与技术供水层楼梯间587 m高程，上水得到了控制。21:46，落1#机组事故门和尾水闸门。为了降低尾水位，22:14，将3#泄水闸关闭，技术供水层上水明显减缓。截至4月28日14:00，又陆续装设5台排水泵抽水，以防止排水泵故障而导致水位上升，水位下降控制在技术供水层585 m高程左右。

(4)4月28日09:00，副厂长组织召开第二次事故分析会，重点分析漏水点，判断尾水闸门漏水和1226阀(被淹水下)关闭不严倒流是技术供水层上水的主要原因。12:00，对1#机组尾水闸门提起填充棉絮后再次落门，封堵尾水闸门起到一定的效果，使技术供水层上水情况得到控制。由此分析将1226阀关闭不严锁定为技术供水层上水的主要原因来处理。经联系某潜水公司，潜水人员于22:35赶赴现场，23:23下潜进行故障点确认，确认了1226阀在开启状态并进行关闭，数次下潜进行阀门关闭，至29日11:00技术供水层1226阀关闭，至此技术供水层上水现象消失。

(5)4月29日13:30，上水全部抽排完毕，迅速开始设备抢修恢复工作。

(6)4月30日23:35，2#机组并网恢复运行；5月1日10:36，3#机组并网恢复运行；5月1日11:11，1#机组并网恢复运行。

8. 实例二：技术供水压力钢管取水阀断裂造成水淹厂房事故

背景：××年××月××日，全厂负荷150 MW，1#、2#、3#机组正常运行，AGC投入运行，压力钢管压力为1.03 MPa，两人值班，系统无任何操作，各项参数指示正常。

1)事故现象

××时××分,运行人员到蝶阀层(高程 316.5 m)检查时,发现蝶阀层被水淹没,水深约 1.5 m,运行人员向中控室值班负责人汇报。

2)事故原因

(1)空调引水管与压力钢管连接阀门门体断裂,是导致此次事故发生的直接原因。对阀门进行宏观检查,发现阀门壳体的壁厚偏差很大,最厚处达 24 mm,最薄处为 10 mm,阀门存在明显的铸造质量问题。

(2)取消空调供水系统后,引水管未从与压力钢管连接的根部进行封堵,而是留下一"盲肠"短节,是导致此次事故发生的间接原因。

(3)机组投入运行后设备管理不到位,没有对此管道和阀门进行检查、检验,是导致此次事故发生的间接原因。

3)事故处理

(1)××时××分,运行人员再次返回蝶阀层时,水位上升到 2 m 左右,并且上升速度很快,值班负责人令值班员断开技术供水及蝶阀层的所有电源开关。

(2)××时××分,向中调申请批准后,1#、2#、3#机组分别解列停机。

(3)××时××分,值班负责人令值班员关闭 1#、2#、3#机组的进水蝶阀,××时××分三台机组蝶阀全部关闭,并派人关闭大坝进水口闸门。

(4)××时××分,运行人员就地检查时,水位已上升到水轮机层(高程 322.7 m),值班负责人命令值班员切除水轮机层所有配电箱、控制箱及设备的电源。

(5)××时××分,进水口闸门关闭。××时××分,值班负责人向县防汛办申请开启溢洪道闸门泄水,同意后实施。这时,厂房内水位继续上涨,××时××分,水进入 10 kV 高压室(高程 326.0 m),危及励磁变压器、机端变压器和 10 kV 母线的安全。

(6)××时××分,向中调申请 1#、2#、3#主变退出运行,批准后,1#、2#、3#主变分别退出运行。

(7)随即,立刻开始紧急抢险,在各级人员努力下,共安装大、小水泵十余台,××时××分左右,水位得以控制,水位最高涨至 326.5 m 高程。

(8)检查确认故障点为:空调引水管与压力钢管连接的阀门门体断裂。经过抢修,1#、2#、3#机组分别并网发电。

3.2.2.2 用水设备事故/故障及处理

1.机组轴承冷却水中断/流量低/水压低

1)故障现象

(1)上位机报机组轴承冷却水中断信号。

(2)可能伴随有冷却水压越低限信号。

(3)现地检查相应的示流器指示绿灯灭红灯亮。

2)故障原因

(1)滤水器堵塞。

(2)供、排水阀误关,阀芯卡塞或脱落,调节阀开度不够。

(3)自动化元件或回路故障,误发报警信号。

3)故障处理

(1)若几个轴承同时发出信号,可能是技术供水系统故障冷却水过滤器堵塞,应立即检查过滤器排污情况,或立即停机处理。

(2)若轴承冷却水供、排水阀因振动自关,或阀芯卡塞、脱落,或调节阀开度不够,则重新开启至适当位置,或申请停机更换阀门。

(3)若冷却器堵塞,应进行冷却水反冲(倒换);若冷却器仍不能疏通,则汇报调度,联系停机处理。

(4)若系水压波动误动作、自动化元件或信号回路故障,则联系检修处理。

(5)监视轴承温度变化趋势。

2. 机组主轴密封水中断

1)故障现象

(1)上位机报机组主轴密封水中断。

(2)机组主轴密封水流量明显降低。

(3)立式机组顶盖水位快速上涨。

2)故障原因

(1)水源供水不足。

(2)水泵不能启动。

(3)主轴密封水的供、排水阀误关或开度过小。

3)故障处理

(1)若实际供水流量低,应立即切换至另一路供水方式,尽快恢复供水。

(2)立式机组应密切监视顶盖排水情况,防止顶盖水位过高。

(3)若检查发现相应供水水泵未启动,应检查水泵动力电源、控制电源是否正常,若电源不正常,应检查电机主回路及控制回路空气开关是否跳开,试送电源后,若恢复正常,可切换回主用供水方式。

(4)检查供、排水阀位置是否正确,若误关,则开启。

(5)若短时不能恢复主轴密封水,应立即申请调度停机处理。

3. 机组主轴密封水流量过低报警

1)故障现象

(1)上位机发出"机组主轴密封水流量过低"报警信号。

(2)主轴密封温度可能升高。

(3)机组可能机械事故停机。

2)故障原因

(1)流量开关误发信号。

(2)密封水系统过滤器堵塞。

(3)供水系统有漏点。

(4)主轴密封磨损严重。

3)故障处理

(1)检查流量开关是否误发信号,若是,通知检修人员处理。

(2)检查主轴密封水系统过滤器是否堵塞,供水系统是否有漏点,若有,则立即处理。

(3)检查清洁水和技术供水系统供水是否正常,若不正常,调整至正常。

(4)监视顶盖水位及主轴密封磨损是否正常,若不正常,则联系维护/检修人员处理。

(5)若无法恢复主轴密封水压,应申请停机处理。

4. 水导备用润滑水投入(水导润滑水中断)

1)故障现象

(1)中控室:电铃响,语音警报,机械故障光字牌亮。

(2)机组机械故障:水导润滑水中断、备用润滑水投入等光字牌亮。

(3)机组技术供水系统:备用润滑水电磁配压阀投入;润滑水示流继电器可能动作;润滑水水压低于故障压力 0.15 MPa。

2)故障原因

(1)水导滤水器堵塞引起水压不足,导致备用润滑水电磁阀动作。

(2)水导润滑水示流信号器高压侧水管堵塞、管路漏水、阀门误关或开度不够。

(3)导叶开度突然变化,使水轮机顶盖上方产生负压,水导润滑水压力信号器瞬间下降波动引起警报;水压测量自动化元件或信号回路故障。

3)故障处理

(1)检查备用润滑水投入情况及顶盖上水情况。如漏水量增大应维持顶盖水位正常。

(2)检查总水压为零时,可能是总供水电磁阀误动或故障,可打开该阀,复归水导备用润滑水电磁阀及信号。若电磁阀故障(发卡),检查备用水源电磁配压阀是否投入,若未投入手动投入,并联系运维/检修人员处理。

(3)若仅润滑水水压为零,可能润滑水管路上的供水、排水阀门误关或阀芯卡在关闭侧,根据情况做好检修措施,不能检修时尽快停机。

(4)检查滤水器是否在清扫过程,滤水器的排污阀是否关闭,如果没有关闭将其关闭。

(5)若因润滑水过滤器堵塞引起的水压不足,可进行过滤器清扫排污。

(6)若因润滑水示流信号器高压侧水管堵塞,水压表显示水压正常,机组可强行运行,待停机后处理(如果因管路中漏水引起,危及机组安全运行,应在最短的时间内正常停机或紧急停机)。

(7)若因管路中阀门误关引起,打开阀门或调整阀门开度使水压恢复正常。复归备用润滑水电磁配压阀和主轴密封备用润滑水故障信号。

(8)若因主轴密封润滑水压力信号器瞬间下降波动引起,则复归备用润滑水电磁阀即可。

(9)若各水压合格,管路又无漏水之处,信号复归不了,可判定为润滑水示流信号器误动,待停机后处理。

(10)检查水压恢复正常后,应复归备用润滑水电磁阀和故障信号。

5. 实例一:机组水导轴承油槽进水

1)故障现象

××年 8 月 25 日 21:31,CCS 报“6#机组水导轴承油槽油混水报警”、“6#机组水导油位

(滤波)275.13 mm 高限报警”报警信号,报警无法复归。

2)故障原因

6#机组水导轴承油冷却器使用年限接近寿命周期,管壁变薄甚至出现砂眼等缺陷,造成水导轴承油冷却器漏水。

3)故障处理

(1)现场检查6#机组水导油槽油位实测值+50 mm、CCS 油位+275 mm,水导油槽观察孔盖板上有较多油滴且盖板不够透明,顶盖水位正常。

(2)申请6#机组停机后,取样化验确认油中含水量超标,确认油槽进水。

(3)在线过滤水导油槽透平油,直至油样含水量合格。

(4)判断漏水冷却器编号,将该冷却器排水管改接为直排995廊道排水沟,利用虹吸原理使冷却器管内压力降低,避免冷却水从漏点处继续漏水至进入油槽里。

6. 实例二:主变冷却水中断2 min

1)故障现象

7#主变技术供水2#泵停运、1#泵无法自动启动,7#主变技术供水消失2 min。

2)故障原因

电厂主变技术供水泵及空载冷却水泵控制 PLC 两路电源分别取自主变空载冷却水1#泵电源进线 A 相及2#泵电源进线 B 相。运行人员配合消缺做安全措施时,同时拉开7#主变空载冷却水泵两路电源,造成7#主变技术供水控制 PLC 失电,导致7#主变技术供水2#泵停运、1#泵无法自动启动。

3)故障处理

(1)立即恢复7#主变空载冷却泵动力电源,手动启动7#主变技术供水1#泵。

(2)强化安规学习,杜绝工作票所列安全措施不完备、疏漏的情形。增强人员设备认知范围与深度,提高人员风险识别与防控能力。

(3)对存在类似电源接线的设备进行排查,明确具体防范措施。

7. 实例三:主变冷却水备用排水总管焊缝跑水

1)事故现象

(1)4#主变 A 相变压器室内大量喷水。

(2)2#主变 A 相变压器室内少量渗水。

2)事故原因

主变冷却水备用排水总管经主变4B A 相、2B A 相处存在焊缝漏点。

3)事故处理

(1)××年××月××日12:48,现场保安人员汇报:发现4#主变 A 相变压器室内大量喷水,能见度极低,无法判断喷水具体位置。立即令值班员现场拉开消防水泵电源及关闭1#、2#泵出口阀,关闭4B与5B,4B与3B之间的消防水联络阀,必要时延伸关闭其他变压器之间的联络阀。通知电气班,立即停止××工作票,“8#主变 A、B、C 三相水喷雾试验”工作,并立即派人协助运行人员处理。为保证人身安全,交代所有人员不准进入变压器室内检查。

(2)12:55,值班人员汇报:经检查主变消防水泵未运行,与主变消防水泵无关。

(3)12:57,将上述情况汇报集控中心及相关领导。

(4)13:00,值班人员汇报:经检查主变消防相关联络阀均在关闭状态,初步分析与消防水管无关。目前,4B 喷水现象已消失,具体喷水管路正在查找。

(5)13:30,值班人员汇报:经检查 8# 主变冷却水主用排水管阀门在全关位置,询问现场告知有人开过备用排水管阀门。

(6)13:46,通知安生部主任:组织检修部派人检查确认主变 4B 是否具备继续运行条件。

(7)14:02,值班人员汇报:经检查喷水水管为 4B 主变冷却水备用排水管路,与消防水无关。经现场检查 8# 机组技术供水泵控制触摸屏中显示:1# 泵 12:36 启动运行,12:51 停止运行。

(8)14:05,安生部报告:经电气班检查确认主变 4B 具备继续运行条件。

(9)14:06,初步断定:喷水管路为 4B 主变冷却水备用排水管存在焊缝漏点,原因为×局未经中控室同意私自启用主变冷却水备用排水管排水。已关闭其进口阀门,4B 变压器运行正常,汇报集控中心及相关领导。

14:30,通知检修部主任:令×局以后不得使用主变冷却水备用排水管进行启泵排水。

说明:技术供水系统与排水系统的水泵常见故障类型及处理方法基本相同,统一放在 3.3.2“排水系统的事故/故障及其处理”中的“水泵事故/故障及处理”加以介绍。

3.3 排水系统常见事故及其处理

3.3.1 排水系统基本知识

3.3.1.1 排水系统的作用及对象

1. 作用

在水电厂,除技术供水系统外,还有排水系统,主要用来排除生产设备及厂房的渗漏水、检修积水和生活污水等。如果没能及时将这些积水排到下游河道或尾水管内,就会在厂房内造成大面积积水甚至水淹厂房的重大事故,将严重威胁水电厂的安全和生产运行。

2. 排水对象

水电厂的排水对象主要包括生产用水排水、检修排水及渗漏排水。

(1)生产用水排水。水电厂的生产用水,主要是技术供水,包括发电机空气冷却器、机组各导轴承的冷却水等。它的特点是排水量大,设备位置较高,一般不需设置排水泵,靠自流的形式排至下游河道或尾水管内。

(2)检修排水。为保证机组过水部分和厂房水下部分的检修,必须将水轮机蜗壳、尾水管、引水管道内的积水排除。检修排水的特点是:排水量大,位置较低,只能采用水泵排水。检修排水应当可靠,必须防止因排水系统的某些缺陷引起尾水的倒灌,造成水淹厂房的事故。

(3)渗漏排水。机械设备的漏水、水轮机顶盖与大轴密封的漏水、下部设备的生产排

水、厂房下部生活用水的排水、厂房水工建筑物的排水、厂房下部消防用水的排水一般都采用渗漏排水。它的特点是排水量小，不集中且很难用计算方法确定，在厂房分布广，位置较低，不能靠自流排至下游的场合，一般都采用集水井收集，再用水泵排水。水轮机顶盖排水，一般采用自流形式排至渗漏集水井，但也有装设排水泵作为上盖水位超高时的紧急排水，以防水淹上盖。

这种排水的方式有直接排水和廊道排水。直接排水是指检修排水泵通过管道和阀门与各台机组的尾水管相连，机组检修时，水泵直接从尾水管抽水排出。廊道排水是指厂房水下部分设有相当容积的排水廊道，机组检修时，尾水管向排水廊道排水，再由检修排水泵从排水廊道或集水井抽水排出。

3.3.1.2 排水方式

1. 渗漏排水方式

1）集水井排水

这种排水方式是各部渗漏水经管道、沟渠汇集流入集水井，再通过水泵将水排出厂外。

此种方式可采用潜水泵、离心泵、深井泵等多种水泵排水，造价便宜、维护较简单，适用于中小型电厂。

2）廊道排水

这种排水方式是把厂内各处的渗漏水通过管道汇集到专门的集水廊道内，再由排水设备排到厂外。此种方式多采用立式深井泵，且水泵布置在厂房一端。

设置集水廊道受地质条件、厂房结构和工程量的限制，适用于立式机组的坝后式和河床式水电站，加之立式深井泵的安装、维护复杂，价格昂贵，这种方式一般适用于大中型水电站。

2. 检修排水方式

1）直接排水

此种排水方式是将各机组的尾水管与水泵吸水管用管道和阀门连接起来。机组检修时，由水泵直接将积水排除。其排水设备亦多采用卧式离心泵，它可以和渗漏排水泵集中或分散布置。

直接排水方式运行安全可靠，是防止水淹泵房的有效措施，目前，在中小型水电站中采用较多。

2）间接排水（廊道排水）

厂房水下部分设有相当容积的集水廊道，各台机组的尾水管经管道与集水廊道相连。当机组检修时，尾水管排水至集水廊道，经廊道流至集水井，最后由检修排水泵将水从集水井抽出排到厂外（一般采用深井泵）。

当检修排水采用廊道排水时，因渗漏排水也多采用此种方式排水，两者可共用一条集水廊道，条件许可时，渗漏水泵亦可集中布置在同一泵房内。

3.3.1.3 排水系统实例分析

图3-3为某水电厂排水系统图，它由相互独立的检修排水系统和渗漏排水系统组成。检修排水采用有排水廊道的间接排水方式，检修排水的集水井直接与廊道相连。渗漏排

水的集水井与检修排水的集水井相邻，为了使电站的排水系统工作更为灵活、方便，两井间有管道相通，用长柄阀控制。渗漏排水集水井的停泵水位低于检修排水集水井的井底高程，必要时可协助排空检修集水井内的水。两井的连通管管径应保证管内的过流量远远小于渗漏排水量，并应特别注意渗漏集水井中的水位变化，防止由于误操作或阀门损坏而使尾水倒灌厂房。

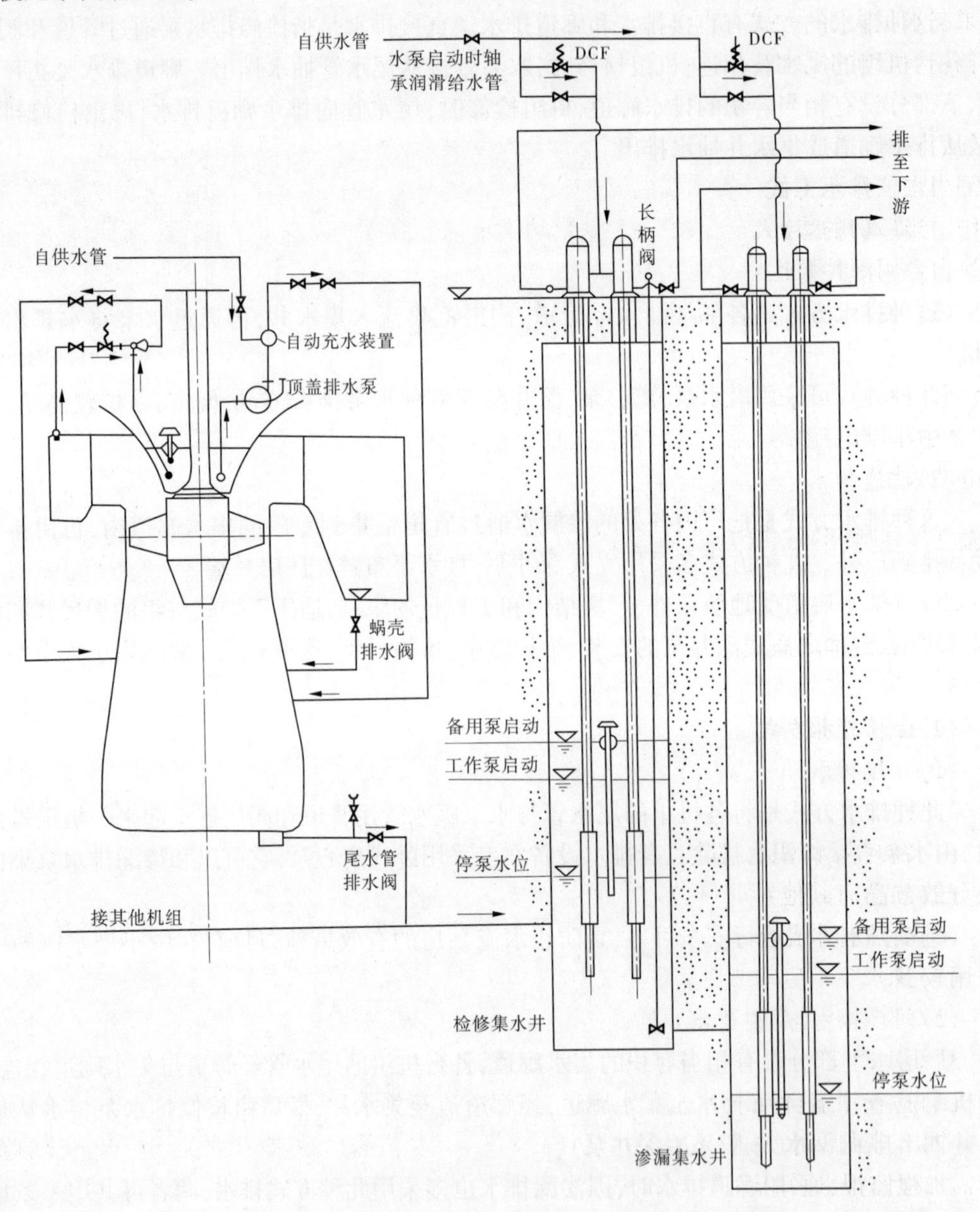

图 3-3　检修排水和渗漏排水分开的排水系统

检修排水集水井，由检修排水联络管与各台机组的尾水排水管连接。检修排水的对象是蜗壳排水与尾水管排水。机组在正常运行时，蜗壳排水阀与尾水管排水阀是关闭的；

当机组检修排水时，先关闭机组的进水闸门和尾水闸门，使机组内的水通过自流流向下游，当机组内的水位与下游尾水位一致时，再开启蜗壳和尾水管排水阀，将机组内的存水排入检修集水井，由两台检修排水泵同时抽排，直到将尾水管内的水排完且检修集水井水位到达停泵水位后，检修排水泵才停止工作。机组在检修时，进水闸门和尾水闸门漏水，使检修集水井内的水位逐渐上升，当升到工作泵启动水位时，一台检修排水泵启动抽水；如果漏水量大于一台泵的排水量，水位还会继续上升，当达到备用泵的启动水位时，另一台备用检修排水泵也启动抽水，并向控制室发出信号，警告闸门漏水量过大。

渗漏排水、集水井，由两条渗漏排水联络管与厂房各处的渗漏排水沟、管连接，以接受各处的渗漏水与污水。渗漏排水泵为两台深井水泵，其启、停由浮子信号器控制。正常情况下当水位升至工作泵启动水位时，工作泵启动抽水，将水抽至停泵水位时，水泵即停止工作。当厂房的渗漏水量大于一台水泵的排水量，集水井水位上升到备用泵启动水位时，另一台备用深井泵也启动抽水，并向控制室发出信号，警告厂房的渗漏水量过大。

该水轮机顶盖上的漏水量积到一定高度后，由浮子信号器控制顶盖排水泵启动，将水轮机顶盖的积水排向尾水。为了保证排除水轮机顶盖积水的可靠性，在顶盖上还设置了一台射流泵作为备用，射流泵的工作水流是从蜗壳中引入的。

检修排水与渗漏排水分开的排水系统，通常在单机检修排水量较大，机组台数较多的水电站采用。

3.3.2　排水系统的事故/故障及其处理

3.3.2.1　排水对象事故/故障及处理

1. 顶盖水位过高

1) 故障现象

(1) 上位机报“×机组顶盖水位过高”。

(2) 现场检查顶盖水位传感器、水位确已升高。

2) 故障原因

(1) 密封漏水增大。

(2) 顶盖有其他异常漏水。

(3) 自流排水孔堵塞。

(4) 排水泵不启动或启动后不上水。

(5) 液位传感器/浮子信号器或信号回路故障，误发报警信号。

3) 故障处理

(1) 检查顶盖自流排水孔是否畅通，如有堵塞，则设法用气、水吹扫疏通。

(2) 若密封漏水大，可适当调整负荷，但当导叶套筒漏水时，则不宜关小导叶开度；此外，需加强监视，通知检修人员处理。

(3) 顶盖裂纹、焊疤脱落，紧急真空破坏阀关闭不严等，应立即疏通排水孔，调整负荷或申请停机处理。

(4) 检查排水泵不能启动或启动不上水的原因并处理，若处理不了，联系维护/检修人员处理。

(5)若液位传感器/浮子信号器或信号回路故障,通知运维/检修人员处理。

(6)监视渗漏井水位及渗漏排水泵运行情况,若漏水过大,且经上述处理无效,水位继续上涨,淹没拐臂以上威协机组安全运行,则应立即关蝶阀停机,并根据水位情况,切除漏油泵及其电源,并汇报相关负责人。

2. 顶盖排水备用泵投入

1)故障现象

监控系统报顶盖备用泵启动信号。

2)故障原因

(1)顶盖排水泵主用泵故障或误关,顶盖水位上升过快超过备用泵启动水位。

(2)密封、导叶套筒、顶盖漏水量过大。

(3)液位变送器/浮子信号器或信号回路故障,误发信号。

3)故障处理

(1)若顶盖漏水量过大,则调整导叶、桨叶的开度(打开桨叶关小导叶),手动/自动启动备用泵辅助排水,监视测控仪上的水位应下降。

(2)检查主用泵是否故障,若故障,联系检修人员处理。

(3)如果顶盖备用泵启动为误发信号(顶盖水位不高),应将顶盖水位过高切至信号运行并派专人监护,联系运维/检修人员处理。

3. 集水井水位过高

1)故障现象

(1)监控系统发渗漏/检修排水位过高信号。

(2)备用泵可能投入。

2)故障原因

(1)集水井主用或备用泵未启动或不能上水,渗漏集水井水位超过危险水位。

(2)集水井来水量大。

(3)排水泵未启动或启动后不上水。

(4)液位传感器/开关等测液位的自动化元件或回路故障。

3)故障处理

(1)利用计算机监控系统,调出厂房渗漏排水系统图画面,检查集水井水位情况,应加强监视,并做好事故预案。

(2)利用工业电视监视系统,对廊道上水情况进行检查核实。

(3)现场检查集水井水位是否过高,根据自动泵、备用泵运行情况做如下处理:

①自动泵未启动,备用泵在运行,检查自动泵不启动原因。检查水泵动力电源、控制电源是否正常,若电源不正常,应检查电机回路及控制回路空气开关是否拉开,电源恢复正常后,手动试启动。若电源均正常,但水泵不能启动,判断控制回路或电机有故障;此时将一台备用泵选择把手放自动,自动泵选择把手放停用位置,并通知维护/检修人员处理。

②自动泵、备用泵工作正常,水位有上升趋势,应查明来水过多原因。检查是否因排水泵抽空或效率低,根据具体情况进行处理。

③自动泵、备用泵均未启动时,应手动启动,并查明原因(检查方法同①)设法恢复,

无法处理则联系维护人员。

④若集水井水位继续上升，水泵无法抽水，应使用其他排水方式将水位控制在正常范围内。

4. 集水井水位过低

1)故障现象

集水井水位过低报警。

2)故障原因

(1)排水泵运行不停止。

(2)排水泵出口水压表指示为零或接近零。

(3)液位传感器/开关等自动化元件或控制回路故障，不能自动停泵。

3)故障处理

(1)检查集水井水位实际情况。若水位正常，则为液位测量自动化元件或信号回路误发报警信号，联系维护/检修人员处理。

(2)若水位过低，且排水泵未停止，应立即停止，检查控制回路是否正常，液位传感器/开关等自动化元件是否故障或电极处是否变位、有无异物或过脏，并通知维护处理。

5. 实例一：机组蜗壳人孔门跑水

背景：××年 11 月 8 日 00:00，电网调度许可某水电站 2#机组转检修操作；01:13，2#机组快速门下落到位；05:00，2#机组压力钢管消压完毕，保持 2#机组蜗壳排水阀开度为 100 mm，2#机组导叶全关；08:55，高程 270 m 平台 2#机组尾水检修门下落到位；11:50，开启 2#机组尾水管 1#排水阀 2283 开始给 2#机组尾水管排水；16:50，检查蜗壳及尾水管压力表均指示接近零（已达最小指示刻度），开启 2#机组蜗壳试水阀有少量水滴缓慢滴出，尾水锥管试水阀无水滴出，许可“开启 2#机组蜗壳人孔门及测量导叶立面间隙”工作票。

1)事故现象

(1)16:55，工作负责人对工作班成员进行现场三讲一落实后，开始进行蜗壳人孔门开启工作。用电动扳手拆卸蜗壳进人门紧固螺栓，留有 7 颗螺栓未拆以保证蜗壳人孔门不会被水冲开，松开预留的 7 颗螺栓后，试开人孔门无法开启，再在蜗壳人孔门底部架设螺旋千斤顶并将千斤顶带后，用打击扳手将 7 颗螺栓全部拆除。

(2)17:28，紧固螺栓拆除完毕后用螺旋千斤顶将蜗壳人孔门向上轻顶，瞬间大量水沿蜗壳人孔门涌出，并通过 2#机组段楼梯间，流至高程 191 m 廊道、渗漏集水井，导致高程 191 m 廊道积水约 30 cm。

2)事故原因

(1)工作许可人对“开启 2#机组蜗壳人孔门及测量导叶立面间隙”工作许可过早，蜗壳水未完全排尽，工作条件不满足情况下，许可了该项工作，是此次事件的直接原因。

(2)蜗壳试水阀堵塞，不能正确、直观地反映蜗壳内部有无水，导致工作许可人、工作负责人核对安全措施时误判蜗壳无水，是此次事件的间接原因。

(3)运行人员操作蜗壳排水盘型阀开度 100 mm（盘型阀本体的厚度约 90 mm），开度过小，蜗壳排水盘型阀排水不畅，造成蜗壳内大量积水不能及时排至尾水管，是此次事件的间接原因。

(4)检修人员在工作中未严格落实“水淹厂房”危险点分析的控制措施第2项“在开启蜗壳人孔门时,螺栓不应全部取下,打开蜗壳人孔门5 mm确认无水流出后方可全部开启”,打开蜗壳人孔门前将螺栓全部拆除,在工作票危险点控制措施不能有效落实时,没有采取进一步防范措施,是此次事件的间接原因。

3)事故处理

(1)现场工作人员发现水流涌出后,立即撤离。

(2)17:41,运行人员将2#机组蜗壳排水阀开度由100 mm调整至150 mm、开启2#机组导叶开度至10%加快蜗壳排水。

(3)18:00,2#机组蜗壳人孔门处已无水流出。

(4)18:19,高程191 m廊道、渗漏集水井内积水排尽,恢复正常。

3.3.2.2 水泵事故/故障及处理

1.水泵出水量不足或不出水

1)故障现象

(1)水泵报运行超时故障。

(2)集水井水位高报警。

2)故障原因

(1)自动化元件或信号回路故障,使泵不能自动停止,造成集水井水位过低。

(2)进水口滤网堵塞、进水管淹没水深不够、泵内吸进了空气、扬水管破裂或接头大量漏水、传动轴折断、吸水管路破裂、水泵填料箱或吸水管法兰漏气等故障。

(3)水泵出口阀误关或未全开、水泵出水口逆止阀阀芯卡在关闭侧、水泵自身故障等。

(4)动力电源电压过低。

3)故障处理

(1)若集水井水位过低,应立即停止水泵运行,联系运维/检修人员处理。

(2)若进水口滤网堵塞、扬水管破裂或接头大量漏水、传动轴折断,应立即停止水泵运行,拉开电机动力电源,做好检修措施,通知维护/检修人员处理。

(3)水泵出口阀误关或未全开、水泵出水口逆止阀阀芯卡在关闭侧、水泵自身故障等,应立即停止水泵运行,全开出口阀,试启动水泵抽水正常后恢复正常运行,必要时联系维护/检修人员处理。

(4)若动力电源电压过低,应立即停止水泵运行,查找原因并做相应的处理。

2.排水泵润滑水中断

1)故障现象

(1)语音报警,出现水泵断水保护动作报警信号。

(2)现地辅助设备屏排水泵断水、排水泵故障状态灯、光字牌亮。

2)故障原因

(1)排水泵润滑水电磁阀误关或阀芯卡在关闭侧。

(2)供润滑水的水源水压不足或断流。

(3)示流信号器误发信号。

3)故障处理

(1)将故障泵控制开关放切,检查水泵断水保护动作原因。

(2)检查水泵给润滑水控制阀位置是否正确。

(3)检查水泵给水电磁阀、示流器工作是否正常。

(4)查明断水原因,做相应处理。

3. 水泵电机温度异常

1)故障现象

水泵电机温度过高。

2)故障原因

(1)水泵、电机长时间运行。

(2)电机散热不良。

(3)潜水泵测温电阻故障。

(4)泵的冷却水异常。

(5)电机线圈匝间轻微短路故障、泵轴弯曲、轴承破损或磨损等故障。

(6)水泵吸入大量泥沙。

3)故障处理

(1)立即停止水泵运行。

(2)水泵、电机长时间运行可能使水泵抽水效率低,应按水泵抽水效率低故障处理。若是来水量过大,应及时查找原因做相应处理。

(3)若散热不良,检查水泵电机的测温电阻是否故障、泵的冷却水是否正常。

(4)若线圈匝间轻微短路、轴承破损/磨损等故障,拉开电机控制电源和动力电源,做好安全措施,通知维护/检修人员处理。

(5)清洗水泵吸水管。

4. 水泵(电机)剧烈振动

1)故障现象

水泵(电机)运行时振动大。

2)故障原因

(1)水泵吸入大量泥沙。

(2)泵内进入空气。

(3)地脚螺丝松动或基础不稳固。

(4)水泵电机轴承破损或磨损,传动轴弯曲,转动部分和固定部分摩擦,叶轮或其他部件损坏、松动等。

3)故障处理

(1)立即停止水泵运行。

(2)若水泵吸入大量泥沙,则立即停泵,对井底滤网进行清洗或对泵体拆开清洗。

(3)若泵内进入空气,则排出空气,重新启动泵。

(4)若地脚螺丝松动或基础不稳固,则拧紧地脚螺丝或加固基础。

(5)若水泵电机轴承破损或磨损、传动轴弯曲等,应拉开电机控制电源和动力电源,做好安全措施,通知维护/检修人员处理。

5. 排水泵软启动器故障或过流保护动作

1) 故障现象

(1) 监控系统、现地辅助设备屏出现排水泵电源中断故障信号。

(2) 可能出现水泵软启动器故障或过流保护动作报警信号。

2) 故障原因

(1) 排水泵所在机旁动力电源断电。

(2) 水泵软启动器故障。

(3) 电机过流或故障。

3) 故障处理

(1) 检查排水泵所在机旁动力电源是否断电,如果断电且短时间无法恢复,应拉开此电源的进线刀闸并挂牌,投入机旁联络进行供电。电源恢复后,再恢复原系统运行。

(2) 检查排水泵的电源开关是否跳开,如跳开,应检查电源熔断器是否熔断,水泵外观有无异常,水泵软启动是否故障,过流保护是否动作,水泵电动机有无烧损、过热现象,出现异常时将故障泵退出运行。

(3) 若电源熔断器熔断,且水泵及电动机无异常,在更换熔断器后,进行水泵启动试验。若试验合格,水泵运转正常,则恢复其运行,否则退出运行,联系维护人员检查处理。

6. 实例一:水泵电机烧毁

背景:某水电厂机组技术供水系统主要为发电机空气冷却器、上导、下导、推力轴承油冷却器、水轮机导轴承油冷却器提供冷却水。机组技术供水方式有循环冷却供水(主技术供水系统)、尾水渠取水方式(备用技术供水系统)两种,由机组供水系统控制柜供水方式选择开关控制。主技术供水系统由循环水池、循环水冷却器、水泵、水池补水电动阀门、循环冷却供水电动阀门及控制系统组成。设置 3 台立式深井泵,2 台工作水泵,1 台备用水泵,水泵电机使用软启动器实现启停。主技术供水采用集中供水方式。工作水泵启动后将循环水池的水打压供至设在尾水的各机组循环冷却器,经冷却后将水供至机组各轴承冷却器,其排水又流回到循环水池,循环应用。

1) 故障现象

2018 年××月××日,接中调指令开 2#机组,检查联启对应 2#技术供水泵运行正常。开机运行 1 h 左右,机组 2#技术供水泵故障,监控上位机和机组 LCU 单元、技术供水单元 PLC 出现机组冷却水故障、水泵故障报警,冷却水压降低,备用泵未联启。就地检查发现 2#技术供水泵电机冒烟,有很浓的焦臭味。

2) 故障原因

(1) 电机烧坏的主要原因是 2#技术供水泵电机定子绕组存在绝缘或匝间短路缺陷。存在缺陷的定子绕组在刚开始抽水时无明显异常 ,但一段时间后,随着绕组发热,绝缘进一步下降,对地泄漏电流逐步增大 ,使得流过熔断器、空气开关的电流增加 。但该电流达不到熔断器熔断电流、空气开关的长延时过负荷脱扣器整定电流,以及空气开关的瞬时脱扣器整定电流(相间短路电流才能达到);即使达到了熔断器熔断电流及空气开关的长延时过负荷脱扣器整定电流,但热累积效应仍不足以使熔断器熔断或空气开关跳闸。当

绝缘下降到对地直接短路时,因短路电流达不到空气开关的瞬时脱扣器整定电流,从而导致仅某一相熔断器熔断而空气开关没有跳闸。

(2)由于机组技术供水主用水源水泵的电机发热严重,局部温度高,机组技术供水电机接线盒内接线柱螺栓拧紧力不够,绕组线鼻子为开式短线鼻子,接触面积不够,运行中接触面发热,接线端子过热氧化,致使接线端子、电缆接头烧损,绝缘破坏,造成相间短路故障。

(3)工作环境潮湿,容易造成接线盒接头处接触不良,引起电机过热,最后短路烧坏。

(4)对运行重要辅机监视不到位,没有在最快的时间发现技术供水泵电机电流的变化,发现异常后没有在第一时间就地检查确认,导致电机冒烟,电机烧坏。

(5)运行值班过程中,巡回检查巡检质量不高,未能及时发现电机温度升高的变化。

3)故障处理

(1)检查备用泵未启动,手动启动备用泵,检查备用泵运行正常。

(2)将故障泵立即停运。

(3)检查故障水泵有无发卡现象。

(4)无法恢复正常,通知维护/检修人员解体检查:查看电机线圈是否有明显烧伤痕迹。

值得一提的是,上述水泵故障分析及处理方法同样适用于技术供水水泵。

3.4　气系统常见事故及其处理

3.4.1　气系统基本知识

3.4.1.1　压缩空气的作用

压缩空气是指空气经压缩机做机械功压缩后产生的具有一定压力的空气,是一种重要的动力源。压缩空气因获取方便、压力稳定、使用方便、易于储存和输送等优点,在水电厂中得到了广泛应用。水轮发电机组在安装、检修、运行及水工建筑物的日常维护中都用到了压缩空气,具体使用项目见表 3-5。

表 3-5　压缩空气使用项目

项目	作用	用气压力(MPa)	对空气质量的要求
压油罐充气	在压油罐内充入 2/3 容积的压缩空气,利用压缩空气和压力变化小的特点,驱使油罐内另 1/3 容积的压力油去控制机组	2.5~6.0	清洁、干燥
电气空气开关	空气开关的触头断开时,利用压缩空气向触头喷射以灭弧	2.5 或 4.0	干燥、清洁
进水阀密封	进水阀在关闭状态时向阀瓣外围橡胶围带充压缩空气以封水止漏	0.1~0.3	一般

续表 3-5

项目	作用	用气压力（MPa）	对空气质量的要求
机组停机制动	停机时利用压缩空气顶起制动闸瓦与发电机转子制动环,摩擦使机组停机	0.5~0.7	一般
调相运行	反击式水轮发电机组做调相运行时,向转轮室充入压缩空气压低水位,使转轮脱出水面,不在水中旋转,以减少电能消耗	0.7	一般
风动工具	供各种风铲、风钻、风砂轮等在安装检修作业时使用	0.5~0.7	一般
设备吹扫	施工及运行中清扫设备及管路等	0.5~0.7	一般
破冰防冻	北方冰冻地区,电站取水口处利用压缩空气使深层温水上翻,防止水面结冰	0.7	一般

3.4.1.2 压缩空气系统组成及分类

1.组成

压缩空气系统,简称气系统,由空气压缩装置、供气管网、测量和控制元件及用气设备等组成。气系统的任务是随时满足用户对气量、气压、清洁和干燥等方面的要求。为此必须正确地选择压缩空气设备,设计合理的压缩空气系统,同时压缩空气系统需实行自动控制。

1)空气压缩装置

空气压缩装置包括电动机、空气压缩机、空气过滤器、储气罐、油水分离器和冷却器等。

2)供气管网

供气管网是将气源和用气设备联系起来,输送和分配压缩空气的设备。供气管网由干管、支管和各种管件组成。

3)测量和控制元件

测量和控制元件用于保证设备的安全运行和向用气设备提供满足质量要求的合格压缩空气。它包括各种类型的自动化测量、监视和控制元件,如温度信号器、压力信号器、电磁空气阀等。

4)用气设备

用气设备,即气系统中所提及的设备,如压力油罐、制动闸、风动工具等。

2.分类

水电厂压缩空气系统分为低压、中压、高压3种压力等级,一般将气压≤1.0 MPa称为低压,将1.0 MPa<气压<10.0 MPa称为中压,气压≥10.0 MPa称为高压。

值得一提的是,水电厂高于10 MPa的用气对象非常少,通常将气系统压力低于1 MPa的称为低压气系统,压力高于1 MPa的称为高压气系统。因此,水电厂低压气系统主要指机组刹车制动、调相充气压水、风动工具、吹扫、空气围带及防冻吹冰等用气;高压气系统主要指水轮机调速系统或主阀操作系统的油压装置用气(有的水电厂称其为中压

气系统)。

3.4.1.3 压缩空气的产生及主要设备

压缩空气是自然大气经过压缩、冷却、除湿及干燥而产生的,具体如下。

1. 压缩空气的产生(空气压缩机)

生产压缩空气的设备称为空气压缩机,简称空压机。空压机将电动机或内燃机的机械能转化为压缩空气的压力能。

常见的空压机有活塞式空压机、叶片式空压机或螺杆式空压机。水电站多采用往复活塞式(简称活塞式)空压机。

2. 压缩空气的冷却

尽管空压机采用了一定的冷却措施,但排气温度仍然较高,不能直接供给设备使用,必须对压缩空气做进一步的冷却。压缩空气的冷却方式有两种。

1) 自然冷却

让压缩空气在管道和储气罐中停留,逐渐散热降温到接近环境温度。由于无专门的冷却设备,这种方式通常为小型水电厂采用。

2) 水冷却器强制冷却

水冷却器强制冷却通常应用于大型水电厂,对于自然冷却效果达不到要求的中、小型水电厂也可采用。压缩空气冷却器设置在空压机到储气罐之间的管道上,压缩空气流经冷却水管时,其热量被管内的冷却水带走,压缩空气中的水分子被冷却后形成冷凝水聚集在冷却器底部,在运行中应定期打开底部的排污阀排污。

3. 压缩空气的除湿

空气压缩机汽缸中排出的压缩气体,由于温度较高,气体中含有一定数量的油分子和水蒸气,经冷却后它们便形成冷凝液滴。气水分离器就是利用液体和气体的密度不同,通过气流时转折惯性不同,利用液体的黏性,使液体在惯性和黏性力作用下,吸附在容器的表面,由容器收集后,用排污阀排出进行气水分离。水电站气系统中常见的气水分离器有隔板式和旋转式两种。

4. 压缩空气的干燥

气水分离器只能清除气流中的水滴、油滴,所输出的压缩空气仍包含着当时温度允许的水蒸气极限值,即处于"饱和状态"。如果气水分离器以后的管道、储气罐、用气设备等温度较低,则在输送和用气过程中还会凝结出水滴来。另外,饱和状态的压缩空气导电率较高,不能用于电气设备;用其对油压装置充气也会增加油中的水分、促进油的劣化。因此,对压缩空气"干燥"要求严格的设备,在经气水分离器清除水滴之后还应进一步降低空气中水蒸气的含量。水电厂中应用最广泛的是降温干燥法和热力/减压干燥法。

3.4.1.4 气系统实例分析

1. 低压气系统图分析

如图 3-4 所示,某水电站低压气系统主要由 2 台低压气机、2 台冷冻干燥机(简称冷干机、FD)、3 个 5 m^3 的储气罐,若干供气用户、供气管路及配套的低压控制单元组成。其供气压力为 0.6~0.8 MPa,供气路径为:低压气机→冷冻干燥机→1$^\#$、2$^\#$、3$^\#$储气罐→管路→用户。

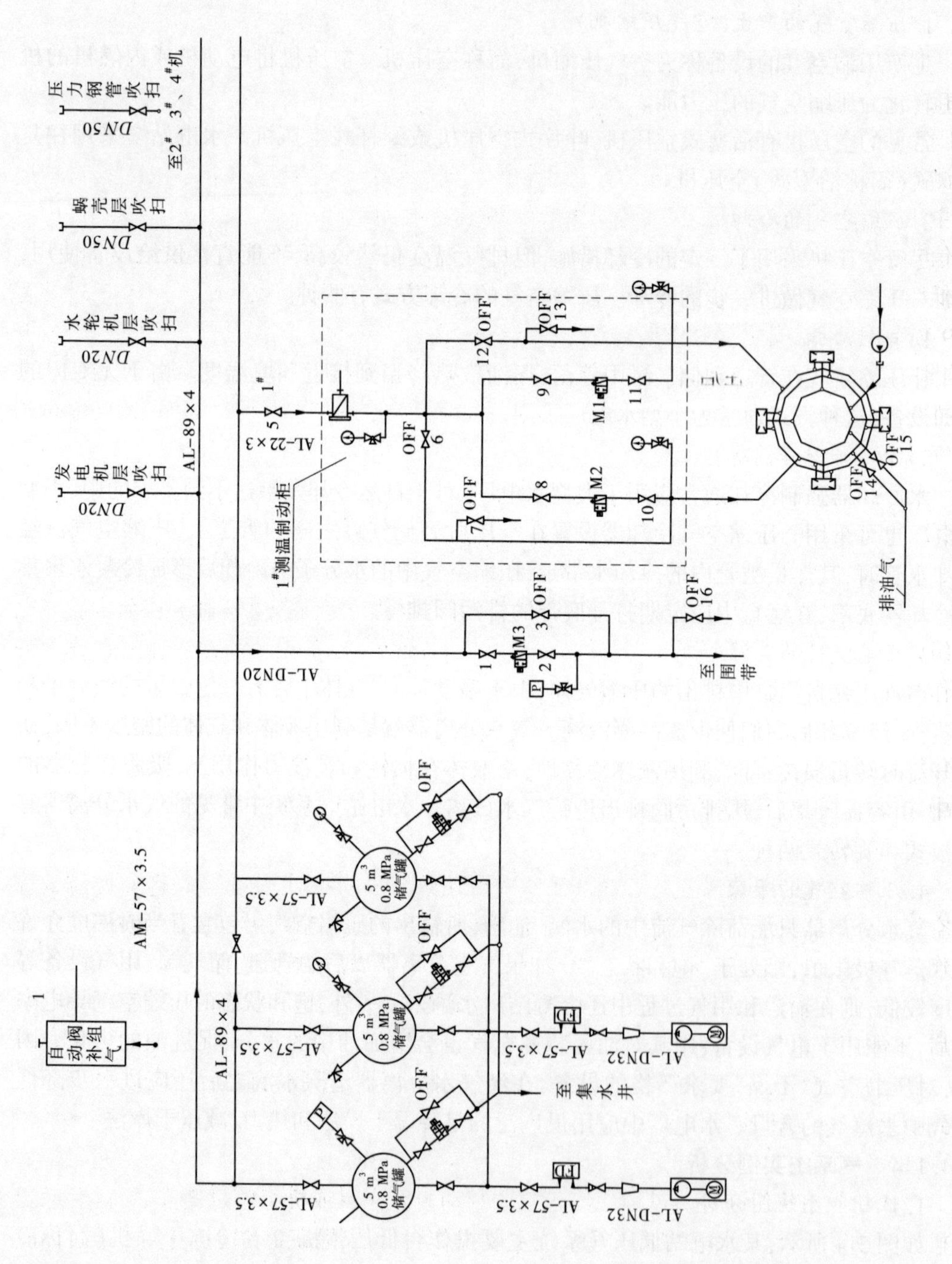

图 3-4 某水电站低压气系统图

2 台低压气机经冷冻干燥机冷却干燥后,同时往 3 个低压储气罐供气,其中 1#、2#为检修储气罐,3#为制动储气罐。检修储气罐可作为制动系统的备用气源,由逆止阀控制,正常运行时此阀关闭,当制动储气罐不能运行时可通过逆止阀由检修储气罐给制动系统供气。

低压气系统配套的控制单元,主要用来控制 3 个储气罐排污电磁阀、2 台低压气机及其排污电磁阀。2 台低压气机 1 台主用,1 台备用,根据运行时间和运行次数自动轮换为"工作/备用"方式。正常运行时低压气系统以自动工作方式为主,并由现地 PLC 根据实时测得的储气罐压力进行气机的自动控制。当储气罐压力降低至 0.65 MPa 时,自动启动主用气机;当储气罐压力降低至 0.6 MPa 时,自动启动备用气机,同时发出备用气机启动信号;当气压达到 0.75 MPa 时,气机停机。若储气罐气压降低至 0.5 MPa,自动发"气压低"报警信号;若储气罐气压升至 0.85 MPa,自动发"气压高"报警信号;当气压升至 0.9 MPa 时,气罐安全阀动作排气。每台气机各设 1 个手动启动、手动停止和"退出"按钮(自锁式)。低压气机在启动、停止或连续运行 30 min 时,气机排污电磁阀将自动开启进行排污,延时 20 s 自动关闭。当单台气机运行过程中,出现气机故障信号时,自动停止相应气机,并报警。

低压气系统的供气用户主要是机组制动供气、空气围带供气、吹扫及检修风动工具供气,下面分别进行阐述。

1)机组制动供气

机组的制动方式主要有机械(风闸)制动、水力制动与电气制动三种。目前水轮发电机组的制动方式多采用风闸制动,其多用压缩空气操作。水轮发电机组机械制动投入的操作方式有两种,即自动操作和手动操作。

操作前各阀初始状态如下:常开阀 5、8、9、10、11 未动作,仍处于接通状态;常闭阀 6、7、12、13、14、15 也未动作,处于关闭状态;电磁阀 M1、M2 未动作,处于与大气相通状态,其中 M1 通过阀 11 与制动闸上腔相连,M2 通过阀 10 与制动闸下腔相连。

(1)自动操作。

制动操作:机组解列后,当转速降至额定转速的 35%左右时,由转速继电器控制的电磁空气阀 M2 自动开启,压缩空气经常开阀 5、8、M2、10 进入制动闸下腔;因电磁阀 M1 未动作,制动闸上腔通过阀 11 与大气相连,制动闸顶起,对机组进行制动。

制动复归操作:机组停机后,控制电磁空气阀 M2 关闭(制动闸下腔与大气相通),M1 开启(制动闸上腔通入压缩空气),制动闸回落。

制动闸完全落下后,控制电磁阀 M1 关闭,使制动闸上下腔均与大气相通,各阀门也回到初始状态,为下次操作做好准备,制动过程结束。

(2)手动操作。

当水轮发电机组在停机过程中出现机械制动装置失灵或机组停机检修时,需手动投入机械制动。因此,制动装置应并联一套手动操作阀门,以提高制动闸运行的可靠性。具体操作过程如下:

制动操作:先将常开阀门 8、10 关闭。在机组停机过程中,当转速下降到规定值时(一般 35%额定转速左右),打开阀门 6 使压缩空气通过阀 5、6 进入制动闸下腔(制动闸上腔通过阀11、电磁阀M1与大气相连),制动闸顶起,对机组进行制动。

制动复归操作:待机组转速下降到零时,关闭阀6,打开阀门8、10,使制动闸下腔通过M2与大气相连,下腔排气;关闭阀9、11,打开阀12,使压缩空气通过阀5、12进入制动闸上腔,此时制动闸回落。

制动闸完全落下后,关闭阀12,打开阀9、11,使制动闸上腔与大气相通,此时制动闸上下腔均无压(与大气相通),阀门也都回到初始状态,为下次操作做好准备,制动过程结束。

2)空气围带供气

水电站水轮机设备常用空气围带止水,最常见的有轴承检修密封围带和主阀止水围带。水轮机导轴承检修时,近年来多采用空气围带止水。空气围带中通常充气压力为0.7 MPa左右的压缩空气以达到密封止水的目的。耗气量很小,不需设置专用设备,一般从制动供气干管或其他供气干管引来。其操作过程是:当水轮发电机组轴承检修密封围带和主阀止水围带需要充气时,电磁空气阀M3自动开启,压缩空气经阀1、2向围带充气;也可通过阀3手动操作。

3)风动工具供气

水电站机组及其他设备检修时,经常使用各种风动工具,如风铲、风钻、风砂轮等。维护检修用气的工作压力均为0.5~0.7 MPa。用气地点是:主机室、安装场、水轮机室、机修间、尾水管进人廊道、水泵室、转轮室、闸门室和尾水平台等。供气干管沿水电站厂房敷设,在空气管网邻近上述地点处,应引出支管,支管末端装有截止阀和软管接头,以便用软管连接风动工具或引至用气地点。为了加快机组检修进度,缩短工期,应尽可能采用多台风动工具同时工作。

如图3-4所示,该电站的维护检修用气主要有发电机层吹扫用气、水轮机层吹扫用气、蜗壳层吹扫用气、压力钢管吹扫用气及检修工具用气。

低压气系统的用途除上述内容外,还有机组调相压水用气、防冻吹扫用气等。

2. 高压气系统图分析

图3-5为某水电站高压气系统图,该高压气系统主要由2台高压气机、2台冷干机、2个3.5 m^3的高压储气罐、供气管路、用户(3台调速器油压装置)及配套的高压控制单元组成。其供气路径为:高压气机→冷干机→1#、2#储气罐→管路→用户;供气压力为6.3 MPa。高压气系统主要供机组油压装置用气。

2台高压气机可同时向两个高压储气罐供气,储气罐通过排污阀定期排污,污物通过排污管排到空压机室内的排水沟内,最终排至渗漏集水井。

全厂设1套高压空气压缩系统控制单元,控制2个储气罐排污电磁阀、2台高压气机及其排污电磁阀;2个空压机1个主用,1个备用,定期切换,并由现地PLC根据实时测得的储气罐压力进行空压机的自动控制。当储气罐压力降低至6.0 MPa时,自动启动主用气机;当储气罐压力降低至5.8 MPa时,自动启动备用气机,同时发出备用气机启动信号;当气压达到6.3 MPa时,气机停机。当储气罐气压降低至5.6 MPa时,自动发气压低报警信号;当储气罐气压升至6.5 MPa时,自动发气压高报警信号,当气压升至6.65 MPa时,气罐安全阀动作排气。高压气机启动、停止或连续运行30 min时,气机排污电磁阀开启进行排污,延时20 s关闭 。当单台气机运行过程中出现气机故障信号时,自动停止该

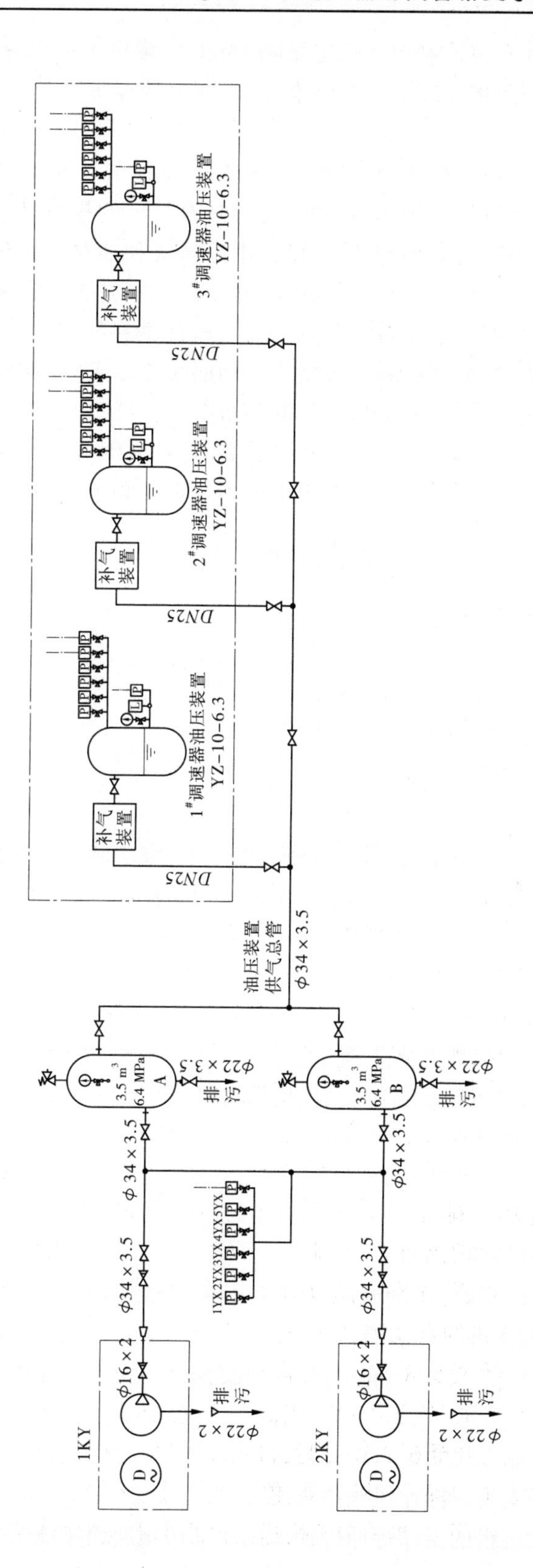

图 3-5 某水电站高压气系统图

气机,并报警。高压气系统控制单元规定每隔 168 h 气罐排污一次,延时 20 s 关闭气罐排污电磁阀。此外,该控制单元还通过热继电器、熔断器等元器件实现了对空压机短路、缺相和热过载时的保护。

高压气系统的供气对象是 3 台调速器油压装置,油压装置的作用是为水轮机调速器、主阀或电磁液压阀等提供稳定的压力油源,使其具有一定的操作功。油压装置的压油槽(压力油罐)中透平油和压缩空气比例为 1∶2,由高压气和油共同保证和维持调节系统所需要的工作压力。压缩空气具有良好的弹性,并储存了一定量的机械能,使压油槽中由于调节作用而油容积减少时仍能维持一定的压力。压油槽补气方式一般有两种,一种是根据压油槽的油位/压力自动补气;另一种是当自动回路故障或机组检修后手动补气。对于机组台数少的水电站,补气方式也可以采用手动操作,以简化系统设计。对于单机容量大、机组台数多的水电站,当需要自动化程度较高时,可采用自动补气方式,由压油槽装设的油位/压力传感器/开关控制空气管路上的电磁空气阀向压油槽补气。

3.4.2 气系统常见事故/故障及其处理

3.4.2.1 用气设备事故/故障及处理

1. 制动闸瓦未落下

1) 故障现象

(1) 语音警报,风闸未落下光字牌亮。

(2) 机组运行中有胶皮烧焦味。

2) 故障原因

(1) 风闸顶起后,由于闸瓦活塞 O 形密封圈发卡,致使闸瓦不能落下。

(2) 由于闸瓦活塞或活塞杆加工精度不够,闸瓦落下时摩擦力过大,致使风闸闸瓦不能落下。

(3) 复位弹簧弹性不够或反冲扫活塞气压不足。

3) 故障处理

(1) 进入制动室,用撬棍将风闸撬下。

(2) 若急需开机,可开机正常运行,停机后检修。

2. 机组运行中风闸顶起

1) 事故现象

(1) 机组振动加大。

(2) 风洞感烟元件蜂鸣器响。

(3) 机组有持续的异音,风洞盖板有烟冒出,有石棉焦味。

(4) 刹车柜、风闸下腔气压表有压力。

(5) 监控台:闸瓦未落下灯闪亮,有随机报警信号。

2) 事故原因

(1) 机组运行中制动气系统自动误加闸。

(2) 机组运行中人为误操作风闸供风阀。

(3) 机组运行中机组的振动等原因使风闸振动误顶起而不能落下。

(4)停机过程时制动气系统已解除而风闸未落下。

3)事故处理

(1)查看上位机报警光字,初步判断闸块顶起原因,若为信号误报,则联系维护/检修人员处理。

(2)若机组振摆报警、轴承瓦温上升、机组溜负荷,立即在上位机操作落闸将闸块落下。

(3)若上位机操作落闸后报警仍未复归,立即事故停机处理,注意监视停机过程。

(4)若制动闸已复归,则穿戴好正压呼吸器,进入下机架室、风洞内检查机组振动情况。若下机架室和风洞内有刺鼻气味,机组转动伴有异响,同时振动加剧,确实有闸块顶起,则申请停机。

(5)停机后检查机组闸块磨损情况,确定误顶起的闸块,通知维护/检修人员处理。

(6)事故处理完经试验无问题后,才能开机。

3.4.2.2 储气罐故障及处理

1. 储气罐/气系统压力过低

1)故障现象

(1)监控报警:储气罐压力过低。

(2)现地控制屏上“压力过低”报警。

2)故障原因

(1)空压机动力电源消失或异常。

(2)空压机控制回路电源故障、PLC 故障、电机监测故障等引起空压机不能启动。

(3)系统用气过快,有漏气点;排污阀未关严;安全阀误动等。

(4)压力传感器/压力开关或其信号回路故障,误发报警信号。

(5)减压装置故障。

3)故障处理

(1)检查气系统压力是否低于报警定值,空压机是否已启动或故障, 尽快恢复空压机运行。

(2)停机过程中,当制动气系统压力降低至不能对机组进行制动时,应将机组维持空转。

(3)若实际压力正常,判断传感器或压力开关故障,通知维护/检修人员处理。

(4)如压力低于定值,空压机已全部启动运行, 则检查各管道阀门、储气罐是否漏气, 安全阀是否误动,排污电磁阀是否处于开启状态,系统用气量是否过大等,并立即进行相应处理。

(5)如压力低于定值,空压机未启动,则手动启动空压机补气至额定气压。若启动不成功,可打开检修用气联络阀补充至额定气压。

(6)检查是否电源故障、PLC 故障、传感器故障、电机监测故障、温度异常、控制方式切换开关位置不正确等原因引起空压机不启动,若是,通知维护/检修人员处理。

(7)若该气罐是经高/中压气罐减压供气的,则检查中压储气罐与该气罐之间的减压装置运行是否正常。如有故障,通知维护/检修人员处理。

(8)若PLC出现LED显示故障,此时各状态将失去监视,但不影响空压机的运行,应检查插件是否损坏、PLC输至LED板上的接线是否断线或接触不良、控制电源是否故障,查明原因并通知维护/检修人员处理。

2. 储气罐/气系统压力过高

1)故障现象

(1)监控报警:储气罐压力过高。

(2)现地控制屏上"压力过高"报警。

2)故障原因

(1)空压机因故不能停止运转。

(2)安全阀动作异常。

(3)压力变送器/压力开关或信号回路故障,误发报警信息。

3)故障处理

(1)检查气罐压力表指示数据,确定气压是否真的高于报警定值,若不高于报警定值,则为压力变送器/压力开关或信号回路故障,通知维护/检修人员处理。若高于报警定值,则检查空压机是否停止运行,若未停止,应单点或手动停止空压机,将有关空压机控制方式切换开关切至"切除"位置;若空压机仍未停止运行,应立即拉开空压机动力进线空气开关;并调整储气罐压力至正常值。

(2)检查安全阀动作是否正常,若安全阀已动作,则对气罐做好安全措施,通知维护/检修人员对安全阀重新校验;若安全阀未动作,通知维护/检修人员处理。

(3)若空压机或控制回路故障,则退出该空压机,做好措施通知维护/检修人员处理。

(4)检查气系统/空压机压力过高原因并进行处理,在故障消除之前应派专人监视储气罐的压力。

3.4.2.3 空压机故障及处理

1. 空压机无法启动(电气故障)

1)故障现象

(1)气压低于启动压力,空压机未启动。

(2)储气罐气压降低。

2)故障原因

(1)空压机动力电源消失或异常。

(2)保险熔断。

(3)启动继电器故障或启动按钮接触不良。

(4)电动机故障。

(5)空压机没有完成卸载。

(6)温度太低导致油黏度太大。

(7)空压机控制回路或PLC故障。

3)故障处理

(1)检查空压机动力电源是否正常,如不正常及时恢复供电。

(2)检查更换控制板同容量保险。

(3)请维护人员更换启动继电器或启动按钮。

(4)检查空压机电机是否故障,有无绝缘焦臭等异味,若电动机故障,联系检修处理。

(5)检查卸载阀是否故障,若是,联系维护/检修人员更换。

(6)加热油或提高空压机油温度。

(7)检查PLC或控制回路是否故障,若故障,则联系维护/检修人员处理。

2. 空压机不上气或上气量小

1)故障现象

空压机排气量不足或没有压力。

2)故障原因

(1)系统泄漏。

(2)最小压力逆止阀失效。

(3)排污电磁阀没有闭合。

(4)传动皮带打滑或断裂。

(5)空气过滤器脏污、堵塞。

(6)空压机转速不足。

(7)活塞环或进排气阀垫圈漏气。

(8)进、排气阀磨损或被卡阻,缸内空气漏入进气管;或排气管空气漏入汽缸。

(9)进、排气阀弹簧压力过大,进、排气阻力加大。

(10)压力维持阀/止回阀动作不良。

3)故障处理

(1)检查油和机器内部管线,紧固连接。

(2)关闭出口阀,检查压力是否能建立,能建立马上打开出口阀,更换最小压力逆止阀。

(3)若排污电磁阀无法关闭,关闭与之相连的手动阀,通知维护/检修人员处理。

(4)若为传动皮带打滑或断裂,请维护人员更换皮带。

(5)若为空气过滤器不畅,则拆开清洗干净。

(6)若为空压机转速不足,检查电源电压是否正常。

(7)若活塞环漏气,应更换活塞环;若进排气阀垫圈漏气,应拆开检查,拧紧螺丝使之密封严密。

(8)拆卸清洗进气阀,加注润滑油脂。

(9)调整或更换进、排气阀弹簧。

(10)拆卸检查阀座及止回阀阀片是否磨损,如磨损更换。

3. 空压机无法全载运行

1)故障现象

空压机无法全载运行。

2)故障原因

(1)压力传感器故障。

(2)容调阀或泄放电磁阀故障。

(3)止回阀动作不良。

(4)控制管路泄漏。

(5)进气阀动作不良。

3)故障处理

(1)若压力传感器故障,则更换压力传感器。

(2)若容调阀或泄放电磁阀故障,则联系维护人员检修/更换容调阀或泄放电磁阀。

(3)若止回阀动作不良,则拆卸后检查阀座及止回阀片是否磨损,若磨损将其更换。

(4)检查泄漏位置并将其锁紧。

(5)若进气阀动作不良,则拆卸清洗后加注润滑油。

4. 空压机压缩空气中含油分高

1)故障现象

压缩空气中油分含量高,冷却液添加周期减短,无负荷时滤清器冒烟。

2)故障原因

(1)液面太高。

(2)回油管限流孔堵塞。

(3)排气压力低。

(4)油气分离器破损。

(5)压力维持阀弹簧疲劳失效。

3)故障处理

(1)若液面过高,则将液面排放至上部红线与下部红线之间。

(2)若回油管限流孔堵塞,则拆卸清洁回油管限流孔。

(3)若排气压力低,则提高排气压力(调整压力开关至设定值)。

(4)若油气分离器破损,则更换油气分离器。

(5)若压力维持阀弹簧疲劳失效,则更换压力维持阀弹簧。

5. 空压机排气温度过高

1)故障现象

排气温度高,空压机自行跳闸,排气高温指示灯亮(超过设定值100 ℃)。

2)故障原因

(1)热控制阀故障。

(2)环境温度高。

(3)冷却液规格不正确。

(4)空气滤清器不清洁。

(5)油过滤器阻塞。

(6)冷却风扇故障。

(7)风冷冷却器风道阻塞。

(8)进、排气阀关闭不严,排气管内空气漏回汽缸。

3)故障处理

(1)若热控制阀故障,则更换热控制阀。

(2)若环境温度高,则增加排风,降低室温。

(3)检查冷却液牌号,若不正确则更换液品。

(4)检查油是否经过油冷却器冷却,若无,则更换热控制阀。

(5)若空气滤清器不清洁,则以低压空气清洁空气滤清器。

(6)若油过滤器阻塞,则更换油过滤器。

(7)若冷却风扇故障,则更换冷却风扇。

(8)若风冷冷却器风道阻塞,则用低压空气清洁冷却器。

(9)将进、排气阀关严。

6. 空压机冷却水故障

1)故障现象

(1)上位机报:空压机综合故障、冷却水故障, 空压机停运。

(2)空压机控制屏报:空压机综合故障、冷却水故障。

2)故障原因

(1)空压机冷却水电磁阀发卡。

(2)空压机冷却水进、排水阀未打开。

(3)示流信号器故障,误发报警信号。

(4)中压气机爆破片爆破。

3)故障处理

(1)现场检查冷却水压力是否正常, 若是冷却水电磁阀发卡,将该空压机退出运行,全关冷却水进、排水阀,并通知维护/检修人员处理。

(2)若是冷却水进、排水阀未打开, 则打开冷却水进、排水阀, 调整冷却水压力。现地手动启动空压机,运行正常后再将空压机控制开关切至“自动”位置。

(3)若为示流信号器故障,则将该空压机退出运行,全关冷却水进、排水阀,通知维护/检修人员处理。

(4)若是中压气机爆破片爆破,应将该空压机退出运行,全关冷却水进、排水阀, 并通知维护/检修人员处理。

3.5　水轮机进水阀常见事故及其处理

3.5.1　水轮机进水阀基本知识

3.5.1.1　进水阀作用及设置条件

1. 作用

安装在水轮机蜗壳渐变段前的压力钢管上的阀门称为水轮机的进水阀,又称主阀。进水阀的作用如下:

(1)作为机组过速的后备保护。当机组甩负荷又恰逢调速器发生故障不能动作时,进水阀可以迅速在动水情况下关闭,切断水流,防止机组过速的时间超过允许值,避免事故扩大。

(2)可减少水轮机的漏水量。导叶的漏水是不可避免的。经过一段时间运行后,导叶间隙会发生变化,漏水量增大,导叶如发生气蚀则漏水更为严重。导叶全关时的漏水量,一般为机组最大流量的2%~3%,严重时可达5%,造成流量损失。所以,当机组长时间停机时应关闭进水阀,可大幅度减少漏水量。

(3)使水轮机具备运行的灵活性和速动性。机组暂时停运时,往往不希望关闭引水管进水闸门,以便引水管经常保持充水,使机组能快速启动并带上给定负荷。

(4)当电站由一根总引水管引水,同时供给几台机组发电时,每台机组前需装一只进水阀。这样当一台机组检修时,只需关闭该机组的进水阀,而不会影响其他机组的正常运行。

2. 设置条件

基于上述作用,设置进水阀是必要的,但因其设备价格高,安装工作量大,还要增加土建费用,并非所有电站都必须设置进水阀。是否设置进水阀应满足以下条件:

(1)当一根输水总管供给几台水轮机用水时,应在每台水轮机前设置进水阀。

(2)对水头大于150 m的单元输水管,应在水轮机前设置进水阀,同时在进水口设置快速闸门。原因是高水头水电站的压力引水管道较长,充水时间长,且水头越高导叶漏水越严重,能量的损失也越大。

(3)对最大水头小于150 m,且长度较短的单元输水管,如坝后式电站,一般是在进水口设置快速闸门,在水轮机前是否设置进水阀,应做相关的技术经济比较。

3.5.1.2 进水阀的类型及结构

水轮机常用的进水阀主要有蝴蝶阀、球阀及圆筒阀等,下面加以介绍。

1. 蝴蝶阀

蝴蝶阀,简称蝶阀,是用圆形蝶板做启闭件,并随阀杆转动来开启、关闭和调节流体通道的一种阀门。蝶阀一般适用于水头200 m以下的水电站,更高水头时应和球阀做选型比较。蝶阀的优点是比其他形式的阀门外形尺寸小,重量轻,结构简单,造价低,操作方便,能在动水下快速关闭。其缺点是蝶阀活门对水流流态有一定影响,引起水力损失和气蚀,这在高水头电站尤为明显,因为水头增高时,活门厚度和水流流速也增加。此外,蝶阀密封不如其他形式的阀门严密,有少量漏水,围带在阀门启闭过程中容易擦伤而使漏水量增加。

蝶阀主要由圆筒形的阀体、可在阀体中绕轴转动的活门、阀轴、轴承、密封装置及操作机构等组成,具体如下。

1)阀体

阀体是蝶阀的重要部件是过水通道的一部分,水流由其中通过,支撑活门重量,承受操作力和力矩,传递水压力,因此它要有足够的刚度和强度。

2)活门、阀轴和轴承

活门在全关位置时,承受全部水压,在全开位置时处于水流中心,因此它不仅要有足够的刚度和强度,而且要有良好的水力性能。

活门在阀体内绕阀轴转动,其转轴轴线大多与直径重合。卧式蝶阀也有采用不与直径重合的偏心转轴,轴线两侧活门的表面积差为8%~10%,以利于形成一定的关闭水力

矩。

阀轴由装在阀体上的轴承支撑。卧式蝶阀有左、右两个导轴承,立式蝶阀除上、下两个导轴承外,在阀轴下端还设有支承活门重量的推力轴承。阀轴轴承的轴瓦一般采用锡青铜制造,轴瓦压装在钢套上,钢套用螺钉固定在阀体上,以便检修铜瓦。

3)密封装置

当活门关闭后有两处漏水:一处是阀体和阀轴连接处的活门端部;另一处是活门外圆的圆周。这些部位都应装设密封装置。

(1)端部密封。此种密封的形式很多,效果较好的有涨圈式和橡胶围带式两种。其中,涨圈式端部密封适用于直径较小的蝶阀,橡胶围带式端部密封适用于直径较大的蝶阀。

(2)周圈密封。这种密封也有两种主要形式:一种是当活门关闭后,依靠密封体本身膨胀,封住间隙。使用这种结构密封时,活门由全开至全关的转角为 90°,常用的密封体为橡胶围带,此种密封结构如图 3-6 所示。

橡胶围带装在阀体或活门上,当活门关闭后,围带内充入压缩空气而膨胀,封住周圈间隙。如欲开启活门应先排气,待围带缩回后方可进行。围带内的压缩空气压力应大于最高水头(不包括水锤压力升压值)0.2~0.4 MPa,在不受气压或水压状态下,围带与活门(或阀体)的间隙为 0.5~1.0 mm。

另一种是依靠关闭的操作力将活门压紧在阀体上,这时活门由全开至全关的转角为 80°~85°,适用于小型蝶阀。密封环采用青铜板或硬橡胶板制成,阀体和活门上的密封接触处加不锈钢板,如图 3-7 所示。

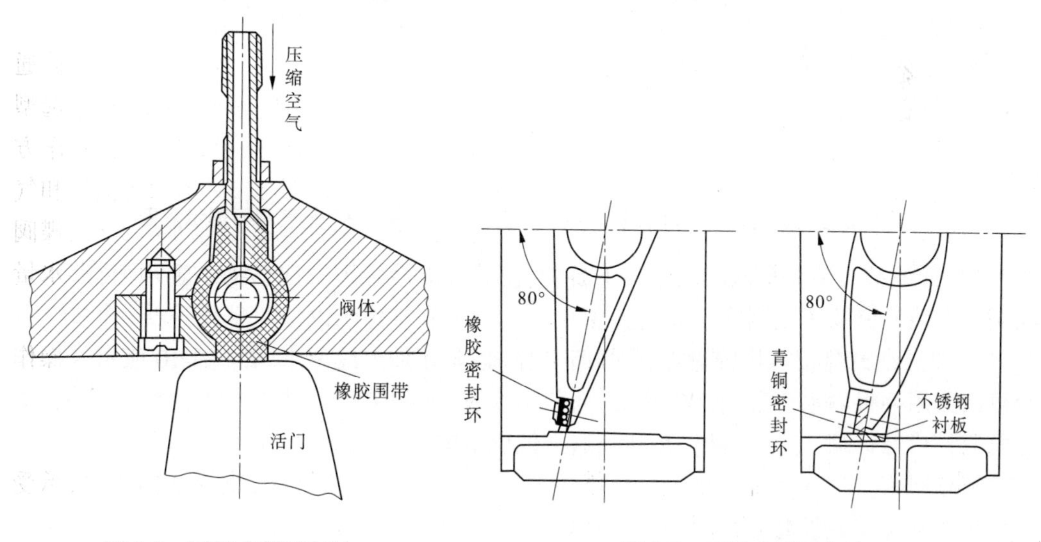

图 3-6　围带式周圈密封　　　　图 3-7　压紧式周圈密封

4)锁定装置

由于蝶阀活门在稍偏离全开位置时即有自关闭的水力矩,因此在全开位置必须有可靠的锁定装置。同时,为了防止漏油或液压系统事故及水的冲击作用而引起误开或误关,一般在全开和全关位置都应投入锁定装置。

5)附属部件

(1)旁通管与旁通阀。蝶阀可以在动水中关闭,但在开启时为了减小开启力矩,消除动水开启的振动,一般要求活门两侧的压力相等(平压)后才能开启。为此在阀体上装设旁通管,其上装有旁通阀,如图3-8所示。开启蝶阀前,先开启旁通阀对蝶阀后充水,然后在静水中开启蝶阀。旁通管的断面面积,一般取蝶阀过流面积的1%~2%,但经过旁通管的流量必须大于导叶的漏水量,否则无法实现平压。旁通阀一般用油压操作,有的也用电动操作。

(2)空气阀。在蝶阀下游侧的钢管顶部设置空气阀,目的是在蝶阀关闭时,向其蝶阀后补给空气,防止钢管内因产生真空而遭破坏;在开启蝶阀前向阀后充水时,排出蝶阀后的空气。图3-9为空气阀原理示意图。该阀有一个空心浮筒悬挂在导向活塞之下,浮筒浮在蜗壳或管道中的水面上,空气阀的通气孔与大气相通。当水还没充满钢管时,空气阀的空心浮筒在自重作用下开启,使蜗壳内的空气在充入水体的排挤下,经空气阀排出;当管道和蜗壳充满水后,浮筒上浮至极限位置,蜗壳和管道与大气隔断,以防止水流外溢。当进水阀和旁通阀都关闭后,在进行蜗壳排水时,随着钢管内的水位下降,空气阀的空心浮筒在自重作用下开启,自由空气经空气阀向蜗壳充气。

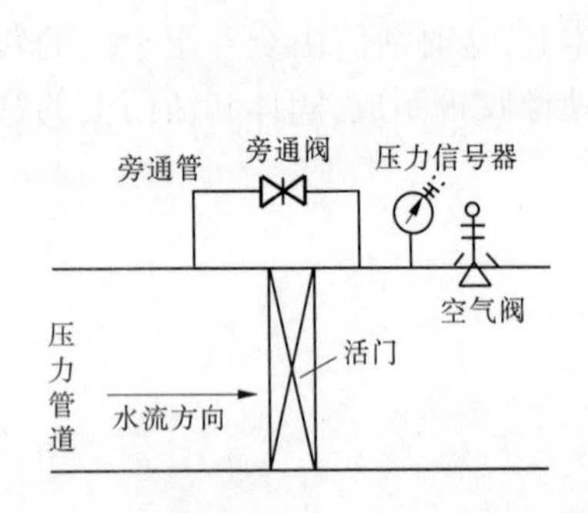

图3-8 旁通管与旁通阀原理示意图

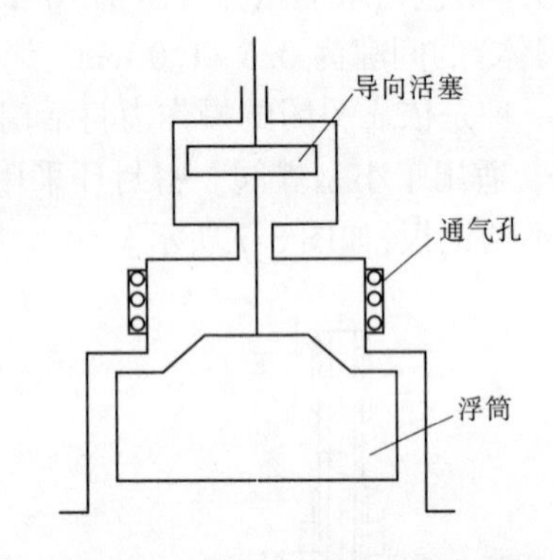

图3-9 空气阀原理示意图

(3)伸缩节。装在蝶阀的上游或下游侧,使蝶阀能沿管道方向移动一定距离,以利于蝶阀的安装检修及适应钢管的轴向温度变形。伸缩节与蝶阀以法兰螺栓连接,伸缩缝中装有3~4层油麻盘根或橡胶盘根,用压环压紧,以阻止伸缩缝漏水,如图3-10所示。如数台机组共用一根输水总管,且支管外露部分不太长,伸缩节最好装设在蝶阀的下游侧,这样既容易检修伸缩节止水盘根,又不影响其他机组的正常运行。

2. 球阀

1)球阀的组成及特点

球阀主要由两个半球组成的可拆卸的球形阀体和圆筒形活门组成。球阀主要用于截断或接通介质,也可用于流体的调节与控制。与其他进水阀相比,球阀具有优点如下:在开启状态时,其过水断面的面积与压力管道断面面积相等,水力损失很小,有利于消除球阀过流时的振动,提高水轮机的工作效率;球阀在关闭状态时,其承受水压的工作面为一球面,这与平面结构相比,不仅能承受较大的水压力且漏水量也小;球阀能满足高水头水

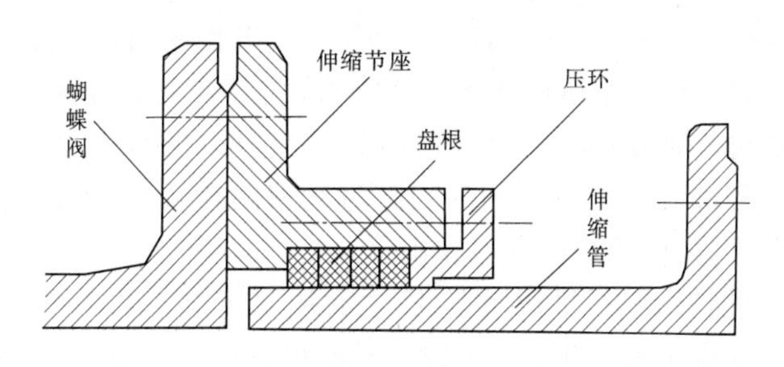

图 3-10　伸缩节

电站的要求,目前一般管道直径为 2~3 m 以下,水头在 200 m 以上常采用球阀;球阀还具有操作力矩小,动水紧急关闭等特点。其不足是:体积大,重量大,造价较高。

球阀通常采用卧式结构,其主要部件包括球形阀体、圆筒形活门、阀轴、轴承、密封装置及操作机构等。

2)球阀的密封装置

球阀的密封装置有单侧和双侧两种结构。单侧密封,是在球形活门的下游侧设有密封盖和密封环组成的密封装置,也称为球阀的工作密封装置,如图 3-11 中右侧的密封装置;双侧密封,是在活门下游侧设置密封装置的基础上,在活门的上游侧再设一道密封,以便于对阀门工作密封的检修。设置在活门的上游侧的密封装置,也称为球阀的检修密封装置,如图 3-11 中左侧的密封装置。

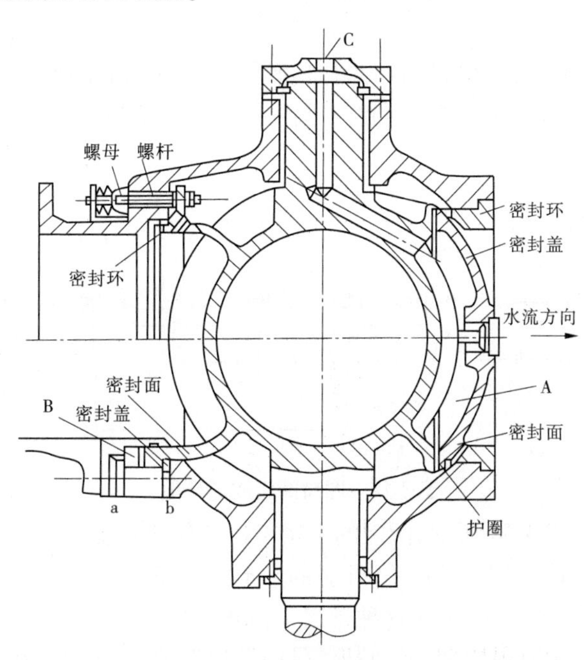

图 3-11　球阀的密封装置

以前球阀都采用单侧密封,这样在一些重要的高水头水电站通常需设置两个球阀,一个工作球阀,一个检修球阀。现在多采用双侧密封的球阀,便于检修。

(1)工作密封。位于球阀下游侧,主要由密封环、密封盖等组成,其动作程序如下:球阀开启前,在用旁通阀向下游充水的同时,将卸压阀打开使密封盖内腔A处的压力水由C孔排出,旁通阀的开启使球阀下游侧水压力逐渐升高,在弹簧力和阀后水压力作用下,逐渐将密封盖压入,密封口脱开,此时即可开启活门。相反,当活门关闭后,此时C孔已关闭,压力水由活门和密封盖的护圈之间的间隙流到密封盖的内腔A,随着下游水压的下降,密封盖逐渐突出,直至将密封口压严为止。

(2)检修密封。此种密封有机械操作的,也有用水压操作的。图3-11中左上侧为机械操作的密封,利用分布在密封环一周的螺杆和螺母调整密封环,压紧密封面。这种结构零件多,操作不方便,而且容易因周围螺杆作用力不均,造成偏卡和动作不灵,现已被水压操作代替。水压操作的密封结构如图3-11左下侧所示,它由设在阀体上的环形压水室B、压水管b和a、密封环和设在活门上的密封面构成。当需打开密封时,压水管b接通压力水,压水管a接通排水,则密封环左(后)退,密封口张开;反之,压水管b接通排水,压水管a接通压力水,则密封环右(前)伸,密封口贴合。

3. 圆筒阀

传统的进水阀都是设在水轮机蜗壳前的延伸管上,而且还需要伸缩节、旁通阀、空气阀等一系列的配套设备,这些设备的布置大大增加了厂房的宽度。而圆筒阀最大的特点就是结构紧凑,用它可以大大减小厂房的宽度;并且,当它在全开位置时的水力损失为零。但是,圆筒阀一般不能像其他进水阀那样做检修阀门用,只能起事故阀门及停机后的止水作用。所以,在由一根输水总管同时向几台水轮机输水的水电站就不宜采用,这是圆筒阀的不足之处。

如图3-12所示,圆筒阀由圆筒形的阀门、操作筒形阀门启闭的操作机构和控制机构三个基本部分组成。圆筒阀的筒形阀腔则是由水轮机的顶盖、底环和座环的结合处所组成,如图3-13所示。

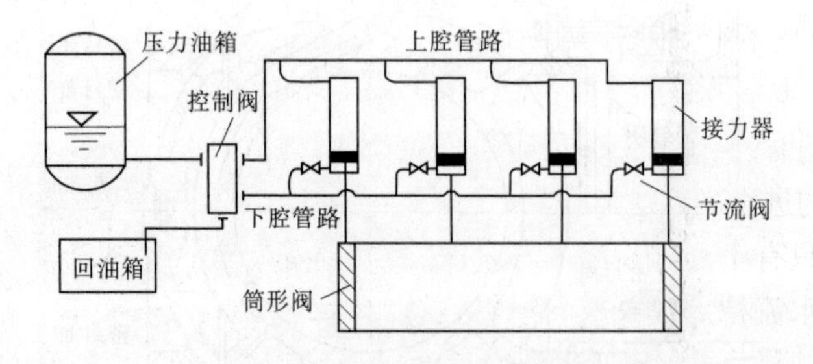

图3-12 圆筒阀组成原理图

圆筒阀的密封如图3-14所示,阀门的上密封由水轮机顶盖底部外缘处的环形橡皮板和压板组成;下密封由设在水轮机底环外缘的环形橡皮条和压板组成。当阀门关闭后,其上、下缘与密封橡皮压紧,实际证明这种密封不但止水性能好,而且使用寿命也较长。

圆筒阀的操作机构有两种形式,油马达是前阶段普遍采用的结构形式;直缸接力器是后期发展起来的较先进的结构形式,如图3-12所示。其接力器(或油马达)的个数视机组大小而定,中小型机组一般采用4个。为了保证圆筒阀的平稳启闭和避免在动水关闭时水流冲击引起晃动,在操作机构中设有同步机构,以保证操作力的平稳,而且还在阀门与座环的固定导叶之间,加青铜制的导向板,以避免阀门的晃动。另外,这两种形式的操作

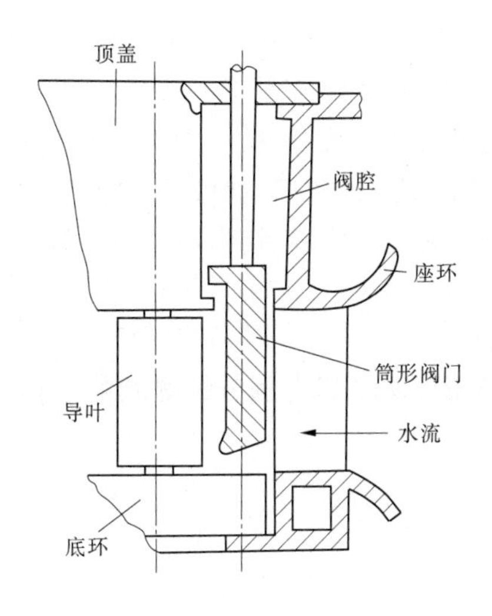

图3-13 圆筒阀布置图

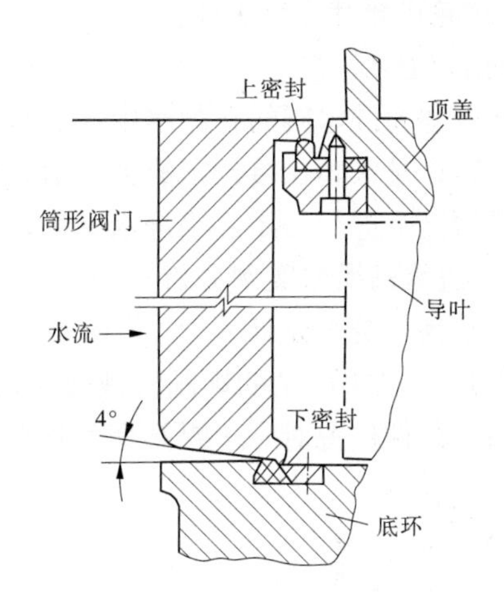

图3-14 圆筒阀的密封

机构上都设有过载保护装置,一旦发生阀门被卡,保护接点立即动作,以切除操作机构的油源,使阀门停止移动。

3.5.1.3 进水阀的技术要求及操作条件

1. 进水阀的技术要求

进水阀是机组和水电站的重要安全保护设备,对其结构和性能有较高的要求:

(1)工作可靠,操作方便。

(2)尽可能使其结构简单,重量轻,外形尺寸小。

(3)止水性能好。进水阀应有严密的止水装置,减少漏水量。

(4)进水阀及其操作机构的结构和强度应满足运行的要求,能够承受各种工况下的水压力和振动,而且不致有过大的形变。

(5)当机组发生事故时,能在动水条件下迅速关闭,使机组的过速时间和水锤压力都不超过允许值。关闭时间一般为1~3 min。如采用油压操作,进水阀可在30~50 s内紧急关闭。仅作检修用的进水阀启闭时间由运行方案决定,一般在静水中动作的时间为2~5 min。

进水阀通常只有全开或全关两种情况,不允许部分开启来调节流量,以免造成过大的水力损失和影响水流稳定,从而引起过大的振动。进水阀也不允许在动水情况下开启,因为这样需要更大的操作力矩,而且运行方面考虑也没有必要。

2. 进水阀的操作条件

1)进水阀开启条件

水电站进水阀的结构、功用、操作机构、自动化元件和启闭程序各不相同,进水阀的操作系统也是多种多样的,不论哪一种形式和操作方式的进水阀,在开启时都必须满足如下条件:

(1)进水阀上、下两侧的水压基本相等。

(2)密封装置退出工作位置。

(3)锁定退出。

2)进水阀正常关闭条件

在正常运行时,也应满足如下两个基本条件后才能关闭进水阀:

(1)水轮机导叶完全关闭。

(2)锁定退出。

以上所述为进水阀的在静水中开启和关闭的情况。在发生事故时,进水阀可进行动水紧急关闭。进水阀在接到事故关闭信号后,只需将锁定退出后,就可在水轮机导叶没完全关闭的情况下进行关闭。当进水阀运转到达全开或全关位置后,锁定必须重新投入。

3.5.1.4　进水阀操作实例分析

1. 蝶阀操作实例分析

图 3-15 为某水电站的蝶阀机械液压操作系统图,现以其为例分析蝶阀的工作过程,图中所示各元件位置对应于蝶阀全关状态。

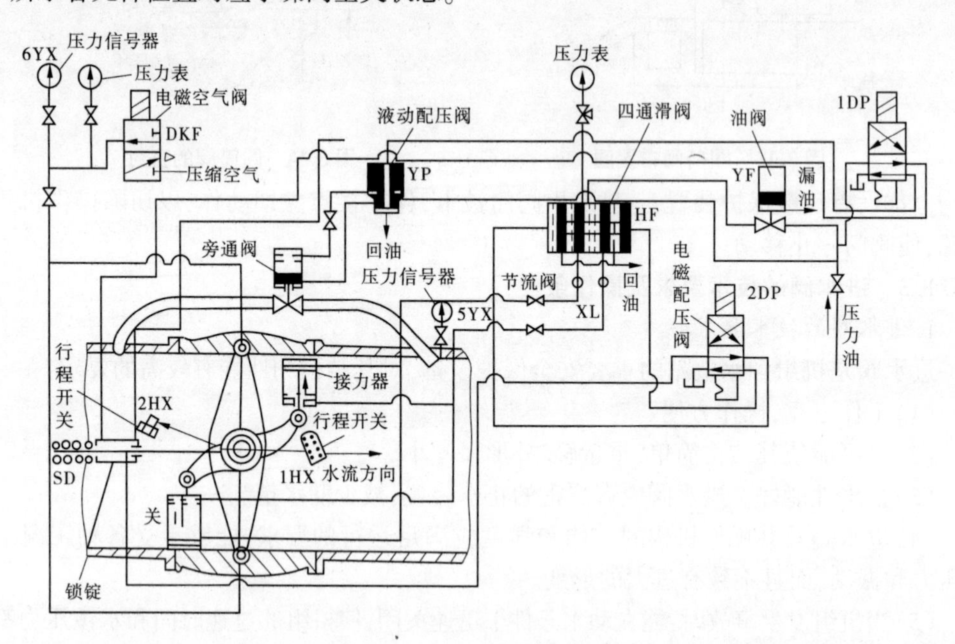

图 3-15　蝶阀机械液压操作系统图

1)开启蝶阀

当发出开启蝶阀的命令后,电磁配压阀 1DP 动作,阀的上位接通,使与油阀 YF 相连的管路与回油接通,油阀 YF 上腔回油,使油阀 YF 开启,压力油通至四通滑阀 HF。同时,由于电磁配压阀 1DP 上位接通,压力油进入液动配压阀 YP,将其活塞压至下部位置,阀的下位接通,从而使压力油进入旁通阀活塞的下腔,而旁通阀活塞的上腔接通回油,该活塞上移,旁通阀开启。与此同时,锁锭 SD 的活塞右腔接通压力油,左腔接通排油,于是将蝶阀的锁锭 SD 拔出。压力油经锁锭 SD 通至电磁配压阀 2DP,待蜗壳水压上升至压力信号器 5YX 的整定值时,电磁空气阀 DKF 动作,阀下位接通,空气围带排气。排气完毕后,反映空气围带气压的压力信号器 6YX 动作,使电磁配压阀 2DP 动作,阀上位接通,压力油进入四通滑阀 HF 的右端,并使四通滑阀 HF 的左端接通回油,四通滑阀 HF 活塞向左移动,从而切换油路方向,压力油经四通滑阀 HF 到达蝶阀接力器开启侧,将蝶阀开启。当开至全开位置时,行程开关 1HX 动作,将四通滑阀 HF 开启继电器释放,电磁配压阀 1DP 复归,旁通阀关闭,锁锭 SD 落下,同时关闭油阀,切断总油源。

2)关闭蝶阀

当机组自动化系统发出关闭蝶阀的信号后,电磁配压阀1DP动作,阀上位接通,油阀YF开启,旁通阀开启,锁锭SD拔出,随即电磁配压阀2DP复归而脱扣,阀下位接通,压力油进入四通滑阀HF的左端,推动活塞向右移动切换油路方向,压力油进入蝶阀接力器关闭侧,将蝶阀关闭。当蝶阀关至全关位置后,行程开关2HX动作,将蝶阀关闭继电器释放,电磁空气阀DKF复归,阀上位接通,围带充入压缩空气。同时电磁配压阀1DP复归,阀下位接通,关闭旁通阀,投入锁定SD,并关闭油阀YF,切断总油源。

蝶阀的开启和关闭的速度,可通过节流阀XL进行调整。

2. 球阀操作实例分析

图3-16为某水电站球阀机械液压操作系统图,现以其为例分析球阀的工作过程,图中所示各元件位置相应于球阀全关状态。该球阀可以在现场手动操作,现场或机旁盘自动操作,以及在中控室和机组联动操作。

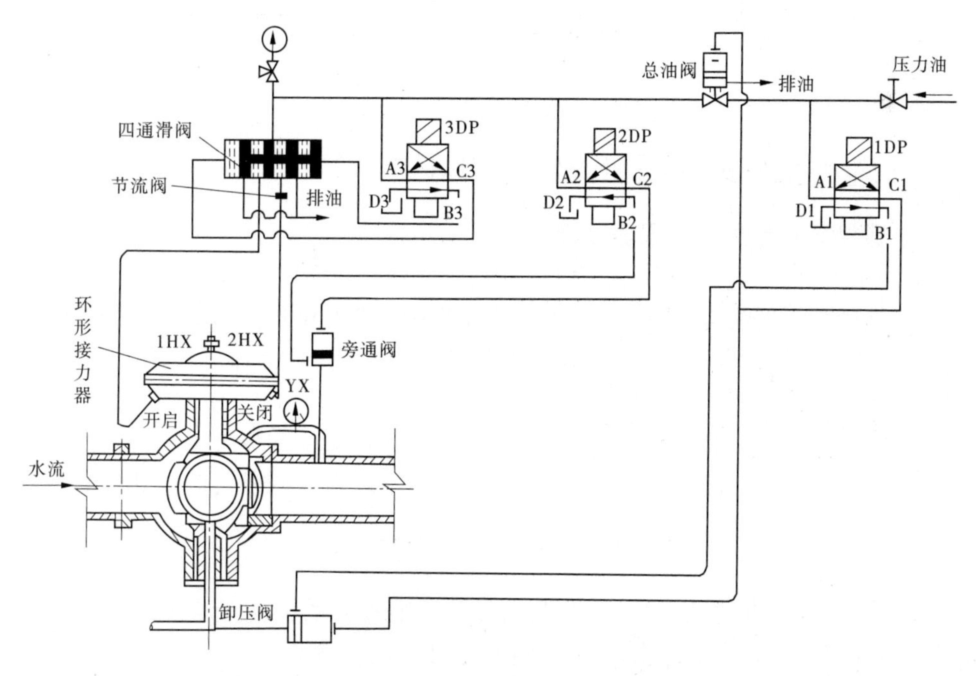

图3-16　球阀机械液压操作系统图

1)开启球阀

发出球阀开启命令后,电磁配压阀1DP动作,阀上位接通,压力油由A1进入B1,作用到卸压阀的左腔,同时使卸压阀的右腔通过C1及D1排油,卸压阀开启,止漏盖内腔开始降压。这时,总油阀上腔通过C1和D1与排油管接通,总油阀在下部油压作用下自动打开,向球阀操作系统供压力油。电磁配压阀2DP动作,阀上位接通,压力油经A2及B2到旁通阀的下腔,其上腔通过C2及D2排油,旁通阀打开,向蜗壳充水。蜗壳充满水后与引水钢管平压,这时止漏盖外压力大于内压力,因此自动缩回,与阀体上的止水环脱离接触。当球阀前后压力平衡后,电接点压力信号器接通,使电磁配压阀3DP动作,阀上位接通,压力油经A3及B3通向右侧,同时使四通滑阀左侧经C3及D3与排油管相连,四通滑阀在两端压差作用下,向左移动到虚线位置,压力油通过四通滑阀进入接力器开启腔,接力器关闭腔则通过四通滑阀排油,球阀开启。待球阀全开后,行程开关1HX动作,红色指示灯亮,电磁配压阀1DP及2DP复归,卸压阀与旁通阀关闭,压力油通过A1及C1至总油阀上腔,总油阀关闭,球阀操作油源被切断。

2)关闭球阀

当发出球阀关闭命令后,电磁配压阀1DP动作,阀上位接通,卸压阀打开,总油阀开启,操作油源接通。复归电磁阀配压阀3DP,阀下位通接,压力油经A3及C3使四通滑阀通向右侧,同时使四通滑阀左侧经B3及D3与排油管相连,四通滑阀在两端压差作用下向右移动,压力油经四通滑阀进入接力器关闭腔,同时使开启腔经四通滑阀排油,球阀关闭,红色指示灯灭。待球阀全关后,行程开关2HX动作,绿色指示灯亮,电磁配压阀1DP复归,卸压阀及总油阀关闭。压力水经止漏盖与活门缝隙进入止漏盖内腔,这时如果蜗壳压力有所下降,止漏盖自动压出与阀体上的止水环紧贴,严密止水。若蜗壳中水压未降低,为使止漏盖压出止水,可将蜗壳排水阀或水轮机导叶略微打开,使止漏盖内外造成压差而压出。

球阀开启和关闭时间,也可通过节流阀来调整。

3.5.2 水轮机进水阀常见事故/故障及其处理

3.5.2.1 蝶阀常见事故/故障及其处理

1.蝶阀被水冲关

背景:蝶阀与快速闸门及球阀的主要区别是蝶阀在全开位置要承受一定的动水压力,蝶阀在正常运行时处于全开状态,运行中的蝶阀在机组带负荷的情况下自行关闭的现象被称为冲关。若运行中出现活门缓慢偏离全开状态,旋转30°~70°,使蝶阀处于部分关的状态,称之为部分冲关。蝶阀部分冲关对水轮发电机组的影响和危害主要是:引起水轮机机械振动;高速水流将在活门后面产生气蚀区,使活门受到气蚀破坏;产生机械蹩劲,使接力器缸振动,严重时崩断连接螺杆;减少机组出力。

1)故障现象

(1)监控系统、保护系统工作正常,其信号和音响报警系统没有动作,没有进行减负荷的操作却发现上位机发电机出口的有功功率表指示缓慢下降。

(2)蝶阀全开灯灭。

(3)部分冲关角度较小时,水轮机调速器工作正常,没有明显变化,导叶开度没有变化,但在蝶阀室可看到蝶阀开度指针正向关的方向缓慢移动;部分冲关角度较大时,没有进行减负荷的操作,调速器导叶开度增大。

(4)部分冲关现象较严重时,蝶阀室有明显响声,有时在蝶阀室可看到空气阀跑水。

(5)当活门在30°~-70°,蝶阀被水冲关的过程太快时,压力钢管内会产生很大的水锤压力,产生强烈的振动。

(6)蝶阀油槽油面过高,蝶阀已关一定的角度。

2)故障原因

(1)蝶阀全开后锁定没能投入到位,使蝶阀被水冲关。

(2)水力不平衡引起水力振动过大,水流不平衡在活门上产生不平衡力矩,使活门转向关侧。

(3)蝶阀接力器活塞磨损,使活塞腔盘根密封不严,压力油从关闭腔漏失,致使活塞在不平衡压力下向关侧运动,进而带动活门转向关的位置。当关断到一定位置时,剩余的压力油起作用,阻止活门继续转向全关位置。

(4)蝶阀转动轴承未能落到位造成阀轴偏离安装中线,致使活门上产生关闭力矩,或轴承磨损、打滑,造成蝶阀轴承摩擦力矩减小,以致在运行中,在某一原因(如接力器压力油漏失)或振动下,活门向关侧偏转。

(5)未能将活门开启到全开位置,留有行程空间,埋下部分冲关的隐患。

3)故障处理

(1)首先将负荷卸至空载,将调速器开限关至空载。

(2)蝶阀油泵切手动,启动油泵,使蝶阀活门向全开位置转动。

(3)检查蝶阀到全开位置,蝶阀锁定投入良好。

(4)将蝶阀油泵切至自动。

(5)慢慢将开限开至正常位置,带上所需负荷。

2. 手动开关蝶阀不动作

1)故障现象

手动开关蝶阀不动作。

2)故障原因

(1)油路阀门位置是否正确。

(2)油压不足。

(3)蝶阀开启条件不满足。

3)故障处理

(1)检查油路阀门位置是否正确,若不正确,将其调整至正确位置。

(2)往返操作电磁阀,如仍然无法开启,应停止操作,通知检修。

(3)如油路短路,应复归操作,通知检修。

(4)如蝶阀关闭失灵,应通过导叶切断水流停机,未处理好不得启动机组。

(5)检查油压是否满足要求,若不满足,将其调整至额定油压。

(6)检查蝶阀开启条件是否满足,若不满足则针对情况进行处理。

3. 自动开关蝶阀不动作

1)故障现象

自动开关蝶阀不动作。

2)故障原因

(1)线路原因:操作电源回路断线、熔断器熔断、空气开关跳闸。

(2)电磁阀线圈烧毁、接线端子接触不牢。

(3)开蝶阀条件不满足:行程开关等无输入造成开关条件不具备。

3)故障处理

(1)检查熔断器容量,更换同型号的熔断器或试合空气开关一次。

(2)检查压力开关阀门是否开启,行程开关是否有变位。

(3)在导叶全关的情况下,试验手动开关蝶阀是否正常,若不正常按照第2点手动开关蝶阀不动作处理。

3.5.2.2 球阀常见事故/故障及其处理

1.球阀工作密封不能退出

1)故障现象

球阀工作密封不能退出。

2)故障原因

(1)蜗壳压力不正常。

(2)工作密封水操作回路不正确。

(3)工作密封投入腔压力或位置开关故障等。

3)故障处理

(1)检查蜗壳排水阀是否打开,若打开,将其关闭。

(2)检查蜗壳压力是否正常,导叶漏水量是否太大,蜗壳压力开关是否动作,压力开关信号回路是否故障,球阀工作密封本身是否漏水量太大等,若有问题,则联系维护/检修人员处理。

2.球阀工作密封不能投入

1)故障现象

球阀工作密封不能投入。

2)故障原因

(1)工作密封投入腔的压力开关或信号回路故障。

(2)工作密封投入腔的液压阀未复归或卡阻。

3)故障处理

(1)检查工作密封投入腔的压力开关动作是否正确,信号回路是否正常,若有问题,联系维护/检修人员处理。

(2)检查工作密封退出腔的液压阀是否复位,若未复位,将其复位。

(3)检查工作密封投入腔的液压阀是否出现卡阻等,若有问题,联系维护/检修人员处理。

3.球阀在开启过程中不正常关闭

1)故障现象

球阀在开启过程中不正常关闭。

2)故障原因

可能是外部故障导致球阀事故紧急停机,也可能是球阀开启过程过长而自动返回。

3)故障处理

若是外部故障引起的,则应先消除外部故障再开启;若是由于球阀本身开启过程过长,则应查找不能正常完成开启的原因并进行处理。

4. 球阀开启时无法平压

1)故障现象

球阀开启时无法平压。

2)故障原因

(1)导叶漏水大——未关严、间隙增大。

(2)蜗壳排水阀未关严。

(3)旁通管路不畅通、手动阀未开、液压阀卡塞。

3)故障处理

(1)在球阀全关的情况下活动导叶,去除导叶间杂物。

(2)检查蜗壳排水阀、旁通管各阀门位置是否正确,若不正确,将其调整至正确位置。

(3)根据情况判断球阀止漏盖(环)确已缩回,活门处于自由状态时,可以手动开启球阀。

(4)若导叶间隙增大,则进入水轮机封堵导叶间隙。

5. 手动开关球阀不动作

1)故障现象

手动开关球阀不动作。

2)故障原因

(1)操作油压不足。

(2)操作电磁阀、液压阀卡塞。

(3)操作油短路,包括受油器串油、接力器活塞内漏、液压集成块内漏等,当出现油路短路时,表现为压油装置压力持续下降,但是球阀不动作。

3)故障处理

(1)检查油路阀门位置是否正确。

(2)往返操作电磁阀,如仍然无法开启,应停止操作,联系维护/检修人员处理。

(3)如油路短路,应复归操作,通知检修。

(4)如球阀关闭失灵,应通过导叶切断水流停机,未处理好不得启动机组。

6. 自动开球阀不成功

1)故障现象

自动开球阀不成功。

2)故障原因

(1)开启球阀条件未具备。

(2)监控装置故障或二次回路原因。

(3)球阀装置动力电源、操作电源未投入,操作按钮接触不良。

(4)不能平压。

(5)球阀电磁阀发卡拒动。

(6)油压不能达到额定操作油压,高压油管路有渗漏。

(7)球阀限位开关信号回路故障。

3)故障处理

(1)检查是否喷针/导叶未全关,球阀接力器锁定未拔出,球阀工作密封,检修密封未退出，球阀行程接点变位等，若是，应查找原因及时消除。

(2)若是监控装置或二次回路故障，联系维护/检修人员处理。

(3)若是球阀装置动力、操作电源未投入，操作按钮接触不良，应查找原因及时消除。

(4)若是不能平压，则查明不能平压的原因，必要时联系维护/检修人员处理。

(5)若是球阀电磁阀发卡拒动，联系检修人员处理。

(6)若是油压不能达到额定操作油压，高压油管路有渗漏现象，应查找原因并通知检修人员处理。

(7)球阀限位开关信号回路故障，必要时通知检修人员处理。

7. 自动关球阀不成功

1)故障现象

自动关球阀不成功。

2)故障原因

(1)球阀未在全开位置。

(2)球阀操作柜内各电磁阀插头未插好，动作位置不正确。

(3)球阀装置动力电源、操作电源未投入，操作按钮接触不良。

(4)监控装置故障或二次回路原因。

(5)电磁阀拒动或行程不够。

(6)油压不能达到额定操作油压，高压油管路有渗漏。

3)故障处理

(1)检查球阀是否在全开位置，"全开"信号指示是否正常。

(2)检查球阀操作柜内各电磁阀插头是否插好，动作位置是否正确；否则手动帮助关球阀，并联系检修人员处理。

(3)球阀装置动力、操作电源未投入，操作按钮接触不良，应查找原因及时消除。

(4)监控装置故障或二次回路原因，则手动帮助关球阀，并联系维护/检修人员处理。

(5)若电磁阀拒动或行程不够，则手动帮助关闭球阀后，联系维护/检修人员处理。

(6)油压不能达到额定操作油压，高压油管路有渗漏现象，应查找原因并联系维护/检修人员处理。

(7)通知检修人员及时处理，在缺陷未消除之前禁止开机。

8. 球阀油压装置压油泵启动频繁

1)故障现象

球阀油压装置压油泵启动频繁。

2)故障原因

(1)补气装置未动作。

(2)油泵启动、停止整定值变位。

(3)球阀操作接力器、电磁阀及高压油管路、连接法兰等漏油。

(4)集油槽油位过低。

(5)压油装置排油阀误开、排气阀误开或补气阀误关。

3）故障处理

（1）若压油罐油位过高，而自动补气装置未动作，则应手动调整油位，使压油罐油面保持正常油面。

（2）若油泵启动、停止整定值变位，则应联系维护/检修人员调整至正常值。

（3）若球阀操作接力器、电磁阀及高压油管路、连接法兰等漏油，则联系维护/检修人员进行检查。

（4）集油槽油位过低，则加油至正常油位。

（5）若压油装置排油阀、排气阀误开，则立即关闭对应阀门；若补气阀误关，则立即开启对应阀门。

3.5.2.3　筒阀常见事故/故障及其处理

1. 实例一：1#机组停机前减负荷过程中筒阀异常关闭

1）事故现象

××年5月24日20:16，某水电站1#机组在停机前减负荷至40 MW时，筒阀异常关闭。

2）事故原因

（1）事件发生前，1#机组筒阀控制系统CP130信号电源端子X20:1至X20:10间短接片未完全插入端子排中，连接不牢靠，存在松动隐患。而在本年度机组检修中，检修人员未发现此隐患，机组投运后，受振动等因素影响，短接片逐步松动，直至连接完全断开。

（2）当1#机组减负荷至40 MW时，端子X20:1至X20:10间短接片与端子排连接断开，送入筒阀PLC的CP130有压信号消失，按照筒阀控制逻辑，延迟1 s后PLC开出关筒阀令，导致筒阀关闭。

（3）检修规程执行不力，检修技术管理不到位，缺少短接片检查项目及措施。

（4）检修人员在进行圆筒阀控制系统清扫、检查、维护工作中，检查不仔细，未及时发现X20:1至X20:10间短接片安装不到位情况，留下安全隐患。

3）事故处理

（1）认真吸取此次事件的教训，在后续机组检修过程中，切实落实设备可靠性管理的主体责任，加强专业人员检修规程、图纸等技术培训，提高检修人员的安全质量意识，并排查控制系统内端子线头、短接片线等存在的安全隐患，及时处理。

（2）完善、强化工序卡、JSA（施工作业工作前安全分析）检查项目和内容，全面、细致地开展各项检修工作，杜绝漏项情况再次发生。

2. 筒阀失步、卡阻

1）故障现象

筒阀失步、卡阻。

2）故障原因

（1）筒阀接力器不动时间过长、液压管路高压油冲击、纠偏效果不满足控制要求等。

（2）控制电磁阀/比例阀阀芯发卡或缺陷。

（3）筒阀控制程序报警逻辑缺陷导致卡阻。

（4）筒阀安装质量或装配工艺不过关。

3)故障处理

(1)检查筒形阀液压系统报警情况。

(2)开机过程中失步、卡阻，终止开机流程。

(3)停机过程中失步、卡阻，保持停机状态。

(4)检查筒形阀液压系统，必要时停机排水处理。

(5)针对具体情况,必要时联系检修处理:对控制程序作针对性优化;拆卸电磁阀/比例阀,清理油污、非金属颗粒,清洗后回装;进行比例阀动作试验,检查是否动作到位、顺畅;进行筒阀起落试验时,应关注筒阀下腔压力,发现异常及时处理等。

3.5.2.4 快速闸门常见事故/故障及其处理

1. 水轮机快速闸门下滑/关闭

1)故障现象

(1)水机自动屏上的快速闸门全开灯熄灭。

(2)发电机有功负荷下降,打开导叶也不能有效达到满出力。

(3)快速门明显离开了全开位置。

(4)快速闸门下滑故障光字牌亮。

(5)闸门操作系统工作泵、备用泵可能启动。

2)故障原因

(1)快速门电磁抱闸不紧。

(2)运行人员误碰落门按钮。

(3)快速闸门长时间在全开位置,闸门的自重会将其下腔的油慢慢地挤出一部分,使下腔油压降低,造成闸门下滑。

(4)也可能是 SV7 阀关闭不严造成的快速闸门下滑,这种情况下故障信号会频繁出现。

3)故障处理

(1)若是快速门电磁抱闸不紧,现场检查厂用电情况、剪断销及信号器情况、串连线情况,根据情况联系维护/检修人员处理。

(2)若是运行人员误碰落门按钮,则将闸门再次开起。

(3)若是快速闸门长时间在全开位置而出现的快速闸门下滑,只需按下复位按钮,手动启动工作油泵;若闸门下落快或下落量大还应启动备用泵,将闸门打至全开。检查快速闸门下滑原因,并处理,在此期间仍需注意监测闸门运行情况;若不能马上处理,则需申请停机并联系检修处理,待查明误动原因,消除故障后,开启进水口闸门重新开机并网。

(4)若是 SV7 阀误开或关闭不严,则将其关闭严密。

(5)若是快速闸门已关闭,则申请值班调度员将机组解列停机,查明误动原因,消除故障后,开启进水口闸门重新开机并网。

2. 实例一:快速闸门平压开度位置异常

1)故障现象

××年 2 月 28 日,某水电站 3#机组在停机备用中,上位机及 3#机组快速闸门控制屏报“3#机组快速闸门平压开度位置”信号。

2) 故障原因

如图 3-17 所示，平压位置接近开关与闸门全关位置接近开关距离很近，很容易使接触开关产生误动。

一般采用转轮带动接近开关金属棒的方式来触发接近开关，由于机械的振动导致金属棒的距离与接近开关的距离加大，导致接触不良。

3) 故障处理

(1) 现场检查发现 3# 机组快速闸门控制屏报出“闸门平压开度位置”，复归信号，信号复归不了。

(2) 进一步检查发现 PLC 开入模块第 17 点熄灭(对应信号：平压位置 1 接近开关未导通)、第 18 点点亮(对应信号：平压位置 2 接近开关导通)。

(3) 检查发现未导通的接近开关(平压位置 1) 距金属棒偏远，稍微将金属棒向接近开关的方向拨动，接近开关导通，“闸门平压开度位置”信号复归。

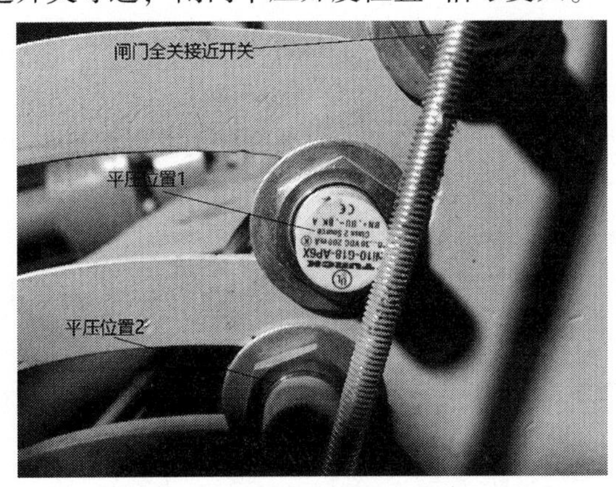

图 3-17　接近开关位置示意图

(4) 由于接触开关的面板为直径 $d = 10$ mm 左右的圆形，在这个范围内均能检测到，而该厂的快速闸门提起高度为 13 m，平压位置提起高度为 0.15 m，故而存在较大的误差。

(5) 调整接近开关安装位置或修改 PLC 程序(将平压接近开关导通判断为平压完成) 可解决此问题。

第4章　水电厂电气一次设备常见事故及其处理

4.1　变压器常见事故及其处理

4.1.1　变压器基本知识

4.1.1.1　变压器作用

电力变压器是一种静止的电气设备,是用来将某一数值的交流电压(电流)变成频率相同的另一种或几种数值不同的电压(电流)的设备。当一次绕组通以交流电时,就产生交变的磁通,交变的磁通通过铁芯导磁作用,就在二次绕组中感应出交流电动势。二次感应电动势的高低与一二次绕组匝数的多少有关,即电压大小与匝数成正比。变压器主要作用是传输电能,因此额定容量是它的主要参数。

油浸式电力变压器在电力系统中使用最广泛,三相油浸式电力变压器外形如图4-1所示。

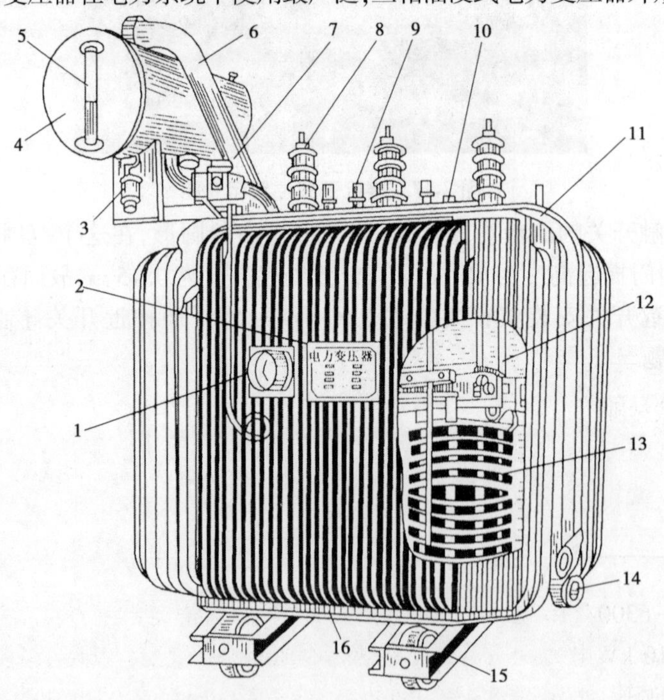

1—温度计;2—铭牌;3—呼吸器;4—储油柜;5—油位计;6—安全气道;7—气体继电器;8—高压套管;9—低压套管;10—分接开关;11—油箱;12—铁芯;13—绕组;14—放油阀;15—小车;16—接地端子

图4-1　油浸式电力变压器外形

4.1.1.2　型号介绍

型号表示一台变压器的结构、额定容量、电压等级、冷却方式等内容，由字母和数字组成，表示方法如下：

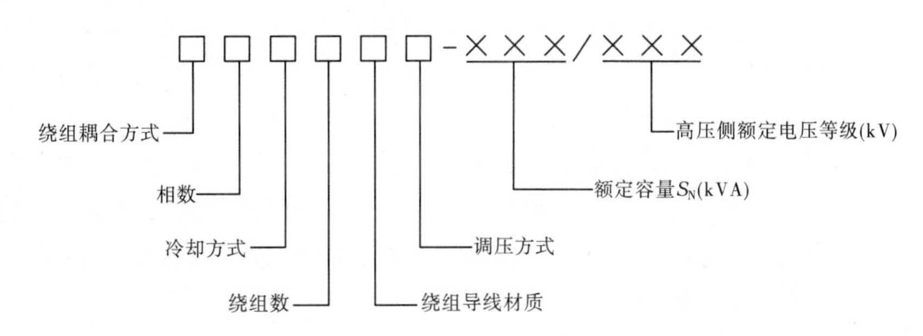

电力变压器产品型号的代表符号如表4-1所示。

表4-1　电力变压器产品型号的代表符号

分类	类别	代表符号
绕组耦合方式	自耦	O
相数	单相	D
	三相	S
冷却方式	油浸自冷	—
	油浸风冷	F
	油浸水冷	S
	强迫油循环风冷	FP
	强迫油循环水冷	SP
绕组数	双绕组	—
	三绕组	S
绕组导线材质	铜	—
	铝	L
调压方式	无励磁调压	—
	有载调压	Z

例如：SFPL-6300/110表示三相强迫油循环风冷双绕组铝线，额定容量6 300 kVA，高压额定电压110 kV电力变压器。OSFPSZ-250000/220表示自耦三相强迫油循环风冷三绕组铜线有载调压，额定容量250 000 kVA，高压额定电压220 kV电力变压器。

4.1.1.3　变压器的基本原理及分类

1. 变压器的基本原理

变压器是利用电磁感应定律工作的，它将一种电压等级的交流电能转换成同频率的另一种电压等级的交流电能。基本原理如图 4-2 所示,在一个闭合的铁芯上缠绕两个与铁芯绝缘的线圈:一个与电源相连的绕组,接受交流电能,通常称为原边绕组(一次侧绕组),以 A、X 标注其出线端;一个与负载相连的绕组,送出交流电能,通常称为副边绕组(二次侧绕组),以 a、x 标注其出线端。与原边绕组相关的物理量均以下角标“1”来表示,与副边绕组相关的物理量均以下标“2”来表示。例如,原边的匝数、电压、电动势、电流分别以 N_1、u_1、e_1、i_1 来表示;副边的匝数、电压、电动势、电流分别以 N_2、u_2、e_2、i_2 来表示。

当原边绕组接入电压为 u_1 的交流电源时,原边绕组便有交流电流 i_1 流过,便会在铁芯中产生与电源电压同频率的交变磁通 Φ 。这个磁通同时与原、副边绕组相交链,并在原、副边绕组中感应出电动势 e_1、e_2,当副边绕组接上负载时,就有交流电流 i_2 流过副边绕组和负载,达到传递交流电能的目的。

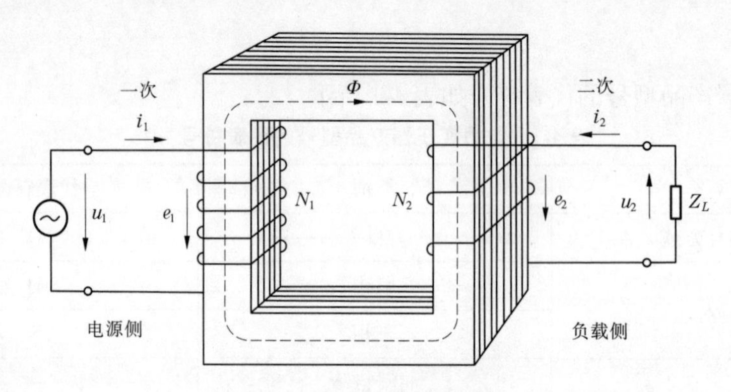

图 4-2 变压器基本原理

根据电磁感应定律,在原、副边绕组感应出的电动势 e_1、e_2 分别为

$$e_1 = -N_1 \frac{\mathrm{d}\Phi}{\mathrm{d}t} \tag{4-1}$$

$$e_2 = -N_2 \frac{\mathrm{d}\Phi}{\mathrm{d}t} \tag{4-2}$$

由于原、副边绕组匝数不等,原、副边感应电动势 e_1、e_2 不相同,由于 $e_1 \approx u_1$、$e_2 \approx u_2$,故原、副边绕组端电压 u_1、u_2 亦不相同,达到了变压的目的。

令

$$\frac{e_1}{e_2} = \frac{N_1}{N_2} \approx \frac{u_1}{u_2} = k \tag{4-3}$$

式中,k 为变压器的变比。对降压变压器而言,原边绕组即为高压绕组,副边绕组则是低压绕组;对升压变压器而言,原边绕组为低压绕组,副边绕组则是高压绕组。

2. 变压器的分类

电力变压器在电力系统中得到了广泛的应用,它的种类很多,可以从不同的角度予以分类。

(1)按用途分类:电力变压器(又可分为升压变压器、降压变压器、配电变压器等)、仪用变压器(电流、电压互感器)、实验用变压器、整流变压器等。

(2)按绕组数目分类:双绕组、三绕组、多绕组、自耦变压器(单绕组)。

(3)按相数分类:单相、三相变压器和多相变压器。

(4)按铁芯结构分类:芯式、壳式变压器。

(5)按调压方式分类:无载调压、有载调压变压器。

(6)按绝缘介质分类:油浸式、干式变压器。

(7)按冷却方式分类:空气冷却、油浸自冷、油浸风冷、油浸强迫油循环式变压器。

(8)按容量大小分类:小型(≤630 kVA)、中型(800~6 300 kVA)、大型(8 000~63 000 kVA)和特大型变压器(≥90 000 kVA)。

不管如何进行分类,其工作原理及性能都基本相同。

4.1.1.4 变压器的基本结构

三相油浸式电力变压器的基本结构包括铁芯、绕组、油箱及其他附件等,其中铁芯、绕组是变压器的主要部件,称为器身,器身放在油箱内部。

1. 铁芯

铁芯构成变压器的主磁路并形成线圈安装的主骨架。为了提高磁路的导磁性能,减小铁芯中的磁滞损耗和涡流损耗,铁芯一般采用高磁导率的铁磁材料,即用0. 35~0. 5 mm厚的硅钢片叠成。变压器用的硅钢片含硅量比较高,以减小磁滞损耗。硅钢片两面均涂有绝缘漆,这样可以使叠在一起的硅钢片相互之间绝缘,以减小涡流损耗。

电力变压器铁芯主要采用芯式结构,如图4-3所示。图4-3(a)图为三相芯式变压器铁芯,图4-3(b)为单相芯式变压器铁芯。三相变压器铁芯是由三个铁芯柱和上、下铁轭构成的闭合磁路。在每个铁芯柱上,双绕组变压器套有2个绕组,三绕组变压器套有3个绕组。绕组对铁芯应绝缘,铁芯对油箱也应绝缘。铁芯一点接地是通过接地引线经箱体顶部铁芯接地套管引出,在箱体外接地来实现的。在大容量的变压器中,为使铁芯损耗发出的热量能够被绝缘油在循环时充分带走,以达到良好的冷却效果,常在铁芯中设有冷却油道。

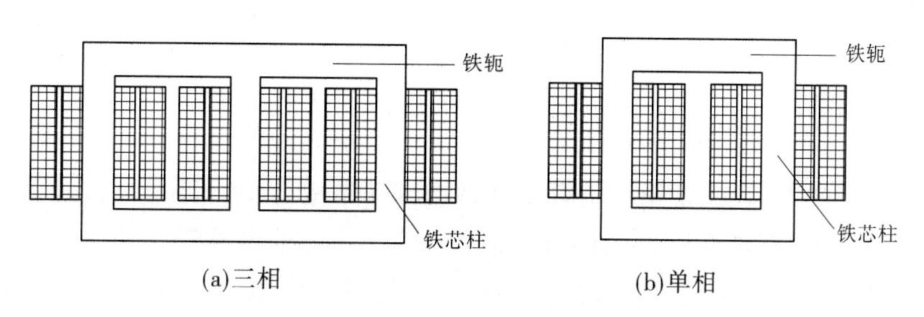

图4-3 芯式变压器铁芯和绕组布置

2. 绕组

绕组构成变压器的电路部分。它由铜线或铝导线包绕绝缘纸以后绕制而成,按照线圈绕制的特点,可以分为圆筒式、螺旋式、连续式和纠结式等。在电力变压器中,高压绕组常采用纠结式,低压绕组常采用连续式。高压绕组电压高,绝缘要求高,如果高压绕组在内,离变压器铁芯近,则应加强绝缘,提高了变压器的成本造价。因此,为了绝缘方便,低压绕组紧靠铁芯,高压绕组则套装在低压绕组的外面。两个绕组之间留有油道,既可以起绝缘作用,又可以使油把热量带走。

3. 变压器油

高、低压绕组和铁芯构成的器身应放在充满油的油箱中，变压器油有两个作用：一是起绝缘作用，因为油的绝缘性能比空气好，可以提高绕组的绝缘强度；二是起散热作用，因为油受热后的对流，可以将绕组和铁芯中的热量带到冷却器，再由冷却器散发到空气中去。对变压器油的要求是介电强度和着火点要高，黏度小，水分和杂质尽可能少。对运行中的变压器油应定期做全面的色谱分析和油质化验。

4. 油箱及其他附件

1) 油箱

油浸式变压器的器身（绕组及铁芯）都装在充满变压器油的油箱中，油箱用钢板焊成。中、小型变压器的油箱由箱壳和箱盖组成，变压器的器身放在箱壳内，将箱盖打开就可吊出器身进行检修。大、中型变压器，由于器身庞大和笨重，起吊器身不便，都做成箱壳可吊起的结构。这种箱壳好像一只钟罩，当器身要检修时，吊去较轻的箱壳，即上节油箱，器身便全部暴露出来了。

大容量变压器的油箱广泛采用全封闭结构，即主油箱与油箱顶部钢板之间或上节油箱与下节油箱之间都采用焊接焊死，不使用密封垫，以防止密封不牢靠。为便于检修，在适当部位开有人孔门或手孔门。

漏油是油箱常见的问题。

2) 油枕

油枕又叫储油柜，是一种油保护装置，它是由钢板做成的圆桶形容器，水平安装在变压器油箱盖上，用弯曲管与油箱连接。油枕的一端装有一个油位计（油标管），从油位计中可以监视油位的变化。油枕的容积一般为变压器油箱所装油体积的8%~10%。

当变压器油的体积随着油的温度膨胀或缩小时，油枕起着储油及补油的作用，从而保证油箱内充满油。同时，由于装了油枕，变压器油缩小了与空气的接触面，减少了油的劣化速度。

大型变压器为防止油与大气接触，其油枕常用隔膜式油枕和胶囊式油枕。

3) 呼吸器

呼吸器又称吸湿器，通常由一根管道和玻璃容器组成，内装干燥剂（硅胶或活性氧化铝）。当油枕内的空气随变压器油的体积膨胀或缩小时，排出或吸入的空气都经过呼吸器，呼吸器内的干燥剂吸收空气中的水分，对空气起过滤作用，从而保持油的清洁。浸有氯化钴的硅胶，其颗粒在干燥时是钴蓝色的，但是随着硅胶吸收水分接近饱和时，粒状硅胶将转变成粉白色或红色，据此可判断硅胶是否已失效。受潮后的硅胶可通过加热烘干而再生，当硅胶颗粒的颜色变成钴蓝色时，再生工作就完成了。

4) 压力释放装置

压力释放装置在保护电力变压器方面起着重要作用。充有变压器油的电力变压器中，如果内部出现故障或短路，电弧放电就会在瞬间使油汽化，导致油箱内压力极快升高。如果不能极快释放该压力，油箱就会破裂，将易燃油喷射到很大的区域内，可能引起火灾，造成更大破坏，因此必须采取措施防止这种情况发生。压力释放装置有防爆管和压力释放器两种，防爆管用于小型变压器，压力释放器用于大、中型变压器。

(1)防爆管。装于变压器的顶盖上,喇叭形的管子与大气连接,管口由薄膜封住。当变压器内部有故障时,油温升高,油剧烈分解产生大量气体,使油箱内压力剧增。当油箱内压力升高至0.5 MPa时,防爆管薄膜破碎,油及气体由管口喷出,防止变压器的油箱爆炸或变形。

(2)压力释放器。与防爆管相比,具有开启压力误差小、延迟时间短(仅2 ms)、控制精度高、能重复使用等优点,故被广泛应用于大、中型变压器上。

压力释放器也称减压器,它装在变压器油箱顶盖上,类似锅炉的安全阀。当油箱内压力超过规定值时,压力释放器密封门(阀门)被顶开,气体排出,压力减小后,密封门靠弹簧压力又自行关闭。可在压力释放器投入前或检修时将其拆下来测定和校正其动作压力。

压力释放器动作压力的调整,必须与气体继电器动作流速的整定相协调。如压力释放器的动作压力过低,可能会使油箱内压力释放过快而导致气体继电器拒动,扩大变压器故障范围。

压力释放器安装在油箱盖上部,一般还接有一段升高管使释放器的高度等于油枕的高度,以消除正常情况下的油压静压差。

5. 散热器

散热器形式有瓦棱形、扇形、圆形、排管式等,散热面积越大,散热的效果就越好。当变压器上层油温与下层油温有温差时,通过散热器形成油的对流,经散热器冷却后流回油箱,起到降低变压器温度的作用。为提高变压器冷却效果,可采用风冷、强迫油风冷和强迫油水冷等措施。散热器的主要故障是漏油。

6. 绝缘套管

瓷质材料的变压器引出线导管,使引出线与油箱绝缘。电压等级不同,其结构不同。1 000 V以下采用实心瓷套管,10~35 kV采用充油式、空心充气式,110 kV及以上采用电容式。为增大爬距,高压套管外形做成多级伞形,电压越高,级数越多。

变压器绕组的引出线从箱内穿出油箱引出时必须经过绝缘套管,以使带电的引线绝缘。绝缘套管主要由中心导电杆和瓷套组成。导电杆在油箱内的一端与绕组连接,在外面的一端与外线路连接。它是变压器易出故障的部件。

绝缘套管的结构主要取决于电压等级。电压低的一般采用简单的实心瓷套管。电压较高时,为了加强绝缘能力,在瓷套管和导电杆间留有一道充油层,这种套管称为充油套管。电压在110 kV以上,采用电容式充电套管,简称为电容式套管。电容式套管除在瓷套内腔中充油外,在中心导电杆(空心铜管)与法兰之间,还有电容式绝缘体包着导电杆,作为法兰与导电杆之间的主绝缘。

变压器套管漏油是最常见的故障,套管漏油的原因是套管上部算盘珠状橡胶密封圈和套管底部橡胶平垫老化。这两处橡胶件老化除橡胶件本身质量外,一个重要的原因是导管中导电杆两端连接处接触不良发热,尤其是导电杆下部与变压器绕组连接处螺栓松动很难发现。严重的套管故障表现在套管对外壳击穿,套管对外壳击穿的原因往往是套管出现裂纹或套管脏污。前述原因使导管严重发热,遇雨骤然冷却,使导管出现裂纹或者掉块。

7. 分接开关(又称切换器)

切换分接头的装置称为分接开关,是调整变压器变比的装置。双绕组变压器的一次绕组及三绕组变压器的一二次绕组一般有3个、5个、7个或19个分接头位置,分接头的中间分头为额定电压的位置。3个分接头的相邻分头电压相差5%,多个分接头的相邻分头电压相差2.5%或1.25%。操作部分装于变压器顶部,经传动杆伸入变压器的油箱。根据系统运行的需要,按照指示的标记来选择分接头的位置。

分接开关有无载分接开关和有载分接开关两种类型,对应的变压器的调压方式也有无载调压和有载调压两种。无载分接开关是在不带电的情况下切换,其结构简单;有载分接开关,可以在不停电的情况下切换,为了在切换过程中不致造成两切换抽头间线匝短路,必须接入一个过渡电路,通常利用一个电阻或电抗跨接在切换器的两抽头之间作为过渡。虽然有载分接开关的过渡电路结构较复杂,但因其分接头可在带负荷下进行切换,故在电力系统中被广泛采用。

分接开关是变压器最易出故障的部位。分接开关的故障大部分是开关的接触面烧毁,其原因是接触面不足或接触面压力不够。当近处发生短路时,过电流的热作用使其烧毁。分接开关发生事故时,一般是瓦斯保护装置动作。

变压器分接头一般都从高压侧抽头,主要原因在于:变压器高压绕组一般在外侧,抽头引出连接方便;高压侧电流小,因而引出线和分接头开关的载流部分导体截面小,接触不良的问题易于解决。

从原理上讲,抽头从哪一侧抽均可,要做技术经济比较。例如500 kV大型降压变压器抽头是从220 kV侧抽出的,而500 kV侧是固定的。

8. 气体继电器

气体继电器构成的瓦斯保护是变压器的主要保护措施之一,它可以反映变压器内部的各种故障及异常运行情况,如油位下降、绝缘击穿,铁芯、绕组等受潮、发热或放电故障等,且动作灵敏迅速,结构连线简单,维护检修方便。还有一个难能可贵的优点就是,对匝间短路等轻微故障产生的少量气体存积到一定“量”而动作,有“故障积累”的功能。

气体继电器装设于变压器油箱与油枕之间的连管上,继电器上的箭头方向应指向油枕并要求有1%~1.5%的安装坡度,以保证变压器内部故障时所产生的气体能顺利地流向气体继电器。

安装在地震度为七级以上地区的变压器,应装用防震型气体继电器。除特殊情况外,800 kVA以下变压器无气体继电器。

4.1.1.5 变压器的冷却方式

变压器的冷却方式与变压器容量的大小有关。油浸自冷适用于小型变压器,油浸风冷适用于中型变压器,强迫油循环冷却适用于大型变压器,强迫油循环导向冷却适用于巨型变压器,干式变压器是用风机冷却的。

1. 油浸自冷

油浸自冷即为油在油箱内自然循环,将热量带到油箱壁,由其周围空气对流传导进行冷却。变压器运行时,绕组和铁芯由于损耗产生的热量使油的温度升高,体积膨胀,密度减小,油自然向上流动,上层热油流经散热器冷却后,因密度增大而下降,于是形成了油在

油箱和散热器间的自然循环流动,通过油箱壁和散热器散热而得到冷却。

2. 油浸风冷

在油浸自冷的基础上,在散热器上加装了风扇,风扇将周围空气吹向散热器,加速散热器中油的冷却,使变压器油温迅速降低。小容量或较小容量的变压器一般采用油浸自冷或油浸风冷冷却方式。加装风冷后,可使变压器容量增加30%~35%。

3. 强迫油循环风冷

在油浸风冷的基础上,加装了潜油泵,用潜油泵加强油在油箱和散热器之间的循环,使油得到更好的冷却效果。其冷却过程见图4-4,油箱上层热油在潜油泵作用下抽出→经上蝴蝶阀门2→进入上油室4→经散热器5→进入下油室12→经过滤油器10→潜油泵11→冷油经下蝴蝶阀门13进入油箱1的底部。如此不断循环,使绕组、铁芯得到冷却。

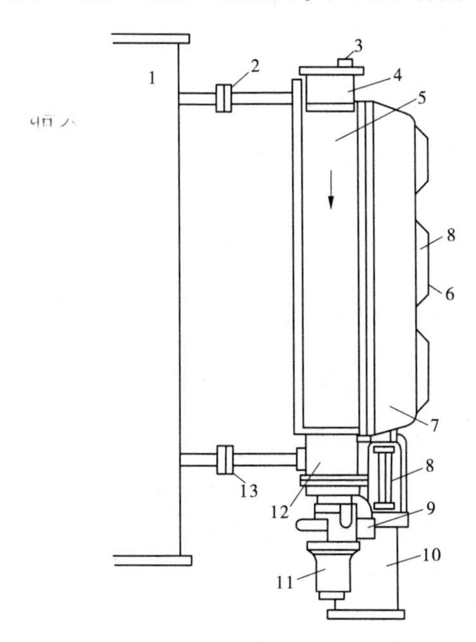

1—油箱;2—上蝴蝶阀门;3—排气塞;4—上油室;5—散热器;6—风扇;7—导风筒;8—控制箱;
9—继电器;10—热虹吸滤油器;11—潜油泵;12—下油室;13—下蝴蝶阀门

图4-4　强迫油循环风冷装置示意图

4. 强迫油循环水冷

强迫油循环水冷冷却过程见图4-5,变压器油箱的上层油由潜油泵抽出,经冷却器冷却后,再进入变压器油箱的底部,如此反复循环,使变压器的铁芯和绕组得到冷却。

在冷却器中,冷水管内通冷水,管外流过热油,冷却水将油的热量带走,使热油得到冷却。大容量变压器一般都采用强迫油循环风冷或水冷冷却方式。

强迫油循环冷却方式,若把油的循环速度提高3倍,则变压器的容量可增加30%。

5. 风冷却

风冷却一般适用于室内干式电力变压器。

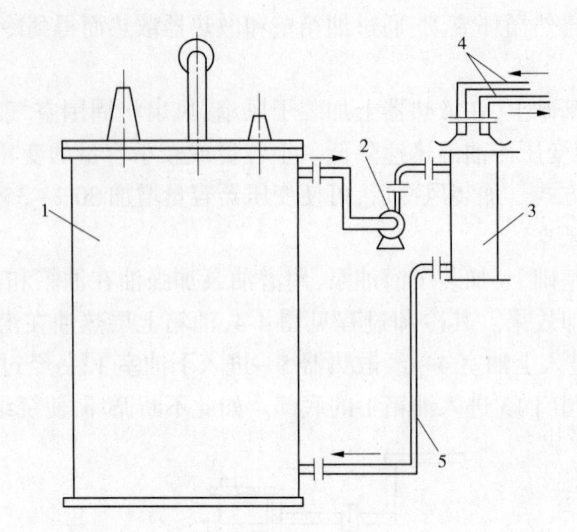

1—变压器;2—潜油泵;3—冷油器;4—冷却水管道;5—油管道

图 4-5 强迫油循环水冷的工作原理

4.1.2 变压器常见事故/故障及其处理

4.1.2.1 变压器事故/故障处理基本方法

1. 主变声音异常的检查处理

(1)主变内部发出较高且沉重的“嗡嗡”声,检查监控电脑是否发“过负荷”告警信号,记录主变负荷及三侧电流情况。检查确认是否为主变过负荷或满载运行引起,若是按调度令降低主变负荷。

(2)主变内部发出忽粗忽细的“嗡嗡”声,可能是系统振荡或谐振过电压。检查频率指示、主变三侧母线电压情况,判定系统是否有振荡或过电压。

(3)如果声音中夹有“吱吱”或“劈啪”的放电声,则可能内部有不接地部件静电放电或线圈匝间放电,或分接开关接触不良放电。应汇报调度,要求检修人员进一步检测。

(4)如果声音中夹有不均匀的爆裂声,则是变压器内部或表面绝缘击穿,应申请将变压器停用。

(5)如果声音有“叮当”杂音,但变压器电流、电压、温度无明显变化,则可能是内部夹件或压紧铁芯的螺钉松动,硅钢片振动,应申请将变压器停用。

(6)变压器内部有水沸腾声,且温度急剧变化,油位升高,则应判断为变压器绕组发生短路或分接开关接触不良引起严重过热,应立即申请停用变压器。

注意:出现以上异常现象时,还应检查主变轻瓦斯保护是否动作,瓦斯继电器内有无气体,主变其他保护是否动作。将其情况报告值长、汇报调度。

2. 主变温度过高的检查处理

变压器油温升高超过许可限度时,值班人员应判明原因,采取办法使其降低,进行下列检查处理:

(1)检查变压器的负载、环境温度,并与同一负载和环境温度下的正常温度核对。

（2）现场核对温度表，如温度表与远方测温显示值不一致，可能是温度表或远方测温装置故障而误发信号，可用红外线测温仪测量主变上层油温做对比。

（3）检查冷却装置运行情况，如冷却装置自动投入故障，应将冷却器切到“手动”位置，使其投入运行。

（4）若温度升高是因冷却系统故障，且运行中无法修理，应申请将变压器停运修理；若不需立即停运修理，则值班人员应申请调度调整主变的负载至允许运行温度下的相应容量。

（5）用手触摸各散热片油管，如油管温度差异大，可能是散热器的上、下阀门未全部打开或有堵塞。若阀门未全部打开，应向值长、调度汇报，在征得同意后，先退出重瓦斯保护再将阀门向逆时针方向打开。

（6）在正常负载的冷却条件下，变压器的温度不正常且不断上升，且经检查证明温度指示正确，则申请将变压器停运，然后进行检查、试验。

（7）如以上检查未发现异常，但主变温度不断上升，且温度表完好正确，可认为主变内部有故障，申请停电检查处理。

（8）若温度升高是由于风冷系统故障，且在运行中无法修理者，应向值长、调度汇报，在征得同意后将变压器停运修理；若不需停运修理，值班人员应申请调整变压器的负荷；若变压器负荷不变，油温不断上升，检查证明风冷装置正常，变压器通风良好，温度计正常，则可能变压器已发生内部故障（如铁芯严重短路、绕组匝间短路等），而变压器的保护装置因故不起作用，应立即申请将变压器停运修理。

3. 主变油位异常的处理

（1）假油位：如果主变油温变化正常，而油位的变化不正常或不变，则说明是假油位。可能原因：油位表的油管堵塞，呼吸器堵塞。处理方法：疏通油位表、呼吸器。

（2）油位过低：油位表的转盘标示全部为红色，或白色标示基本看不见，证明油位已经过低。处理方法：补油。

（3）油位过高：油位表的转盘标示全部为白色，或红色标示基本看不见，证明油位已经过高。处理方法：放油。

（4）检查油位表的油位指示盘是否卡滞或有损坏现象。

（5）主变压器漏油。①如果变压器有放油螺栓，观察是否是螺栓密封损坏导致漏油；处理方法：汇报停运排油后更换密封圈。②变压器上部泄压阀阻塞，运行时温度升高，压力过大使得变压器油漏出，处理方法：汇报停运后清理或更换泄压阀。

注意：处理时，必须将主变重瓦斯启动、跳闸压板退出，并汇报调度。

4. 压力释放阀动作的检查处理

（1）现场检查压力释放阀是否确已动作，有无喷油现象。

（2）检查压力释放阀是否已经完全关闭，喷油是否已经停止。

（3）检查油枕油位是否正常。

（4）如果确认是压力释放阀未关闭，油大量漏出，按主变严重漏油的处理步骤进行操作。

（5）检查瓦斯继电器内是否有气体。

(6)检查变压器音响有无异常,油温是否正常。

(7)处理方法:在主变恢复正常后,采取安全的方法复位压力释放阀信号。

注意:当发生以上的情况时,应立即汇报调度并记入设备缺陷簿,按照调度命令进行操作。

5. 主变正常过负荷的检查处理

(1)主控室检查:后台监控机是否发主变"过负荷"信号,主变压器高压侧开关电流是否达到过负荷定值,中压侧开关电流是否达到过负荷定值,低压侧开关电流是否达到过负荷定值,主变上层油温显示是否过高。

(2)主变现场检查:冷却系统是否已全部投入且运行正常;主变声音是否正常,各侧引线接头是否发红、发热,油位计的变化情况;温度表指示的温度是否过高等。

(3)将主变过负荷及检查情况详细如实向调度汇报。

(4)加强监视,随时掌握主变过负荷情况。

(5)按主变正常过负荷曲线表监视。

6. 事故过负荷的检查处理

(1)执行正常过负荷时的各项检查。

(2)按照调度员指令进行限电操作。

(3)按主变事故过负荷曲线表监视。

7. 主变压器冷却装置的故障处理

(1)运行中的冷却装置全部停止运转时,检查所发告警信息的情况。

(2)检查主变负荷情况,并做好记录。

(3)检查风冷电压是否在350~430 V。如不在此范围,可先调节电压在此范围后,投入主变风冷。

(4)检查主变周围环境温度情况,并做好记录。

(5)到现场检查冷却装置是否全部停止运转。

(6)检查冷却装置电源及控制回路是否有短路、接触不良或绝缘烧焦的气味。

(7)检查400 V室主变风冷空气开关合闸是否良好,外观是否完好。

(8)检查风冷汇控箱内,主变风冷总控制电源空气开关是否脱扣或损坏。如果空气开关脱扣可试合一次。

(9)检查冷却装置运行方式空气开关是否在"电源Ⅰ"或"电源Ⅱ"位置。在主变风冷汇控箱主变风冷总控制电源空气开关下端出线,测量有无电压。如原在"电源Ⅰ"位置,可切换到"电源Ⅱ"位置检查风冷系统是否启动。如原在"电源Ⅱ"位置,可切换到"电源Ⅰ"位置,检查风冷系统是否启动。

(10)汇报值长及调度。

8. 单组冷却器的故障处理

(1)运行中的单组冷却器故障停止运行时,检查监控电脑发告警信息的情况。

(2)检查主变负荷情况,并做好记录。

(3)检查主变周围环境温度情况,并做好记录。

(4)到现场检查风机选择切换开关是否切换在"手动"或"温度1、2"位置。

(5)检查主变汇控箱内本体分控箱电源空气开关有无脱扣,空气开关接点是否有烧坏痕迹。

(6)检查冷却装置电源及控制回路是否有短路、接触不良或绝缘烧焦的气味。

(7)检查风扇扇叶是否变形、卡壳。

(8)检查风扇电机有无异常响声,空气开关是否断开,若为冷却器风扇电机有问题,立即将该组风扇的电源空气开关断开。

(9)检查另一组风扇无异常后,将另一组风扇投到故障风扇原运行方式一致位置,检查是否运行。如符合启动条件,但仍无法启动的,再将风扇投至“手动”位置。

(10)汇报值长及调度。

9. 变压器着火的故障处理

(1)查看火灾情况、部位及火势。若已危及主变压器的安全运行,应立即申请断开各侧断路器;断开断路器相关的隔离开关,将主变压器与电源完全隔离;断开380 V配电室送至主变风冷装置的电源。

(2)组织人员立即灭火,并及时将火情汇报值班调度员和管理所。

(3)用正确的方法迅速而果断地启动主变灭火装置灭火,打开消防水进行灭火,也可用干粉灭火器及沙子配合把火势控制住,防止火情蔓延。

(4)如变压器油溢出并在变压器箱上部着火,则应立即打开变压器下部的事故放油阀放油,使油面低于着火处。

(5)如油从下部流出起火或着火部位在主变压器的内部,则禁止打开放油阀放油,应用沙子覆盖在流出的变压器油上,并用沙子将着火流出的变压器油阻隔住,防止火势扩大危及其他设备。

(6)注意检查火势是否会沿主变压器的电缆烧至相邻的设备,必要时可将该电缆停电后暂时拆除。

(7)如火势较大,值班员不能扑灭火势,立即拨打119火警电话求助。

(8)为防止变压器爆炸危及人身安全,操作人员不得接近变压器本体。

10. 变压器轻瓦斯动作后检查处理

(1)瓦斯保护信号发信时,值班人员应立即对变压器进行检查,查明动作原因,是否因侵入空气,油位降低,二次回路故障或是变压器内部故障造成的。

(2)变压器本体油箱上的温度计指示是否与平时在相同负荷和环境温度下的温度相近;储油柜的油位表指示是否符合主变的温度与油位关系曲线。

(3)各侧A、B、C三相充油套管油色是否浑浊、变黑。

(4)呼吸器和压力释放器有无喷油现象。压力释放器附近油箱表面、地面有无油迹。

检查瓦斯继电器内是否充满油,有无积聚气体,如果有气体则判别气体的颜色,油色有无浑浊、有无碳质。

(5)外界有无大的振动。

(6)变压器油路管道、冷却器、油枕、吸湿器及主变保护回路等有无进行工作。

(7)变压器音响是否均匀、有无杂音,声音与平时有无差异。

(8)在直流馈线柜上检查“接地告警”光字牌是否发信。

(9)轻瓦斯重复动作发信号时,应记录每次发信号之间的间隔时间,当间隔时间缩短时,应立即汇报值长、调度。

11. 主变重瓦斯动作跳闸后的检查处理

(1)检查油温、油位、油色情况。

(2)检查油枕、压力释放阀、呼吸器有无喷油和冒油。

(3)检查各法兰连接处、导油管、油样采集阀有无冒油。

(4)检查主变压器三侧套管有无破损裂纹。

(5)检查瓦斯继电器内有无气体,如有,记录观察到的气体颜色。

(6)检查压力释放器有无动作。

(7)检查保护的动作情况,若变压器的差动保护同时动作,可判断变压器内部有故障。

(8)检查变压器轻瓦斯保护是否动作过。

(9)检查直流系统对地绝缘情况,判断是否由于直流多点接地或二次回路短路引起保护误动。

(10)根据检查结果找到保护动作原因,记录并汇报值长、调度。

12. 主变差动保护动作跳三侧开关时的检查处理

(1)检查主变各侧A、B、C三相套管有无破裂或放电痕迹,引线有无断线接地现象,检查套管引出线是否有损伤、有无击穿放电痕迹;并按重瓦斯保护动作的检查项目对主变进行详细的检查,找到故障部件,判断故障原因。

(2)检查差动保护区内的所有设备有无异常,找到故障设备,判断故障原因。

(3)检查主变各侧电流互感器、避雷器、支持绝缘子的瓷套管及连线有无断线、接地短路现象,引线与构架之间的瓷瓶有无放电闪络或其他接地短路痕迹,找到故障设备,判断故障原因。

(4)检查主变各侧开关端子箱、主变保护屏的差动保护用电流端子有无烧焦痕迹、开路迹象,找到故障设备,判断故障原因。

(5)检查直流系统对地绝缘情况,判断是否由于直流多点接地或二次回路短路引起保护误动。

(6)检查主变保护及二次回路上是否有人工作,令其马上停止工作,检查是否误动设备造成保护误动。

(7)检查差动回路上是否有断线或短路、接地现象。检查是否是差动回路故障造成保护误动。

(8)根据检查结果找到保护动作原因,记录并汇报值长、调度。

13. 主变后备保护动作的检查处理

(1)检查记录主变保护屏及监控后台机上主变保护信号的发出情况。

(2)在监控后台机上检查主变三侧开关的电流及位置,检查主变有功功率、无功功率的显示情况并做好记录。

(3)到现场检查跳开开关的实际位置及开关本体是否有异常,记录主变温度。

(4)对主变后备保护动作范围内的设备进行详细的检查。

(5)根据检查结果找到保护动作原因,记录并汇报值长、调度。

4.1.2.2　变压器事故/故障处理实例

1. 实例一:变压器近距离出口短路

1)事故现象

某主变(SFSZ7-40000/110),1996年产品,1997年12月投运;2002年10月22日14:20,变压器差动保护、过流保护动作,变压器高、中、低三侧开关跳闸,具体如下:

(1)10 kV电缆户外头距变压器出口约100 m,电缆故障切除时间为0.36 s,10 kV电缆出线保护动作的同时变压器过流保护动作,随后经0.04 s变压器差动保护动作,又经0.4 s变压器开关跳闸,故障录波分析流经变压器10 kV侧的最大短路电流为15 kA。差动跳闸7 s后变压器的轻瓦斯发信号。

(2)现场外观检查,瓦斯继电器油室有1/3的气体,变压器本体外观检查,无变形等特征。

2)事故原因

变压器低压线圈因受短路冲击而损坏。

3)事故处理

电力变压器近距离出口短路后,应尽快判别绕组是否变形和绝缘是否损坏,以便确定变压器是否继续投运;尽快进行油色谱分析,根据气体组分含量进行分析,一旦C_2H_2急剧上升,说明线圈可能烧坏或烧断,线包绝缘遭到破坏;进行全面电气试验,排除线圈绝缘损坏的可能,直流电阻测量是发现绕组是否损坏的最有效手段;进行变压器绕组变形测量工作,要与以往测量的频响特性曲线进行横向和纵向对比分析,判定电力变压器绕组是否变形;在不能确定故障原因时,应进行吊罩检查,未经全面检查和综合分析,变压器不得投入运行;检查结果和试验数据分析,必须将气相色谱分析和相关电气试验数据、外观检查情况、自动装置的动作情况等有机地结合起来,进行综合的分析判断,才能准确地对故障定性和定量识别,这也是电力设备预防性试验规程一再明确的要求。具体如下:

(1)迅速对该变压器进行相关项目的电气试验和取油样色谱分析,变压器油的气相色谱分析发现特征气体含量异常,其中C_2H_2达50 μL/L,由于油中溶解的特征气体C_2H_2占主要成分,且远远超过规定的5 μL/L的注意值,可以断定变压器内部发生了高能量的电弧放电。

(2)变压器全部绝缘项目试验合格,变压比测量合格,变压器空载损耗由43.59 kW上升至56.8 kW。

(3)绕组直流电阻测量,高、中压合格,低压侧直流电阻三相不平衡系数达26%。

(4)查阅变压器运行记录,发现该变压器在投运后,曾在该厂另一台变压器停电检修时多次过负荷运行,并经历过8次类似的近距离出口短路冲击。

(5)因为低压线圈直流电阻严重不平衡,再加上故障瞬间变压器低压绕组经受了15 kA短路电流的冲击,结合变压器空载损耗上升和以往运行情况,初步认定变压器低压线圈因受短路冲击而损坏,变压器无法继续投入运行。

(6)由于变压器为钟罩焊死的全密封结构,现场不具备吊罩进行进一步检查和处理的条件,只能返厂进行修理。

2. 实例二:变压器测温通道故障实例

1)故障现象

(1)监盘发现:CCS 报"7#机组主变 C 套非电量保护装置报警"、"7#机组主变 C 套高厂变绕组温度高报警"、"7#机组高厂变温控箱故障"、"7#机组主变 C 套非电量保护装置报警复归"、"7#机组主变 C 套高厂变绕组温度高报警复归",CCS 上查询 27B B 相温度跳变为 196.7 ℃。

(2)现场检查:27B B 相温控箱故障报警灯点亮伴随有蜂鸣报警声,测温 1#通道显示-HOP,2#通道为 41.7 ℃,测温枪测得 27B B 相本体最高温度为 68 ℃,7#机组主变保护 C 柜上轴电流/厂变温度 B 相报警灯点亮。

2)故障原因

7#机组高厂变 27B B 相测温 1#通道 RTD 故障。

3)故障处理

(1)07:09,立即令值班员携带测温枪,做好绝缘防护后进行现场检查,加强监视 7#机组高厂变 27B A、B、C 三相温度及高压侧电流变化趋势。

(2)07:12,通知保护班、电气班立即派人检查处理。

(3)07:17,值班员汇报:现场检查 27B B 相温控箱故障报警灯点亮伴随有蜂鸣报警声,测温 1#通道显示-HOP,2#通道为 41.7 ℃,测温枪测得 27B B 相本体最高温度为 68 ℃,7#机组主变保护 C 柜上轴电流/厂变温度 B 相报警灯点亮。

(4)07:18,将上述情况汇报运行部主任、生产部主任,考虑高厂变超温跳闸保护动作于跳高厂变 27B 低压侧 927 开关、跳发电机出口 207、208 开关,跳 500 kV 5041,5042 开关(温度报警值:130 ℃;跳闸值 150 ℃),两人均同意退出 7#主变保护 C 屏高厂变温度过高启动跳闸保护。

(5)07:18,令值班员立即退出 7#主变保护 C 屏高厂变温度过高启动跳闸保护。

(6)07:19,值班员汇报:7#主变保护 C 屏高厂变温度过高启动跳闸 5QLP14 压板已退出。

(7)07:20,将上述情况汇报集控中心、生产副厂长。

(8)08:32,电气班汇报:通过 7#高厂变 27B 外部监测发现三相本体、铁芯温度均平衡,且 27B 三相电流均无突变,判断 27B 超温报警非变压器本体故障引起。通知保护班。

(9)08:35,保护班汇报:因需要检查 27B 温控箱本体测量接至温控箱 RTD 阻值及通道是否正常,申请短时断开 27B 温控箱本体电源开关(因 7#主变保护 C 屏高厂变温度过高启动跳闸 5QLP14 压板已退出,温控箱短时断电不会造成影响)。令值班员现场配合,要求温控箱断电期间定期测量变压器本体温度,发现异常立即汇报。

(10)09:15,保护班汇报:经断电测量确认 27B B 相测温 1#通道 RTD 故障,造成其温度测值跳变(目前仍保持在 196 ℃左右),暂恢复 27B 温控箱运行,此情况已汇报部门并研究解决方案。

(11)09:20,将上述情况汇报集控中心、运行部主任、生产部主任。

4.2　高压断路器常见事故及其处理

4.2.1　高压断路器基本知识

4.2.1.1　高压断路器的作用及功能要求

1. 作用

高压断路器是高压开关电器中最重要、最复杂的一种,是电力系统一次设备中控制和保护的关键电器。高压断路器在电路中既可以切换正常负荷电流,又可以排除短路故障,承担控制、保护的双重任务。

2. 功能要求

根据高压断路器的作用,要求其无论在空载、负载或短路故障状态,都应可靠地动作、控制和保护电路。对高压断路器的要求,主要有以下方面:

(1)安全可靠,高压断路器不应误动和拒动。

在正常的闭合状态时,不仅对正常的电流,而且对规定的短路电流也应能承受其发热和电动力的作用,保持可靠的接通状态。

当系统出现短路故障时,不应拒动(拒绝动作),以免扩大事故范围。同时,高压断路器在各种工作状态下,均不应出现危及人身和其他设备安全的现象。相与相之间、相对地之间及断口之间具有良好的绝缘性能,能长期耐受最高工作电压,短时耐受大气过电压及操作过电压。

(2)断流容量高。系统中一旦出现故障,其电流很大,往往是其额定电流的几倍、几十倍甚至更高,而持续时间仅几秒钟。高压断路器应能承受开断和关合故障电流的能力,在闭合状态的任何时刻,应能在不发生危险过电压的条件下,在尽可能短的时间内安全地开断规定的短路电流。

在开断状态的任何时刻,应能在断路器触头不发生熔焊的条件下,在短时间内安全地闭合规定的短路电流。

(3)动作迅速。高压断路器在接到继电保护装置发来的信号后,应在百分之几秒的时间内断开故障电路。高压断路器开断故障电流的快慢将直接影响系统输送功率的大小及系统的稳定性。

为了使断路器很好地满足上述要求,高压断路器必须具有可靠完善的灭弧装置和尽量简单、可靠的二次回路。

4.2.1.2　高压断路器的基本结构

高压断路器由以下五个部分组成:通断元件、中间传动机构、操动机构、绝缘支撑件和底座。

1. 通断元件

通断元件执行接通或断开电路的任务。其核心部分是触头,其灭弧能力的大小决定了开关的开断能力。

2. 操动机构

操动机构提供动力使动触头完成开断动作和关合动作。操动机构与动触头的连接由传动机构和提升杆来实现,操动机构使断路器合闸、分闸;当断路器合闸后,操动机构使断路器维持在合闸状态。

3. 中间传动机构

中间传动机构是把操动机构提供的操作能量及发出的操作命令传递给通断元件。

4. 绝缘支撑件

断路器断口引入、引出载流导体通过接线座连接。开断元件是带电的,放置在绝缘支柱上,使处在高电位状态下的触头和导电部分保证与接地的零电位部分绝缘。

5. 底座

底座是用于支撑、固定和安装开关电器的各结构部分,使之成为一个整体。

通断元件是断路器的核心部分,主电路的接通和断开由它来完成。主电路的通断,由操动机构接到操作指令后,经中间传动机构传送到通断元件,通断元件执行命令,使主电路接通或断开。通断元件包括触头、导电部分、灭弧介质和灭弧室等,一般安放在绝缘支撑件上,使带电部分与地绝缘,而绝缘支撑件则安装在底座上。断路器类型不同,这些基本组成部分的结构也不同。

4.2.1.3 高压断路器的基本类型和特点

根据断路器安装地点不同,可分为户内和户外两种。根据断路器使用的灭弧介质不同,可分为以下几种类型。

1. 油断路器

油断路器是以绝缘油为灭弧介质。可分为多油断路器和少油断路器。

多油断路器的触头和灭弧室安置在接地的油箱中,油不仅作为灭弧介质,而且还作为对地绝缘介质,因此用油量多,体积大,目前已基本淘汰。

少油断路器内的绝缘油,仅作为灭弧介质,对地绝缘主要依靠固体介质,结构简单、制造方便、用油量少、体积小、耗用钢材少。采用积木式结构可以用于各种电压等级,开断电流大、全开断时间短。但额定电流不易做得很大,灭弧室内的油质易劣化。

2. 压缩空气断路器

压缩空气断路器是以压缩空气作为灭弧介质,靠压缩空气吹动电弧使之冷却,在电弧达到零值时,迅速将弧道中的离子吹走或使之复合而实现灭弧。压缩空气断路器开断能力强,开断时间短,空气介质防火、防爆、无毒、无腐蚀性,检修方便。但压缩空气断路器结构复杂,工艺要求高,有色金属消耗多,运行时噪声大,且需要专门的压缩空气系统,因此压缩空气断路器一般应用在 110 kV 及以上的电力系统中。

3. 六氟化硫(SF_6)断路器

SF_6 断路器采用具有优良灭弧能力和绝缘能力的 SF_6 气体作为灭弧介质,具有断口电压高、开断能力强、动作快、开断对触头损耗小、体积小、单压式结构简单、不检修周期长等优点。但对制造工艺和材料要求高,密封要求严格。

近年来,SF_6 断路器发展很快,在高压和超高压系统中得到广泛应用。尤其以 SF_6 断路器为主体的封闭式组合电器,是高压和超高压电器的重要发展方向。

4. 真空断路器

真空断路器是在高度真空中灭弧。真空中的电弧是在触头分离时电极蒸发出来的金属蒸汽形成的。电弧中的离子和电子迅速向周围空间扩散。当电弧电流到达零值时,触头间的粒子因扩散而消失的数量超过产生的数量时,电弧即不能维持而熄灭。

真空断路器开断能力强、开断时间短、可连续多次重合闸及频繁操作、体积小、占用面积小、无噪声、无污染、无爆炸可能、寿命长、运行维护简单、检修周期长、检修时不需要检修灭弧室。但断口电压不易做得高。这些特点使其特别适用于35 kV及以下的户内配电装置,并可作为负荷开关使用。

此外,还有磁吹断路器和自产气断路器,它们具有防火防爆、使用方便等优点。但是一般额定电压不高,开断能力不大,主要用作配电用断路器。

4.2.1.4 高压断路器的技术参数

1. 额定电压(kV)

断路器所能承受的正常工作线电压(有效值),在铭牌上予以标明。按照国家标准的规定,其电压等级有3 kV、6 kV、10 kV、35 kV、60 kV、110 kV、220 kV、330 kV、500 kV、750 kV、1 000 kV等。

2. 最高工作电压(kV)

断路器可以长期工作的最高线电压(有效值)。

在线路供电端的额定电压高于线路受电端的额定电压,这样断路器就可能在高于额定电压的情况下长期工作,因此规定了断路器的最高工作电压这一指标。通常规定,220 kV及以下设备,其最高工作电压为额定电压的1.15倍;对于330 kV及以上的设备,规定为额定电压的1.1倍。

我国采用的最高电压有3.6 kV、7.2 kV、12 kV、40.5 kV、72.5 kV、126 kV、252 kV、363 kV、550 kV、800 kV、1 200 kV等。

3. 额定电流(A)

额定电流是指铭牌上所标明的断路器在规定环境温度下可以长期通过的最大工作电流。

断路器长期通过额定电流时,断路器导电回路各部件的温升均不得超过允许值。我国采用的额定电流有200 A、400 A、630 A、1 000 A、1 250 A、1 600 A、2 000 A、2 500 A、3 150 A、4 000 A、5 000 A、6 300 A、8 000 A、10 000 A、12 500 A、16 000 A、20 000 A等。

额定电流的大小决定了断路器的发热程度,因而决定了断路器触头及导电部分的截面,并在一定程度上决定了它的结构。

4. 额定开断电流(kA)

断路器在额定电压下能可靠切断的最大电流,称为额定开断电流。当断路器在不等于额定电压的情况下工作时,断路器能可靠切断的最大电流,称为该电压下的开断电流。

当断路器工作在低于额定电压时,其开断电流将较额定开断电流有所增大,但有一个极限值,并称其为极限开断电流。

我国规定的高压断路器的额定开断电流为1.6 kA、3.15 kA、6.3 kA、8 kA、10 kA、12.5 kA、16 kA、20 kA、25 kA、31.5 kA、40 kA、50 kA、63 kA、80 kA、100 kA等。

断路器的额定开断电流标明了它的断流能力。它是由断路器的灭弧能力和承受内部气体压力的机械强度所决定的。

5. 额定关合电流(kA)

在额定电压下,断路器能可靠地闭合的最大短路电流(峰值),称为额定关合电流。额定关合电流反映断路器关合短路故障的能力,主要取决于断路器灭弧装置的性能、触头构造及操动机构的形式。

6. 额定动稳定电流(kA)

它是指断路器在合闸位置时所允许通过的最大短路电流,又称极限通过电流。

断路器在通过这一短路电流时,不会因电动力的作用而发生任何的机械损坏。动稳定电流表明了断路器承受电动力的能力。此电流的大小由导电部分和绝缘部分的机械强度来决定。

7. 额定热稳定电流(kA)

断路器在规定时间内允许通过的短路电流的有效值,称为额定热稳定电流。额定热稳定电流表明断路器承受短路电流热效应的能力,其值等于额定开断电流。

短路电流通过断路器会使导电部分发热,其热量与电流的平方成正比。所以,当断路器通过短路电流时,有可能使触头熔焊直至损坏断路器。因此,断路器规定了在一定的时间内(1 s、4 s、5 s、10 s)的热稳定电流。

8. 合闸时间(s)

自发出合闸信号起,到断路器的主触头刚刚接通为止的一段时间,称为断路器的合闸时间。

对断路器合闸时间的要求不高,但应尽可能地稳定。我国生产的断路器合闸时间一般均小于或等于0.2 s。

9. 分闸时间(s)

分闸时间是反映断路器开断速度的参数,指从分闸线圈接通起,到断路器三相电弧完全熄灭为止的一段时间。分闸时间包括断路器的固有分闸时间和电弧存在的时间。其中,固有分闸时间是指从分闸线圈通电,到触头刚刚分离的这段时间;而电弧存在的时间是指从触头分离,到三相电弧完全熄灭的这段时间。

从切断短路电流的要求出发,分闸时间短,说明断路器的开断速度快。一般分闸时间为0.2 s。通常合闸时间大于分闸时间。

4.2.1.5 高压断路器的型号意义

国产高压断路器的型号主要由以下七个单元组成:

[1] [2] [3]-[4] [5]/[6] [7]

[1] 表示产品名称:S—少油断路器,D—多油断路器,L—六氟化硫(SF_6)断路器,Z—真空断路器,K—压缩空气断路器,Q—自产气断路器,C—磁吹断路器。

[2] 表示装置地点:N—户内,W—户外。

[3] 表示设计系列顺序号:以数字1、2、3……表示。

4 表示额定电压,kV。

5 表示其他补充工作特性:C—手车式,G—改进型,W—防污型,Q—防震型。

6 表示额定电流,A。

7 表示额定开断电流,kA。

例如:ZN28-12/1250-25,表示户内式真空断路器,设计序号为28,额定电压为12 kV,额定电流为1 250 A,额定开断电流为25 kA。

4.2.2　高压断路器常见事故/故障及其处理

4.2.2.1　高压断路器常见事故/故障处理基本方法

1. 远控操作 SF_6 开关时,开关拒合时处理的基本方法

(1)检查合闸操作方法是否正确。

(2)检查同期条件是否满足、同期电压回路是否断线。

(3)检查测控屏合闸遥控压板是否已投入,操作控制把手是否已置“远控”位置。

(4)检查操作电源、测控屏电源是否正常,直流母线电压是否正常。

(5)检查开关蓄能弹簧是否已经蓄能良好。

(6)检查 SF_6 气压是否正常,有无异常而闭锁。

(7)检查开关远控/就地切换把手位置是否正确。

(8)检查合闸线圈是否良好,跳闸位置继电器触点是否已返回。

(9)开关的辅助接点切换是否到位有效。

2. 远控操作 SF_6 开关时,开关拒绝分闸的处理基本方法

(1)检查分闸操作是否正确。

(2)检查测控屏分闸遥控压板是否已投入,操作控制把手是否已置“远控”位置。

(3)检查操作电源、测控屏电源是否正常,直流母线电压是否正常。

(4)检查 SF_6 气压是否正常,有无压力异常闭锁。

(5)检查分闸线圈是否良好,合闸电磁铁是否已返回。

(6)检查开关的辅助接点切换是否到位有效。

3. 开关误跳闸(偷跳)的处理基本方法

(1)记录时间。

(2)若重合闸动作成功,则按开关日常检查项目,到现场检查开关的实际位置及该开关间隔有无异常,然后将保护动作信息及检查情况汇报调度值班员。

(3)若重合闸动作不成功,造成非全相运行,确认是一相断开、另外两相运行时,应汇报调度值班员,根据调度命令,立即试合闸一次,恢复开关的全相运行;若还不能恢复全相运行,则应汇报调度值班员,根据调度命令,立即断开该开关。

(4)若重合闸动作不成功,造成非全相运行,确认是两相断开、另外一相运行时,应汇报调度,根据调度命令,立即断开该开关。

(5)将以上故障情况汇报值长及调度。

4. SN10-10 Ⅰ型开关拒绝合闸处理基本方法

(1)将拒合开关KK把手打到分闸位置。

(2)在合闸操作时,注意开关的电流表有无较大冲击电流使之摆动,如果有较大冲击电流应立即停止操作,检查有无保护动作信号,将情况汇报调度。如果无较大冲击电流,检查有无直流接地信号,若无直流接地信号,继续执行下面的检查。

(3)检查操作刀闸后电脑钥匙是否回传至综合模拟屏。

(4)检查开关控制保险是否熔断或接触不良。

(5)检查开关合闸保险有无熔断或接触不良,直流接触器线圈有无变黑。

(6)检查直流系统电压是否过低。

(7)按开关日常巡视检查项目,检查开关有无异常。

(8)检查出的故障能消除的立即消除,不能消除或找不出原因的,立即汇报调度。

5. SN10-10 Ⅰ型开关拒绝分闸处理基本方法

(1)检查操作开关分闸时,KK把手是否打到位。

(2)检查是否在综合操作屏上模拟或模拟后未按"操作"键。

(3)将开关KK把手打到合闸位置,立即将开关拒绝分闸的情况汇报调度。

(4)检查拒分开关控制保险有无熔断,保险两端接触是否良好。

(5)检查有无直流接地信号。

(6)按开关日常巡视检查项目,检查开关有无异常。

(7)检查出保险熔断,更换同型号完好的保险。

(8)以上检查不出原因,立即汇报。

6. ZN型系列真空开关拒绝合闸处理基本方法

(1)将拒合开关KK把手打到分闸位置。

(2)在合闸操作时,注意开关的电流表有无较大冲击电流使之摆动,如果有较大冲击电流应立即停止操作,检查有无保护动作信号,将情况汇报调度。如果无较大冲击电流,检查有无直流接地信号,若无直流接地信号,继续执行下面的检查。

(3)检查操作刀闸后电脑钥匙是否回传至综合模拟屏。

(4)检查开关控制保险是否熔断或接触不良。

(5)检查开关柜上"已储能"监视灯是否亮。

(6)检查出故障如保险熔断,更换同型号完好的保险,不能消除的故障或查找不出故障原因的,立即汇报。

7. SW6系列开关拒绝分闸处理基本方法

(1)检查操作开关分闸时,KK把手是否打到位。

(2)检查是否在综合操作屏上模拟或模拟后未按"操作"键。

(3)将开关KK把手打到合闸位置,立即将开关拒绝分闸的情况汇报调度。

(4)检查拒分开关控制保险有无熔断,保险两端接触是否良好。

(5)检查有无液压降低光字牌发出。

(6)检查液压机构压力表压力是否正常。

(7)检查直流系统有无直流接地信号。

(8)检查拒分开关的KK把手接线、分闸线圈端子接线有无明显脱落。

(9)检查开关辅助接点是否切换到位。

(10)按开关日常巡视检查项目,检查开关有无异常。

(11)以上检查均找不出原因,立即汇报调度/值长。

(12)当检查出由于压力原因造成拒分,而压力又无法建立时,应根据调度命令带路进行处理。

8. GIS气室压力下降处理基本方法

(1)汇报运行部、技安部。

(2)立即启动通风机,做好相应安全措施后,进入GIS室检查。

(3)检查气室密度继电器,以确定密度继电器是否故障,如果是密度继电器故障,则更换或调整密度继电器;如果压力确已降低,应确定漏气区,判明漏气位置。若发现漏气,则应立即设法停电处理。

(4)若断路器漏气,且运行中无法处理,在其压力未降至闭锁压力前,联系调度将断路器停电,并拉开两侧隔离开关进行处理。

(5)若断路器 SF_6 压力已降至闭锁压力,则应立即拉开断路器操作电源开关,并汇报调度,按断路器操作失灵处理。

(6)若发生大量泄漏,则人员应立即撤离现场,并设置警示标志,防止无关人员误入现场,同时投入全部通风装置将室内 SF_6 气体排出。一般情况下,直到室内氧气浓度达18%以上时,才可进入室内工作。

(7)在大量泄漏发生的15 min之内,除抢救人员外,其他人员严禁进入GIS室。4 h内进入室内必须穿防护衣、戴防毒面具和手套,4 h后可不采用上述措施进入室内,但在清扫时,仍必须采用上述安全措施。

4.2.2.2 高压断路器常见异常事故/故障处理实例

1. 实例一:发电机出口开关三相短路

背景:某水电厂6#机组为东方电气集团东方电机有限公司2009年生产的灯泡贯流式水轮发电机组,发电机型号为:SFWG45-48/5835,水轮机型号为:GZ657-WP-545,出口开关型号为:3AH3818-7/3150A-63 kA,2010年10月8日正式投入商业运行。事故发生前还未进行过大修,事故发生前的运行方式为:110 kV某香Ⅰ、Ⅱ线运行(某香Ⅰ线 $P=94.88$ MW, $Q=-2.47$ MVA,某香Ⅱ线 $P=93.22$ MW, $Q=-8.25$ MVA),某变线热备用,110 kV Ⅰ、Ⅱ段母线联络运行,1#、2#、3#、5#、6#机组运行,4#机组热备用,厂用系统正常方式。

1)事故现象

2013年6月30日07:33分,上位机打出"3#主变保护动作"、"6#机组差动保护动作",1103开关跳闸,105开关跳闸,106开关跳闸,113开关跳闸,厂用Ⅲ段失压。5#、6#发电机甩负荷74 MW。5#发电机转至空转态,6#发电机紧急停机。

2)事故原因

(1)安全生产管理存在漏洞,"五确认一兑现"执行不彻底,没有对问题进行闭环管理。虽在2010年春安全检查中已发现"高压室通风栅及通风机排气孔未装铁丝网",且已录入问题库中,但未认真进行整改,随后在2011春、秋安全检查中对高压室、厂用室的门口加装了防鼠挡板,忽视了百叶窗间隙(间距 20 mm)和开关柜断路器底部轨道槽口的封堵问题。最终发生蛇自通风孔百叶窗爬入 13.8 kV 3#高压配电室内,自 6#发电机出口开关柜断路器底部轨道(43 mm×40 mm)爬入柜内,造成相间短路的事故。管理不闭环,致使安全隐患长期未得到整改,是导致本次事故发生的直接原因。

(2)对上级单位下发要求执行不到位,人员安全意识淡薄。设备管理工作不到位,未将设备的日常维护与安全管理有效地结合起来,对整改计划不重视。设备专责人对所负责的设备未认真检查,对设备管理存在的隐患和漏洞不敏感,部门、安监部对整改任务未认真进行验收,草率地闭环问题,致使春、秋安全检查及隐患排查工作不同程度存在不严谨的现象,是导致事故发生的间接原因。

(3)开关柜未设计泄压释放通道,存在设计缺陷,是导致短路时事故扩大的原因。第一次短路发生在开关柜下部 CT 安装处靠发电机侧母排处,是 6#发电机差动保护范围。事故发生时,6#发电机差动保护正确动作并出口,在故障 14 ms 后动作,68 ms 后跳开 6#发电机出口开关。但由于开关柜体在泄压释能方面存在缺陷,在造成柜体变形的同时,电弧在柜内由开关下侧被吹至开关上侧(主变差动保护范围内),造成 A、B 相相间短路,继而发展为三相短路,在开关上部发生第二次短路,44 ms 后 3#主变差动保护出口跳开 105、1103 及 113 开关,故障点切除。开关柜体在泄压释能方面存在设计缺陷,造成事故扩大,同时造成开关柜前后柜门变形,断路器本体绝缘子受到电弧灼伤和金属雾的污染。

3)事故处理

(1)07:35,立即倒换厂用,厂用方式由正常方式倒为Ⅱ、Ⅲ、Ⅳ段联络运行。

(2)07:55,查找故障点时发现 106 开关柜内有放电痕迹,柜体前门锁扣和后门盖板变形,柜内 A 相 CT 侧边有一条直径 0.7~0.8 cm、长 70~80 cm 的死蛇。

(3)09:20,二次组对 3#主变及 6#发电机保护装置检查结束,保护均正确动作,现场保护装置检查无异常。

(4)09:25,一次组检查后交代:3#主变外观检查无异常,主变油温、油位均正常。

(5)10:00,机械班对 6#发电机风洞内检查未见异常。

(6)10:30,3#主变取油样检验合格。

(7)11:16,在外观检查无异常后,用 5#发电机带 3#主变递升加压无异常。

(8)11:30,3#主变热备用转运行。

(9)11:47,5#发电机并网,全厂出力 215 MW。

(10)经过对 6#发电机的外观检查、性能试验,在确认 6#发电机性能良好的同时,进行了开关的断口试验,数据不通过。随后请厂家和专业人员对开关的外观进行修复,修复后根据规程按照大修后项目完成各项试验,数据符合技术规范要求,6#发电机于 2013 年 7 月 5 日 08:50 并网归调。

4)建议

(1)对其余五台机组的发电机出口开关柜的电缆封堵情况进行检查,避免问题重复出现。

(2)在厂房内各通风口百叶窗处加装铁制纱窗,防止小动物进入。

(3)对各项整改计划进行清理,对整改情况全面排查。

(4)严格执行“安全生产整改验收单”制度,对整改任务实现逐级验收,谁签字谁负责,如再出现整改不到位的情况,同时追究责任人、督办人和验收人的责任。

(5)对全厂需封堵的电缆、孔洞进行排查和清理,即查即改。

2. 实例二:发电机出口开关短路爆炸

背景:某水电厂2014年7月10日20:00,上游水位86.45 m、下游水位72.66 m、入库流量640 m^3/s;1#、2#、3#发电机正常运行,分别带有功26 MW、26 MW、26 MW,总负荷78 MW;1#发电机经10.5 kVⅠ段母线带1#主变运行,2#、3#发电机经10.5 kVⅡ段母线带2#主变运行,10.5 kVⅡ段母线带Ⅲ段母线运行。110 kV秀上Ⅰ、Ⅱ线两回线路按照正常方式运行;400 V厂用电Ⅰ、Ⅱ段母线分段运行正常,其中1#厂用变带400 VⅠ段母线,2#厂用变带400 VⅡ段母线。

1)事故现象

(1)上位机监控情况:2014年7月10日20:23:13,全厂照明、中控室工业视频监控及两台监控系统,主机由于电流冲击导致UPS装置突然失电(正常情况下,监控主机失电时,UPS电源应自动切换供主机电源用),值班运行人员无法判断系统设备运行情况。值班运行人员重启中控室监控系统,主机恢复正常后,经监控系统电气主接线画面发现:2#、3#发电机出口开关(2QF、3QF)跳闸,2#主变高压侧102开关跳闸,2#厂用变高压侧921QF跳闸,10.5 kVⅡ段、Ⅲ段联络923QF开关跳闸。10.5 kV段Ⅱ段、10.5 kV段Ⅲ段、400 VⅡ段全部失电。值班运行人员立即汇报调度及相关领导。

(2)监控动作记录情况:上位机监控系统主机失电后,UPS电源由于电流冲击而无法正常运行,上位机监控系统记录不全。

(3)保护装置动作记录情况。

2#发电机:20:23:13,主保护有定子接地基波Ⅰ段动作;20:23:16,定子接地Ⅱ段t_2动作;20:23:19,电压互感器断线动作;20:23:22,后备保护有电压互感器断线动作;20:24:08,复压过流Ⅰ段动作。

3#发电机:主保护有定子接地基波Ⅰ段动作,定子接地Ⅱ段t_2动作,电压互感器断线动作;后备保护有电压互感器断线动作。

2#主变:差动过流动作、差动速断动作、闭锁调压动作。

同时检查2#厂变开关921QF,10.5 kVⅡ段、Ⅲ段馈线的综合保护装置均有“接地告警”信号。

(4)工业视频监控记录情况:恢复送电后,调取工业视频监控画面回放显示,10.5 kVⅡ段2#机组出口开关处先是冒黑色浓烟,紧接着发生短路爆炸。

2)事故原因

根据现场出口开关损坏情况,初步分析故障原因为2#发电机出口开关(小车式)运行中C相出线梅花触头过热熔断,造成开关短路。

3)事故处理

(1)值班运行人员立即汇报调度及相关领导。

(2)20:29,相关技术人员到达现场后立即进行检查发现:厂房内有严重烧焦味并伴有强烈浓烟、2#发电机已经被迫停运、3#发电机由之前运行状态转为空转状态、1#发电机带负荷运行正常。打开 10.5 kV、400 V 配电室进行检查：发现 400 VⅡ段母线失压、400 VⅠ段母线运行正常、10.5 kV 配电室内 2#发电机出口开关柜处着火并伴有强烈浓烟。随后由三名检查人员背戴正压式空气呼吸器立即进行灭火。

(3)20:30,启动柴油发电机。

(4)20:40,经倒电后由柴油发电机送电至坝顶配电室弧门电源,并开启 5#弧门 3 m。

(5)20:50,恢复 400 V 厂用电Ⅰ段带 400 VⅡ段运行,恢复全厂照明。同时,将 3#发电机由空转状态转停机状态。

(6)20:55,恢复 10.5 kVⅠ段母线带Ⅲ段运行。

(7)系统各设备控制处理完成之后,测量 3#发电机转子绝缘电阻为 8 MΩ,定子吸收比:R60 s/R15 s=465 MΩ/155 MΩ=3,绝缘合格。

(8)测量 2#发电机转子绝缘电阻为 70 MΩ,定子吸收比:R60 s/R15 s=245 MΩ/96.4 MΩ=2.54,绝缘合格。

4)建议

(1)对此次受冲击的一次部分进行排查并完成相关试验工作,包括发电机组、2#主变压器、10.5 kV 母排、励磁变压器、避雷器、开关(断路器)等。

(2)对已经损毁的设备及时更换,绝缘损坏部分重新做处理,并经试验合格后才能使用。

(3)重点检查 10.5 kVⅡ段母排,及其至 2#主变低压侧共箱母线,并清扫干净。

(4)对其他主要开关触头、电缆头、线路或母排等进行测温,及时排查安全隐患,确保温度正常。

3. 实例三:断路器液压机构压力降到闭锁分闸

1)故障现象

断路器液压机构压力降到闭锁分闸。

2)故障原因

断路器液压机构故障。

3)故障处理

(1)立即将液压机构压力降到零的故障汇报调度,将出现的信号做好记录。

(2)根据调度命令,退出该开关的控制保险(主变开关除外)。

(3)根据调度命令,用专用卡板将开关的传动机构卡死。

(4)根据调度命令和当时运行方式,操作旁专开关对旁路母线充电正常。

(5)操作旁专开关与液压机构故障的开关并列运行。

(6)退出旁专开关控制保险。

①根据调度命令,用专用卡板将旁专开关的传动机构卡死。

②断开液压机构故障开关两侧刀闸。

③拆除旁路开关传动机构专用卡板。

④投入旁专开关控制保险。

⑤将液压机构故障开关转为检修状态。

4.3 高压隔离开关常见事故及其处理

4.3.1 高压隔离开关基本知识

4.3.1.1 高压隔离开关作用及类型

1. 作用

隔离开关是发电厂和变电所中常用的开关电器,通常与断路器配合使用。隔离开关在电路中主要有以下作用:

(1)隔离电源,保证检修工作的安全。在检修某一设备或电路的某一部分之前,用断路器开断电流以后,再把设备或该部分电路两侧的隔离开关切断,把两侧电压隔离,造成电路中明显的断开点,再在停电检修的设备或部分电路上加装接地线,就能确保检修工作的安全。

(2)倒闸操作。用隔离开关配合断路器,在电路中进行倒闸操作。或者倒换线路或母线,即利用等电位间没有电流通过的原理,用隔离开关将电气设备或线路从一组母线切换到另一组母线上。

(3)接通或切断小电流电路。

可以用隔离开关接通或切断如空载母线、电压互感器、避雷器、较短的空载线路(长度不超过10 km的35 kV空载线路或长度不超过5 km的10 kV空载线路)及一定容量的空载变压器(35 kV、100 kVA及以下和110 kV、3 200 kVA及以下的空载变压器)等。

隔离开关在分闸状态下,动静触头间应有明显可见的断口,绝缘可靠;在关合状态下,其导电系统中可以通过正常的工作电流和故障下的短路电流。隔离开关没有专门设置的灭弧装置,任何情况下都不能用来切断或接通电路中的负荷电流,更不能切断和接通短路电流,并应设法避免可能发生的此类恶性误操作。

2. 类型

在发电厂和变电所中所使用的隔离开关的种类和形式很多,其主要分类包括:

(1)按装设地点不同,分为户内式和户外式。

(2)按结构中每相绝缘支柱的数目,分为单柱式、双柱式和三柱式。

(3)按主闸刀和动触头的运动方式,分为单柱剪刀式(剪刀式的动触头分、合闸时做直线上下运动)、单柱上下伸缩式(分、合闸时动触头用折架臂带动,做上下运动,运动轨迹为弧线型)、双柱水平伸缩式(动触头用折架臂带动做水平方向运动,运动轨迹为近似水平直线型)、双柱合抱式(动触头做圆弧形水平运行)、三柱型中柱旋转式(动触头做圆弧形水平运动)、悬吊式(属单柱式隔离开关的一种,静触头用一个瓷绝缘柱支持,动触头悬吊着,分、合闸时上下运动)等。

(4)按有无接地开关(刀闸)可分为带接地开关和不带接地开关。

(5)按所配操动机构可分为手动式、电动式、气动式、液压式。

4.3.1.2 高压隔离开关基本要求及操作原则

在发电厂和变电所中选用什么形式的隔离开关具有十分重要的意义,因为隔离开关的选型不仅会影响配电装置的总体布置方式、架构形式及占地面积，而且已经选定的隔离开关工作是否可靠，会影响发电厂和变电所电气部分的安全运行。在隔离开关选型时，必须分析各种形式隔离开关的结构特点和在运行实践中表现出来的优缺点。

1. 基本要求

(1)有明显的断开点，根据断开点可判明被检修的电气设备和载流导体是否与电网可靠隔离。

(2)断口应有足够可靠的绝缘强度，断开后动、静触头间应有足够的电气距离，保证在最大工作电压和过电压条件下断口不被击穿；相间和相对地也应有足够的绝缘水平。

(3)具有足够的动、热稳定性，能承受短路电流所产生的发热和电动力。

(4)结构简单，分、合闸动作灵活可靠。

(5)隔离开关与断路器配合使用时，应具有机械或电气的联锁装置，以保证断路器和隔离开关之间正常的操作顺序。

当与断路器配合使用时，分闸时应先用断路器断开电路，再按顺序先断开线路侧隔离开关、后断开母线侧隔离开关。合闸时的操作顺序与上述顺序相反。

(6)隔离开关带有接地开关(闸刀)时，其主闸刀与接地开关(闸刀)之间也应设有机械或电气的联锁装置，以保证两者之间的动作顺序，即不能在隔离开关合闸状态合接地开关，也不能在接地开关未断开状态合隔离开关。

2. 操作原则

(1)隔离开关都配有手动操作机构，操作时要先拔出定位销，分、合闸动作要果断迅速，终了时注意不要用力过猛，操作完毕一定要用定位销锁住，并目测其动触头位置是否符合要求。

(2)不管合闸操作还是分闸操作，都应在不带负荷或负荷在隔离开关允许的操作范围之内时才进行。为此，操作隔离开关之前，必须先检查与之串联的断路器，应确定断路器处于断开位置。

(3)如果发生了带负荷切投隔离开关的误操作，则应冷静地避免可能发生的另一种反方向的误操作，即当发现带负荷误合闸后，不得立即拉开；当发现带负荷误分闸后，不得再合上，除非刚拉开一点，发现有火花产生，可立即合上。

4.3.1.3　高压隔离开关基本结构

隔离开关主要由以下几部分组成。

1. 导电部分

导电部分主要起传导电路中的电流、关合和开断电路的作用，包括触头、闸刀、接线座。

2. 绝缘部分

绝缘部分主要起绝缘作用，实现带电部分和接地部分的绝缘，包括支柱绝缘子和操作绝缘子。

3. 传动机构

传动机构是接受操动机构的力矩，并通过拐臂、连杆、轴齿或操作绝缘子，将运动传动给触头，以完成隔离开关的分、合闸动作。

4. 操动机构

与断路器操动机构一样,通过手动、电动、气动、液压向隔离开关的动作提供能源。

5. 支持底座

起支持和固定作用,将上述部分固定为一体,并使其固定在基础上。

4.3.1.4　高压隔离开关型号含义及技术参数

1. 型号含义

[1] [2] [3]-[4] [5]/[6]

[1]表示产品名称:G—隔离开关。

[2]表示安装地点:N—户内型,W—户外型。

[3]表示设计序号。

[4]表示额定电压,kV。

[5]表示补充特性:C—瓷套管出线;D—带接地刀闸;K—快分型;G—改进型;T—统一设计。

[6]表示额定电流,A。

例如:GN19-10/630,表示户内隔离开关,设计序号19,额定电压10 kV,额定电流630 A。

2. 技术参数

(1)额定电压(kV):指隔离开关长期运行时承受的工作电压。

(2)最高工作电压(kV):指由于电网电压的波动,隔离开关所能承受的超过额定电压的电压。它不仅决定了隔离开关的绝缘要求,而且在相当程度上决定了隔离开关的外部尺寸。

(3)额定电流(A):指隔离开关可以长期通过的工作电流,即长期通过该电流,其各部分的发热不超过允许值。

(4)热稳定电流(kA):指隔离开关在某一规定的时间内,允许通过的最大电流。表明隔离开关承受短路电流热稳定的能力。

(5)极限通过电流峰值(kA):指隔离开关所能承受的瞬时冲击短路电流。这个值与隔离开关各部分的机械强度有关。

4.3.1.5　高压接地开关介绍

接地开关的作用是使电路的部件接地,能在规定时间内耐受短路电流,但不能耐受正常负荷电流。主要作用是为检修工作提高安全的可靠接地保障。

接地开关按安装场所分为户内和户外;按操作方式分为用钩棒、操动机构两种,操动机构除快速接地开关外,通常为手动;按使用特性分为一般接地、快速接地;可以单独制造,也可与隔离开关等组合制造。

户内接地开关大多数装在开关柜中,通常要求具有关合短路电流的能力;户外接地开关除少数快速接地开关外,一般不具备关合短路电流的能力。快速接地开关可以自动合闸,造成预定的接地短路使熔断器动作或上一级断路器跳闸,实现系统故障保护。

4.3.2 高压隔离开关常见事故/故障及其处理

4.3.2.1 高压隔离开关常见事故/故障处理基本方法

1. 刀闸、地刀无法操作的处理方法

应先检查操作对象及操作方法是否正确，闭锁条件是否满足，如闭锁条件满足，则按以下步骤检查处理。

1) 在电动操作时，若发现电动机不转，但发出嗡嗡响声的处理方法

(1) 应立即现场断开刀闸、接地刀闸机构箱内电机电源开关。

(2) 检查机构箱内传动机构是否有卡死现象。

(3) 用万用表交流电压挡测量刀闸两侧，测量两相对地电压是否均为 220 V，检查该间隔端子箱内电动机电源开关是否有某相电源接触不好现象。

(4) 检查机构箱内三相触点是否已有被烧断、变形，或有异物卡住现象，用万用表交流电压挡测量触点引线三相对地电压是否均为 220 V。

(5) 如果故障无法排除，则立即汇报值长申请手动操作，事后按缺陷处理流程进行处理。

2) 电动机不转也不发出任何声响的处理步骤

(1) 首先应检查闭锁条件是否满足或者存在手动与电动相互闭锁。

(2) 如分控箱内接触器动作，应可判断为电动机电源回路故障，并进行以下检查：

①电机电源空气开关是否在合闸位置。如果电机电源空气开关合不上，应检查其是否已损坏或电源回路有短路故障。

②检查该间隔分控箱内 380 V 交流电机回路三相对地电压是否为正常的 220 V。

③检查分控箱内接触器接点接触是否良好。

④电动机是否有焦味或其他烧坏痕迹。

3) 接触器不动作，判断为电动机控制回路故障，应进行的检查

(1) 电机电源空气开关是否完好并在合闸位置，如合不上应为开关本身损坏或回路有短路故障。

(2) 刀闸电动回路隔离挡板是否拨至“连接”状态。

(3) 分控箱热继电器是否已动作。

(4) 刀闸的辅助开关是否完好。

(5) 如无法排除故障，应立即汇报值长申请手动操作，事后按缺陷处理流程进行处理。

2. 刀闸电动合闸操作时中途发生自动停止的处理方法

(1) 未起弧时：断开刀闸电动操作电源，检查控制电源、马达电源、热继电器，原因未明手动分闸到位，进行彻底检查。

(2) 已起弧时：再操作合闸按钮一次，如不能合闸，手动合闸到位后，进行彻底检查。

(3) 若中途时间紧，必须操作，应迅速手动操作合闸，并汇报调度，安排检修。

3. 刀闸电动分闸操作时中途发生自动停止的处理方法

(1) 未起弧和已熄弧：断开刀闸电动操作电源，检查控制电源、马达电源、热继电器，

原因未明手动分闸到位,进行彻底检查。

(2)已起弧:再操作分闸按钮一次,如不能电动分闸,手动操作分闸一次,进行彻底检查。

(3)地刀在电动分合闸操作中发生自动停止时,均应将其分开,对其作检查后,看其还能否进行电动操作,再做手动分合闸决定。

注意:当刀闸或地刀合不到位时,500 kV 刀闸、地刀和 220 kV 刀闸可断开后再合,不允许用绝缘棒进行调整。35 kV 刀闸、地刀和 220 kV 地刀可以用绝缘棒进行调整,但是应注意安全,不要用力过猛以免损坏瓷瓶。

4. 误拉刀闸的检查处理方法

(1)当发现误拉刀闸时,动静触头刚分离,触头间刚起电弧,应立即将刀闸合上,并将情况汇报值长及调度。

(2)当发现误拉刀闸时,动静触头完全分离,触头间电弧已熄灭,禁止再将刀闸合上,并将情况汇报值长及调度。

5. 误合刀闸的检查处理步骤

(1)当发现误合刀闸时,动静触头尚未接触,触头间还未起电弧,应手动拉开误合的刀闸。

(2)当发现误合刀闸时,动静触头间已开始起电弧,禁止将误合的刀闸断开,如刀闸触头间的电弧无法熄灭,应立即断开相应的开关,并将情况汇报值长及调度。

4.3.2.2　高压隔离开关常见事故/故障处理实例

1. 实例一:××线隔离开关拒动

1)故障现象

背景:2015 年 10 月 20:22:39,将 220 kV Ⅱ母线上所有开关倒至 220 kV Ⅰ母线,220 kV Ⅱ母线由运行转热备用。在执行该倒闸操作过程中,在远方合上××线开关 262 靠 220 kV Ⅰ母线侧刀闸 2621 后,监控发令拉开××线开关 262 靠 220 kV Ⅱ母线侧刀闸 2622,分闸失败,CCS 报“隔离开关 2622 分闸失败,流程退出”。

2)故障原因

(1)××线开关 262 靠 220 kV Ⅱ母线侧刀闸 2622 操作机构故障,导致操作不成功。

(2)厂家组织相关技术人员对返厂操作机构进行检查、测试,对外观进行检查时发现电机电源插接件出现破损,插接件内部两个插针出现形变,打开盖板检查机构内部零件及接线未发现异常,将机构通电后未动作,但经反复手动方式多次调整插接件位置后,机构时而正常工作又偶尔出现拒动现象,确认插接件接触不良是造成机构拒动的原因。根据插接件的破损情况,确认在转运、安装过程中插接件受过意外碰撞,从而造成插接件的破损。根据图纸及碰撞部位进行核查,变形的 4#、5#针系机构电机电源。

3)故障处理

(1)检修人员现地手动拉开××线开关 262 靠Ⅱ母线侧刀闸 2622,检查 2622 三相分闸正常。

(2)更换 2622 刀闸操作机构,CCS 上进行××线开关 262 靠Ⅱ母线侧刀闸 2622 远方分合闸试验,分合闸正常。

(3)储备适量的GIS刀闸操作机构备品,及时消除类似故障。操作机构返厂查找拒动原因,修复后作为备品。

2.实例二:500 kV GIS隔离开关放电

背景:2017年1月19日20:00,某水电厂2[#]机组并网运行带有功负荷50 MW,无功负荷-57 MV·A,1[#]、2[#]、3[#]主变运行,4[#]机组及4[#]主变检修,500 kV 5001开关运行,5002、5003开关在运行,系统电压522.8 kV,系统频率50.00 Hz,801开关带厂用电10 kVⅠ段运行,802开关带10 kVⅡ、Ⅲ段联络运行,外来电源810带10 kVⅣ运行,400 V厂用电均分段运行。

1)事故现象

20:52,4[#]机组检修结束后,开机前做4[#]机组保护装置整组传动试验过程中,执行500 kV××线5002开关由运行转冷备用操作,拉开50021刀闸后276 ms,××线1[#]线路保护装置接地距离Ⅰ段保护动作、纵差保护动作;××线2[#]线路保护装置工频变化量阻抗保护动作、距离Ⅰ段保护动作、纵联距离保护动作、纵联零序方向保护动作,5001开关B相跳闸。1.2 s后,5001开关断路器保护装置重合闸保护动作,5001开关B相合闸;××线1[#]线路保护装置纵差保护动作、保护永跳出口、距离重合闸加速保护动作、接地距离Ⅰ段保护动作、零序加速段保护动作,××线2[#]线路保护工频变化量阻抗保护动作、距离Ⅰ段保护动作、距离加速保护动作、零序加速保护动作、纵联距离保护动作,导致全厂对外送电全停。

2)事故原因

将故障刀闸返厂进行解体发现:动、静触头间及壳体内表面,都有明显的放电痕迹;解体检查吸附剂部件,吸附剂挡板脱落,卡子已损坏且有放电痕迹。根据以上检查结果推测:50021B相装置在动作过程中,壳体内部因受某些媒介作用或过电压,导体与壳体间形成了低绝缘电场的通道,引发放电故障。

放电原因可能有以下几个方面:

(1)刀闸壳体内壁面涂层内有异物附着,初期耐压试验无法检测到,在强电场多次作用下(持续局部放大),最终引发放电现象。

(2)吸附剂挡板因安装不当而受损,在刀闸动作冲击力的作用下脱落,导致刀闸内部绝缘强度降低,引起放电现象。

(3)在制作安装过程中,有异物隐藏于触头内部或其连接部位,触头在动作过程中,异物被带出并附着在动触头表面,最终在强电场作用下导致放电现象。

(4)在刀闸操作的过程中发生过电压,过电压幅值超过了刀闸对壳体的绝缘裕度,导致对壳体发生放电现象。

3)事故处理

(1)立即令值班人员进行现场检查,情况具体如下:

①检查500 kV 1[#]线路保护装置光纤差动保护动作,1[#]线路距离保护跳闸。

②检查500 kV线路甲开关5001 B相保护跳闸。

③检查500 kV线路甲开关5001重合闸动作。

④检查500 kV线路甲开关5001三相跳闸。

⑤检查2[#]发电机在“空载”态。

⑥检查 500 kV 开关站故障录波显示故障点在 94.5 km,线路总长 94.6 km。

⑦检查 1#、2#、3#机组故障录波启动。

⑧检查 GIS 局放监测系统无报警信息。

⑨检查 GIS 设备外观无异常,密度继电器压力及气室防爆膜正常。

⑩检查 GIS 避雷器放电计数器未动作。

⑪检查 500 kV 出线场一次设备外观无异常,避雷器放电计数器未动作。

⑫检查 500 kV 出线场至 2#塔线路无异常。

(2)根据上述检查结果结合故障录波图形初步断定,50021 刀闸 B 相内部可能存在故障,需进一步排查。

(3)测试 50021 刀闸绝缘电阻及 50021 刀闸回路电阻未见异常。

(4)为进一步确认 50021 刀闸 B 相内部情况,将气室观察孔打开,发现气室内部吸附剂挡板掉落且壳体内部有放电痕迹。

(5)将故障刀闸返厂进行解体检查并确定故障原因。

(6)办理相关检修工作票,对作业现场进行提前规范布置,做好相应防护措施,准备好所需的备品备件、材料、工器具等前期工作。

(7)首先对 50021B 相故障气室的气体回收进行无公害处理,对相邻需要开仓的气室气体进行回收,不需要开仓的相邻气室压力降至 0.2 MPa。

(8)拆除故障机构的三相联动装置,拆除 B 相上下母线间支架拆除,上母线加辅助支架;增加临时母线辅助支撑,压缩波纹管,取出波纹管连接导体,整体拆除母线+50021B 相装置,左侧拆解密封面用塑料布包扎密封保管。对 50021B 相气室 CT 装置内部清理(用吸尘器清理内部污染物,用防尘纸、无水酒精清洗壳体、导体及盆子),最后对 CT 装置密封保管。

(9)整体更换 50021B 相机构装置,确保并检查吸附剂挡板安装到位。

(10)倒序安装母线+50021B 相机构装置,恢复运行时的结构及连接三相联动装置,检查机构动作正常,分合到位。

(11)检查更换相关气室的吸附剂。

(12)对降至 0 MPa 的气室进行抽真空处理,对各气室气密性检查合格后,注检验合格的 SF_6 气体至额定压力,其余降压气室补充到额定压力。

(13)气室捡漏:使用 SF_6 气体捡漏仪对所涉及的法兰接合面进行检查,未发现漏气现象。

(14)微水测试:对所涉及的气室充气至额定压力,静置 24 h 后进行微水测试,断路器气室微水小于 150 ppm,其余气室均小于 250 ppm,数据合格。

(15)回路电阻测试:对所涉及的回路电阻进行测试,与厂家产品试验报告比较无明显差别,数据合格。

(16)套管试验:对所涉及的空气/SF_6 出线套管 B 相进行绝缘、介损及电容量测试,数据合格。

(17)耐压试验:从空气/SF_6 出线套管 B 相进行交流耐压试验,加压程序分为 4 个阶段进行。在试验过程中未发生放电击穿现象,局部放电量小于 5 pc。耐后绝缘电阻测试,试验数据符合相关标准、规程。

(18)各项试验完成后,拆除试验接线,恢复所有电流互感器二次绕组短接线及亭中线出线套管B相、C相引线,B相、C相避雷器均压环及导线恢复。

(19)50021B相刀闸故障处理完成,进行现场清理,全面检查恢复设备运行。

4.4 互感器常见事故及其处理

4.4.1 互感器基本知识

4.4.1.1 互感器作用及分类

1. 作用

互感器是发电厂和变电所的主要设备之一,供测量电压用的互感器称为电压互感器,文字符号为TV(PT);供测量电流用的互感器称为电流互感器,文字符号为TA(CT)。

互感器是一种特殊变压器,是一次系统和二次系统间的联络元件,用以变换电压和电流,分别向测量仪表、保护装置和控制装置提供电压和电流信号,其作用有以下两个方面:

(1)将一次回路的高电压和大电流变为二次回路标准的低电压和小电流,以减少测量仪表和继电器的规格品种,使仪表和继电器标准化、小型化,结构轻巧、价格便宜,并便于屏内安装。

(2)使二次设备与高电压部分隔离,且互感器二次侧均接地,从而保证了二次设备和人身的安全。所以,在电力系统中,互感器是一次电路与二次电路的分界处,两者之间没有直接的电气联络。

2. 分类

1)电流互感器分类

电流互感器的类型很多,分类方法也比较多。按照不同的依据大致可分为以下几种:

(1)按照装设地点可分为户内式和户外式。

(2)按照整体结构及安装方法可分为穿墙式、母线式、套管式(装入式)和支持式。

(3)按照绝缘结构可分为干式、油浸式和浇注式。

(4)按照一次绕组匝数多少可分为单匝式和多匝式。

套管式电流互感器是将电流互感器装入35 kV以上的变压器或多油断路器的瓷套管内,其导电部分作为一次绕组,并穿过带二次绕组的环形铁芯。为了满足测量、计量和保护的需要,有时一个套管内放置两组或三组准确度等级不同的套管式电流互感器,以满足不同的要求,因此它结构简单、紧凑。套管式电流互感器是变压器或多油断路器的组成部分,不构成独立的电气设备。

2)电压互感器分类

电压互感器按其特征可做如下分类:

(1)根据安装地点分为户内式、户外式。

(2)根据相数分为单相式、三相三柱或五柱式,只有20 kV以下才有三相式。

(3)根据每相绕组数分为双绕组式、三绕组式。三线圈电压互感器除基本一次绕组

外,多加一个辅助绕组,用于接地保护。

(4)根据绝缘方式分为干式、浇注式、油浸式、SF_6 气体绝缘式。干式结构简单,无着火和爆炸危险,适用于 6 kV 以下的户内装置;浇注式绝缘是由环氧树脂混合料与热膨胀系数及弹性系数均不一样的金属嵌件浇注在一起构成的,其结构紧凑,维护方便,多适用于 35 kV 以下的户内装置;油浸式绝缘性能好,可用于 10 kV 以上的户外装置。

(5)110 kV 以上的电压互感器有串级式和电容分压式等。

4.4.1.2　互感器的型号

1. 电流互感器型号

电流互感器的型号表示,一般由字母符号和数字两部分组成,字母符号表示其类型,由于电流互感器的型号种类繁多,在此不详细叙述。字母符号后面的数字是电压等级(kV)等,中间用“-”隔开,表示为:

L [1] [2] [3] [4] [5]-[6]

其中,L 表示电流互感器。

[1] 表示一次线圈形式,用大写字母表示:M—母线式(穿心式);Q—线圈式;Y—低压式;D—单匝式;F—多匝式;A—穿墙式;R—装入式;C—瓷箱式;Z—支柱式。

[2] 表示绝缘或结构形式,也用大写字母表示:K—塑料外壳式;Z—浇注式;W—户外式;G—改进型;C—瓷绝缘;P—中频。

[3]、[4] 均表示结构形式或用途,也用大写字母表示:B—过流保护;D—差动保护;J—接地保护或加大容量;S—速饱和;Q—加强型。

[5] 表示设计序号。

[6] 表示额定电压/额定电流。

例如,LFCD-10/400,表示多匝、瓷绝缘、户内电流互感器,用于差动保护,额定电压为 10 kV,额定电流 400 A。

2. 电压互感器型号

电压互感器的型号由字母符号和数字两部分组成,字母符号表示其类型,字母符号后面的数字是电压等级(kV)等,中间用“-”隔开。

J [1] [2] [3] [4]-[5]

其中,J 表示电压互感器。

[1] 表示相数:D—单相;S—三相。

[2] 表示绝缘形式:J—油浸式;G—干式;Z—浇注式。

[3] 表示结构形式:B—带补偿线圈;W—三相五柱式;J—接地保护。

[4] 表示设计序号。

[5] 表示额定电压。

例如,JDJ-10,表示电压为 10 kV 的单相油浸式电压互感器;JSJW-10,表示电压为 10

kV 的三相五柱三线圈油浸式电压互感器；JDJJ-35，表示电压为 35 kV 接地保护用的单相油浸式电压互感器。

4.4.1.3　互感器使用注意事项

1. 电压互感器使用注意事项

(1)电压互感器在投入运行前要按照规程规定的项目进行试验检查。例如，测极性、连接组别，摇绝缘，核相序等。

(2)电压互感器的接线应保证其正确性，一次绕组和被测电路并联，二次绕组应和所接的测量仪表、继电保护装置或自动装置的电压线圈并联，同时要注意极性的正确性。

(3)接在电压互感器二次侧负荷的容量应合适，接在电压互感器二次侧的负荷不应超过其额定容量，否则，会使互感器的误差增大，难以达到测量的正确性。

(4)电压互感器二次侧不允许短路。由于电压互感器内阻抗很小，若二次回路短路，会出现很大的电流，将损坏二次设备甚至危及人身安全。电压互感器可以在二次侧装设熔断器以保护其自身不因二次侧短路而损坏。在可能的情况下，一次侧也应装设熔断器以保护高压电网不因互感器高压绕组或引线故障危及一次系统的安全。

(5)为了确保人在接触测量仪表和继电器时的安全，电压互感器二次绕组必须有一点接地。因为接地后，当一次和二次绕组间的绝缘损坏时，可以防止仪表和继电器出现高电压危及人身安全。

(6)电压互感器副边绝对不容许短路。

2. 电流互感器使用注意事项

(1)电流互感器的接线应遵守串联原则，即一次绕阻应与被测电路串联，而二次绕阻则与所有仪表负载串联。

(2)按被测电流大小，选择合适的变化，否则误差将增大。同时，二次侧一端必须接地，以防绝缘一旦损坏时，一次侧高压窜入二次低压侧，造成人身和设备事故。

(3)二次侧绝对不允许开路。因一旦开路，一次侧电流 I_1 全部成为磁化电流，引起 Φ_m 和 E_2 骤增，造成铁芯过度饱和磁化，发热严重乃至烧毁线圈；同时，磁路过度饱和磁化后，使误差增大。电流互感器在正常工作时，二次侧近似于短路，若突然使其开路，则励磁电动势由数值很小的值骤变为很大的值，铁芯中的磁通呈现严重饱和的平顶波，因此二次侧绕组将在磁通过零时感应出很高的尖顶波，其值可达到数千甚至上万伏，危及工作人员的安全及仪表的绝缘性能。

另外，一次侧开路使二次侧电压达几百伏，一旦触及将造成触电事故。因此，电流互感器二次侧都备有短路开关，防止一次侧开路。在使用过程中，二次侧一旦开路应马上撤掉电路负载，然后停车处理。一切处理好后方可再用。

(4)为了满足测量仪表、继电保护、断路器失灵判断和故障滤波等装置的需要，在发电机、变压器、出线、母线分段断路器、母线断路器、旁路断路器等回路中均设 2~8 个二次绕组的电流互感器。对于大电流接地系统，一般按三相配置；对于小电流接地系统，依具体要求按二相或三相配置。

(5)对于保护用电流互感器的装设地点，应按尽量消除主保护装置的不保护区来设置。例如：若有两组电流互感器，且位置允许时，应设在断路器两侧，使断路器处于交叉保

护范围之中。

(6)为了防止支柱式电流互感器套管闪络造成母线故障,电流互感器通常布置在断路器的出线或变压器侧。

(7)为了减轻发电机内部故障时的损伤,用于自动调节励磁装置的电流互感器应布置在发电机定子绕组的出线侧。为了便于分析和在发电机并入系统前发现内部故障,用于测量仪表的电流互感器宜装在发电机中性点侧。

4.4.2 互感器常见事故/故障及其处理

4.4.2.1 互感器事故/故障处理基本方法

1. 电流互感器的二次侧开路处理方法

电流互感器二次开路的特征如下:

(1)电流互感器出现类似有变压器的嗡嗡响声。

(2)在有负荷的情况下,如果测量用CT二次绕组开路,开路相的电流指示到零值;保护用CT二次绕组开路,开路相采样值为零值,差动保护会产生差流。

(3)线路有功、无功功率表显示不正常,电流表三相指示不一致,电能表计量不正常。

(4)电流互感器二次回路松动的端子、元件线头等可能有放电、打火现象。

(5)电流互感器本体可能有严重发热,有异味、冒烟等现象。

引起电流互感器二次回路开路的原因有:

(1)交流电流回路中的试验接线端子,由于结构和质量上的缺陷,在运行中发生螺杆与铜板螺孔接触不良,造成开路。

(2)电流回路中试验端子压板,由于压板胶木头过长,旋转端子金属片未压在压板的金属片上,而误压在胶木套上,造成开路。

(3)检修工作中失误,如忘记将继电器内部接头接好。

(4)二次接线端子接头压接不紧,回路中电流很大时,发热烧断或氧化过热造成开路。

(5)室外端子箱、接线盒受潮,端子螺丝和垫片锈蚀过重,造成开路。

电流互感器二次侧开路的检查和处理步骤:

(1)汇报调度值班员,必要时应申请将开路的电流互感器停电检查处理。

(2)将检查发现的具体情况汇报值长及调度。

电流互感器二次侧开路处理注意事项:

(1)发现电流互感器二次侧开路时,值班员在检查和处理过程中应注意安全,戴绝缘手套,穿绝缘靴,使用绝缘良好的工具,尽快设法在就近的试验端子上,将电流互感器二次侧短路(必须使用专用短路片或短路线),再检查处理开路点。

(2)电流互感器二次侧开路,应先分清故障属于哪一组电流回路、开路的相别、对保护有无影响;应申请调度值班员退出该绕组所带可能误动的保护,对不允许退出保护的应申请停电处理。

(3)对查出的故障,能自行处理的应立即处理,经过调度同意并下令后进行处理;处理完毕后按照调度值班员命令,然后投入所退出的保护压板。

若查出的故障点无法处理或不能查明故障原因,按调度命令进行停电操作。

2. 电流互感器发“SF_6 压力告警”信号,处理方法

(1)记录发信时间及所发信息。

(2)到现场检查确认该电流互感器的 SF_6 气压值确已降至0.35 MPa(气压低报警值)以下。

(3)将检查情况汇报调度值班员。

(4)若压力已降至0.30 MPa(气压低事故值)以下,应立即将该电流互感器隔离。

(5)按开关由运行转检修的步骤,将电流互感器停运。

(6)将以上故障及处理情况汇报调度值班员及变电管理所。

3. 电流互感器爆炸或瓷瓶闪烙放电严重引起跳闸处理方法

(1)记录事故时间及信号。

(2)到现场检查确认母差保护和线路保护是否动作。

(3)将检查情况汇报调度值班员,并申请将该电流互感器隔离。

(4)按开关转检修的步骤,将电流互感器停运。

(5)恢复母线运行。

(6)将以上故障及处理情况汇报值长及调度。

4. 线路配置的电压互感器内部有异常声响或引线接头发热严重处理方法

(1)将检查发现情况和时间汇报调度。

(2)申请调度并经调度同意后将线路电压互感器停电检修。

(3)若调度不同意将线路电压互感器停电隔离,则应申请调度退出该线路与电压有关的保护。

5. 线路电压互感器内部有烧焦臭味、冒烟、着火现象处理方法

(1)若检查发现线路电压互感器内部有烧焦臭味、冒烟、着火等紧急情况,应不经调度同意,立即自行断开该线路电压互感器所在的线路开关。

(2)将检查发现情况及处理情况汇报调度,确认线路对侧已停电后,再进行灭火处理。

(3)将处理情况汇报调度,并经调度同意后将线路电压互感器隔离检修。

6. 220 kV 母线电压互感器爆炸或套管闪络引起跳闸处理方法

(1)记录事故发生时间及所发信号。

(2)到现场检查确认母线保护装置是否正确动作,母线保护装置如不动作,则按以下步骤处理:

①检查母线二次电压是否自动并列并检查是否正常。

②将检查情况汇报调度,并申请将故障电压互感器所接的母线停运。

③将故障电压互感器所在母线的各线路切换至另一母线运行。

④用母联开关断开故障电压互感器所在母线。

⑤断开故障电压互感器二次侧空气开关。

⑥拉开一次刀闸,将故障电压互感器与系统彻底隔离。

⑦投入母联开关充电保护,用母联开关对停运母线充电。

(3)恢复正常后,按调度令倒负荷。

(4)将以上故障及处理情况汇报调度。

7. 35 kV 母线电压互感器爆炸或套管闪络引起跳闸处理方法

(1)记录事故发生时间及所发信息。

(2)到现场检查确认母线保护是否正确动作。

(3)检查备自投是否正确动作,恢复站用电。

(4)将检查情况汇报调度,并申请将故障电压互感器所接的母线停运。

(5)检查 35 kV 开关跳闸情况,复归开关跳闸信号。

(6)检查主变低压侧开关跳闸情况。

(7)将 35 kV 母线电压互感器转为检修状态。

(8)将以上故障及处理情况汇报调度。

8. 220 kV 母线电压互感器内部有异常声响或引线接头发热严重,温度超过规定值处理方法

(1)将检查发现时间和情况汇报调度。

(2)将电压互感器二次电压切至并列位置,检查二次电压是否正常。

(3)申请调度将故障电压互感器停电检修。

9. 35 kV 母线电压互感器内部有异常声响或引线接头发热严重,温度超过规定值处理方法

(1)将检查发现时间和情况汇报调度。

(2)若母线供厂用电,将厂用电切换为外来电源供给。

(3)退出该母线供电的、运行中的电抗器。

(4)将 35 kV 母线由运行转为检修状态。

(5)将以上故障及处理情况汇报调度。

10. 220 kV 母线电压互感器内部有烧焦臭味、冒烟、着火现象处理步骤

(1)若检查发现 220 kV 母线电压互感器内部有烧焦臭味、冒烟、着火等紧急情况,应立即汇报调度。

(2)按调度令倒负荷。

(3)检查母联开关及两侧刀闸在合上位置。

(4)用母联开关断开故障电压互感器所在母线。

(5)断开故障电压互感器二次侧空气开关。

(6)拉开故障电压互感器一次侧刀闸,将故障电压互感器与系统彻底隔离。

(7)投入母联开关充电保护,用母联开关对停运母线充电。

(8)退出充电保护。

(9)将母线二次电压切至并列位置,并检查电压指示正常。

(10)倒负荷。

(11)将以上故障及处理情况汇报调度。

11. 220 kV 母线电压互感器交流失压处理方法

(1)将出现的信号及母线电压、该电压等级各出线有功功率、无功功率指示情况做好记录并汇报调度。

(2)检查电压互感器的二次侧空气开关、二次侧保险是否熔断。

(3)检查电压并列屏中相应并列箱上的电压互感器刀闸指示灯是否点亮。

(4)用万用表检查电压互感器的刀闸常开辅助接点是否接触良好。

(5)当电压互感器二次保险接连熔断或空气开关跳开后合不上(或合上后接连跳闸)时,如果检查空气开关是完好的,则表明电压互感器二次回路有短路故障,如果空气开关在合闸位置或二次侧保险完好,应检查重动回路电源是否正常,重动继电器接点是否接触良好,查出故障并消除,处理不了的,汇报调度。

(6)如果合上后接连跳闸说明二次回路有短路故障,则不允许用电压互感器二次并列,防止扩大事故。

4.4.2.2 互感器的事故/故障处理实例

1. 实例一:1#机组封闭母线靠GCB进线侧测量CT9LH A相烧坏

1)故障现象

2015年10月14日,某水电站1#机组带负荷试验时发现调速器B套功率显示一直在跳变。15日将功率变送器更换后跳变现象仍然存在。之后,在1#机组进行调速器一次调频试验过程中,发现发电机出口A相无电流,检查发现1 010.5 m高程封闭母线靠GCB进线侧测量CT9LH A相二次端子开路,CT烧坏。

2)故障原因

CT二次端子接线为单芯硬导线,接线时尖嘴钳剥线伤了铜线,在端子弯圈时加剧损伤,运行中因振动出现虚接放电,最后完全断开。CT在开路情况下二次感应电压很高,导致二次绕组绝缘击穿,并使铁芯磁路过饱和而过热,CT烧坏。

3)故障处理

(1)将1#机组封闭母线GCB进线侧测量CT9LH A相进行更换。

(2)将1#机组所有封闭母线CT二次回路单芯硬导线更换为多股铜芯软导线。

(3)加强对二次端子制作工艺质量的检查验收。

2. 实例二:35 kV进线配电室351YH C相电压互感器故障

1)故障现象

2016年5月6日19:17,某水电站电气班巡检发现35 kV进线配电室351YH C相电压显示为0 kV,A、B相电压及厂房320YH三相电压显示均正常。

2)故障原因

351YH一次回路消谐器未接入,雷击诱发系统发生铁磁谐振,使得351YH C相电压互感器铁芯严重饱和,励磁电流剧增,超过熔断器额定电流造成熔丝熔断。同时,电压互感器在大电流作用下产生高温,造成绕组匝间绝缘受损并形成匝间短路故障。

3)故障处理

(1)初步判定351YH测量回路存在故障,现场检查发现351YH C相一次回路熔断器已熔断,351YH C相一次绕组直流电阻偏低(A相12.44 kΩ、B相11.99 kΩ、C相5.17 kΩ),判定C相PT存在匝间短路故障。

(2)将351YH C相PT和熔断器进行更换,对351YH三相PT、熔断器和避雷器进行预防性试验,试验均合格。

(3)接入351YH一次回路的消谐器。

(4)梳理35 kV设备备品,保证35 kV电压互感器、熔断器、避雷器等设备备品充足。

(5)巡检时通过转换开关对母线相电压进行检查,对保护装置信息进行例行检查,及时发现并消除设备缺陷。

(6)2017年计划将35 kV外接电源实现远控功能,及时发现设备异常。

3. 实例三:TV本体一次故障导致220 kV母线失压

1)事故现象

(1)监控界面显示220 kV母线失压为零。

(2)母线保护动作,该母线上所有断路器事故跳闸。

(3)该母线上对应间隔的所有保护装置均发TV断线或装置异常告警信号。

(4)TV并列柜发TV断线告警信号。

(5)TV本体有烧灼、瓷瓶闪络、击穿痕迹等事故明显象征和缺陷。

2)事故原因

TV本体一次故障。

3)事故处理

(1)拉开6X14 TV二次快分开关(防止TV二次反充电)。

(2)拉开6X14隔离开关隔离故障点。

(3)分别将610断路器、602断路器、606断路器由事故跳闸热备用转冷备用。

(4)将220 kV母线及母联624断路器转冷备用。

(5)分别将610断路器、602断路器、606断路器由冷备用转220 kVⅡ母热备用。

(6)分别将610断路器、602断路器、606断路器由热备用转220 kVⅡ运行,负荷倒至Ⅱ母运行。

(7)合上6X14-1接地刀闸将6X14 TV转检修。

4. 实例四:母线电压互感器A相开裂

1)事故现象

2015年9月5日,某水电厂运维人员巡检发现608M A相母线电压为零,B、C相电压分别升为线电压6.3 kV,二副6 kV配电室内有绝缘烧煳味。运行人员拉出608YH小车,发现A相电压互感器外壳有明显烧熔痕迹,外壳表面有多道贯穿性裂纹。试验检查发现一次绕组存在严重匝间短路现象。

2)事故原因

因雷击激发系统发生分频铁磁谐振,使得608YH A相电压互感器铁芯严重饱和,励磁电流剧增。电压互感器在大电流作用下,内部绝缘材料和绝缘介质受热汽化,体积急速膨胀发生开裂,同时高温造成绕组匝间绝缘受损,导致一次绕组严重匝间短路,6 kV母线A相单相接地。

3)事故处理

(1)将608YH A相YH进行更换,并对三相YH和熔断器试验合格。

(2)运行人员在雷电过后,应有针对性地对相关设备开展全面的巡视检查。

(3)定期维护时,加强对电压互感器的试验检查,增加励磁特性检测,监测电压互感器饱和特性是否改变。

(4)采用饱和点电压符合《防止电力生产事故的二十五项重点要求》相关要求的全绝缘电压互感器,将中性点改为不接地运行方式。

(5)补充完善巡检项目,巡检时通过选测开关对相电压进行检查。

4.5 母线常见事故及其处理

4.5.1 母线基本知识

4.5.1.1 母线作用

在发电厂和变电站的各级电压配电装置中,将发电机、变压器等大型电气设备与各种电气装置连接的导体称为母线,母线具有汇集、分配和传送电能的作用。

母线是构成电气主接线的主要设备,包括一次设备部分的主母线和设备连接线、站用电部分的交流母线、直流系统的直流母线、二次部分的小母线等。由于母线在运行中,有巨大的电能通过,短路时,承受着很大的发热和电动力效应,因此必须合理地选用母线材料、截面形状和截面面积以符合安全经济运行的要求。

4.5.1.2 母线的结构类型

1. 敞露母线

敞露母线包括软母线(多用于电压较高户外配电室)和硬母线(低压的户内外配电装置)两大类。

(1)硬母线按其形状不同又可分为矩形母线、槽形母线、菱形母线、管形母线等。矩形母线是最常用的母线,也称母线排。按其材质又有铜母线(铜排)和铝母线(铝排)之分。矩形母线的优点是施工安装方便,在运行中变化小,载流量大,但造价较高。管形母线中的钢管母线施工方便,但载流容量甚小。铝管母线虽然载流容量大,但施工工艺较难。槽形和菱形母线均使用在大电流的母线桥及对热、动稳定要求较高的配电场合。

(2)软母线多用于室外。室外空间大,导线间距离宽,而且散热效果好,施工方便,造价也低。软母线通常采用铝绞线或钢芯铝绞线。

2. 封闭母线

用外壳将母线封闭起来,用于单机容量在200 MW以上的大型发电机组、发电机与变压器之间的连接线及厂用电源和电压互感器等分支线。封闭母线有以下几种分类方式:

(1)按外壳材料分:塑料外壳母线和金属外壳母线。

(2)按外壳与母线间的结构形式分:共相和分相封闭式。

3. 绝缘母线

绝缘母线由导体、环氧树脂渍纸绝缘、地屏、端屏、端部法兰和接线端子构成,最适用于紧凑型变电站、地下变电所及地铁用变电站,占地面积少,运行可靠。

4.5.1.3 母线运行及维护注意事项

1. 母线正常运行时的要求

(1)母线在正常运行时,支持绝缘子和悬式绝缘子应完好无损,无放电现象。

(2)软母线弧垂应符合要求,相间距离应符合规程规定,无断股、散股现象。

(3)硬母线应平直,不应弯曲,各种电气距离应满足规程要求,母排上的示温蜡片应无融化;连接处应无发热,伸缩应正常。

2. 母线损伤原因及处置方法

母线本身质量因素、长期通过负荷电流造成发热、气候条件的影响及其他外部情况影响都可能造成母线损伤,当母线损伤有下列情况之一者,必须锯断重接:

(1)钢芯铝线的钢芯断股。

(2)钢芯铝线在同一处损伤面积超过铝股总面积的25%,单金属线在同一处损伤面积超过总面积的17%。

(3)钢芯铝线断股已形成无法修复的永久变形。

(4)连续损伤面积在允许范围内,但其损伤长度已超出一个补修管所能补修的长度。

导线损伤修补方法:补修管压接法、缠绕法、加分流线法、铜绞线绑接法、铜绞线叉接法及液压法。

4.5.2 母线常见事故/故障及其处理

4.5.2.1 母线的异常及故障处理基本方法

1. 母线有下列情况之一者,值班人员应汇报值班调度员及管理所,并做好缺陷记录,必要时申请停电处理

(1)母线的绝缘子有裂纹、损坏或放电痕迹。

(2)母线接头有松脱发热现象。

(3)各π形构架的支柱有裂缝、接地扁铁断裂。

(4)母线有电晕现象或杂物垂挂,各π形构架下面水泥地板崩裂下塌。

(5)母线管体出现弯曲变形断裂现象。

(6)母线的支持瓷瓶有裂纹、损坏或放电痕迹。

(7)母线上的各引出线接线头异常发热。

2. 母线失压处理基本方法

1)故障原因

(1)误操作或操作时设备损坏。

(2)母线及连接设备的绝缘子发生闪络或外力破坏。

(3)运行中母线绝缘损坏。如母线、刀闸、开关、避雷器、电流互感器、母线电压互感器等发生短路故障,使母线保护动作跳闸。

(4)开关失灵,使母线失压。

(5)母差保护动作。

2)故障处理方法

(1)根据事故前的运行方式、保护及自动装置动作情况、报警信号、事件报告、开关跳闸及一次设备外观状况等情况判明事故性质,判明故障发生的范围和事故停电范围。

(2)检查失压母线上的所有开关三相确在分闸位置,检查线路保护装置、开关保护装置、母差保护装置动作情况。

(3)要分清故障性质,根据保护动作情况,母线及连接设备上有无故障及故障能否迅速隔离等不同情况,采取相应的措施处理。

(4)当母线失压时,如果此时母线上的开关未完全断开,则应立即汇报调度并可不待调度指令立即断开失压母线上全部开关,同时恢复受影响的厂用电。

3. 35 kV 母线保护动作跳闸处理基本方法

(1)将检查发现时间和情况汇报调度。

(2)将站用电切换为外来电源供给。

(3)退出失压的电抗器组。

(4)将 35 kV 母线由运行转为检修状态。

(5)将以上故障及处理情况汇报调度。

4. 220 kV 母线保护动作跳闸处理基本方法

(1)记录事故发生时间及所发信号。

(2)到现场检查确认母线保护是否正确动作。

(3)将检查情况汇报调度。

(4)隔离故障后将无故障线路开关倒至另一段母线运行。

(5)将故障母线转为检修状态。

(6)母差保护动作后,若能迅速地找到故障点并隔离,确认失压母线上全部开关已断开,可对失压母线进行一次试送。使用母联开关试送,母联开关必须具有完善的充电保护,并注意以下几点:

①若试送,应尽可能利用外来电源,外来电源必须能够快速切除试送母线故障。

②若使用母联开关试送,母联开关必须具有完善的充电保护。

③需要将失压母线设备倒换至正常母线运行的,首先拉开失压母线侧所有刀闸,同时为了防止将故障点带至运行母线,应使用外来电源对设备开关与母线刀闸之间的人字引线试送,确认该部位无故障。

④将以上故障及处理情况汇报调度。

4.5.2.2 母线异常及故障处理实例

1. 实例一:1#发电机离相封闭母线 A 相扩大段有异常声响

1) 故障现象

2017 年 11 月某水电厂在日常巡检过程中,发现 1#发电机离相封闭母线 A 相扩大段有异常声响。停电后检查 A 相封闭母线内的 13#、14#电流互感器的等电位弹簧存在断裂、氧化情况,弹簧对应的母线导体接触面处有放电烧蚀痕迹。

2) 故障原因

封闭母线的电流互感器内侧的等电位弹簧与母线导体未有效接触或未接触,形成尖端放电,长时间放电形成电腐蚀,导致均压弹簧断裂、氧化,放电现象加剧,发出异常声响。

3) 故障处理

(1)临时处理措施:在 1#发电机离相封闭母线停电后,将损坏的等电位弹簧更换为等电位线连接,确保电流互感器等电位连接可靠,同时对更换后的封闭母线进行交流耐压试验,检查设备无其他异常,现场试验合格。

(2)在2017~2018年度机组检修工作中,对1#~4#发电机离相封闭母线的电流互感器等电位弹簧加装了等电位线,确保电流互感器等电位的连接可靠。

2. 实例二:共箱母线内母排连接螺栓松动引发相间及三相短路事故

背景:2015年8月6日,某水电站1#机组带1.43万kW负荷,2#机组带1.38万kW负荷运行,两台机通过1#、2#主变送至110 kV送出线路,线路负荷2.79万kW,线路电压117 kV、频率50.5 Hz;坝前水位1 074.8 m;厂用由41B带全厂。

1)事故现象

(1)8月6日13:07,1#主变差动保护动作,主变高低压侧开关1101、101跳闸。1#、2#机组复压过流后备保护动作,两台机组出口开关111、112跳闸,1#、2#机组事故停机甩负荷,机组出现轰鸣声,检查10 kV室内有烟雾并伴有焦味。

(2)1#主变低压侧共箱母线(距离101开关6 m处)支持绝缘子放电爆炸,C相母线变形烧断;2#机组事故停机过程中因剪断销剪断6根。

(3)1#、2#机组事故停机甩负荷时调压井内水流形成的反向冲击水锤涌浪引起调压井上水,水流冲击造成油泵室围墙倒塌,快速闸门控制柜、动力电源柜倾倒变形移位,泵站液压控制设备损坏严重,部分油管路变形破裂。油泵、电机及油箱进水。

(4)调压井溢出水流沿交通洞内公路顺势而下夹杂着泥沙,沿着山坡部分进入开关站出线侧排水沟、主厂房门前和综合楼周围,没有对开关站、厂房和综合楼造成破坏。

2)事故原因

(1)经检查,如图4-6所示,由于1#主变低压侧至101开关共箱母线内C相铜母排连接螺栓松动,产生过热、放电,造成1#主变低压侧B、C相相间短路,短路弧光引起A、B、C三相短路,引起1#主变差动保护动作,是造成此次事故的主要原因。

(2)由于B、C相相间短路故障点在1#主变差动保护范围内,且满足差流速断动作电流条件,1#主变差流速断动作,28 ms后A、B、C三相比率差动动作,因开关分闸时间(60 ms)大于28 ms,故差流速断动作后比率差动动作,1#主变差动保护动作正确。

(3)1#主变低压侧相间短路点,在1#、2#机组后备保护范围之内(10 kV母线在两台机组出口为公共段),短路发生后,1#、2#机组复压过流一段、二段动作,因机组保护定值单设置要求:复压过流一段复压闭锁不投,记忆功能投入,过流一段只判别记忆电流,过流一段延时0.6 s动作出口,机组事故停机。因机组全停后机端电压满足低电压条件,同时记忆电流满足过流条件,复压过流二段延时2.4 s动作,机组后备保护动作正确。

(4)由于1#、2#机组事故停机甩负荷,导叶快速关闭形成水锤涌浪,水锤涌浪高程达到1 085.5 m,高于两台机组事故停机设计涌浪高程1 081.5 m,造成调压井溢水且水量较大,调压井交通洞内溢水高度超过洞内地面4 m。水流的冲击造成油泵室围墙倒塌,快速闸门控制柜、动力电源柜倾倒进水,油泵室部分设备损坏。

3)事故处理

(1)现场检查发现10 kV室有烟雾并伴有焦味。

(2)2#机组事故停机过程中因剪断销剪断6根,无法正常停机,运行人员将机组转速提升至额定转速空转运行(防止机组低转速运行损坏发电机)。

(3)14:50,全落进水口检修闸门,全开泄冲闸门。

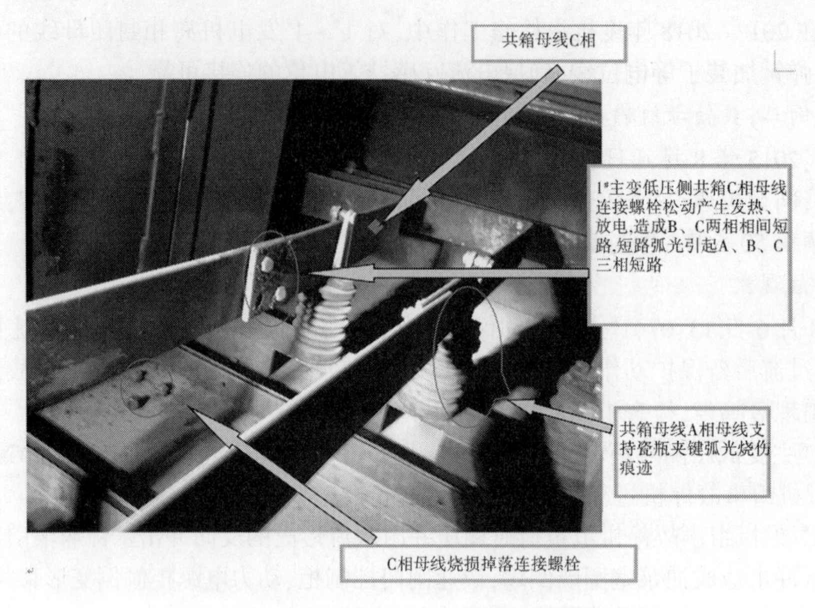

图 4-6　共箱母线连接螺栓松动引发事故的现场图片

(4)22:08,引水洞水压降至 0.02 MPa,$2^{\#}$机组正常停机。

(5)15:50,对 $1^{\#}$主变高低压侧进行隔离,$1^{\#}$主变由备用转检修。

(6)22:07,检查发现 $1^{\#}$主变高低压侧共箱母线(距离 101 开关 6 m 处)支持绝缘子有放电痕迹,C 相母线连接螺栓(ϕ12 mm)四颗松动、变形烧断。

(7)联系检修处理。

4)建议

(1)每次检修时,对发变组共箱母线必须进行全面检查、紧固。

(2)针对两台机组同时甩负荷时,调压井设计能力不能满足现场实际要求的设计缺陷,重新核算引水系统调保计算。

(3)加强设备安全隐患排查治理工作,对隐患排查出的问题制订详细的整改计划并严格闭环落实整改,提高设备的运行可靠性。

(4)对机组的保护装置定值进行进一步的校核,核对机组保护的配置是否合理,保护动作逻辑是否正确,确保设备在各种异常运行状况下机组保护能够正确动作。

(5)加强运行维护人员技术培训力度,定期组织运行维护人员学习事故应急预案,积极开展应急预案演练,提高对事故的处置能力。

3. 实例三:母线保护屏二次接线断线

1)故障现象

母线电压低告警。

2)故障原因

母线主保护屏内二次接线断线。

3)故障处理

(1)检查一次系统电压、保护装置电压采样值正常。

(2)检查相应母线电压互感器二次空气开关没有跳开、母线电压互感器刀闸位置无

异常、母线电压互感器本体无异常。

(3)检查母线保护屏内发现断线现象。

(4)将检查情况汇报调度。

注意:如相关保护未退出,不能试断、合母线电压互感器二次空气开关。

4. 实例四:母线 CT 断线

1)故障现象

保护发 CT 断线信号。

2)故障原因

CT 二次接线断线。

3)故障处理

(1)闭锁母线差动保护,向调度申请退出母线差动保护,同时查看各相差流,打印各相采样报告,并立即检查 CT 回路。

(2)试复归信号,如信号消失,做好记录;如装置整定“投 CT 断线自动恢复”控制字为0,则电流回路恢复正常后,须按屏上复归按钮复归报警信号,母差保护才能恢复运行。

(3)戴好绝缘手套、穿绝缘靴,查母差保护屏内、相应母线上的各线路或主变端子箱的 CT 回路的外观有无异常,检查发现 CT 电流二次回路故障。

(4)联系维护/检修人员处理。

注意:在检查 CT 二次回路过程中,只允许进行装置采样及二次接线的外观检查,禁止动手处理 CT 回路及二次电流接线。

4.6 其他配电装置常见事故及其处理

4.6.1 其他配电装置基本知识

4.6.1.1 电抗器基本知识

1. 作用

电抗器是在电路中作为限流、稳流、无功补偿、移相的电器。电抗器是一个电感元件,实际的电抗器是导线绕成螺线管形式,产生较强的磁场,称空芯电抗器;为了使螺线管具有更大的电感,可在螺线管中插入铁芯,称铁芯电抗器。因为电抗分为感抗和容抗,实际上应将感抗器(电感器)和容抗器(电容器)统称为电抗器,但按实际惯例,电抗器专指电感器,而容抗器则称为电容器。

2. 分类

(1)按相数,可分为单相和三相。

(2)按冷却装置种类,可分为干式和油浸电抗器。

(3)按结构特征,可分为空芯式、铁芯式及饱和电抗器;后者用于调整负载电流和功率,以及整流装置的直流输出电压。本节内容只介绍前两种结构形式。

(4)按安装地点,可分为户内和户外电抗器。

(5)按用途分:

①并联电抗器：一般接在超高压输电线路的末端和地之间，起无功补偿作用。

②限流电抗器：串联于电力电路中，以限制短路电流的数值。

③滤波电抗器：在滤波器中与电容器串联或并联，用来限制电网中的高次谐波。

④消弧电抗器：又称消弧线圈，接在三相变压器的中性点和地之间，用以在三相电网的一相接地时供给电感性电流，补偿流过中性点的电容性电流，使电弧不易持续起燃，从而消除由于电弧多次重燃引起的过电压。

⑤通信电抗器：又称阻波器，串联在兼作通信线路用的输电线路中，用来阻挡载波信号，使之进入接收设备，以完成通信的作用。

⑥电炉电抗器：和电炉变压器串联，用来限制变压器的短路电流。

⑦起动电抗器：和电动机串联，用来限制电动机的启动电流。

4.6.1.2 避雷器基本知识

1. 作用及工作原理

避雷器是用于保护电气设备免受高瞬态过电压危害，并限制续流时间也常限制续流幅值的一种电气设备。

如图 4-9 所示，避雷器连接在线缆和大地之间，通常与被保护设备并联。避雷器可以有效地保护电力线缆/设备，一旦出现不正常电压，避雷器将发生动作，起到保护作用。当电力线缆/设备在正常工作电压下运行时，避雷器不会产生作用，对地面来说视为断路。一旦出现高电压，且危及被保护设备绝缘时，避雷器立即动作，将高电压冲击电流导向大地，从而限制电压幅值，保护电力/通信线缆和设备。当过电压消失后，避雷器迅速恢复原状，使电力线缆或设备恢复正常工作。

因此，避雷器的主要作用是通过并联放电间隙或非线性电阻的作用，对入侵流动波进行削幅，降低被保护设备所受过电压值，从而起到保护电力线缆/设备的作用。避雷器不仅可用来防护雷电产生的高电压，也可用来防护操作高电压。

2. 分类

常用避雷器有阀型、管型及氧化锌避雷器。雷电波入侵时，先经过避雷器间隙放电削幅至被保护电气设备绝缘水平以下，保护设备不致被雷电击穿损坏，如图 4-7 所示。

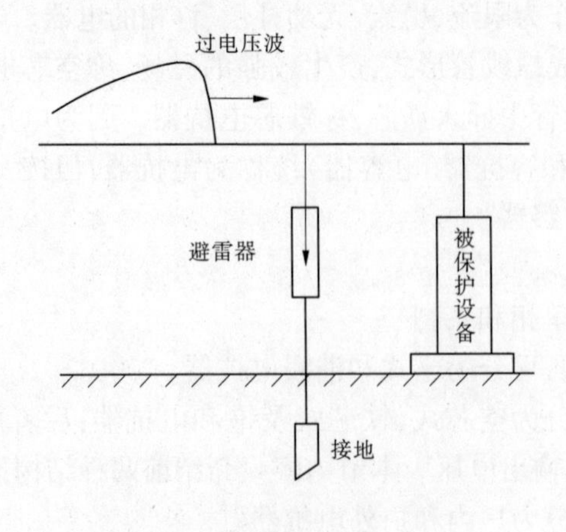

图 4-7　预防雷电波保护原理

3. 特性参数

(1)最高容许工作电压。当电网接地时,不应高过此电压,以利于熄弧。

(2)动作电压。使放电间隙击穿的电压,分交流、直流或冲击电压。

(3)残压。有电流流通期间,避雷器上的电压最高值。

(4)泄漏电流。直流试验电压作用下的电流,随温度升高而增大。

4.6.1.3 电力电容器基本知识

1. 作用

电力电容器在电力系统中的应用是多方面的,具体如下:

(1)补偿无功功率,提高功率因数和设备有功出力。

(2)降低功率损耗和电能损失。

(3)改善电压质量。

2. 类型

根据所起作用的不同,可分为并联电容器、串联电容器、耦合电容器、均压电容器、脉冲电容器等。具体如下:

(1)并联电容器。并联在电网上用于补偿感性无功功率,提高系统功率因数、改善电能质量、降低线路损耗。

(2)串联电容器。用于补偿线路的感抗,提高线路末端电压水平、改善线路的电压质量、增强输电能力和增长输电距离,并提高系统的动、静态稳定性。

(3)耦合电容器。用于高压和超高压输电线路的载波通信系统,以及作为测量、控制和保护装置的部件。

(4)均压电容器。并联在断路器的断口上,使各断口间的电压在开断时均匀。

(5)脉冲电容器。用于冲击分压、振荡回路及整流滤波等。

3. 结构

并联电容器又称为移相电容器,现以其为例介绍电力电容器的结构组成。它主要有两种结构类型,具体如下。

1)箱式并联电容器结构

箱式并联电容器由多个电容元件组合而成。若干个电容元件并联为一单元排列在架子上。电容元件用一定厚度和层数的固体介质和铝箔电极卷制而成。固体介质采用电容器纸、膜纸复合或纯薄膜。电压10 kV及以下的电容器,每个元件上都串有熔丝,作为内部短路保护。当某个元件被击穿后,其他元件对其放电,而使熔丝迅速熔断切除故障元件。单相箱式并联电容器结构如图4-8所示。另外一种形式为集合式,其器身结构有一定数量的全密封电容单元固定在框架上,内部元件全部并联。

2)油浸纸介质电容器结构

油浸纸介质电容器的钢壳内装置的电容元件,采用薄铝箔作为两极,中间用包含电容器纸的固体介质隔开,卷成电容器单元,为适应不同电压等级组合成所需规格,将各个电容器并联或串联组成电容器芯子。组成的电容器经过真空干燥,浸渍绝缘油装入油箱内,接线端子从出线瓷套管引出。由于工艺上的问题,这种电容器因内部放电而使元件短路故障时有发生、内部过热、油箱膨胀,还可能造成爆炸,且漏油现象较严重。另外,此类电

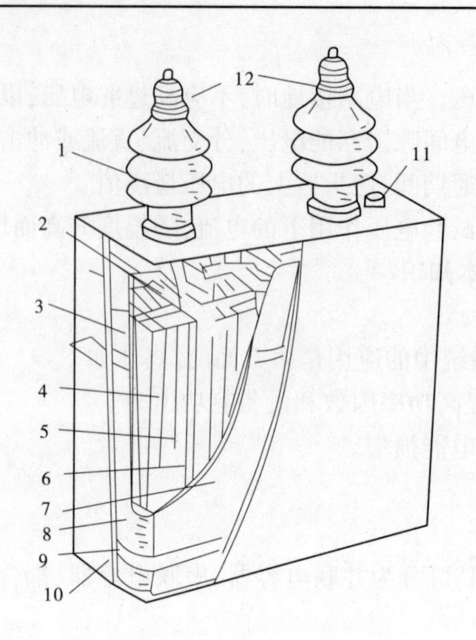

1—出线瓷套管；2—出线连接片；3—连接片；4—电容元件；5—出线连接片固定板；
6—组间绝缘；7—包封件；8—夹板；9—紧箍；10—外壳；11—封口盖；12—接线端子

图 4-8　单相箱式并联电容器结构

容器材料消耗量大、成本高。

4. 高压并联电容器装置

10 kV 高压并联电容器装置由断路器、隔离开关、电流互感器、继电保护装置、测量和指示仪表、串联电抗器、放电线圈、氧化锌避雷器、接地开关、单台电容器保护熔断器、并联电容器及连接母线等组成。整个装置可按围栏式、柜式及集合式布置(按安装地点也可分为户内、半户内及户外式)。

围栏式用钢网围住电容器组及串联电抗器。35 kV 并联电容器装置一般采用围栏式布置。柜式将除串联电抗器外的其他装置装在类似柜子的钢构架上，分为电容器、电抗器组两部分。集合式的所有带电部分高度均离地 3 m 以上，无须设置钢网护栏。

5. 电容器放电装置及电容器组串联电抗器

并联电容器从电源断开后，内部储存很大的电荷能量。如果再次合闸投运，可能产生很大的冲击合闸涌流和很高的过电压，还可能电击不慎触及的工作人员，造成伤亡事故。因此，电容器组必须加装放电线圈。其放电特性应能满足手动、自动投切电容器组时的降压要求。

电压互感器或配电变压器的一次绕组，可作为高压电容器组的放电线圈。若采用电压互感器作为放电线圈，应采用单相三角形接线或开口三角形接线的电压互感器，与电容器直接连接。

电容器组串联电抗器的目的是降低电容器组的合闸涌流和涌流频率，使电容器得到保护，便于选择回路设备。

4.6.1.4　电力电缆基本知识

1. 用途及特点

电缆分为电力电缆(又称一次电缆)及控制电缆(又称二次电缆)。

在电能的传输与分配过程中,往往由于受空间位置的限制,需要一种既安全可靠又节省空间位置的载流体,这就是常用的电力电缆。

电力电缆作为一种输电设备,具有占地少,供电可靠,有利于提高电力系统功率因数,运行、维护工作简单方便,有利于美化城市,具有保密性等优点。电力电缆在城市配网及城网改造和新兴的现代化企业中的作用正日益突出。但同时电缆线路具有造价高、敷设麻烦、维护检修不便、难于发现和排除故障等缺点,故使用上受到限制。

电力电缆主要用于:发电厂、变电站的进出线,跨越海峡、山谷及江河地区,大城市缺少空中走廊的地区,国防等特殊需要的地区。在电力线路中,电缆所占的比重正逐渐增加。

2. 基本结构

电力电缆基本结构如图4-9所示,各种电力电缆在基本结构上,均由线芯(导体)、绝缘层、屏蔽层和保护层四部分组成。

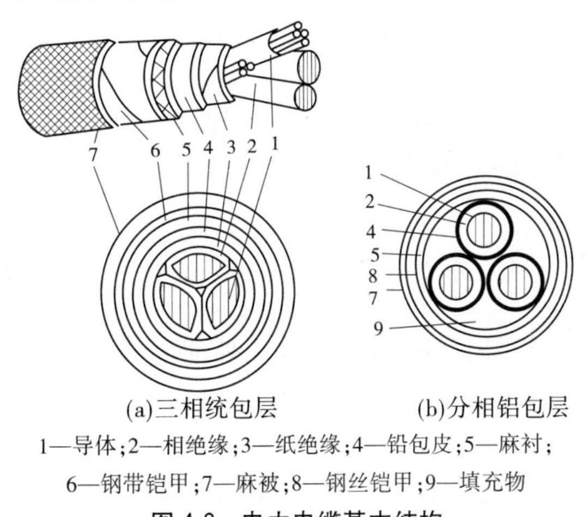

(a)三相统包层　　(b)分相铅包层

1—导体;2—相绝缘;3—纸绝缘;4—铅包皮;5—麻衬;

6—钢带铠甲;7—麻被;8—钢丝铠甲;9—填充物

图4-9　电力电缆基本结构

1)线芯

线芯是电力电缆的导电部分,用来输送电能,是电力电缆的主要部分。通常由多股铜绞线或铝绞线制成。根据导体的芯数,可分为单芯、双芯、三芯和四芯电缆。

2)绝缘层

绝缘层将线芯与大地及不同相的线芯间在电气上彼此隔离,保证电能输送,是电力电缆结构中不可缺少的组成部分。

3)屏蔽层

10 kV及以上的电力电缆一般都有导体屏蔽层和绝缘屏蔽层。

4)保护层

保护层的作用是保护电力电缆免受外界杂质和水分的侵入,以及防止外力直接损坏电力电缆。

4.6.1.5　绝缘子基本知识

1. 作用

绝缘子又名瓷瓶，被广泛用于屋内外配电装置、变压器、开关电器及输配电线路中，用来支持和固定裸载流导体，并使裸载流导体与地绝缘，或使装置中处于不同电位的载流导体之间绝缘。因此，必须具有足够的机械强度和电气强度，并能在恶劣环境（高温、潮湿、多尘埃、污秽等）下安全运行。

为了防止浮尘等污秽在绝缘子表面附着，形成通路被绝缘子两端电压击穿。故增大表面距离。沿绝缘表面放电的距离即泄漏距离叫爬距，爬距=表面距离/系统最高电压。根据污秽程度不同，重污秽地区一般采用爬距为 31 mm/kV。

2. 分类

1）按额定电压分

（1）高压绝缘子（1 000 V 以上）。

（2）低压绝缘子（1 000 V 及以下）。

2）按安装地点分

（1）户内式：绝缘子安装在户内，表面无伞裙，无防污结构。

（2）户外式：绝缘子安装在户外，表面有较多和较大的伞裙，以增长沿面放电距离，并能在雨天阻断水流，使其能在恶劣的气候环境中可靠地工作。在多尘埃、盐雾和腐蚀性气体的污秽环境中，还需使用防污型户外绝缘子。

3）按结构形式分

分为支柱式、套管式、盘形悬式三种。

4）按用途分

（1）电站绝缘子。主要用来支持和固定户内外配电装置的硬母线，并使母线与地绝缘。电站绝缘子分为支柱绝缘子和套管绝缘子，后者用于母线穿过墙壁和天花板，以及从户内向户外引出之用。

（2）电器绝缘子。用来固定电器的载流部分，分为支柱绝缘子和套管绝缘子两种。支柱绝缘子用于固定没有封闭外壳的电器的载流部分，如隔离开关的动、静触头等。套管绝缘子用来使有封闭外壳的电器，如断路器、变压器等的载流部分引出外壳。

（3）线路绝缘子。用来固定架空输电导线和屋外配电装置的软母线，并使它们与接地部分绝缘。可分为针式、悬式、蝴蝶式和瓷横担四种。

3. 基本结构

1）主要结构部件

（1）绝缘件。通常用电工瓷制成，绝缘瓷件的外表面涂有一层棕色或白色的硬质瓷釉，以提高其绝缘、机械和防水性能。电工瓷具有结构紧密均匀、绝缘性能稳定、机械强度高和不吸水等优点。盘形悬式绝缘子的绝缘件也有用钢化玻璃制成的，具有绝缘和机械强度高、尺寸小、质量轻、制造工艺简单及价格低廉等优点。

（2）金属附件。其作用是将绝缘子固定在支架上和将载流导体固定在绝缘子上。金属附件装在绝缘件的两端，两者通常用水泥胶合剂胶合在一起。金属附件皆做镀锌处理，以防止锈蚀；胶合剂的外露表面涂有防潮剂，以防止水分侵入。

2)金属附件与瓷件的胶装方式

(1)外胶装。将铸铁底座和圆形铸铁帽均用水泥胶合剂胶装在瓷件的外表面,铸铁帽上有螺孔,用来固定母线金具,圆形底座的螺孔用来将绝缘子固定在构架或墙壁上。

(2)内胶装。将绝缘子的上、下金属配件均胶装在瓷件孔内。

(3)联合胶装。绝缘子的上金属配件采用内胶装结构,而下金属配件则采用外胶装结构的一种胶装方式。

内胶装方式可减低绝缘子的高度,从而可缩小电器和配电装置的体积,一般质量比外胶装方式轻,但机械强度不如外胶装方式,通常情况下不能承受扭矩,因此对机械强度要求较高时,应采用外胶装或联合胶装。

4. 水电站常用绝缘子的类型和特点

1)支柱绝缘子

支柱绝缘子适用于发电厂、变电站配电装置及电气设备中,做导电部分的绝缘和支持用。高压支柱绝缘子可分为户内和户外式。户内式支柱绝缘子分内胶装、外胶装、联合胶装三个系列;户外式支柱绝缘子分针式和棒式两种。

2)悬式绝缘子

悬式绝缘子主要应用在35 kV及以上屋外配电装置和架空线路上。按其帽及脚的连接方式分为球形和槽形两种。由绝缘件(瓷件或钢化玻璃)、铁帽、铁脚组成。钟罩形防污绝缘子的污闪电压比普通型绝缘子高20%~50%;双层伞形防污绝缘子具有泄漏距离大、伞形开放、裙内光滑、积灰率低、自洁性能好等优点;草帽形防污绝缘子也具有积污率低、自洁性能好等优点。

在实际应用中,悬式绝缘子根据装置电压的高低组成绝缘子串。每串绝缘子的数目:35 kV不少于3片,110 kV不少于7片,220 kV不少于13片,330 kV不少于19片,500 kV不少于24片。一片绝缘子的铁脚粗头穿入另一片绝缘子的铁帽内,并用特制的弹簧锁锁住。对于容易受到严重污染的装置,应选用防污悬式绝缘子。

3)套管绝缘子

套管绝缘子是一种特殊类型的绝缘子,用于母线在屋内穿过墙壁或天花板,以及从屋内向屋外引出,或用于使有封闭外壳的电器(如断路器、变压器等)的载流部分引出壳外,使导电部分与地绝缘,并起到支持作用。套管绝缘子也称穿墙套管,简称套管。

套管绝缘子根据结构形式可分为带导体型和母线型两种。带导体型套管,其载流导体与绝缘部分制成一个整体,导体材料有铜和铝,导体截面有矩形和圆形;母线型套管本身不带载流导体,安装使用时,将载流母线装于套管的窗口内。按安装地点可分为户内式和户外式两种。

4.6.2 其他配电装置常见事故/故障及其处理

4.6.2.1 电抗器常见事故/故障及其处理方法

1. 电抗器局部温度过高

1)故障现象

电抗器在运行时温度过高,加速聚酯薄膜老化,当引入线或横面环氧开裂处雨水渗入后加速老化,会丧失机械强度,造成匝间短路引起着火燃烧。

2)故障原因

造成电抗器温升的原因有:焊接质量问题,接线端子与绕组焊接处焊接电阻产生附加电阻而发热。另外,由于温升的设计裕度很小,设计值与国际规定的温升限值很接近。除设计制造原因外,在运行时,如果电抗器的气道被异物堵塞,造成散热不良,也会引起局部温度过高导致着火。

3)故障处理

对于上述情况,应改善电抗器通风条件,降低电抗器运行环境温度,从而限制温升。同时定期对其停运维护,以清除表面积聚的污垢,保持气道畅通,并对外绝缘状态进行详细检查,发现问题及时处理。

2. 电抗器沿面放电

1)故障现象

电抗器沿面放电。

2)故障原因

电抗器在户外大气条件下运行一段时间后,其表面会有尘雾堆积,在大雾或雨天,表面污尘受潮,导致表面泄漏电流增大,产生热量。由于水分蒸发速度快慢不一,表面局部出现干区,引起局部表面电阻改变,电流在该中断处形成局部电弧。随着时间延长,电弧将发生合并,形成沿面树枝状放电。而匝间短路是树枝状放电的进一步发展,即短路线匝中电流剧增,温度升高使线匝绝缘损坏。

3)故障处理

为了确保户外电抗器不发生树枝状放电和匝间短路故障,涂刷憎水性涂料可大幅度抑制表面放电;端部预埋环形均流电极,可克服下端表面泄漏电流集中现象;顶戴防雨帽和外加防雨层,可在一定程度上抑制表面泄漏电流。

3. 电抗器振动噪声故障

1)故障现象

电抗器出现振动并且伴随噪声。

2)故障原因

铁芯电抗器运行中振动变大,引起紧固件松动,噪声加大。引起振动的主要原因是磁回路有故障和制造安装时铁芯未压紧或压件松动。一般只需要对紧固件再次紧固即可。有时会遇到空芯电抗器在投运后交流噪声很大,并伴随着有节奏的一阵阵的拍频,地基发热。这是因为空芯电抗器运行的强大交变磁通,给周围的钢铁构件,尤其是基础预埋件,带来交变电磁力所引起的共振和涡流并发热。

3)故障处理

这是基建设计安装的根本问题,只能停运进行彻底改造。

4.6.2.2 避雷器常见事故/故障及其处理方法

1. 避雷器事故/故障处理基本方法

1)故障现象

(1)避雷器上下引线接头松脱或断线。

(2)避雷器瓷套管有破裂、放电现象。

(3)避雷器内部有异常响声或放电声。

(4)雷击后致使连接引线、防雷设备的接地部分严重烧伤或断裂。

(5)避雷器在线监测器三相电流不平衡,监测器进水或损坏,泄漏电流值过高或泄漏电流值有明显变化。

2)故障原因

避雷器本体或其他故障。

3)故障处理

立即向值长及调度汇报,要求停电处理。

特别注意:若避雷器在雷雨时发生异常,应待雷雨过后再进行处理。

2. 实例一:线路雷击跳闸,运行人员处理不当误停机

背景:××年××月××日××时××分,故障发生前××电站并网点处天气为雷电暴雨,闪电频繁,电站现场天气阴,无风。110 kV 宾×线××断路器发生跳闸障碍之前运行方式为:110 kV 宾×线带电运行,××断路器为运行状态;110 kV 1#、2#两台主变为运行状态;1#、2#机组并网运行,有功功率××MW,无功功率××MV·A;2#站用变运行带全厂用电,1#站用变在冷备用状态,2#隔离变运行带首部用电,1#隔离变在冷备用状态。

1)事故现象

(1)线路保护装置显示为“距离Ⅱ段动作”、“零序Ⅱ段动作”,110 kV 宾×线开关××跳闸,1#、2#机组转速迅速上升,机组状态由发电态转为空载态,但机组出口断路器未跳闸,1#机组最大转速达到611.7 r/min,电站机组额定转速为500 r/min;2#机组转速达到611 r/min,且伴有较大声响并剧烈振动,调速器甩负荷后自动调节回空载状态,15 s 左右后机组转速逐渐稳定在额定转速附近。

(2)中控室当值人员在未经上级调度主管部门的许可下,擅自将1#、2#机组手动停机,中控室当值值班人员于事件发生后20 s 慌乱之间向调度误汇报:电站1#、2#机组跳闸,并紧急停机;后经过电站生产人员对全厂设备、信号现场详细检查核实,于5 min后第二次向调度如实准确汇报:某某电站110 kV 宾×线××开关跳闸后,1#、2#机组甩负荷与电网解列。

2)事故原因

(1)110 kV 宾×线××断路器跳闸的原因为雷击引起的C相瞬时接地故障,致使线路开关保护跳闸;重合闸未动作原因:断路器分闸后,1#、2#机组甩负荷,1#机组频率上升至61.17 Hz;2#机组频率上升至61.09 Hz;母线电压达120.72 kV,检同期合闸条件不满足,TWJ 持续时间超过24 s 重合闸放电,重合闸未动作。1#、2#机组转速上升但未满足机械、电气过速保护动作条件(转速大于155%,775 r/min)。

(2)运行人员处理不妥当造成后续不良影响。运行当值人员未经调度许可擅自改变机组状态,违反了调度管理规程规定:擅自越权改变调度管辖设备的状态、参数、控制模式。110 kV 宾×线跳闸后,在1#、2#机组转速已经恢复正常情况下,擅自将1#、2#机组停机,可能造成系统恢复时间延缓。若是电厂带电网孤网运行,擅自将1#、2#机组手动停机,整个电网将瓦解,城市将顷刻之间陷入瘫痪,其损失、后果和造成的影响难以估量。

(3)运行值班人员未及时、准确地向调度部门汇报设备运行状态,违反了电网调度管理规程规定,影响到调度人员对整个障碍的判断和后续处理。

(4)现场工作安全管理存在漏洞,线路跳闸后,机组甩负荷,转速升高,机组声音异常,运行当值人员未经过线路跳闸应急处置预案演练和培训,不熟悉出现此情况后该如何处置,未经许可情况下擅自将机组转为停机态。

3)事故处理

(1)对全厂设备存在的风险进行排查,修订《线路跳闸应急处置预案》,并组织学习和演练,提高生产人员的应急处置能力。

(2)加强雷雨季节线路巡视检查工作,做到提前发现隐患,及早消除隐患。

(3)加强电站日常管理工作,加强生产人员专业技术培训,对电站生产人员进行定期培训,提高生产人员对突发事件的处置能力。

(4)事件处理完毕后,组织召开事故分析会,对发生的跳闸事件进行认真的分析及学习。

4.6.2.3 电力电容器常见事故/故障及其处理方法

1.电容器渗油

1)故障现象

电容器油箱焊缝及套管渗油。

2)故障原因

这是电容器运行中经常发生的现象,这种情况主要是密封不牢固或者不严密造成的。电容器应该是一个全密封装置,一旦密封不严,就可能会有空气、水分和其他杂质进入油箱的内部,进而造成绝缘受损。这种情况对电力电容器的危害是非常大的,因此一定要杜绝这种现象的发生。

实际上,电容器渗漏的主要部位就是在油箱焊缝及套管处,这就需要对焊接工艺有一个严格的要求,并且厂家也应该以一个严肃认真的态度进行密封试验,务必要逐台试漏,严格按照试验要求进行。至于套管的渗油部位,主要就是帽盖、螺栓及根部法兰等焊口,解决的办法就是提升加工工艺,优化结构的设计。这是因为,如果螺栓和帽盖的焊接机械强度差,对其施加稍大的螺丝紧力就会使其脱焊;此外,在工人搬运时如果直接提套管或者运输过程中以不正确的方式搬运也会使焊缝开裂。

3)故障处理

加强对厂家及运行检修人员的管理。当出现轻微渗漏时,可以采用环氧树脂和锡进行补焊,也可以用肥皂嵌入到裂纹处,使其保持短暂时间的使用;但是如果已经变成裂缝,就必须及时更换电容器。

2.电容器绝缘不良

1)故障现象

电容器电容值上升。

2)故障原因

电容值如果突然升高,其原因只能判断为是电容元件部分被击穿导致短路。这是因为,电容器是很多元件以串联的形式组成的,如果串联段数减少,就会出现电容值增高的现象;相对的,电容值减少是由于部分元件发生断路。

3）故障处理

更换电容器。

特别注意：发生断路器跳闸时，如果分路熔断器的熔丝还没有熔断，为了保证员工安全，一定要先对电容器放电 3 min 以上才可以对其进行检查操作。总之，一定要加强巡检，及时地发现隐患并对其进行相应的故障排除和处理。

3. 电容器介质损失角过大

1）故障现象

电容器介质损失角过大。

2）故障原因

对于那些长期运行的电容器来说，介质损失角多少都会有所增加，但增加量不会很大，如果出现成倍增长的现象，就一定是出现了故障。这种现象一般是局部过热和局部放电而引起的。

3）故障处理

电容器介质损失角过大，一般是电容器绝缘不良引起的。一般采取的措施是更换元件。值得注意的是，要先对电容器放电 33 min 以上才可以对其进行检查操作及更换元件。

4. 电力电容器爆炸

1）故障现象

电力电容器爆炸。

2）故障原因

根本原因就是极间游离放电进而引起电容器极间击穿。一般来说，只要给电容器配装适当的熔丝进行保护，它的安秒特性就不会高于油箱的爆裂特性。一旦发生电容器短路击穿，熔丝就会切断电源，从而避免爆炸事故的发生，与此同时消除了着火的隐患及将周围临近电容器炸坏的可能。

3）故障处理

（1）为避免爆炸事故的发生，一般采用星形接线，这是目前普遍采用的防爆措施。

（2）采用全膜电容器也可以有效避免爆炸的发生。全膜电容器与纸膜电容器在发生极间短路击穿时所不同的是：纸膜和全膜的复合介质的元件在发生局部放电后，受到高温的作用，绝缘纸会发生碳化，而碳化纸具有一定的隔离作用，就使得放电可以持续一段时间，在这期间会产生大量的气体，如果此时没有熔丝对其进行保护，油箱就会爆裂；全膜电容器则不然，在高温作用下全膜会熔化，这样一来两个电极就会接触短联，就不会发生电弧放电的现象，自然避免了爆炸的发生。

（3）当电容器出现喷油或者着火时，操作人员应该立即将电路断开，同时用沙子或者干式灭火器对其进行灭火。

4.6.2.4 电力电缆常见事故/故障及其处理方法

1. 电力电缆事故/故障处理有关规定

（1）运行中电力电缆的电压不得超过额定电压的 15%，如电压超过额定电压的 15%，则必须立即向设备管辖范围的值班调度员申请进行电压调整或退出运行。

(2)运行中电力电缆的长期允许工作温度超过制造厂规定值时,必须立即向设备管辖范围的值班调度员申请降低负荷运行。避免因电缆过热加速绝缘老化,缩短使用寿命且可能造成事故。

(3)运行中的电力电缆中间接头和终端密封不良致使绝缘受潮,电缆绝缘老化,电缆接地不良等情况,必须立即向设备管辖范围的值班调度员申请退出运行并进行处理。

(4)电缆头发生电晕,套管闪络损坏,应立即加强监视,并通知检修人员处理。

(5)户内电缆终端头发生闪络放电,应加强监视或停用。

(6)电缆头爆炸着火,应立即拉开该电缆线路的开关隔离电源后,设法隔离火源,用干式灭火器或沙子进行灭火;若着火严重,应采取防毒措施,同时立即报告领导及消防部门。

(7)电缆机械损伤,应密切监视,并通知检修人员处理;在发生大雨及洪灾时,如电缆沟排水不畅,应配有相应功率的抽水设备给电缆沟排水。

2. 实例一:闸首厂用变 32B 高压侧电缆头击穿

背景:事故前运行方式为某电站闸首厂用电分段运行。

1)事故现象

2019 年 5 月 17 日 15:13,某电站闸首值班人员突然听到闸首左岸传来一声炸响,经现场检查发现地方 35 kV 跌落保险中间相(对应 32B 厂用变高压侧 A 相)已跌落。

2)事故原因

(1)5 月 17 日 15:13,当时天气晴天,无风、雷雨,排除由天气情况引起的电压波动、架空线路短路等情况导致的电缆头 A 相击穿,经现场检查电缆头 A 相对变压器外罩放电绝缘击穿,导致户外跌落熔断。

(2)如图 4-10 所示,现场分解电缆头击穿部位在铜屏蔽层断口和外半导体断口之间,可以看出电缆头制作工艺不是很好。在制作电缆头时,剥去了电缆线芯铜屏蔽层和外半导体层,改变了电缆原有的电场分布,在切口处将产生对绝缘极为不利的切向电场,即沿线芯轴向的电力线,电力线就向外半导体层断口处集中,该断口处就成了电缆最容易击穿的部位。

(3)该电缆于 2008 年年底投入运行,电缆头是在建设施工期间制作完成,其间没有更换过,至今已有 10 年之久,电缆头绝缘强度逐渐在老化。因此,电缆头绝缘强度的老化和制作工艺是本次电缆头击穿的主要原因。

3)事故处理

(1)15:14,闸首值班人员向集控中心报告现场情况,集控中心远控操作将厂用电倒为 10 kV××线供电。

(2)15:15,闸首值班人员进入配电室检查时,发现地方 32B 厂用变高压侧电缆头着火,闸首值班人员立即拉开 32B 高压侧跌落保险,并将 32B 低压侧断路器 47DL 摇至检修位置。

(3)15:19,闸首值班人员做好自身防护措施后,利用闸首干粉灭火器对 32B 高压侧着火电缆进行灭火,火随即被扑灭。

(4)15:39,生技部领导带领相关支援人员赶到闸首现场。

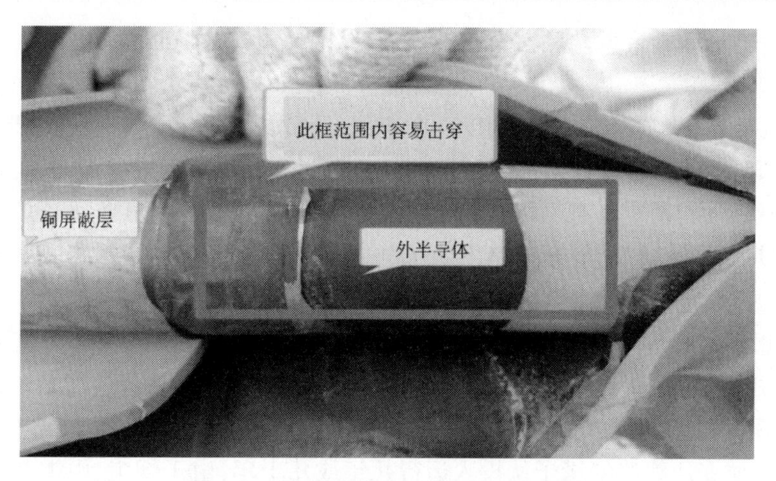

图 4-10 电缆头击穿位置及原因分析图

(5)5 月 18 日 10:05,布置好 32B 安全措施后,维护人员对厂用变进行卫生清扫和检查,外观未发现有放电痕迹和其他异常,随即对 32B 厂用变进行绝缘试验,用 5 000 V 兆欧表试验值是大于 1 GΩ,绝缘合格,直流电阻三相分别为 AB 93.48 Ω、BC 94.04 Ω、AC 94.05 Ω,三相阻值平衡且与上次试验比较无明显差异。

(6)5 月 19 日维护班组重做冷缩电缆头后,对电缆进行绝缘试验合格,直流耐压 78 kV 时最大泄漏电流值为 27 μA,符合要求,相序正确,具备带电条件。

(7)17:50,将闸首 32B 由检修转运行,32B 运行正常。

4.6.2.5 绝缘子常见事故/故障及其处理方法

1. 绝缘子有明显闪络痕迹

1) 故障现象

母线绝缘子有明显闪络痕迹,绝缘子脏污,引起母线保护动作跳闸。

2) 故障原因

母线绝缘子有明显闪络痕迹,绝缘子脏污引起故障。

3) 故障处理

(1)检查并记录监控系统中记录的相关信号情况,汇报调度。

(2)记录保护动作跳闸时间,检查并记录装置信号插件上的保护动作信号、开关的位置,打印事故报告。

(3)到开关站现场检查母线,发现:三相母线与绝缘子之间有明显闪络痕迹。

(4)检查母差保护范围内的断路器、刀闸、电流互感器套管、母线电容式电压互感器无闪络放电痕迹,电流互感器与断路器之间,断路器与刀闸之间,刀闸与母线之间无断线接地痕迹,端子箱电流端子无开路痕迹。

(5)检查母线避雷器无闪络放电痕迹,其避雷器记录器没有动作。

(6)检查母差屏背电流端子无开路痕迹,主变或线路无保护装置动作。

(7)将上述检查的保护动作情况和开关跳闸情况汇报调度。

(8)确认为母线与连接绝缘子故障后,隔离故障母线与绝缘子,通知检修人员处理。

2. 实例一:绝缘子因弧光放电发热而爆炸碎裂,致使线路停电

1) 故障现象

某一线路出口跳闸次数频繁,调度下令查线,为此组织两次登杆检查未果。次日晨,起了一场大雾,全线各段均有部分绝缘子闪络放电。在绝缘子的瓷釉表面上,轻者出现了不规则的线状烧痕;稍重者有不规则的带状或片状烧痕;严重者悬式绝缘子的瓷裙全部因弧光放电发热而爆炸碎裂,导致线路不能送电。

2) 故障原因

(1) 思想上的麻痹大意。绝缘子的泄漏比距一般按高值选用,正常情况下很少出现绝缘子绝缘击穿,导致工作人员对绝缘子脏污问题不够重视,误认为绝缘子上即使挂有污垢,遇到一场大雨也就冲洗干净了。

(2) 时久质变。线路绝缘子从投入运行几年或几十年,由于烟尘、雨雪及有害气体侵蚀等,污秽物已从浮附发展到实附,由粉尘演变到硬化,有的甚至已是需要用刀刮下,严重的污秽最终导致了闪络放电。

3) 故障处理

(1) 退出运行,进行抢修。

(2) 依据绝缘子的脏污程度,采取不同的反污措施:

①对于新建线路,从第一个检修季节开始就必须认真进行绝缘子清扫工作,每年春、秋两季清扫不得间断或跨季。

②对运行年限较短,污秽物在绝缘子表面没有硬化的线路可以用水冲洗,用干软布或毛巾等逐一擦拭。

③对运行年限较长,表面污秽物已经硬化的线路,则必须用清洁剂或洗衣粉兑水进行逐片擦拭。

(3) 恢复送电。

 4.7 厂用电系统常见事故及其处理

4.7.1 厂用电基本知识

4.7.1.1 厂用电的作用及电压等级

1. 厂用电的作用

发电厂在启动、运行、检修过程中,有大量以电动机拖动的电气设备,用以保证机组的主设备(水轮机、发电机、变压器等)和油、水、气等辅助系统的正常运行。这些电动机及全厂的运行、操作、试验、检修、照明等用电设备都属于厂用负荷,总的耗电量,统称为厂用电。厂用负荷及其供电网络,统称为厂用电系统,主要由厂用变压器(或电抗器)、厂用供电电缆、厂用成套配电装置及各类厂用负荷所组成。厂用电供电的安全与否,直接影响全厂的安全、经济运行,因此厂用电源的引接、电气设备的选择和接线,应充分考虑运行、检修和施工的需要。

2. 厂用电的电压等级

发电厂中一般采用的供电网络的电压：低压供电网络为400 V(380/220 V)；高压供电网络有3 kV、6 kV、10 kV等。为了简化厂用电接线，且使运行维护方便，电压等级不宜过多。为了正确选择高压供电网络电压，需进行技术经济论证。

4.7.1.2　厂用电负荷的分类

1. 按供电对象分类

水电厂厂用电负荷按供电对象可分为机组自用电、站内公用电及站外公用电三类，具体如下。

1)机组自用电

指机组及配套的调节装置、蝶阀和进水阀等、机组轴承润滑油(水)泵、排水泵、技术供水泵等设备用电，以及可控硅励磁装置的冷却风扇、起励电源等。这些负荷直接关系到机组的正常运行，大多数为重要负荷。

2)站内公用电

直接服务于运行维护和检修等生产过程，包括主副厂房、开关站、进水平台、尾水平台等。主要有以下用电：

(1)油、气、水系统用电。如滤油机、油泵、空压机、联合技术供水泵、消防水泵、厂房渗漏排水泵、检修排水泵等。

(2)直流操作电源、载波通信电源。

(3)厂房桥机、进水口阀门、尾水闸门启闭机等。

(4)厂房、升压站照明、电热。

(5)全厂通风、采暖、空调、降温系统。

(6)主变冷却系统的风扇、油泵、冷却水泵等。

(7)检修、试验室电源等。

3)站外公用电

主要是坝区、水利枢纽等用电，如溢洪闸门启闭机、船闸或筏道电动机械、机修车间电源、生活水泵、坝区及道路照明等。其特点是负荷较分散。根据水电站的形式不同，其位置和布置不尽相同。

2. 按用电设备在生产中的作用和突然断电造成危害的程度分类

厂用电负荷，根据用电设备在生产中的作用和突然供电中断造成危害的程度，可分为五类：

(1) Ⅰ类负荷。短时(一般指手动切换恢复供电所需的时间)停电将影响人身或设备安全，使机组运转停顿或发电量大幅度下降的负荷。接有Ⅰ类负荷的高、低压厂用母线，应设置备用电源。当一个电源断电后，另一个电源就立即自动投入。

(2) Ⅱ类负荷。指允许短时停电(几秒至几分钟)，但较长时间停电有可能损坏设备或影响机组正常运转的负荷。对接有Ⅱ类负荷的厂用母线，应由两个独立电源供电，一般采用手动切换。

(3) Ⅲ类负荷。指长时间停电不会直接影响生产的负荷。对于Ⅲ类负荷，一般由一个电源供电。

(4)事故保安负荷。停机过程中及停机后一段时间内应保证供电的负荷。这类负荷停电将引起主要设备损坏、重要的自动控制失灵或推迟恢复供电。根据对电源的不同要求,事故保安负荷分为两种:

①直流保安负荷,由蓄电池组供电。

②交流保安负荷,平时由交流厂用电供电,失去厂用电源时,交流保安电源(一般采用快速自启动的柴油发电机组)应自动投入供电。

(5)不间断供电负荷。不间断供电装置一般采用蓄电池组供电的电动发电机组或配备静态开关的静态逆变装置,发电厂的类型及容量不同,厂用电的重要程度也有所差异。水电厂一般都设厂用低压变压器,大型水电厂设高压厂用变压器,以满足对各种厂用负荷供电的要求。

4.7.1.3 水电厂自用电接线方案实例分析

图 4-11 为某大型水电厂厂用电接线方案。该厂装机 4 台,其发电机—变压器单元采用单元接线,变压器均为双绕组形式,其中 G1、G4 机出口装设断路器。厂外坝区的大功率设施(如坝区闸门、船闸或升船机等)用电,由 2 台互为暗备用的专用变压器 T9、T10,从主变压器 T1、T4 低压侧引接,采用 6 kV 高压母线段供电。共用低压系统由 6 kV 高压母线引接,并作为机组低压厂用电的备用。

机组厂用电采用 380/220 V 低压厂用系统。按机组台数分段,由发电机出口引接至厂用变压器 T5、T6、T7、T8,并由公用厂用低压母线提供备用电源。

4.7.2 厂用电常见事故/故障及其处理

4.7.2.1 厂用电事故/故障处理基本方法

1. 厂用电消失

1)故障现象

(1)正常照明电消失或短时消失后即刻自动恢复,同时伴有开关分、合闸声音或机组运行异常声音。

(2)上位机显示事故或故障、保护动作、自动装置动作信号,很多光字牌亮并伴随声音报警。

(3)根据不同的事故、故障原因及机组所处状态,上位机相应监控画面会出现开关变位、运行参数突然变化等现象。

2)故障原因

(1)厂用电工作电源进线侧开关跳开。

(2)厂用变发生电气事故/故障,其保护动作跳开厂用变某本侧/各侧开关。

(3)主变电气事故引起(高压)厂用变跳闸。

3)故障处理

(1)根据上位机监控画面显示、开关分闸及机组运行异常声音综合判断事故或故障确已发生,值长应立即派人到有关现场进行核实检查。

(2)根据需要与否及照明情况有无,确定是否需打开事故照明灯进行事故/故障处理。

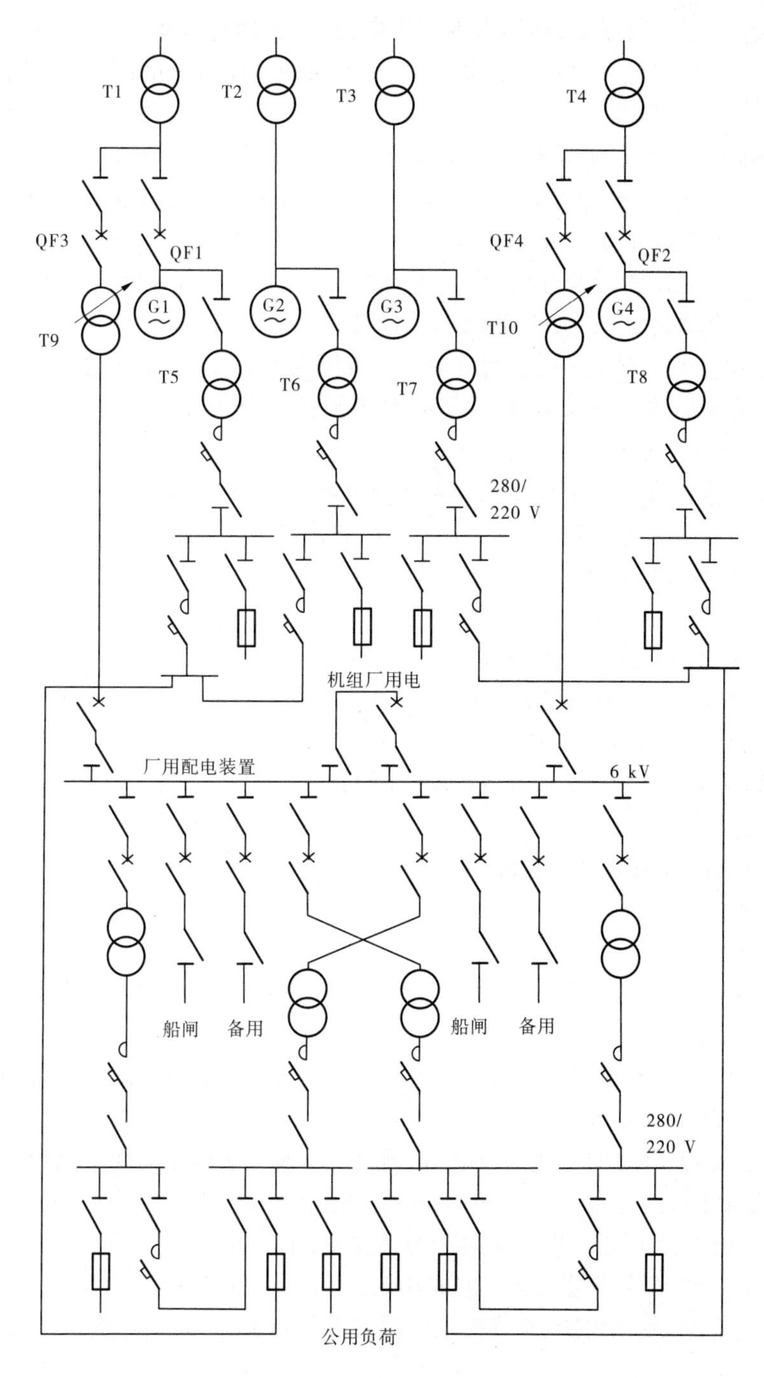

图 4-11　某大型水电厂厂用电接线方案

(3)维持正常机组稳定运行，严密监视甩负荷机组的状况，自动不正常时应手动帮助。

(4)上位机和现场查看厂用电运行情况，根据事故或故障后的运行方式，迅速正确、合理地选择可能的方式确保厂用电正常运行(备自投未动作时应手动倒换厂用电)。遇线路甩负荷，机组如果运行稳定，则机组带厂用电，否则选择外来变带厂用电。事故处理完毕，倒换为机组带厂用电。机组不能带厂用电，外来变又没有电的情况下，则应考虑通过尽快恢复线路带电来恢复厂用电。

(5)查看保护动作情况，记录并打印动做报告，得到值长许可后复归信号。

(6)涉及上网负荷变动或省调管辖设备时应迅速向省调简要汇报情况，并申请负荷做相应调整，还应向有关领导汇报。

(7)查看400 V室配电屏及各动力屏负荷电源是否正常，复归400 V室和机旁动力屏备自投动作信号，全面查看现场各屏柜设备工作是否正常。

(8)根据实际情况决定是否通知闸首值班人员倒换电源或调整运行水位。

(9)根据是否有备用机组及事故、故障处理恢复情况向集控中心/调度详细汇报，并决定是否申请开机并网运行。

(10)事故/故障处理过程中及处理后应做好记录，交接班时应交代清楚。

(11)当线路检修时，考虑到厂用电的可靠性，宜开启一台机组带厂用电。

2. 厂用变电流速断保护动作

1)故障现象

(1)上位机报警声响，厂用变速断保护光字牌亮。

(2)上位机简报栏报厂用变速断保护动作。

(3)变压器高、低压两侧开关跳闸。

(4)厂用变现地保护装置显示有保护动作跳闸信号。

2)故障原因

厂用变及其引出线某处发生短路。

3)故障处理

(1)检查厂用变高、低压两侧开关是否拉开，未拉开手动拉开，检查厂用电400 V母线BZT装置动作情况，若BZT装置在“投入”位置但未动作，则应立即手动倒换电源，并在事后查明备自投装置未动作原因。

(2)安全隔离厂用变高压开关到低压母线之间的电气设备和电缆，对这些设备进行外观检查，重点是高压设备。

(3)摇测变压器及其之间电缆绝缘电阻，测量要求及方法按相关规定执行。

(4)检查无异常经运行负责人同意后，可以试送电一次。若试送电失败应查明原因，在未查明原因之前不得再次送电，应通知检修人员处理。

(5)若厂用电400 VⅠ段母线试送电成功后，还应重点检查机旁动力屏、空压机室动力屏、GIS动力屏、中控室动力屏、直流充电电源、公用油、水、气系统等重要厂用负荷的运行情况。

(6)复归信号，并汇报相关领导。

3. 厂用变过流、零序保护动作

1)故障现象

(1)上位机报警表、事件表报厂用变保护动作信号。

(2)上位机报警表、事件表报厂用变电流超限报警信号。

(3)厂用变高、低压两侧开关跳闸。

(4)现地保护装置显示有保护动作跳闸信号。

2)故障原因

厂用变压器及其引出线某处发生短路。

3)故障处理

(1)检查高低压两侧开关是否拉开,未拉开手动帮助;检查厂用电 400 V 母线 BZT 装置动作情况,若 BZT 装置在“投入”位置但未动作,则应立即手动倒换电源,并在事后查明备自投装置未动作原因。

(2)若检查变压器无故障,用开关对变压器充电一次良好后,恢复正常运行方式。

(3)若充电不成功则不允许再送电,需隔离厂用变高压开关与低压母线之间的电气设备和电缆,对这些设备进行外观检查,重点是变压器和低压设备。

(4)查明故障原因后,通知检修人员进行处理。

(5)复归信号,并汇报相关领导。

4. 厂用变过负荷报警

1)故障现象

(1)厂用变过负荷报警动作。

(2)厂用变声音不正常。

(3)厂用变温度升高。

2)故障原因

厂用变过负荷。

3)故障处理

(1)迅速查看厂用变电流是否超过额定,并同时命人严密监视厂用变的温度。

(2)停用厂用变一些不重要的负荷或倒换负荷至厂用另外一段母线运行。

(3)若厂用变电流继续增大或不变,应马上倒换厂用电至另外一段运行,停运故障厂用变进行检查。

(4)复归信号,并汇报相关领导。

5. 400 V 母线备用电源自动投入后跳闸

1)故障现象

(1)400 V 母线所在变压器保护动作。

(2)备用电源自动投入后又跳闸。

2)故障原因

400 V 备用母线故障。

3)故障处理

(1)将备自投控制把手切至“切除”位置。

(2)将连接在该段母线上运行的重要负荷切至另一段母线运行。

(3)拉开故障母线上连接的所有开关,注意检查重要厂用负荷是否已由另一段 400 V 母线供电。

(4)对故障母线及其所有连接的设备进行外观检查,发现故障点立即排除。

(5)测量母线及其连接线路的绝缘电阻。

(6)上述检查(处理)无异常并经运行负责人同意后,可以用连接在母线上的另一台变压器对母线试送电一次,成功后逐一带上无异常的各路负荷并投入备用电源自动投入装置。若试送电失败应查明原因,在未查明原因之前不得再次送电。

(7)复归信号,并汇报相关领导。

6. 400 V 母线相间(接地)短路故障

1)事故现象

400 V 母线失电。

2)事故原因

400 V 母线相间(接地)短路故障。

3)事故处理

(1)检查短路母线进线电源开关跳闸正常。

(2)切除 BZT 装置。

(3)将母线上重要负荷切换至备用电源。

(4)检查故障母线一次设备有无明显故障,如未发现明显故障,做好安全措施后,测量母线绝缘电阻。

(5)如绝缘电阻测定良好,可对该母线试送电一次,如试送不成功,通知维护值班人员处理。

4.7.2.2 厂用电事故/故障处理实例

1. 实例一:工作电源进线侧开关跳开导致厂用电消失

背景:某水电厂装有 6 台水轮发电机组,总装机容量为 82 MW,机组调度权限属省调。机组与主变的单元接线方式为两机一变,110 kV 系统接线方式为单母线带旁路,2 回 110 kV 出线为黄衢 1763 线及衢黄 1758 线至衢州电力局下属的沙埠变电站的 110 kV 母线上,线路调度权限属区调。

2004 年 3 月 16 日,该水电厂 110 kV 母线、110 kV 母线压变和衢黄 1758 线及开关要进行汛前小修,届时该水电厂机组以调频调压方式自供厂用电。

1)事故现象

(1)09:31,区调正令:黄坛口 110 kV 母线由“运行”改“检修”。此时全厂机组均处于热备用状态,厂用电由线路倒送。当值长接到区调正令后,即向省调联系准备开 1#机组调频调压自带厂用电。

(2)09:33,1#机组开机。在 1#机组升压过程中,监控系统发出各种辅机、主机、保护等诸多交流电源消失报警,110 kV 母线及 2 条线路均无压。

2)事故原因

黄衢 1763 线及衢黄 1758 线对侧开关已跳开,致使厂用电消失。

3)事故处理

(1)值长立即判定黄衢 1763 线及衢黄 1758 线对侧开关已跳开,致使厂用电消失。此时,1#机组转速和电压均已达到额定值,由于系统电源消失,机组已无法自动准同期并列。又由于机组和主变单元接线采用两机一变接线方式,故主变容量是机组容量的 2 倍之多,

如果 1 台机以全电压向主变充电，则在机组开关合闸瞬间主变的励磁涌流对机组冲击极大，易引起机组过电压并产生强烈振动。所以，现场运行规程规定，严禁 1 台机向主变作全电压充电。

(2)为保证机组安全，机组向主变低压侧充电以零升的方式进行，即机组转速额定后，采取措施不让机组建压，机端电压接近零。实际上，为了保证零起升压的成功，机端电压建到 10%左右的额定电压后，合上发电机开关，再对机组进行增磁操作，使机端电压平稳升至额定值，这样可有效保护发电机不受损坏。

(3)而此时 1#机组已建压，因此处理上必须采取先对 1#机组灭磁，手动合上 1#机组开关，然后对 1#机组增磁。可是对 1#机组灭磁后，合上发电机开关再增磁操作时，1#机组电压始终不能升起，即 1#机组带主变零升失败。

(4)09:40，值长下令 1#机组解列停机，用 2#机组黑启动对 1#主变零升。

(5)09:45，运行值班员做好 2#机组黑启动带 1#主变零升的有关措施。

(6)09:48，2#机组黑启动带 1#主变零升正常，并恢复 1#厂用变及厂用 1~5 段母线运行，即用电厂恢复。

2. 实例二：厂用变压器零线未接导致厂用电三相电压不平衡

1)故障现象

某电站增效扩容改造后厂用电一直由公变供电，××年 2 月 5 日 13:00 发电投入厂用变压器双回路供电，16:00 晚班人员用电水壶(1 500 kW)烧水，中控室日光灯亮度有变化，主厂房自镇流高压汞灯(2×450 W+2×250 W)不能开启，厂用电三相电压不平衡。

2)故障原因

(1)设计时未考虑到公变回路装有漏电保护开关且两变压器零线不能并接，采用了三相三线制隔离开关及电源自动切换装置，安装过程中厂用变压器零线接上后，引起公变零线回路通过厂用变压器零线重复接地，漏电保护开关跳闸，厂用电系统停电，厂变零线被安装单位安装后拆除。

(2)由于厂用变压器零线未接，厂用变压器投入运行后，白天主要负载为三相电动机，中控室日光灯功率小且三相负载平衡，厂用电系统无异常现象。当值班人员用电水壶(1 500 kW)烧水、主厂房自镇流高压汞灯(2×450 W+2×250 W)开启时，一相负载变大后，零线零点飘移，造成该相对零电压过低且厂用电三相电压不平衡，导致出现上述故障现象，严重时将烧毁电气设备。

3)故障处理

(1)从故障现象看，应是断零线故障。检查从照明箱零线到厂用柜零线，再到厂用变压器零线，发现厂用变压器零线安装单位未连接。

(2)退出厂用变压器，连接零线后，投入厂用变压器双回路供电正常。

(3)停机后公变回路断电，检查发现电源自动切换柜采用三相三线制隔离开关及电源自动切换装置(HD13BX-400/31、KFQ2-250/3)，零线并接，引起公变回路漏电保护开关跳闸，更换三相四线制隔离开关及电源自动切换装置(HD13BX-400/41、KFQ2-250/4)后，解决了公变零线回路重复接地问题，保证了双回路自动切换供电，厂用系统恢复正常。

第5章　水电厂电气二次设备常见事故及其处理

5.1　调速器常见事故及其处理

5.1.1　水轮机调速器基本知识

5.1.1.1　调速器作用及分类

1. 作用

水轮机调速器作为水电厂水轮发电机组的重要控制设备，它能根据电力系统负荷的不断变化，调节水轮发电机组的有功功率输出，使电力系统的负荷与发电机发出的有功功率相平衡，进而维持系统频率在允许范围内。此外，它还能独立或与计算机监控系统相配合，完成水轮发电机组的开机、停机、负荷调整、紧急停机等任务。

2. 分类

水轮机调速器经历了机械液压型调速器、模拟电气液压型调速器、微机调速器三个阶段，目前主要应用的是微机调速器。微机调速器由微机调节器、电机/电液转换装置和机械液压系统三部分组成，因而依据各部分采用元器件的不同，又可分为不同类型的微机调速器，现分别加以说明：

(1)按微机调节器采用的微机控制器不同，可分为工业控制机(IPC)式、单片机式、可编程控制器(PLC)式、可编程计算机控制器(PCC)式微机调速器等类型。按其采用微机数量的不同又可分为：单微机、双微机调速器等类型。

(2)按电机/电液转换装置不同，可分为步进电机式、交/直流伺服电机式、电液比例阀式、数字阀式微机调速器等类型。

(3)按机械液压系统中液压放大元件不同，可分为主配压阀式、插装阀式、主液动阀式、电液比例阀式微机调速器等类型。

(4)按油压装置工作油压高低分类，可分为常规油压装置和高压油压装置。

常规油压装置：工作油压一般为2.5 MPa、4.0 MPa、6.3 MPa，通过向压力油罐内充入一定比例的压缩空气来形成并保持一定的油压，其压力油罐中的油和气是直接接触的。

高压油压装置：工作油压一般为10～16 MPa，它全面采用了液压行业中先进而成熟的高压液压产品，如蓄能器、高压齿轮泵、各类液压阀及液压附件等，其压力油罐(蓄能器)内充入的是氮气，并通过气囊使油与气分离。

5.1.1.2　微机调速器结构与组成

1. 总体结构

如图5-1所示，微机调速器的总体结构包括微机调节器、电机/电液转换装置和机械

液压系统三部分。

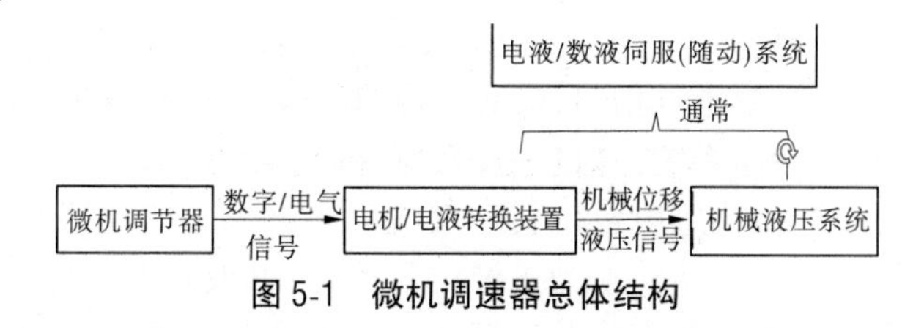

图5-1 微机调速器总体结构

微机调节器以高性能的微机控制器为核心,采集机组频率、功率、水头、接力器位移及开/停机控制等信号,经过算术或逻辑运算形成一定的调节和控制规律,输出对应导叶开度的数字或电气信号,该信号经电机/电液转换装置转换为机械位移/液压信号,再经机械液压系统功率放大后去推动水轮机导水机构,从而控制导叶开启或关闭,进而实现对机组的控制和调节。通常将电机/电液转换装置与机械液压系统合在一起,统称为电液/数液伺服(随动)系统,即微机调速器由微机调节器和电液/数液伺服(随动)系统两大部分组成。

其中微机调节器是微机调速器的核心,其作用是形成控制规律;电机/电液转换装置是关键,其作用是将微机调节器输出的控制信号转换为压力油的流量变化及油流方向变化;机械液压系统的作用是功率放大,使之具有一定的操作功。各部件具体组成如下所述。

2. 组成

1)微机调节器

微机调节器由微机控制器、开关量输入/输出回路、模拟量输入/输出回路、测频回路、电源回路及人机界面等其他部件或回路构成。其中,微机控制器为核心,主要由中央处理器CPU、内存储器RAM、只读存储器ROM、输入/输出接口、检测电路和外部设备等组成。它们通过地址总线、数据总线、控制总线连接成一个整体。

开关量输入回路,又称开关量输入通道,用于接收外部开关、按钮或触点的接通或断开信号,并将这些信号经隔离、滤波后送入计算机中。在水轮机调速器中,开机、停机、发电机出口开关位置、增功给、减功给、调相、导叶机械手动、导叶电手动等信号均为开关量输入信号。

开关量输出回路,又称开关量输出通道,是将计算机输出的数字信号经隔离、放大后去驱动电磁继电器、指示灯、接触器及数字阀。在水轮机调速器中,故障报警、自动切手动、球阀的开关信号等均为开关量输出信号。

模拟量输入回路,又称模拟量输入通道,用于将模拟信号经传感器/变送器、模数(A/D)转换模块转变为数字信号后送入计算机中。在水轮机调速器中,机组转速、有功功率、导叶开度、桨叶转角、水头等信号一般为模拟信号。

模拟量输出回路,又称模拟量输出通道,用于将计算机输出的数字信号转换成模拟信号,驱动电液比例阀等电液转换装置,再去驱动接力器。

此外,输入/输出通道还起着隔离计算机控制系统与现场设备的作用,以消除外部信号的干扰。

外部设备包括键盘、显示器、打印机、外存储器等设备,经专用接口与计算机相连。键盘为常用输入设备,主要用于输入外部命令及参数整定和修改;显示器、打印机为输出设备,显示器用于显示经过计算机运算处理后的信息,以便运行人员对运行状态进行监视、对可修改运行参数进行修改;打印机用于试验时打印测试结果;微机调速器通常不用外存储器。

2)电机/电液转换装置

微机调节器输出的数字/电气信号,要经过电机/电液转换装置转换为机械位移信号/液压信号,才能驱动机械液压系统,并进一步控制导叶/桨叶开度。

其中,电机转换元件,由步进电机(直流/交流伺服电机)、驱动器及其配套机构组成,将计算机输出的电脉冲信号直接转换为机械位移信号;电液转换元件将微机调节器输出的控制信号转换为压力油的流量变化及油流方向变化,如电液伺服阀、电液伺服比例阀等就是完成这种转换的典型元件。

3)机械液压系统

机械液压系统由液压控制元件、液压放大元件和执行元件等组成,主要将电机/电液转换元件输出的信号进行功率放大,进而驱动执行元件——接力器,控制水轮机导水机构,调节进入水轮机的流量,实现对机组转速或频率的调节控制。

液压控制元件采用液压传动的标准元件,主要有电磁换向阀、电液换向阀、电磁球阀、行程阀、单向阀、节流阀、溢流阀和插装阀等,用于构成紧急停机、手动操作、泄压等控制回路。

液压放大元件主要有主配压阀、液动阀、插装阀及电液比例阀等。

执行元件主要指接力器,其直接作用于导水机构,用于调节水轮机进水流量。

5.1.1.3　微机调速器的基本工作原理

上面介绍了微机调速器的组成,现仅以开机过程(按频率调节模式开机)为例说明其基本工作原理。

调速器接收到现地控制单元/操作员工作站发出的开机信号,微机调节器通过测频环节连续实时地测量机组频率(简称机频),与频率给定值(简称频给,是微机调速器的内部整定值,可在45~55 Hz调整,机组并网运行前,一般整定为50 Hz)进行比较,并将其差值送入CPU,并自动调用PI或PID调节规律子程序进行运算处理,判断出导叶接力器应达到的相对开度,产生一个与相对开度成比例的电气调节信号,经输出通道发出控制指令。该电气调节信号与位移反馈装置的电气反馈信号比较后,将差值信号送入放大电路,放大后的信号经电机/电液转换装置转变为机械位移信号/液压信号,再经机械液压系统功率放大后,推动接力器动作,改变导叶开度,调节进入水轮机的流量,从而调节机组转速/频率。

当实际频率低于给定频率时,放大电路输出的差值信号使接力器向开启方向移动而开大导叶开度,反之则使接力器向关闭方向移动关小导叶开度。同时,位移传感器将接力器的位移转变成电气信号,反馈至综合放大电路,若实际开度值等于上述相对开度,则电气调节信号与电气反馈信号大小相等方向相反,输入综合放大电路的信号为零,频率稳定在50 Hz,在其他并网条件也满足后,机组迅速并网,调节过程结束。

5.1.1.4　微机调速器实例分析

下面以GKT系列高油压可编程调速器为例分析微机调速器的工作原理。

1.调速器结构组成

GKT系列高油压可编程调速器电气系统原理如图5-2所示。电气部分包括可编程控制器、频率信号接口板、综合放大板、显示屏、电源系统、指示灯、按钮等,均布置于电气柜内,另有电气反馈装置通常安装于液压缸上。机械液压系统由油压装置、液压控制部分、管路及附件等构成,其系统原理如图5-3所示。

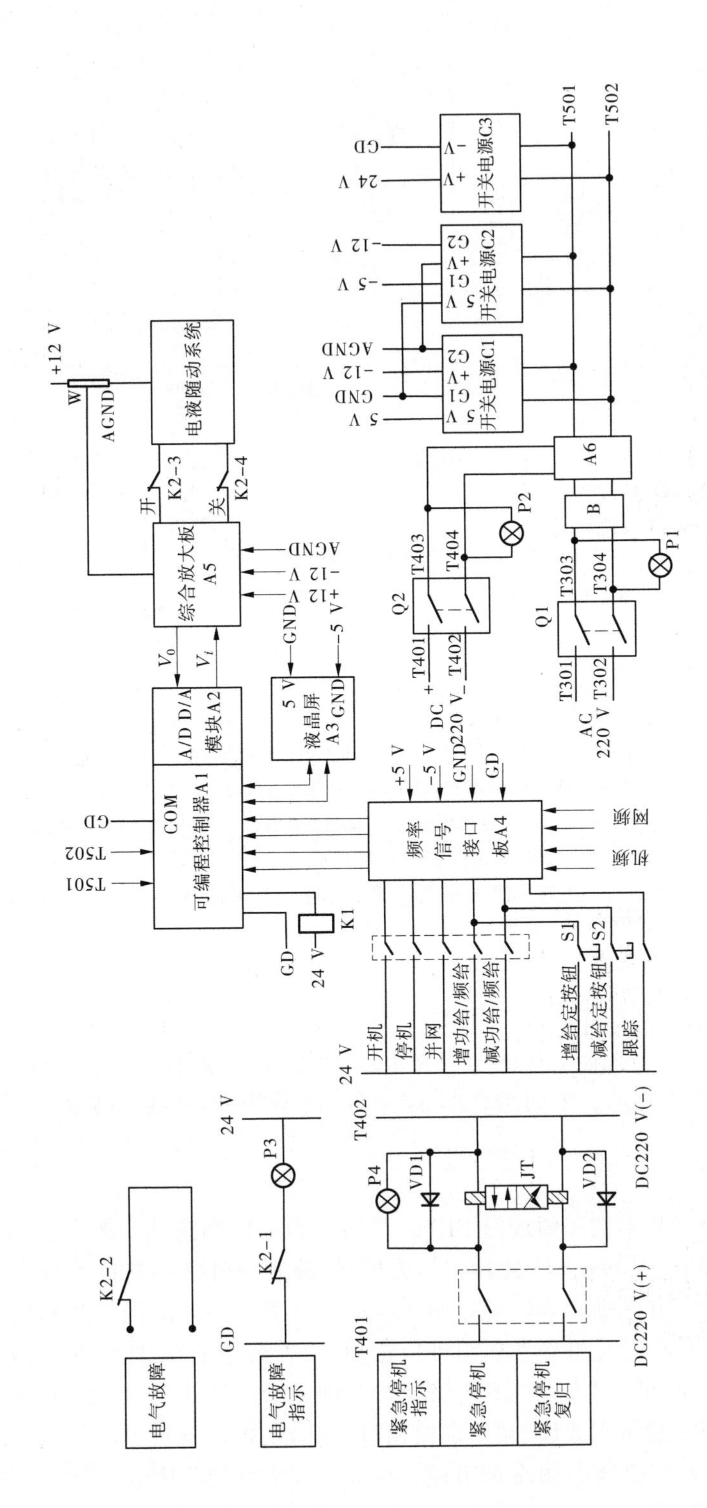

图 5-2　GKT 系列高油压可编程调速器电气系统原理

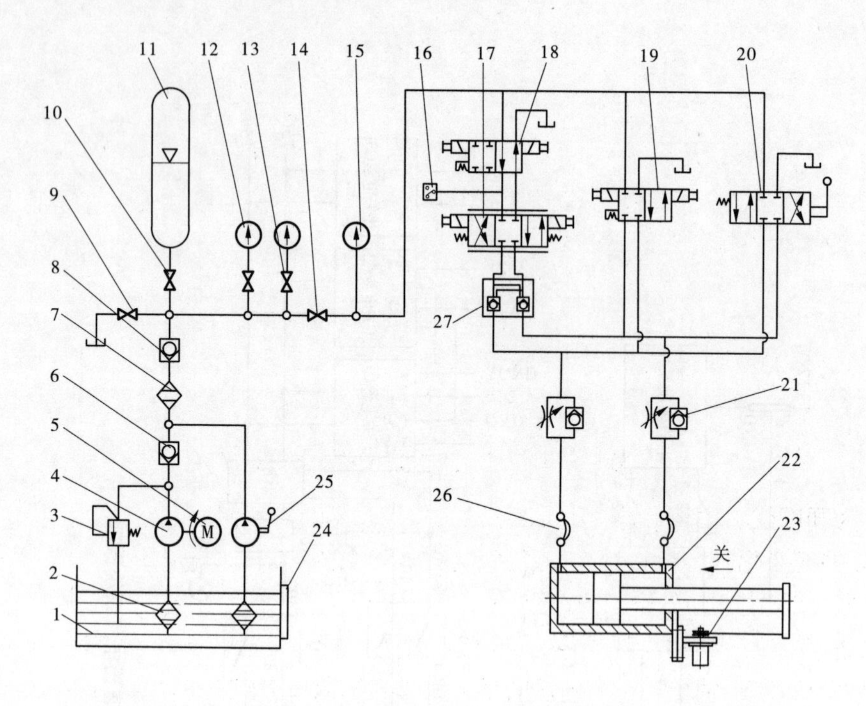

1—回油箱;2—吸油滤油器;3—安全阀;4—油泵;5—电机;6、8—单向阀;7—滤油器;
9—放油阀;10—截止阀;11—囊式蓄能器;12—电接点压力表;13—截止阀;14—主供油阀;
15—压力表;16—压力继电器;17—比例换向阀;18—手自动切换阀;19—紧急停机阀;
20—手动换向阀;21—单向节流阀;22—液压缸;23—反馈装置;24—液位计;25—手摇泵;
26—高压软管;27—液压锁

图 5-3 GKT 系列高油压调速器机械液压系统原理

2. 调速器工作原理

水轮发电机组有多种运行工况,在不同的工况下调速器需要采用不同的控制规律、控制结构和调节参数。调速器控制规律的形成和系统结构的改变由软件实现,GKT 系列高油压调速器原理如图 5-4 所示。下面结合图 5-2~图 5-4 分析 GKT 系列高油压调速器工作原理。

1) 自动调节

自动开机时,机频与频给的差值通过 PID 运算后传递到比例阀综合放大板。比例阀综合放大板将输入控制信号转换成比例阀开、关信号,控制导叶液压缸向开或关方向运动,直至机频等于频给。并网前永态转差系数 $b_p=0$,人工死区 $E=0$,调节参数为空载参数,保证了机组空载运行的稳定性。在机组开机过程中,频给等于 50 Hz。在空载运行过程中,若调速器的频率调节模式处于“不跟踪”状态,则频给值默认为 50 Hz,如需要改变频给值,则通过电控柜上的按钮或增、减给定按钮进行整定,也可通过上位机或自动准同期装置的指令增、减;若调速器的频率调节模式处于“跟踪”状态,则频给等于当前的网频,以实现机频自动跟踪网频。

并网后,频给自动整定为 50 Hz,b_p 值置为整定值以实现有差调节,切除微分即调速

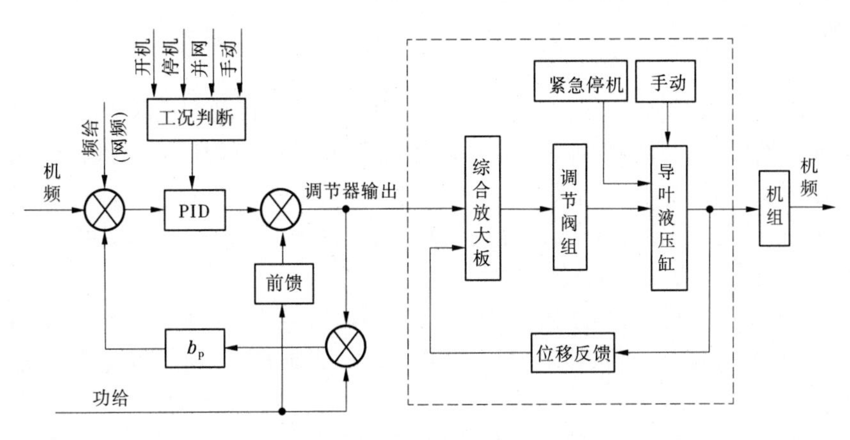

图5-4 GKT系列高油压调速器系统原理

器转换为开度或功率调节模式，并投入人工死区。此时导叶液压缸开度根据整定的 b_p 值，随频差而变化，并入同一电网的机组将按各自的 b_p 值自动分配功率。当上位机或电控柜的增、减给定按钮发出增、减负荷命令时，功率给定值相应变化，功给信号一方面通过前馈回路直接叠加于PID调节器的输出值，另一方面与调速器输出相比较，其差值通过 b_p 回路调整调节器输出。由于前馈信号的作用，负荷的增/减几乎与增/减操作同步。并网后如需改变频给，可通过液晶触摸屏修改。

自动停机时，给定频率将自动置于零，与自动开机的过程类似，机频与频给的差值通过PID运算并放大后，电液比例阀控制导叶液压缸快速关闭，直至机频为零。

2)手自动切换

人为手动和自动之间相互切换可随时无条件、无扰动地进行。并网自动运行时，当可编程调节器检测到电气故障，调速器自动切为手动，也就是将图5-3中手自动切换阀18切换到左位工作，将自动调节的比例阀控制油路切断，即调速器无扰动地切为手动运行，导叶液压缸保持原有开度。这时可用手动换向阀20进行手动增减控制。另外，也可根据需要由运行值守人员随时用电气柜上的切手动按钮将调速器切为手动运行。手动运行状态下，可编程调节器自动采集导叶液压缸位移传感器的反馈信号并使可编程调节器输出的调节信号与其相等。因此，也可随时用电气柜的切换按钮将调速器切至自动工况。

3)手动操作

手动操作一般在调试、首次开机和电气部分故障时采用。此时，调速器切为手动控制，操作手动换向阀(图5-3中20)，即可控制机组开、停或增、减负荷。

手动开机时，先操作手动换向阀的增按钮，使导叶开至启动开度；待转速升至80%后，将导叶关至空载开度附近，并根据机组转速细心调节导叶开度，使机组稳定于额定转速。并网后，操作手动换向阀即可手动增减负荷。

手动停机时，操作手动换向阀的减按钮，使导叶关至空载开度；与电网解列后，继续操作手动换向阀关闭导叶，直至停机。

对于装有手摇柱塞泵的调速器，在机组无电源而需要用手摇柱塞泵开机时，应先将蓄能器的截止阀关闭；在操作手摇柱塞泵供油的同时，根据需要操作手动操作阀，使导叶做开、关运动。

4) 紧急停机

自动工况下紧急停机时,图5-3中的紧急停机阀19、手自动切换阀18同时动作,紧急停机阀向导叶液压缸关机侧配油,使其快速全关;手自动切换阀切断电液比例阀油路,在液压锁的作用下,即使电液比例阀万一卡在开机侧,仍能紧急停机。手动工况下紧急停机时,手自动切换阀已将电液比例阀的油路切断,仅紧急停机电磁阀动作即可。

3. 高油压装置结构组成及工作原理

如图5-3所示,该调速器采用的油压装置为高油压装置,其额定油压为16 MPa,主要由回油箱、两套电机泵组、油源阀组、两个100 L囊式蓄能器和一组压力表计等部分构成,具体如下:

(1) 回油箱1用于储存液压油,并作为电机泵组、油源阀组、压力表计、控制阀组等的安装机体。

(2) 电机泵组由电机5、油泵4、吸油滤油器2等组成,电机为油压装置的动力源,高压齿轮泵用于产生压力油。

(3) 油源阀组由安全阀3、滤油器7、单向阀6、单向阀8及主供油阀14等组成,电机泵组输出的压力油经油源阀组控制、过滤后,输入囊式蓄能器备用。

(4) 囊式蓄能器11是一种油气隔离的压力容器,钢瓶上部有一只充有压缩氮气的丁腈橡胶囊,压力油从下部输入钢瓶后,压缩囊内的氮气,从而存储能量。

(5) 压力表15用于指示油源压力,电接点压力表12用于控制油泵电机的启停。当蓄能器和系统的油压降至工作压力的下限时,电接点压力表接点动作,通过控制电路使电机启动运转,经传动装置带动油泵开始工作,自回油箱内吸油;当油压上升至工作压力的上限时,电接点压力表接点动作,通过控制电路使电机停止运转,油泵停止泵油。

5.1.2 水轮机调速器常见事故/故障及其处理

微机调速器出现故障后,首先需判别是微机调节器故障、电机/电液转换装置故障还是机械液压放大系统故障,这样才能做到有的放矢,尽快地处理故障。具体哪一部分有故障,可通过自动、电手动、机手动操作是否能实现来初步判定。若机手动能正常动作,则表明机械液压放大系统工作基本正常;进一步若电手动工作正常,则表明电机/电液转换装置基本正常,反之则电机/电液转换装置工作异常。若电手动工作正常,而自动不能实现,很大可能是微机调节器出了问题。

此外,也常通过平衡表的指示来判别是电气部分还是机械部分出了问题。操作功给进行负荷的增减调整,若平衡表偏向开(关)侧的方向正确,但指针回零过程很缓慢或不回零,则可认定是机械部分故障,否则可判定是电气部分发生故障。

5.1.2.1 微机调节器事故/故障及其处理

微机调节器故障主要有:微机控制器参数设置不合适或模块故障;功率、水位、开度等传感器/变送器故障或二次回路断线;机频、网频回路断线等。微机调节器由于采用高可靠性的可编程控制器、可编程计算机控制器等作为调节器,并设计了少量的外围电路,电气部分故障率比较低,偶尔出现的异常现象大部分是由于接触不良和设置有误造成的,所

以运行中出现问题后,应先检查相应的电源和信号电缆是否连接正确,端子、插座是否牢固连接,测量信号是否正确等。常见的事故/故障举例如下。

1. 实例一:A 套调速器 PCC 模块故障

1)故障现象

某水电厂××年××月××日 01:07,监控系统报“1#机组调速器 B 套主用投入”事件。现场检查 1#机组调速器已切至 B 套主用。现地电调柜控制屏上“A 套调速器水头反馈故障、功率反馈故障、功率给定故障”灯均熄灭,监控通信状态灯熄灭。CCS 上 1#机组调速器监控画面上相应报警未报出。初步判断为 1#机组调速器 A 套小故障,A 套通信故障。

2)故障原因

1#机组调速器 A 套 PCC-IP161 模块故障,导致水头、功率反馈和功率给定无输出信号。

3)故障处理

1#机组调速器 A 套 PCC-IP161 模块产品质量问题,更换 1#机组调速器 A 套 PCC-IP161 故障模块,并做好备品备件储备。

2. 实例二:有功功率调节逻辑不完善致机组有功功率波动

1)故障现象

某水电厂××年××月××日 11:15,1#机组在开度模式下运行,有功设定值为 145 MW,有功实发值为 140 MW,水头为 18.6 m,导叶开度为 78.75%,桨叶开度为 99.5%。

11:15:51,运行人员重新下发有功设定值 144 MW 后,导叶逐步开至 100%,桨叶逐步开至 100%,机组出力逐步下降至 93.4 MW,机组剧烈振动。

11:18:18,运行人员重新下发有功设定值 130 MW 后,机组出力保持不变。

11:18:44,运行人员重新下发有功设定值 90 MW 后,导叶逐步关至 54.9%,导叶回关至 78%后,桨叶在协联的作用下也逐步关至 56.5%,机组出力由 93.4 MW 逐步上升至 144.6 MW,又逐步下降至 92.4 MW,后机组稳定运行。

2)故障原因

(1)根据水轮机预期运转特性曲线,在 18.6 m 的水头下,机组最大出力只能带 140 MW。当下发有功设定值 144 MW,此值超过最大出力值 140 MW,超出运转特性曲线,机组效率降低,从而导致机组的负荷降低。此时因有功偏差一直存在,监控系统下发的增导叶开度的脉冲也一直存在,从而使导叶和桨叶均逐步开至全开、机组出力逐步下降到 93.4 MW、机组振动。

(2)当 LCU 接收到新的设定值命令后,有功调节到死区范围内(2%额定出力),延时 20 s 后退出有功调节,在未收到新的设定值命令时,LCU 不再对导叶开度进行调节。

(3)根据当前 LCU 逻辑设计,当水头变化导致机组出力发生变化时,LCU 不会自动稳定机组负荷,无法满足电网辅助服务考核要求(偏差小于±2%),且在超过机组最大出力限制后,可能造成机组负荷大幅度波动。

(4)由于该水电厂水库库容小,水头变化频繁,监控系统和调速器控制系统中有功功率调节逻辑不完善,未根据水轮机预期运转特性曲线,设置不同水头下机组最大出力限制。

3）故障处理

（1）在人为下发有功设定值前，先检查当前的水头，根据水轮机预期运转特性曲线，下发有功设定值时不要超过当前水头下机组的最大出力。如果出现有功设定值超过当前水头下机组的最大出力，应立刻重新下发一个比当前负荷略小的有功设定值。

（2）在机组LCU中，修改有功设定值连续调节功能、调整有功调节死区、增加有功最大出力限制等控制逻辑。

（3）完善调速器控制系统中水头与导叶开度限制逻辑。

3. 调速器参数设置不合理导致增、减负荷缓慢

（1）故障现象：机组增、减负荷缓慢。

（2）故障原因：调节参数整定不当，缓冲时间常数 T_s、暂态转差系数 b_t 太大或比例增益 K_p 太小。

（3）故障处理：上述3个参数既影响系统的响应速度又影响系统的稳定性，应在保证调节系统有稳定余量的前提下，适当减小 T_s 和 b_t 或加大 K_p。

4. 实例三：微机调节器参数设置不合理导致机组有功功率波动

1）故障现象

某水电厂××年××月××日23：41，集控CCS上报“4#机组油压装置压力油压异常”和“4#机组油压装置辅助泵故障”报警信号，油压装置油压为5.69 MPa（额定油压6.3 MPa），4#机组负荷给定值460 MW，实测值在448～475 MW来回波动。23：53现场检查4#机组导叶波动，接力器小幅度来回抽动。压力油罐的油压和油位低于正常值，辅助油泵持续运行，但压力油罐的油压、油位没有升高。手动将辅助压油泵运行至“切除”位置，复归报警信号，主油泵自动启动打油至油压、油位正常。4#机组的有功功率由451.20 MW跳变至511.08 MW，导致全站AGC退出、4#机组有功闭环调节退出、4#机组电调自动方式退出。23：59集控CCS上投入4#机组有功闭环调节、电调自动方式。

2）故障原因

从现场检查和数据看，负荷波动为机组自行发起又自动恢复正常，整个负荷波动持续时间为43 min。从有功功率给定、有功功率、无功功率、导叶开度、蜗壳水压和尾水压等数据分析，在导叶开度和有功功率稳定时，蜗壳压力和尾水压力平稳，而在导叶开度和有功功率波动时，蜗壳压力和尾水压力也随之发生同周期振荡。分析4#机组有功功率发生振荡的原因是长引水管道中压力变化周期同调速器自振周期接近或为调速器自振周期的倍数，从而发生水力共振，其表现为水压周期与接力器摆动周期相同或成倍数关系。

3）故障处理

调速器调节性能受水头、蜗壳压力、尾水压力、调节参数等多种因素的影响，需对调速器调节性能进行进一步优化。

（1）将调速器控制系统中功率三段积分系数 l 由0.135改为0.125，破坏机组共振条件，经试验证明4#机组有功功率波动现象消失，调节正常。

（2）加强对调速器调节性能的技术优化研究。

5. 导叶反馈故障致机组空载过速

1）故障现象

机组空载运行中过速，甚至出现过速保护动作，紧急停机。

2）故障原因

（1）钢带断开。

（2）电位器与钢带之间活动脱节。

（3）导叶反馈接线断线。

（4）导叶反馈传感器有偏差。

（5）微机输出故障。

3）故障处理

（1）重新更换钢带。

（2）检查固定精密电位器轴的螺钉，将其锁紧。

（3）若导叶反馈无指示或一直指在某一值，但接力器一直开到全开，造成过速，可判断是导叶反馈断线，应检查反馈接线并恢复正常。

（4）若导叶反馈指示小于实际开度，造成空载转速总是高于额定转速，可判断是导叶反馈传感器有偏差，只要调整导叶反馈传感器，使实际开度与反馈指示值一致即可。

（5）若微机数字显示正常，而输出模拟指示为最大，可断定是微机输出 D/A 转换器故障，应更换板卡处理。

6. 导叶行程位置信号故障导致机组并网后无法正常带负荷

1）故障现象

机组已开机并网，但在操作员工作站无法让机组正常带上负荷。

2）故障原因

（1）调速器未收到发电机出口断路器合位信号，认为机组未并网运行，不允许继续开大导叶开度。

（2）操作员工作站与机组 LCU 的 PLC 间的通信故障，无法将操作员工作站的操作指令发至机组 LCU 来执行。

（3）导叶行程位置信号故障，如检修时将位置信号线接错，在并网的空载开度位置却发给机组 LCU 导叶开度“≥全开位”信号，机组 LCU 不允许再开大导叶，以致无法带上负荷。

3）故障处理

（1）尽快将机组停机进行处理。

（2）检查断路器在分位和合位两种状态下调速器所收到的断路器信号是否正确，排查断路器位置信号故障。

（3）检查操作员工作站与机组 LCU 的通信是否正常，确认操作员工作站与机组 LCU 的 PLC 通信正常。

（4）按微机调速器与监控系统电气接线图，检查机组 LCU 出口继电器及 LCU 屏上的手动控制开关的信号至调速器输入端子之间的电气线路，排查调速器输入控制信号回路故障。

(5)检查导叶行程位置开关接线是否有误,排查机组 LCU 的 PLC 不允许增加导叶开度的原因。

7. 实例四:开度传感器定位滑块故障致机组有功功率波动

1)故障现象

某水电厂××年××月××日 11:49:17 至 12:00:46 的 11 min 内,某水电厂 4#机组出现了 3 次有功功率波动,有功功率最大增至 753 MW。

2)故障原因

(1)调速器 A 套开度传感器开度定位滑块与支架的固定螺栓脱落,传感器定位滑块只能跟随导叶开度向关闭方向动作,无法向开启方向动作,不能反映导叶开度实际位置,调速器控制开环,造成异常调节。

(2)导叶开度传感器滑块固定螺栓存在松动隐患,未采取有效防松动措施。

(3)现场处置不当:机组负荷大幅度波动期间,在多次增减导叶开限均无法达到机组负荷控制目的时,未做出控制失控判断,导致负荷多次波动。

3)故障处理

(1)按照既定方案,认真完成所有机组传感器固定支架重新制作安装、调速器控制逻辑完善、监控系统报警功能完善等技术防范整改工作。

(2)认真吸取事件教训,加强检修维护工作责任意识、质量意识的自查教育,强化检修规程、标准、既定项目的执行,保证设备检修质量。

(3)进一步研究完善设备管理、检修质量验收的措施办法,切实发挥技术管理对检修、维护的保障作用。

(4)认真总结事件处置的经验教训,研究统一事件处置的工作要求,做好相关事故预想,做到处置步骤科学合理,确保事件处置果断、正确。

(5)结合电站运行控制模式调整,尽快制订运行监盘的重点内容及要求,保证监盘质量。

8. 实例五:水头反馈故障导致溜负荷

1)故障现象

某水电厂××年××月××日 16:13,CCS 报“3#机组调速器 A 水头故障发生,3#机组调速器 A 套一般故障发生,3#机组调速器 B 套要投入,3#机组有功可调复归,3#机组调节条件不满足动作,有功调节退出动作,3#机组调速器 B 套水头故障发生,3#机组调速器 B 套一般故障发生,3#机组水头(南瑞调速器 A 套)故障发生,3#机组下游水位传感器 3(南瑞调速器 A 套)故障发生,3#机组下游水位(南瑞调速器 A 套)反馈故障发生,3#机组水头(南瑞调速器 B 套)故障发生,3#机组下游水位传感器 3(南瑞调速器 B 套)故障发生,3#机组下游水位(南瑞调速器 B 套)反馈故障发生”报警信号。检查 3#机组有功调节退出,机组水头由 21.4 m 瞬间降为 11.48 m 并一直保持,当前水头下有功最大出力限制由 153 MW 下降为 64 MW,机组实际有功由 100.7 MW 溜至 53.9 MW 左右,全站总出力由 211 MW 溜至 166 MW。

2)故障原因

(1)3#机组调速器水头传感器产品质量问题。3#机组调速器控制系统下游水位传感

器3越限或断线故障，同时下游水位传感器1、2出现偏差故障，导致“三选二”机制生效，判断出A/B套水头故障从而切至人工水头。

(2)人工水头程序段存在不完善，导致人机界面中设定的20 m人工水头值在故障瞬间没有被程序段正确调取，而是异常下发了死水头值，从而导致水头瞬间从21.5 m变为11.48 m，引发后续桨叶协联及负荷下溜。

3)故障处理

(1)立即增加2#机组负荷维持全厂出力，停3#机组消缺。

(2)更换3#机组调速器控制系统下游水位1#、2#、3#水头传感器。

(3)针对人工水头设定值在水头故障时不能正确启用的程序进行优化。

(4)根据水头实际变化情况，优化越限报警筛除阈值，并引入变化速率的判断，当斜率大过某值时直接判断水头故障。

9.实例六：功率变送器故障导致全厂AGC退出

1)故障现象

某水电厂××年××月××日04:10，6#机组并网运行，CCS上报“6#机组AGC控制故障”“AGC程序退6#机组AGC模式信号”动“AGC有功设定值越限报警”“CCS上调节6#机组负荷，无法跟踪设定值(设定值312 MW，实测值471 MW，导叶开度59.19%)”。现场检查6#机组电调柜上有功功率功给为312 MW，功率为312 MW，1#导叶开度57.98%，2#导叶开度58.27%。

2)故障原因

主导工作的调速器功率变送器故障。

3)故障处理

(1)6#机组停机后，更换故障的功率变送器，经机组并网验证故障消除。

(2)加强对自动化元器件使用寿命的分析和研究。

(3)制订重要自动化元件定期检验和更换计划，对使用年限较长的重要自动化元器件需定期更换。

10.机频信号为零

1)故障现象

操作员工作站显示“ * #机组调速器故障”，机组LCU触摸屏报“调速器故障”，调速器显示机组频率值为零，“历史记录”画面中指示机频故障，调速器维持原位不动。

2)故障原因

在机组运行过程中，机组转速不为零，如果调速器所测的机组频率信号为零，可能的原因有以下几方面：

(1)调速器测频模块损坏。调速器测频模块损坏将导致调速器无法测量频率。

(2)发电机TV回路断线。调速器的机频信号一般取自发电机出口电压互感器TV，在TV出口处均装设有熔断器或空气开关再直接或转接至调速器柜端子处。TV二次回路短路导致空气开关跳开、二次回路接线端子松脱均会引起TV回路断线，导致调速器机频信号为零。

(3)隔离变压器损坏。机频信号到调速器后一般再经隔离变压器削弱高次谐波和过电压后再送至相应信号处理回路,从而减少高次谐波对机频信号测量精度的影响。隔离变压器损坏也是微机调速器常见的故障现象。

3)故障处理

(1)尽快将机组停机进行处理。

(2)检查调速器接线端子上机频信号输入端是否有电压(一般为 AC0.3~250 V)。如果没有电压,则是外部 TV 回路问题,应根据电气设计原理图,从调速器机频信号端子到 TV 逐步查找故障点,排查 TV 回路断线的原因;如有电压,继续以下处理。

(3)利用调速器备件,更换好的调速器测频模块,如故障消失,则确认是测频模块的问题。

(4)如更换测频模块故障仍然存在,则继续排查频率测量回路,特别是机频信号回路中的隔离变压器。

(5)以上方法如仍未能处理故障,则测量调速器 PLC 测频信号开入端是否有电压,如有电压,则可能是调速器 PLC 测频信号开入回路故障,需要更换 PLC 测频开入模块。

11. 开机过程中机频信号跳动,接力器跟随抖动

(1)故障现象:①开机过程中,机组转速达不到额定转速,残压过低;②机组空载,未投入励磁,机组大修后第一次开机,残压过低,机频信号出现跳动,接力器跟随抖动。

(2)故障原因:机组频率信号源受干扰。

(3)故障处理:机组频率信号应采用各自的带屏蔽的双绞线接到微机调速器,屏蔽层应可靠接地,频率信号不要与强动力电源线或脉冲信号线平行、靠近布置。

12. 自动开机时机组转速达不到额定值

1)故障现象

自动开机时机组转速达不到额定值。

2)故障原因

(1)机组频率测量或电网频率测量有问题。

(2)水头较低时,原整定的空载开度不能保证机组达到额定转速。

(3)水头监测值不正确或水头人工设定值不准确。当水头监测值或水头人工设定值高于实际水头值时,将导致自动按水头整定的空载开度比实际的空载开度小,致使机组开机后,转速达不到额定值。

(4)进水口拦污栅严重堵塞,造成水轮机实际工作水头下降,导致整定的空载开度比实际空载开度小,造成机组开机后转速达不到额定值。

3)故障处理

(1)检查频率测量环节,必要时更换板卡。

(2)增大空载开度并打开开限。

(3)对于水头监测值不正确或水头人工设定值不准确情况,主要是要改进水头监测的准确性;对于人工设定水头值,应根据实际水头正确整定。

(4)进水口拦污栅严重堵塞时,可适当增大空载开度,以保证机组达到额定转速。但要想从根本上解决问题,还要及时清污以防止拦污栅堵塞;同时要随时根据实际水头,重新设定空载开度。

13. 调速器抖动无明显规律

(1)故障现象:调速器抖动无明显规律似乎与机组运行振动区、运行人员操作有一定联系。

(2)故障原因:接线松动,接触不良。

(3)故障处理:检查调速器接线端子、电液转换器等电/机转换装置、导叶接力器变送器、机组功率变送器、水头变送器及调速器内部接线的连接情况,并加以处理。

14. 导叶接力器增大不到合理的最大开度

(1)故障现象:导叶接力器增大不到合理的最大开度。

(2)故障原因:①电气开度限制增大不到应有的最大值;②导叶反馈调整偏大。

(3)故障处理:①人工设定水头值高于实际水头值,使电气开限最大值偏小;②程序中的电气开度限制最大值的节点值小于应有值,修正上述节点值;③导叶反馈调整至合理。

15. 交流电源消失

1)故障现象

操作员工作站和机组 LCU 触摸屏显示“＊#机组交流电源消失”故障,调速器故障指示灯亮,交流电源指示灯灭,调速器维持原位不动。

2)故障原因

微机调速器正常工作时应有如图 5-5 所示的交、直流电源,在机组运行过程中出现调速器交流电源消失,调速器的供电会无扰动切换至直流电源,调速器的工作不受影响。引起调速器交流电源消失的原因有:①交流电源空气开关跳开;②端子松脱或断线。

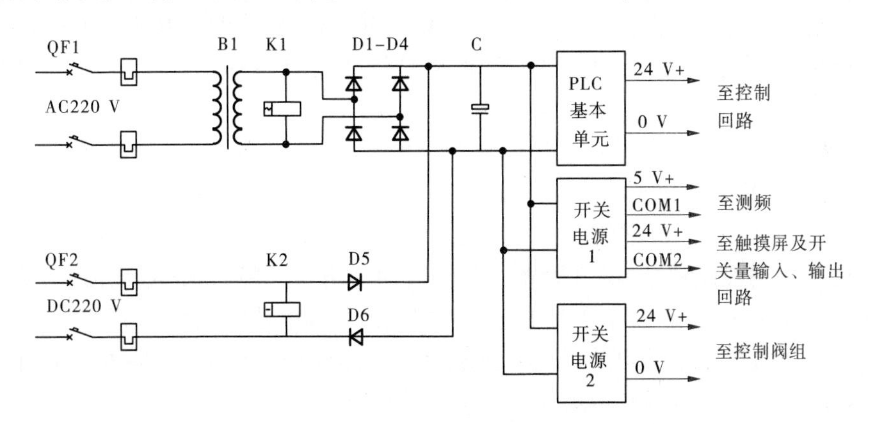

图 5-5　交、直流 220 V 电源双重供电系统接线图

3)故障处理

(1)检查调速器交流电源各配电空气开关是否跳开。若发现有空气开关跳开,应先判断是人为断开还是短路故障引起的空气开关自动分断。对于短路故障引起的空气开关分断,须要排查故障原因,处理后方可再次合上电源。

(2)根据电气原理图,从调速器交流电源端子处逐级往上查找故障点。

(3)排除故障后,可恢复调速器的交流电源供电。

(4)增大空载开度并打开开限。

16. 微机故障灯亮

(1)故障现象:微机故障灯亮。

(2)故障原因:微机运行异常。

(3)故障处理:有备用机的应切至备用机运行,公用部分故障或无备用机的可切换至手动运行,同时脱开电液转换器连接的杆座,一般对微机故障采取更换板卡法进行排除。

17. 电调柜电源指示灯灭

(1)故障现象:电调柜电源指示灯灭。

(2)故障原因:电源回路断开。

(3)故障处理:如果是电调工作电源消失,则应检查备用电源是否投入,若同时失去工作电源与备用电源,应将调速器切手动运行,查明失电原因,并恢复供电。

18. 给上电源后电气故障灯亮

1)故障现象

给上电源后电气故障灯亮。

2)故障原因

(1)可编程控制器的运行开关未置于"RUN"位置。

(2)可编程控制器故障,此时可编程故障灯亮,导致这种故障的还有多种原因,其中主要的有可编程各模块故障、程序运行超时、状态 RAM 故障、时钟故障等。

(3)"电气故障"继电器接点粘连或继电器损坏。

(4)测频故障导致"电气故障"灯亮,不过这种情况多数伴有"测频故障"信号报警。

3)故障处理

(1)此时可观察可编程控制器"运行"(RUN)灯是否亮。如果"RUN"灯未亮,说明可编程控制器没有投入运行,出现电气故障灯亮是可能的,只要把运行开关切到"RUN"即可。

(2)此时一般应先切手动,暂停运行,过一会儿再重新启动,如果不是常驻性故障,可能是瞬时受异常干扰所致,通常重启后恢复正常。如果是常驻性故障,应检查相关模块运行指示灯是否正常,对不正常的模块应进行更换。

(3)检查可编程控制器"电气故障"端子是否有"电气故障"的信号输出(可观察对应可编程控制器输出端口指示灯是否亮),即可判断是否继电器的问题。

(4)按相关报警信号查找对应电气回路接线有无断线、松动,相关电气元件有无故障。

19. 实例七:一次调频 b_p 参数异常造成机组溜负荷

背景:某水电站共装有 3 台混流式水轮发电机组,总装机容量 30 万 kW,电厂主接线为双母。事件发生前,3#机组负荷 80 MW,机组处于额定转速下运行,AGC 投入、AVC 投入。1#、2#机组备用,3#机组带 50 MW 负荷并网运行,1#、2#、3#主变运行。220 kV 线路运行正常,10 kV 厂用电Ⅰ、Ⅱ、Ⅲ段母线均为分段运行,400 V 厂用电 A、B、C 段独立带电运行。

1)故障现象

(1)××年××月××日 14:38 地调下令"某电厂开一台机,出力带 50 MW",该电厂开启

3#机组运行,14:45 3#机组出口031断路器合闸,3#机组有功负荷增加至50 MW左右,投入全厂AVC,全厂AGC未投入。

(2)14:53发现3#机组有功实发值从50 MW变至38 MW左右,且有功继续下降,有功调节和功率模式同时退出。

2)故障原因

3#机组调速器在“A机”自动模式运行,有故障后自动切至“B机”运行,由功率模式切至开度模式,因B机一次调频b_p参数异常($b_p=0$,A机$b_p=4\%$)造成溜负荷;3#机组调速器B套一次调频b_p参数变化可能为CPU自检重启所致。

3)故障处理

(1)立即投入有功调节和功率模式,再次给定有功设定值50 MW,监视有功实发值未能正常增加至50 MW,相反有功实发值在继续下降。

(2)现场检查3#机组调速器在“B机”自动模式运行,触摸屏“故障”指示灯闪烁,点击故障显示为“A机机端PT故障”,同时汇报值长发现有故障,值长令将故障复归,操作故障复归按钮未能复归故障,操作切换“A机”和“B机”按钮,故障复归。

(3)接值长令,现场在电气调速器柜上将“自动”切为“手动”,按导叶“增加”“减少”按钮,手动增加3#机组负荷至50 MW,并汇报专业人员及领导。

(4)将3#机组调速器B套一次调频b_p参数由0改为4%。将“B机”手动模式切至“A机”手动模式,再切“A机”自动模式,上位机增、减3#机组负荷正常。上位机投入功率模式,增减3#机组负荷正常。

5.1.2.2 电液/电机转换装置事故/故障及其处理

1. 引导阀发卡

1)故障现象

(1)开机时引导阀发卡,接力器不动,机组不能开机。

(2)开机过程中引导阀发卡,导致机组开机时转速不能上升或机组过速。

(3)机组并网运行时引导阀发卡,功率给定调负荷时接力器拒动,负荷不变。

2)故障原因

(1)油路内有水锈、油内有脏东西卡住。

(2)引导阀装配不良或上下不同心。

3)故障处理

(1)开机时引导阀发卡,导致机组不能开机,应将调速器切“机手动”控制,用手柄下压引导阀/电磁换向阀,并观察引导阀/电磁换向阀是否自动复中。若能自动复中,则可继续开机,否则通知维护值班人员检查处理。

(2)开机过程中引导阀发卡,导致机组开机过速,立即将调速器切“机手动”控制,用手柄将导叶开度压到空载开度。若用手柄无法控制开度或转速上升过快导致过速保护动作,则按过速保护动作处理。

(3)机组并网运行中大幅度调整负荷时导叶引导阀发卡,致使导叶全关,立即将调速器切“机手动”控制,用手柄将导叶开度开到空载开度,如用手柄无法控制开度,则应立即联系集控中心/上级调度解列停机,停机后通知维护/检修人员检查处理。

2. 功率给定调负荷时接力器拒动,负荷不变

(1)故障现象:功率给定调负荷时接力器拒动,负荷不变。

(2)故障原因:电液转换器卡紧或接线断开、功率给定单元故障,致使功给变化的信号传输中断。

(3)故障处理:应检查电液转换器或功给单元并做处理。

3. 溜负荷或自行增负荷

1)故障现象

无手动或自动调整负荷命令时,机组自行增负荷或减负荷(溜负荷)。

2)故障原因

(1)电液转换器发卡。

(2)工作线圈断线、接地。

(3)微机 D/A 转换器故障。

(4)调相令节点有干扰信号或与外壳短路。

(5)微机 CPU 故障。

(6)调速器电源有接地现象。

(7)机组运行点特殊。

(8)微机调或电调的综合放大器开启/关闭方向功率放大三极管损坏,将造成调速器不能开/关,但只能关/开。这种情况遇到干扰或系统频率稍微升高/降低一点时,调速器则自行关小/开大导叶,使机组卸掉/增加部分负荷。但当系统频率稍低/稍高一点时,它又不能开大/关小导叶,增加/减少负荷。

(9)运行中当导叶反馈传感器因锁紧定位螺钉松动而移位,致使传感器输出的反馈值比实际导叶开度大,并网运行机组将自行卸掉部分负荷。

3)故障处理

(1)电液转换器发卡是调速器溜负荷或自行增负荷的主要原因之一。若卡在关机侧,则造成全溜负荷,导叶关到零;若卡于开机侧,则使接力器开启,导致自行增负荷,直到限制开度。这种情况应当先切至机械手动,再检查并排除电液转换元件卡阻现象(如对电液伺服阀解体清洗,组装调试),同时还应切换并清洗滤油器。

(2)电液转换器工作线圈断线时,调节信号为零,若电液伺服阀的平衡位置偏关,则接力器要减小某一开度,造成溜负荷;若其平衡位置偏开,则接力器开启,造成自行增负荷。处理方法也是检查电液转换器线圈,排除故障。

(3)D/A 转换器输出减少或为零,应更换 D/A 转换器板卡。

(4)检查调相令节点,排除干扰或短路故障。

(5)检查微机 CPU,必要时更换 CPU。

(6)用万用表(不能用绝缘电阻表)逐个检查微机调速器电源、电液转换器线圈,排除接地现象(对地电阻一般均在 5 MΩ 以上)。

(7)通过调整工况参数等避免机组运行于以下的特殊点:接近发电机最大出力点处,且功角 δ 接近 90°(此点运行时若频率下降,水轮机将要增大出力,主动力矩增加,而发电机功角不能突变,再加上在励磁系统强励特性不好的情况下,反而导致发电机功率下降,

而溜掉部分负荷。若机组主动力矩增加过多,超过发电机极限功率,将使发电机失步而产生连锁反应,负荷可能全部溜光)。

(8)对于综合放大三级管开启/关闭方向功率放大三级管损坏情况,可以人为增减功率给定,检查接力器开度能否增大或减少,就可判别是否综合放大器功率放大三极管损坏。对损坏的功率放大三极管应在停机或切机械手动运行时进行更换。

(9)对于导叶反馈传感器移位情况,应检查反馈传感器输出电平与导叶接力器实际行程。若二者不一致,且实际接力器行程小,则先将调速器切机械手动,再调整反馈传感器,使其输出反馈电平与接力器相一致,再锁紧定位螺钉(最好在停机时进行调整)。

4. 实例一:导叶伺服比例阀发卡,导致机组过速停机

1)故障现象

某电站总装机 3×150 MW,采用比例伺服阀控制的双调节电液调速器。××月××日 08:33,运行人员在2#机组自动开机并网过程中,机组开至空转后残压测频发生故障,导叶来回开关,调速器油压迅速下降,备用油泵启动,机组一级 115%n_e(n_e 为机组额定转速)过速动作,二级 153%n_e 过速动作,机组紧急停机。

2)故障原因

(1)2#机组自动开机后,发电机出口 PT 二次回路 A 相保险接触不良,导致调速器测频回路异常,测频信号一直在 15~33 Hz 和 33~50 Hz 波动,导致机组频繁开关,调速器油压迅速下降。

(2)随后,导叶伺服比例阀压力油中因混有细小的颗粒状物质发卡,调速器主配压阀一直往开的方向运动,致使导叶失去控制并超出电气开限设定,转速急剧上升,机组 115%n_e 过速动作,调速器收到关导叶命令后,主配压阀发卡拒动,延时 2 s 后动作事故配压阀停机。

(3)在关导叶过程中由于机组的惯性,机组转速超过了 153%n_e,二级过速保护再次动作事故配压阀,机组紧急停机。

3)故障处理

(1)监视机组停机过程,必要时手动帮助。

(2)停机后对调速器中的油进行过滤及更换。

5.1.2.3 机械液压放大系统事故、故障及其处理

1. 主配压阀卡死

(1)故障现象:手动或自动增加负荷或导叶开度时,导叶开度或负荷不变。

(2)故障原因:①油路内有水锈、油内有脏东西卡住;②辅助接力器装配不良或上下不同心。

(3)故障处理:①进行油的净化和过滤。②重新装配,使主配压阀和辅助接力器相互同心。

2. 主配压阀开机时振动

(1)故障现象:主配压阀开机时振动。

(2)故障原因:①油管路或液压阀中存在空气;②主配压阀放大系数过大。

(3)故障处理:①通过观察油管路或液压有关部位有无油气泡,鉴别是否存在空气,

可在机组停机和主阀关闭的情况下将调速器切为手动控制,多次移动配压阀和接力器活塞排除内部空气;②核算放大系数,改善杆件的传递比。

3. 实例一:主配压阀严重故障导致事故停机

1)事故现象

(1)某水电厂××年 5 月 26 日 07:47,4#机组带 560 MW 负荷,5#机组负荷由 540 MW 至 560 MW 调整过程中集控 CCS 上报:"4#机组调速器一般故障""4#机组调速器 A 套比例阀故障(SJ30)""4#机组调速器 A 套导叶比例阀故障(SJ30)""4#机组调速器 A 套导叶侧大故障(SJ30)""4#机组调速器 A 套主用退出""4#机组调速器自动控制退出""4#机组调速器功率模式退出""4#机组调节条件不满足动作,有功调节动作退出",之后"4#机组调速器切至 B 套主用""4#机组调速器自动控制投入""4#机组调速器功率模式自动投入",令值班员将 4#机组有功调节投入。4#机组负荷自动由 560 MW 降至 553 MW(因调速器自动切换至 B 套后,机组有功调节功能退出,调速器 B 套有功设定值自动跟踪实测值 553 MW)。

(2)07:48 至 07:52,现场检查 4#机组电调柜上一般故障灯点亮,显示屏上显示"调速器事故(A)""导叶侧大故障(A)""比例阀故障(A)",4#机组调速器已切至 B 套且运行正常。4#机组负荷调整由 553 MW 设定为 560 MW,负荷实测值跟踪设定值正常。

(3)07:54,CCS 上报"4#机组调速器自动控制退出""4#机组调速器控制模式开度""4#机组调速器控制模式功率退出""4#机组调速器大网运行模式退出""4#机组空转态至空载态条件满足退出""4#机组调速器严重故障""4#机组调速器有功可调退出""4#机组有机械事故停机启动信号""4#机组调速器 B 套导叶比例阀故障""4#机组调速器 B 套导叶侧大故障(SJ30)""4#机组调速器紧急停机阀动作""4#机组调速器电调柜急停阀动作""全厂总事故"。

2)事故原因

(1)检查发现调速器主配压阀衬套内壁在中位附近沿内壁周向方向有磨损现象,主配压阀衬套中间位置直径偏大,在中位偏开位约 2 mm 处衬套内壁形成一处微小"台阶",使得主配压阀阀芯在小开度移动时有卡阻现象。

(2)主配压阀阀芯、主配压阀控制辅助活塞磨损导致内泄偏大,最终造成主配压阀在调节时跟随性较差,特别是在小开度缓慢动作时出现卡阻,调速器调节失败。

3)事故处理

(1)07:47 令值班员现场检查 4#机组调速器报警情况。

(2)07:48 通知自动班:"07:47 4#机组调速器 A 套比例阀故障,现 4#机组调速器自动切至 B 套运行",令其现场检查。

(3)07:50 值班员现场检查汇报:4#机组电调柜上一般故障灯点亮、显示屏上显示"调速器事故(A)""导叶侧大故障(A)""比例阀故障(A)",4#机组调速器已切至 B 套且运行正常。

(4)07:52 令值班员将 4#机组负荷调整由 553 MW 设定为 560 MW,负荷实测值跟踪设定值正常。

(5)07:54CCS 上报"4#机组调速器 B 套导叶比例阀故障""4#机组调速器 B 套导叶侧

大故障(SJ30)”“4#机组调速器紧急停机阀动作”“4#机组调速器电调柜急停阀动作”“全厂总事故”。令值班员吕某监视 4#机组停机流程。

(6)07:54 汇报集控中心:4#机组调速器严重故障启动机械事故停机流程,4#机组故障跳闸停机(07:54 4F 解列),4#机组甩负荷 560 MW。

(7)07:55 申请集控中心同意:3F 由冷备用转运行;安稳装置 1、2 加切 3F。

(8)08:07 值班员汇报:4#机组停机态到达,停机过程正常,4#机组甩负荷后机组未过速(转速最高升至 101.94%),检查无明显异常。

(9)08:12 汇报集控中心:3F 由冷备用转运行;安稳装置 1、2 加切 3F 已执行完毕(08:02 3F 并网),全厂负荷已经恢复至正常曲线 2 480 MW。

(10)08:13 将 4#机组调速器严重故障跳闸停机情况汇报运行相关领导。

(11)09:09 申请集控中心同意:4F 由热备用转冷备用;安稳装置 1、2 停切 4F。09:32 执行完毕,汇报集控中心。

(12)10:20 将《申请 4#机组跳闸停机故障检查处理的情况说明》及“紧急检修申请单”传至集控中心。

(13)10:38 集控中心令:4#机组由冷备用转检修态;11:40 执行完毕,汇报集控中心。

(14)12:18 集控中心令:4#机组“紧急检修申请单”开工。

(15)05 月 28 日 20:44 4#机组开机至空载。

(16)21:48 配合完成 4#机组调速器空载试验。

(17)22:04 检修处理情况:

机械班处理情况交代:

①4#机组调速器隔离阀至主配压阀主管路、主配压阀至事故配压阀主管路、事故配压阀至主接力器主管路分解检查无异常,现已回装完成。

②4#机组调速器液压系统控制油路、控制油路过滤器分解检查无异常,现已回装完成。

③4#机组调速器事故配压阀分解检查无异物,用内窥镜检查与事故配压阀相连的管路,未发现异物,现已回装完成。

④4#机组调速器控制油路各阀组分解检查(包括比例伺服阀、手自动切换阀、紧急停机电磁阀、A/B 套切换阀),均未发现有异物;用压缩气吹扫控制阀块的油孔,未发现阀块内有异物,现已全部回装完成。

⑤4#机组调速器主接力器开、关腔供排油管路拆卸检查无异常,1#、2#接力器油缸用内窥镜检查发现底部有少量油泥、锈迹、油漆粉末等杂质,现已清理干净,管路回装已完成。

⑥4#机组调速器主配压阀分解检查。检查中发现调速器主配压阀衬套内壁在中位附近沿内壁周向方向有磨损现象,主配压阀衬套中间位置直径偏大,在中位偏开位约 2 mm 处衬套内壁形成一处微小“台阶”,使得主配压阀阀芯在小开度移动时有卡阻现象,同时主配压阀阀芯、主配压阀控制辅助活塞磨损导致内泄偏大,最终造成主配压阀在调节时跟随性较差,特别是在小开度缓慢动作时出现卡阻,调速器调节失败。现已将 4#机组调速器主配压阀更换为新的同型号主配压阀,并静水调试合格。

⑦4#机组调速器系统检查工作已全部完成,具备投运条件。

自动班处理情况交代:

①调速器A、B套PCC状态检查,PCC电源正常、通信正常、各控制模块状态指示灯正常。

②调速器电气柜内各路供电电源及电源模块输入、输出值检查,正常。

③检查调速器控制系统A、B套PCC开关量及模拟量输入、输出信号状态,各个信号采集正常。

④检查调速器控制系统AI、AO通道采样,各通道校验正常。

⑤检查调速器A、B套比例阀控制电缆绝缘,A、B套比例阀电缆线间及线芯对地绝缘均正常。

⑥检查调速器控制系统A、B套比例阀输出信号至比例阀插把末端,分别开出4 mA、12 mA、20 mA信号,比例阀插把末端D、E引脚(控制信号),测量值正常。

⑦检查A、B套比例阀插把末端A、B引脚(供电电源),测量值正常。

⑧检查A、B套比例阀放大板主配压阀位移反馈信号、比例阀反馈信号、供电电源均正常。

⑨调速器控制系统A套主配压阀电气零位:4.153 mV,B套主配压阀电气零位:8.301 mV。

⑩调速器静态导叶动作模拟试验,试验结果正常。

⑪调速器控制系统空载扰动试验,试验结果。

⑫《临时取消4#机组调速器严重故障启动机械事故停机流程实施方案》已执行,试验验证结果正常。

⑬4#机组调速器系统检查工作已全部完成,具备投运条件。

(18)22:15汇报集控中心:4#机组消缺工作已完成,"紧急检修申请单"(4#机组故障跳闸检查处理)具备报完工条件,并将《关于4#机组调速器故障导致机组跳闸的检查及处理情况说明》传真至集控中心。

(19)23:58集控中心令:"紧急检修申请单"(4#机组故障跳闸检查处理)完工。微信通知相关领导。

4. 受油器甩油

1)故障现象

受油器甩油量异常增大或减小,调速器压油泵启动频繁。

2)故障原因

(1)机组负荷调整频繁。

(2)机组振动过大。

(3)桨叶主配压阀、接力器频繁抽动。

(4)浮动瓦间隙不正常。

3)故障处理

(1)若发现甩油量异常增大,则调速器压油泵启动频次增加,检查机组是否正在进行负荷调整、桨叶主配压阀有无抽动、桨叶协联关系是否正常、上导摆度是否异常增大。

(2)若桨叶主配压阀、接力器频繁抽动,检查抽动原因并处理。

(3)若桨叶协联关系被破坏,调整协联关系正常。

(4)若由上导摆度异常增大引起,调整机组负荷,无效时申请停机处理。

(5)若以上处理无效,通知维护/检修人员检查浮动瓦间隙是否过大并处理。

(6)若甩油量异常减小,测量浮动瓦温度是否明显上升。若上升趋势明显,联系停机,并通知维护/检修人员检查浮动瓦间隙是否过小并处理。

5.1.2.4 其他原因引起的事故、故障及其处理

除调速器自身故障外,还可能因电网频率波动,水力或电磁振荡与调速器形成共振、机组自身性能下降等原因造成事故、故障,具体实例分析如下。

1. 转速和出力周期性摆动

1)故障现象

机组并网运行(承担调频任务或在孤立电网中)时,转速和出力周期性摆动。

2)故障原因

(1)电网频率波动。

(2)转子电磁振荡与调速器共振。

(3)机组引水管道水压波动与调速器发生共振。

3)故障处理

(1)用示波器录制导叶接力器位移和电网频率波动的波形,比较两者波动的频率,如果一致,则为因电网频率波动所引起的。此时应从整个电网来分析解决频率波动问题,其中对调频机组的水轮机调速器性能及其参数整定,应重点分析。

(2)用示波器录制发电机转子电流、电压、调速器自振荡频率和接力器行程摆动的波形,将之进行比较即可判定是否为共振,可用改变缓冲时间常数 T_d 以改变调速器自振频率的办法来解决。

(3)机组引水管道水压波动与调速器发生共振时,通过改变缓冲时间常数 T_d 或积分增益 K_i 来消除水压波动与调速器间的共振。

2. 转速和出力非周期摆动

1)故障现象

机组并网运行(承担调频任务或在孤立电网中)转速和出力非周期摆动。

2)故障原因

(1)并列的多台机组调速器的永态转差系数 b_p 整定得太小,而且各台机组的转速死区和缓冲时间常数 T_d 不相同甚至相差很大。

(2)水轮机空蚀、转桨式水轮机协联破坏引起效率突然下降。

(3)电液转换器油压漂移。

(4)调速器反馈系统存在非线性,或反馈传感器在某区域接触不良。反馈系统存在的非线性,相当于反馈信号强弱随着接力器行程不是线性变化;而反馈传感器在某区域接触不良,可能导致反馈信号时有时无。这些都将导致产生不正常的调节信号,如果这种情况恰好在空载开度范围内,则将引起空载接力器和机组频率的非周期摆动。

(5)调速器伺服系统油路(尤其是主配压阀至接力器油管路)中存在空气,使调节中

空气受压缩,而调节结束时,受压缩的空气膨胀,导致压力下降,致使接力器活塞两腔压力不平衡,引起接力器摆动。

3)故障处理

(1)多台并列运行机组同时产生接力器及负荷摆动时,应将大部分机组,尤其是死区较大的机组的 b_p 值增大,并尽可能使各台机组的 T_d 值相等或接近相等,一般即可稳定。

(2)效率突然下降引起摆动时应密切监视调节系统的调节趋稳过程,一般可自行趋于稳定,暂不处理,待停机时再处理。信号干扰引起偶然摆动时也不需处理。

(3)更换合格的电液转换器,要求达到油压在正常变化范围内变化时所引起的主接力器位移偏差不大于全行程的5%。

(4)对于调速器反馈系统存在非线性或某区域接触不良的情况,重新进行整机静态特性测试,检查非线性和反馈传感器工作情况,找出具体原因,加以解决。

(5)对于调速器伺服系统油路中存在空气的情况,可在机组停机和主阀关闭的情况下,将调速器切为手动控制,然后手动操作使接力器活塞来回移动几次,以排除油路中残存的空气。

3. 实例一:调速器在自动方式下桨叶开度值波动

1)故障现象

××年××月××日 00:13:12,某水电厂 1#机组调速器在自动方式下,未调整负荷时桨叶开度值有波动,桨叶主配伺服阀处有明显的油流声音。

2)故障原因

(1)厂家对桨叶、导叶主配伺服阀反馈信号抗干扰因素和能力考虑得不周全,电缆型号选用不符合相关标准规定。1#机组导叶,桨叶主配伺服阀 1、2 反馈模拟量信号电缆选用的型号不对,不应选用 ZA-KVVP 阻燃 A 级聚氯乙烯绝缘聚氯乙烯护套铜丝编织屏蔽电缆,应选用 ZA-DJVPVP 阻燃 A 级聚氯乙烯绝缘铜丝编织分屏铜丝编织总屏聚氯乙烯护套计算机电缆。因两种型号的电缆芯结构不同,分布电容不同,传输的信号类型也不同。ZA-DJVPVP 电缆主要用于数字信号传输的计算机电缆,其既有分屏蔽又有总屏蔽,抗干扰性比较强。

(2)现场技术人员对安装施工把关不严,对技术问题考虑得不深入。

3)故障处理

将 1#机组导叶、桨叶主配伺服阀 1、2 反馈模拟量信号电缆更换为抗干扰能力强的数字传输专用电缆,更换后的电缆型号为 ZA-DJVPVP。

4. 实例二:1F、4F 接力器液压锁锭拔出行程开关不到位,导致开机失败

1)故障现象

某水电厂××年 6 月 30 日 1F、4F 接力器液压锁锭拔出行程开关不到位,导致开机失败,1F、4FCCS 上报信号具体如下:

(1)1#机组 CCS 上报信号:02:54:20“1#机组发电操作”;02:59:38“1#机组转速未升至 $95\%n_e$,流程退出”;03:05:24“1#机组发电操作”;03:05:32“1#机组接力器自动锁锭未拔出,流程退出”;03:08:32“1#机组接力器自动锁锭拔出”;03:09:28“1#机组发电操作”;03:09:35“1#机组接力器自动锁锭未拔出,流程退出”;03:14:42“1#机组拔出接力器自动锁锭操作(上

位机)”;03:16:06“1#机组接力器自动锁锭投入测点退出(上位机)”;03:17:46“1#机组发电操作”;03:17:53“1#机组接力器自动锁锭未拔出,流程退出”;03:32:55“1#机组接力器自动锁锭拔出”;03:36:38“1#机组发电操作”;03:39:38“1#机组出口开关201合位”。

(2)4#机组CCS上报信号:03:06:48“4#机组发电操作”;03:07:14“4#机组转速未升至95%n_e,流程退出”;中间过程与1#机组信号类似;03:37:42“4#机组接力器自动锁锭拔出”;03:39:25“4#机组发电操作”;03:43:43“4#机组出口开关204合位”。

2)故障原因

液压锁锭行程开关松动,导致拔出接点行程不到位(实际锁锭已退出),致使监控无法收到锁锭拔出信号,从而造成开机流程失败。

3)故障处理

(1)02:57监盘发现1#机组导叶未打开,转速无变化,令值班员立即检查1#机组调速器、励磁系统运行情况,汇报集控。

(2)02:59通知检修部立即派相应检修班组现场检查处理。

(3)03:00令水情人员做好泄洪预警准备,令值班员做好闸门操作准备。

(4)03:04监盘人员汇报:开机流程中显示1#机组液压锁锭已拔出,但是调速器画面中锁锭拔出、投入指示灯均不亮。

(5)03:05值班员汇报:1#机组调速器、励磁系统运行正常,无相关报警,令其手动恢复1#机组液压锁锭行程接点。

(6)03:08 1#机组接力器自动锁锭拔出接点到达,汇报集控。

(7)03:09集控开4#机组失败,同样因为液压锁锭问题,通知值班员继续检查处理4#机组液压锁锭问题。

(8)03:14上位机:1#机组拔出接力器自动锁锭操作无效果。

(9)03:15申请集控中心同意:将拦河闸坝3#工作闸门由1.2 m开启至1.50 m,1#、5#工作闸门由1.0 m开启至1.50 m。通知拦河闸坝值班员现场监视操作;03:23执行完毕,下泄增加150 m^3/s汇报集控中心。

(10)03:16上位机操作:“1#机组接力器自动锁锭投入”测点退出,无效果。

(11)03:20值班员汇报:4#机组接力器液压锁锭行程开关严重错位,告知暂不操作,待检修班组达到后配合操作。

(12)03:21上位机操作:“1#机组接力器自动锁锭投入”测点投入。

(13)03:25机械班成员到达现场,分别对1#机组、4#机组液压锁锭进行纯手动操作后并紧固行程开关螺栓,03:37处理完成,汇报集控中心可以进行开机操作。

(14)03:39 1#机组并网正常,03:43 4#机组并网正常。

(15)03:45申请集控中心同意:将拦河闸坝1#、5#、3#工作门由1.50 m关至1.20 m。通知拦河闸坝值班员现场监视操作;04:11执行完毕,汇报集控中心。

(16)07:20将上述情况汇报相关领导。

(17)为了避免上述事件再次发生,建议:①对接力器液压锁锭机械方面进行改造;②列入定期工作,定期对接力器液压锁锭进行检查并紧固处理;③对开机流程进一步进行研究、优化。

5. 频率异常保护动作

(1)故障现象:①监控系统有发电机频率异常保护动作报警。②机组频率过高,现地发电机保护屏频率异常保护动作。③发电机出口断路器、灭磁开关跳闸,机组空转。

(2)故障原因:①调速器故障。②系统和机组发生振荡。③保护误动。

(3)故障处理:①检查是否为机组调速器故障引起,若是调速器故障,机组出口开关已跳闸,停机,通知维护检修人员处理。②检查系统和机组有无发生振荡,若有,按振荡故障处理。③判明是否保护误动,若是,通知维护检修人员处理。

5.2 励磁装置常见事故及其处理

5.2.1 励磁装置基本知识

5.2.1.1 励磁系统作用及分类

1. 作用

水轮发电机组运行时,需要在励磁绕组中通入直流电流来建立磁场,这种提供励磁电流的装置被称为励磁装置。它是发电机的重要组成部分,其具体作用如下:

(1)正常运行时,根据发电机电压和负荷变化,自动调节发电机的励磁电流,维持发电机端电压在给定值。

(2)调节各并联运行的同步发电机,使之合理地分配无功功率。

(3)当电力系统发生短路事故或其他原因使发电机端电压严重下降时,能对发电机强行励磁,提高电力系统的动态稳定极限和继电保护动作的正确性。

(4)当发电机组因甩负荷等故障使发电机端电压过高时,能对发电机进行强性减磁,以限制事发电机端电压过度升高。

(5)提高电力系统的静态稳定性和暂态稳定性。

(6)在发电机内部及其引出线上发生相间短路等故障或发电机端电压过高时,进行迅速灭磁,以限制事故扩大。

2. 分类

发电机励磁系统的类型很多,励磁方式分类方法也很多,一般根据励磁电流供给方式不同分为他励和自励两种方式。

(1)他励。即发电机设有专门的励磁电源,如直流或交流励磁机,目前水电厂已基本不采用此种方式励磁。

(2)自励。即发电机的励磁电源取自发电机本身。采用连接在发电机机端的励磁变压器或电流互感器为发电机提供励磁电源。常用的自励方式有自并励和自复励两种,具体如下。

自并励励磁方式:励磁功率取自发电机机端,由接于发电机机端的励磁变压器提供,经晶闸管(可控硅)整流后向发电机转子提供励磁电流。晶闸管元件 SCR 的控制角由自动励磁调节器控制,通过残压或加一个辅助电源起励。

自复励励磁方式除励磁变压器外，还设有串联在定子回路中的大功率电流互感器，具有两种起励电源，通过励磁变压器获得电压源，通过电流互感器获得电源流。

目前水电厂广泛应用的是自并励励磁方式。

5.2.1.2　励磁系统工作原理

图 5-6 为自并励励磁系统工作原理图，该系统的励磁电流取自发电机本身，由并联在发电机机端的励磁变压器 1 提供交流电流，由静止整流器——可控硅整流桥 2 整成直流后，经灭磁开关 3，通过电刷与集电环（图中未画出）送入水轮发电机的转子绕组，向发电机转子绕组提供励磁电流；由励磁调节器 4，控制可控硅整流桥 2 的导通角，进行励磁电流大小的调整。

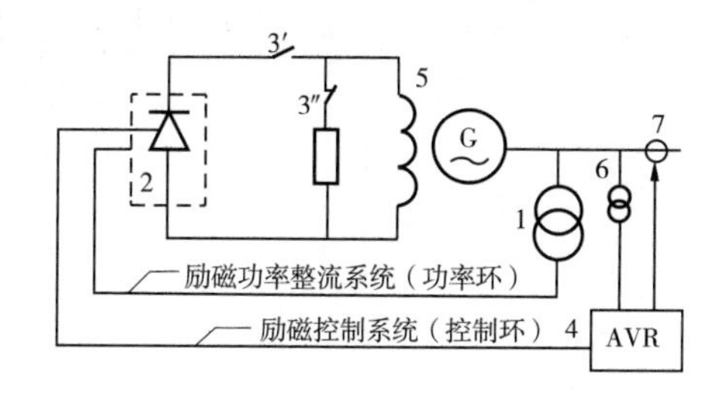

1—励磁变压器；2—可控硅整流桥；3—灭磁开关；4—励磁调节器；5—发电机转子绕组；6—电压互感器；7—电流互感器

图 5-6　自并励励磁系统工作原理

5.2.1.3　励磁系统组成

发电机励磁系统主要由励磁调节单元、励磁功率单元、灭磁及保护装置三大部分组成。图 5-7 为某水电站自并励励磁系统原理图，现以其为例分析励磁系统的组成及各部件的工作原理，具体如下。

1. *励磁调节单元*

调磁调节单元也称励磁调节器，可根据发电机机端电压和定子电流的变化，自动调节励磁电流的大小。对于单机运行的发电机，调节励磁电流可以改变发电机机端电压的大小；对于与系统并列运行的发电机，调节励磁电流可以改变发电机发出的无功功率的大小。微机励磁调节器主要由微机控制器、开关量输入/输出回路、模拟量输入/输出回路、脉冲输出回路、通信回路、电源回路及人机界面等构成。具体如下：

（1）微机控制器。它是励磁调节单元的核心，主要由主机板、电源板、交流量输入板、开关量输入/输出板，脉冲放大板及智能液晶显示板等组成。它以 MCU、DSP 为内核构成的系统芯片为核心，采用大规模现场可编程外围芯片、多通道高速 A/D 转换器、D/A 转换器等组成智能控制系统。

（2）开关量输入回路/通道。用于接收外部开关、按钮或触点的接通或断开信号，并将这些信号经隔离、滤波后送入计算机中。在发电机励磁调节器中，增磁开关、减磁开关、灭磁开关、出口开关等状态、位置信息通过开关量输入回路送入计算机中。

（3）开关量输出回路/通道。将计算机输出的数字信号经隔离、放大后去驱动电磁继电器、指示灯、接触器等元器件。在发电机励磁调节器中，控制器故障、强励限制、过励限制、欠励限制动作等信息均通过开关量形式输出。

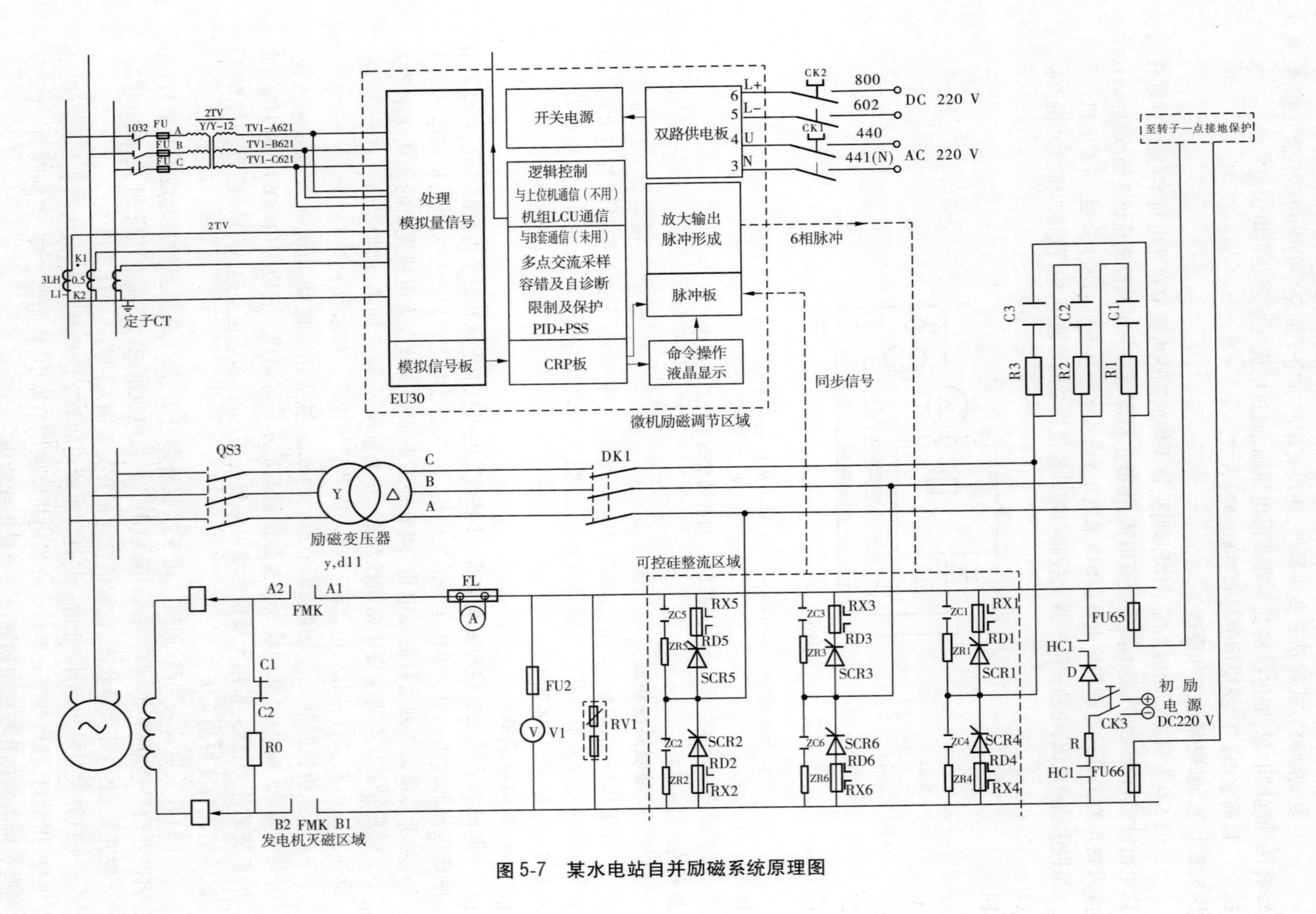

图5-7 某水电站自并励磁系统原理图

(4)模拟量输入回路/通道。连续变化的电气量(电流、电压)或非电气量等信号经传感器/变送器转变为标准电信号,再经模数(A/D)转换模块转变为数字信号后送入计算机中。在发电机励磁调节器中,定子电压、定子电流、转子电压、转子电流等信息一般通过模拟量输入回路采集。

(5)模拟量输出回路/通道。用于将调节器内一些重要的数字值,如数字整定、触发角、无功功率、机端电压等值,成比例地转换成标准电流或电压信号输出,进而供仪表显示或设备调节等。

(6)脉冲输出回路/通道。脉冲输出方式与开关量输出方式基本相同,由脉冲形成及放大输出板组成,将所需的触发脉冲信号经隔离、放大后送至晶闸管(可控硅)门极控制回路。

(7)通信回路。用于与其他计算机系统的通信,如与上位机、机组现地控制单元及A、B套励磁调节器之间的相互通信。

(8)电源回路。电源系统由电源模块和双重供电板组成,外部来的AC 220 V和DC 220 V通过双重供电板给电源模块供电,生成+5 V、±12 V和+24 V电源,其中24 V电源为内部继电器用操作电源和脉冲触发电源,其他三个等级电源均为控制器内电路板用电源。

(9)人机界面,一般为智能液晶显示板。包括显示、键盘及各种面板开关,主要用于励磁调节器的监视与控制,如运行参数/状态显示、参数设置、调试等。可显示各模拟量输入/输出信号、开关量输入/输出信号、内部计算量、内部状态分析、保护限制功能动作情况及在线故障诊断结果等;可完成有关控制参数的设定和显示内容的选择。

如图5-7所示,该励磁系统的励磁调节单元为GER3000型微机励磁调节器,它由两套完全相同的微机控制器(EU30)构成,形成两套完全相同的控制系统/通道,A套和B套。这两个通道一个为主通道,一个为备用通道,互为备用,可手动或自动进行切换。每个微机控制器由CPU模板、电源模板、交流量采集板、脉冲放大板、综合板、总线背板、智能面板各一块组成,两个微机控制器共用一套电源插箱。此外,还配有16路开关量输入通道,16路开关量输出通道,12路模拟量输入通道。

2. 励磁功率单元

励磁功率单元通常称为励磁功率输出部分或励磁电源,为发电机转子绕组提供直流电,主要组成部件是励磁变压器、可控硅整流桥等。

(1)励磁变压器。是一种专门为发电机励磁系统提供三相交流励磁电源的装置,通过它将发电机机端电压降压至晶闸管整流桥所需的输入值,为发电机提供足够的励磁功率。

图5-7所采用的励磁变压器为户外、油浸自然风冷式变压器,其一次侧通过隔离开关QS3与发电机机端相连,二次侧通过隔离开关DK1与可控硅整流桥相连,一、二次侧电压分别为6.3 kV和140 V,接线方式为y,d11。

(2)可控硅整流桥。如图5-7所示,励磁功率单元的核心是三相全控可控硅整流桥,它由6只大功率可控硅元件(SCR1~SCR6)组成,通过交流侧隔离开关DK1与励磁变压器二次侧相连。当它工作时,通过控制可控硅元件SCR1~SCR6的控制角/触发角α,将有效值为u_2的三相交流电压整流成不同的直流输出电压u_d。对发电机而言,通过改变励磁电压值u_d,达到改变励磁电流I_d的目的。当把转子绕组看成理想的电感负载时,加在

转子上的励磁电压与控制角的关系为

$$u_d = 1.35u_2\cos\alpha \quad (0° < \alpha < 180°) \tag{5-1}$$

对于自并励励磁系统，u_2 对应于励磁变压器副边电压，u_d 对应于发电机转子/励磁电压，I_d 对应于转子/励磁电流。

触发角 α 的控制是通过励磁调节器输出与电压 u_2 有一定时序关系的触发脉冲来实现的。触发脉冲为双窄脉冲的形式，按照一定的规律控制 6 只可控硅元件 SCR1~SCR6，使它们按顺序导通，完成整流（$0°<\alpha<90°$）或逆变（$90°<\alpha<180°$）功能，从而达到增加励磁电流或减少励磁电流的目的。

可控硅元件承受多大的电流值，很大程度上取决于它的热量能否及时散发出去，也就是散热器的散热效率。常见的散热分为自然冷却和强迫冷却，按强迫冷却的介质区分又有水冷和风冷两种方式，目前最常用的是强迫风冷形式。按散热器的材料，又有铝散热器、铜散热器、热管散热器等。

3. 灭磁及保护装置

灭磁及保护装置用于正常或事故停机时灭磁及过压/过流保护，主要由灭磁开关、线性/非线性电阻及阻容吸收器等组成。

1）灭磁

所谓灭磁，就是将转子励磁绕组的磁场尽快减弱到最低程度，最简单的办法是将励磁回路断开，但由于发电机励磁绕组是个储能的大电感，因此励磁电流突变势必在励磁绕组两端引起相当大的暂态过电压，危及转子绕组绝缘，所以励磁绕组回路必须装设灭磁装置。灭磁装置一般由灭磁开关和线性/非线性灭磁电阻构成，保证在任何需要灭磁的情况下灭磁装置都能可靠灭磁。灭磁方式主要有以下三种：

（1）灭磁开关加线性电阻灭磁。

如图 5-7 所示，由灭磁开关 FMK 和线性电阻（灭磁电阻）R0 组成灭磁回路。其中灭磁开关 FMK 共有三个触点，两个常开触点 A1A2、B1B2 位于主励磁回路上，一个常闭触点 C1C2 与线性电阻 R0 相连。当灭磁开关分闸时，它的三个触点同时动作：两个常开触点 A1A2、B1B2 断开，断开了励磁主回路，切除了励磁电源；与此同时，其常闭触点 C1C2 闭合，使转子绕组与线性电阻 R0 形成一个闭合回路，通过 R0 将储存在转子绕组中的剩余磁场能量转换为热能消耗掉。线性电阻一般为发电机转子电阻的 3~5 倍，此种方法对中、小发电机十分有效。但由于其灭磁速度主要取决于灭磁电阻的大小，灭磁电阻愈大，灭磁愈快，但引起的反电压也越高，因而导致灭磁速度不够快，灭磁时间较长。

（2）灭磁开关加非线性电阻灭磁。

为了解决上述问题，加快发电机灭磁过程，用非线性电阻取代线性电阻作为灭磁电阻。所谓非线性电阻是指加于此电阻两端的电压与通过的电流呈非线性关系。当加在电阻两端的电压低于导通电压值时，非线性电阻值非常大，相当于开路，基本无电流流过；当加在非线性电阻两端的电压超过导通电压值时，阻值迅速下降到很小。常用的非线性电阻有氧化锌或碳化硅两种类型。它的灭磁速度快，灭磁时磁场能量主要由非线性电阻吸收，灭磁开关主要起开断作用。

非线性电阻灭磁及过压保护原理如图 5-8 所示，当灭磁开关不跳闸时，非线性电阻不

参与工作,无电流通过;当灭磁开关快速跳开,产生足够高的断弧电压,使非线性电阻 FR1 的反向端电压升高很多,达到 FR1 的导通电压值时,其阻值迅速下降到很小,励磁电流通过反向二极管 D2 流向 FR1,将磁场能量转移到灭磁电阻(耗能电阻)FR1 中进行灭磁。

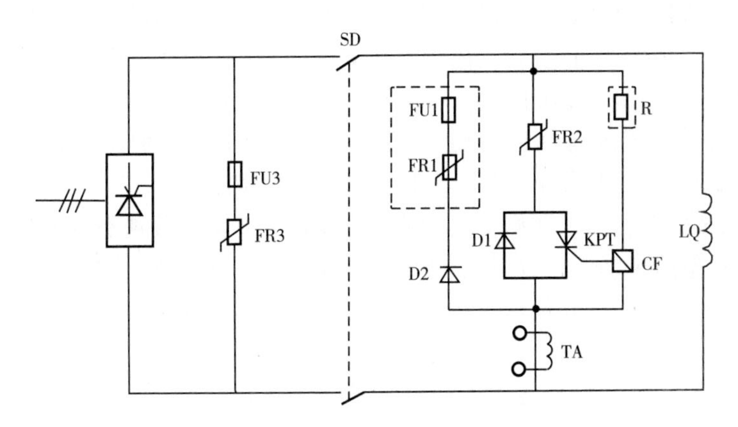

图 5-8 非线性电阻灭磁及过压保护原理

(3)逆变灭磁。

逆变灭磁是由晶闸管把励磁绕组的能量从直流侧反送到交流侧,不需要用电阻或电弧来消耗磁能。这种方式简单、经济,但在执行过程中需防止逆变颠覆,故还要配备灭磁电阻以防不测。理论上当触发角度为 90°~180°时即处于逆变工作状态,为确保可靠灭磁,一般将晶闸管触发控制角设为 130°~150°。此时晶闸管整流输出电压方向和转子电流方向相反,转子线圈所储藏的能量通过逆变向外释放,随发电机励磁电流的衰减直至零,逆变过程结束,逆变时间约需 6 s,实现了快速灭磁。

值得一提的是,只有三相全控桥式整流电路有逆变灭磁功能,三相半控桥式整流电路无逆变灭磁功能。对三相全控桥式整流电路而言,正常停机时,一般灭磁开关不断开,采用逆变方式灭磁;只在事故停机或逆变灭磁失败时才需要断开灭磁开关,用灭磁开关加线性电阻/非线电阻灭磁的方式。对三相半控桥式整流电路而言,无论正常还是事故停机,都需断开灭磁开关。

2)可控硅元件的过流/过压保护

(1)可控硅元件的过流保护。

可控硅元件在使用中,会因为电流过大或承受的反压过大而损坏,所以要采取一定的措施加以保护。防止因为过电流而损坏硅元件,一般采用快速熔断器,一般设计每一个可控硅元件桥臂中都串联一只快速熔断器(如图 5-7 中的 RD1~RD6),这主要是防止回路中直流侧有短路等情况时,电流急剧增加而损坏可控硅元件,或者因为某一个硅元件损坏而造成短路引起事故。为了达到保护硅元件的目的,快熔选配的熔断器所需热容量一般要比可控硅元件过流损坏的热容量小,同时又要保证整流回路能提供足够的励磁电流。

(2)可控硅元件的过压保护。

可控硅元件关断时产生的关断过压(又叫换相过电压)也需要加以保护。可控硅元件在承受反向电压关断时,由于电流的突变,会引起元件两端产生过电压,所以在回路中用阻容回路加以吸收。如图 5-7 所示,在三相全控整流桥的每只桥臂上都分别并联了一个由电阻 ZR1 ~ ZR6 和电容 ZC1 ~ ZC6 构成的阻容吸收器,其中电容起滤波作用,电阻既是电容的放电电阻,又是吸收耗能电阻。

在可控硅整流桥工作时,在励磁变压器副边与三相全控整流桥阳极输入端之间的交流回路上会出现许多尖峰过电压,当副边电压较高时,这些尖峰过电压值可能会很高,这对元件的长期使用会造成影响。这一部分的过压一般也采用阻容回路加以吸收,如图 5-7 所示,在三相全控整流桥阳极输入侧 A、B、C 三相上都分别并联由电阻 R1 ~ R3 和电容 C1 ~ C3 构成的阻容吸收器,其电阻和电容的功能同上。

此外,如果励磁变压器二次侧交流回路还承受诸如开关操作所造成的过电压情况,还可以增加非线性电阻来加以吸收,从而更有效地保护可控硅元件。当然选择适当反压值的可控硅元件,对整流柜的长期稳定运行也起着至关重要的作用。

3)发电机转子过压保护

为防止发电机运行和操作过程中产生危及转子的过压,应装设转子过压保护装置。过压保护的类型主要有灭磁过压保护、励磁电源侧过压保护、非全相及大滑差异步运行过压保护。其保护是一种过压自投电阻的保护,正常运行时电阻不投入;当转子回路出现过压时,在转子励磁绕组两端自动接入电阻,以抑制转子回路的过压,保护发电机转子绝缘和励磁装置的安全运行。过压保护装置一般由非线性电阻、晶闸管跨接器、二极管等元器件组成,其基本原理如图 5-8 所示。其中 FR1 ~ FR3 均为非线性氧化锌电阻,FR1 用于灭磁过压保护,FR2 用于非全相及大滑差运行情况下的过压保护,FR3 用于励磁电源侧过压保护,SD 为灭磁开关,FU 为快速熔断器,D1、D2 为二极管,KPT 为晶闸管,CF 为晶闸管触发器,TA 为过压动作检测器。发电机正常运行时,所有的非线性电阻的漏电流都很小,相当于开路状态。

(1)灭磁过电压保护。

励磁系统在正常停机时,调节器自动逆变灭磁,灭磁开关不跳闸,非线性氧化锌电阻不参与工作,无电流通过。当逆变失败或者事故停机时,灭磁开关快速跳开,产生足够高的断弧电压,使图 5-8 中 FR1 的反向端电压升高很多,达到 FR1 的导通电压值,其阻值迅速下降到很小,励磁电流通过反向二极管 D2 流向灭磁电阻 FR1,将磁场能量转移到耗能电阻 FR1 中进行灭磁。

(2)励磁电源侧过电压保护。

励磁电源侧过电压保护由图 5-8 中的快速熔断器 FU3 和氧化锌非线性电阻 FR3 组成,能够可靠限制正常运行中出现的过电压和灭磁开关分断后电源侧产生的过电压。图 5-7 中 RV1 也是由快速熔断器和非线性电阻组成的,用于励磁电源侧的过电压保护。

(3)非全相及大滑差异步运行过电压保护。

非全相及大滑差异步运行过电压保护由图 5-8 中的 FR2、线性电阻 R、晶闸管触发器 CF、晶闸管 KPT、二极管 D1 组成。当发电机断路器发生非全相或非同期合闸时,会使发电机非全相运行或大滑差异步运行。在这两种运行状况下,定子负序电流产生的反转磁场以两倍同步转速切割转子绕组,在转子绕组中产生剧烈的过电压,能量远超过通常灭磁装置的灭磁能量,产生的过电压将会击穿转子绕组的绝缘。在这种情况下,FR2 快速动作

投入运行,构成转子续流通道,避免转子绕组开路,将转子绕组两端的电压限制在安全范围以内,有效地防止转子绝缘击穿事故发生。

当非全相或大滑差异步运行而产生剧烈正向过电压时,灭磁氧化锌非线性电阻 FR1 由于二极管 D2 的阻断作用而不会动作。R 和 CF 所组成的过电压测量回路将动作,发出触发脉冲,晶闸管 KPT 导通,FR2 进入导通状态,限制发电机转子的过电压,保护转子不受损害。过电压消失后,FR2 两端电压下降,由于氧化锌压敏电阻的非线性特性好,续流急剧下降,当降到小于 KPT 的维持电流时,KPT 自动截止。

当非全相或大滑差异步运行产生反向过电压时,保护器不需要触发器,通过 D1 支路 FR2 即进入工作状态。与此同时,灭磁电阻 FR1 也参与工作,使转子过电压被限制在允许范围内。在转子灭磁工况下,因保护器 FR2 导通电压远高于灭磁氧化锌非线性电阻 FR1 的导通电压,故不会参与灭磁工作。

值得一提的是,起励设备也集中布置于灭磁柜中。起励方式主要有残压起励、直流 220 V 经限流电阻起励、交流 220 V 经变压器降压起励三种方式。当机组残压比较高,能够保证可控硅可靠导通时,可用残压起励,不需要额外的起励电源。为了保证机组每次能快速、可靠地完成起励,采用厂用直流 220 V 电源经限流电阻提供初始励磁电流作为备用起励方式,直流起励电流不大于空载励磁电流的 10%。

5.2.1.4 限制和保护功能

励磁调节器除具有电压调节(AVR)、无功控制、励磁电流调节(FCR)等基本调节功能外,大型发电机励磁调节器还应具有下列辅助限制、保护功能。

1. 最大励磁电流限制

设置这一限制的目的是限制励磁电流不超过允许的励磁顶值电流,以保护发电机(励磁机)转子的绝缘及发电机的安全。功率整流桥部分支路退出或冷却系统故障时,应将励磁电流限制到预设的允许值内。

2. 强励反时限限制

为了保证转子绕组的温升在限定范围之内,不因长时间强励而烧毁,在强行励磁到达允许持续时间时,限制器应自动将励磁电流减到长期连续运行允许的最大值。强励允许持续时间和强励电流值按发热量大小呈反时限特性,并应在强励原因消失后,能自动返回到强励前状态。强励反时限限制曲线如图 5-9 所示,实际限制参数根据电厂要求设定。一般当励磁电流小于或等于 1.1 倍时,不限制;当励磁电流超过额定励磁电流的 1.1 倍,经过相应的延时后立即限制到 1.1 倍额定励磁电流运行。

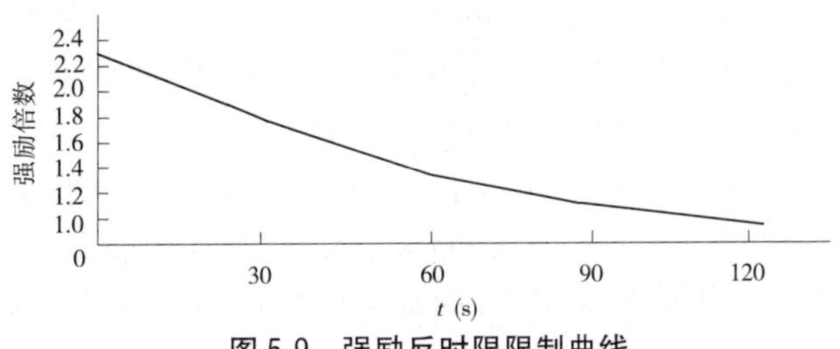

图 5-9 强励反时限限制曲线

3. 欠励限制

欠励限制即发电机无功进相限制,用于限制发电机进相吸收无功功率的大小。发电机并网运行,由于系统电压变高,调节器就减少励磁电流,当励磁电流减少过多时,定子电流就会超前端电压,发电机开始从系统吸收滞后无功功率,即进相运行。如果进相太深,则有可能使发电机失去稳定而被迫停机。为了保证发电机运行的稳定性,并综合考虑发电机的端部发热和厂用电电压降低等诸多因素,当发电机输出有功一定时,进相的无功功率是有一定限制的。当欠励限制动作时,微机将闭锁减磁操作,并自动增励磁,以限制发电机进相的无功,保证发电机在 PQ 曲线(P 为有功、Q 为无功)限制范围内运行,欠励限制示意图如图 5-10 所示的直线(2)。欠励限制为瞬时动作,以防止故障情况下机组失步。欠励限制要与失磁保护配合,欠励磁限制动作应先于失磁保护。

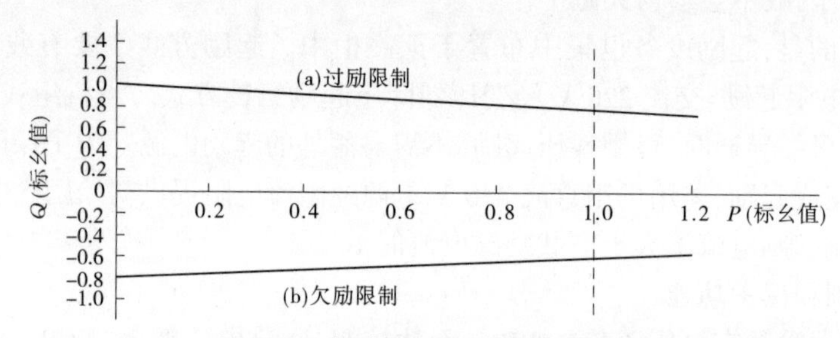

图 5-10 欠励限制及过励限制曲线

4. 无功过载限制

设置无功过载限制,也称过励限制,其目的是防止人为或计算机监控系统自动增加无功过多。当发电机过无功或定子过流时,微机励磁调节器自动闭锁增磁操作,并自动适当减磁,使无功功率或定子电流回到正常允许范围之内,保证发电机安全稳定长期连续运行。无功过载限制示意图如图 5-10 所示的直线(a)。无功过载限制只针对增磁操作出错时限制无功增加过多,可延时动作,以保证故障情况下机组的无功出力。当电力系统发生短路,系统电压降低时,机组送出的无功不受限制,以支援电力系统。欠励限制线以上、无功过载限制(过励限制)线以下、有功限制线(由调速器设定)以左围成的区域,为机组 P、Q 的安全运行区。

5. V/f 限制

发电机运行时,发电机端电压与发电机频率的比值有一个安全工作范围,当伏赫比值超过安全范围时,容易导致发电机及主变过激磁和过热现象,因此当伏赫比值超出安全范围时,必须限制发电机端电压幅值,控制发电机端电压随发电机频率变化而变化,维持伏赫比值在安全范围内,此项功能称为伏赫(V/f)限制。

实际应用中一般取 1.1 为伏赫比值安全范围,当伏赫比值超出 1.1 时,伏赫限制启动,调低发电机端电压并预留一定的安全裕度。设置 V/f 限制的主要目的是防止机组在低转速下运行时过多地增加励磁,以致发电机、变压器电压过高,铁芯磁通密度过大,同时可作为主变过磁通保护,V/f 限制特性如下:

(1)当 $f \geqslant 47$ Hz 时,不限制。

(2)当f为45~47 Hz时,限制机端电压最大值为1.1倍额定电压。

(3)当$f \leq 45$ Hz时,自动逆变灭磁。

发电机空载运行且励磁调节器在自动方式下运行时,若机端电压与频率的比值达到调节器设定的V/f限制值,则调节器V/f限制将动作,限制发电机机端电压,保持机端电压与频率的比值在V/f限制值以下,同时自动闭锁增磁指令,机组并网后V/f限制无效。运行人员若监测到机组"V/f限制"动作,应立即进行减磁,直到"V/f限制"信号消失,待发电机转速额定时再增加励磁电压;若减磁无效,可发停机令逆变灭磁或直接跳灭磁开关灭磁。

6. TV断线保护

TV断线保护功能是检测励磁TV或仪表TV是否断线,以防止由于TV断线而导致的误强励。因为TV断线后,若励磁调节器误认为发电机端电压低,仍然按照电压闭环反馈调节,则会造成误强励。TV断线保护动作后,将恒电压运行方式自动转换为恒励磁电流运行方式,并报警输出,同时快速切换励磁调节器到备用通道运行。

7. 在线检测

微机系统自身具有自我诊断能力,软件时刻对硬件系统进行在线诊断,能及早发现问题,发现故障立即通过硬件自动切换。

8. 电力系统稳定器PSS附加控制

电力系统稳定器PSS作为励磁调节器的一种附加功能,它的控制作用是通过励磁调节器的调节作用而实现的。它能够有效地增强系统阻尼,抑制系统低频振荡,提高电力系统稳定性。目前在大多数发电机的励磁系统上已得到了广泛的应用,成为现代励磁调节器不可缺少的功能之一。

随着电力系统规模的不断扩大,以及自并励等快速微机励磁系统的广泛应用,低频振荡问题已成为影响电网系统安全、稳定的重要因素之一。电力系统产生低频振荡的原因很多,其中主要原因是电网构架薄弱,各区域电网之间的阻尼较小。当系统受到扰动时,会出现功率的振荡,弱阻尼系统不能依靠自身的阻尼来平息振荡,从而使得振荡得到进一步的放大。因此,要防止低频振荡,就要增加系统的正阻尼、减小负阻尼。最为有效且经济的方法就是采用PSS,PSS的任务就是抵消这种负阻尼,同时还要提供正阻尼。机组容量在50 MW及以上时,要求配置PSS功能,其有效抑止低频振荡的频率范围一般为0.2~2.0 Hz。

5.2.2 励磁装置常见事故/故障及其处理

5.2.2.1 励磁调节单元事故/故障及其处理

1. 自动通道电源故障

1)故障现象

(1)可编程电源模块电源指示灯AC1熄灭。

(2)自动通道机箱电源板故障,24 V电源消失(可通过自动状态接点电压判断)。

(3)可编程数字量输出模块开出指示灯无指示。

2）故障原因

（1）可编程控制器无输入电源或输入电源故障。

（2）可编程电源模块烧坏。

（3）自动通道机箱电源板或内部元器件故障。

（4）可编程数字量输出模块故障。

3）故障处理

（1）测量可编程电源模块的输入电压，电压应为DC 220 V左右。若电压正常则可编程电源模块烧坏，更换电源模块；若电压不正常则检查交直流输入电源是否正常，对应进行处理。

（2）测量自动通道电源机箱的输入电压，电压应为DC 220 V左右。若电压正常则开关电源损坏，更换开关电源；若电压不正常则切断故障输入电源，检查电源保险、自动通道电源机箱和机箱内的器件是否损坏。

（3）若可编程数字量输出模块无显示，则更换数字量输出模块。

2. 手动通道电源故障

1）故障现象

（1）手动通道机箱电源板故障，24 V电源消失（可通过手动状态接点电压判断）。

（2）手动通道DSP板死机，与人机界面通信中断。

2）故障原因

（1）手动通道电源机箱无输入电源或输入电源故障。

（2）手动通道机箱电源板或内部元器件故障。

（3）开关电源损坏。

3）故障处理

（1）测量手动通道电源机箱的输入电压，电压应为DC 220 V左右。电压正常则开关电源损坏，更换开关电源；电压不正常则切断故障输入电源，检查电源保险、手动通道电源机箱和机箱内的器件是否损坏。

（2）若手动通道DSP板死机，更换手动通道DSP板。

3. 工作电源消失故障判断及处理

1）故障现象

（1）直流保险熔断。

（2）交流保险熔断。

2）故障原因

（1）端子和电源机箱保险熔断。

（2）双重供电电源板上的器件损坏。

（3）开关电源烧坏。

3）故障处理

（1）检查端子和电源机箱保险是否熔断，若熔断则更换。

（2）直流保险熔断则检查继电器并联保护二极管是否击穿，若击穿则更换。

（3）交流保险熔断则检查相应支路的电源机箱内的双重供电电源板上的器件是否损

坏，若损坏则更换。

(4)检查开关电源是否烧坏，若烧坏则更换。

4. 励磁系统报“交流电源消失”信号

1)故障现象

(1)监控系统报“励磁系统1#功率柜风机停”“励磁系统2#功率柜风机停”。

(2)励磁调节器人机界面上显示“1#功率柜风机电源故障”“2#功率柜风机电源故障”报警信息。

(3)1#、2#励磁功率柜A、B风机全部停止运行。

2)故障原因

(1)失去外部交流电源。

(2)交流电源空气开关跳闸。

3)故障处理

(1)立即联系集控中心/调度降低机组无功负荷，尽快查找原因，恢复风机电源，启动风机运行。

(2)若在处理过程中报“功率柜风温过高”信号，必须联系集控中心/调度，将机组停止运行。

5. 励磁系统报“直流电源消失”信号

1)故障现象

(1)监控系统报“×F励磁调节器电源故障”，也可能报“×励磁调节器24 V电源故障”。

(2)励磁调节器人机界面上显示“直流电源消失”报警信息。

2)故障原因

(1)直流电源空气开关跳闸。

(2)励磁调节器内部故障。

(3)失去操作电源。

3)故障处理

(1)应首先检查直流电源空气开关是否跳闸，若空气开关跳闸则投入空气开关；若未跳闸则检查空气开关对外接线端是否带有220 V电压，没有电压则为励磁柜外的原因，有电压则判断是励磁调节器内部故障，通知维护值班人员处理。

(2)若“直流电源消失”与“24 V电源故障”同时发信号，可判断220 V直流电源已经消失。

(3)失去操作电源(仅有一路跳闸线圈操作电源)，必须尽快查找原因，恢复正常运行。

6. 励磁调节器故障

1)故障现象

发生微机故障后调节器将自动切换到备用通道运行，智能操作屏发出中文的红色闪烁报警信号，调节器面板上“调节器故障”黄色LED指示灯亮，微机监控装置同时报警。

2)故障原因

调节器自身故障。

3)故障处理

(1)检查切换到备用通道后的运行情况,检查调节器硬件,根据故障情况停机、停电处理。

(2)励磁系统的运行通道报“A(B)通道调节器故障”“A(B)通道脉冲故障”“A(B)通道调节器电源故障”信号时,将自动切换到备用通道运行,通知维护值班人员检查处理。

(3)励磁系统报“A(B)通道检测系统故障”信号时,调节器不做任何切换操作,此时应手动将调节器切换到备用通道运行,并通知维护值班人员处理,故障消除后切回正常运行。

7. 实例一:由励磁调节器模件故障引起的逆变失败

1)故障现象

××年××月××日××时××分,2#机组在正常停机过程中报“逆变失败、非线性电阻灭磁、FMK 分闸”信号,即在正常停机时跳灭磁开关灭磁。

2)故障原因

(1)灭磁角度过小。

(2)脉冲调理板故障。

3)故障处理

(1)检查励磁调节器中停机令与油开关位置信号正常,功率柜没有异常信号,查询励磁调节器工控机的故障记录有“逆变失败”信号,检查功率柜的硅元件无击穿损坏现象。由此可以分析励磁调节器在接到停机令后执行了停机逆变程序。

(2)再次开机到空载做手动逆变试验,试验结果与停机过程中的现象一样。观察励磁调节器工控机中可控硅触发角度的变化情况,同时用机组故障录波装置录下试验过程中的定子电压与转子电流的波形,发现工控机显示的可控硅触发角度为139°,但转子电流与定子电压下降得较慢,查看机组故障录波装置录的波形曲线,整个逆变过程时间为14 s,停机令收到10 s后定子电压为30%额定电压,而该机组正常逆变时定子电压从额定值降到残压的时间为2. 8 s。

(3)机组在停机过程中,励磁调节器接到停机命令后在10 s内定子电压应小于15 %的额定电压,否则报“逆变失败”信号,同时跳 FMK 进行灭磁。由上述试验可知,无论是定子电压还是转子电流,在手动逆变过程中都呈减小的趋势,三相可控硅整流桥已经从整流状态转换到逆变状态,但灭磁力度不够。

(4)从工控机中显示的可控硅触发角的大小来看,空载手动逆变时触发角度由当前角度变化为逆变给定角度,这说明程序计算的角度是正确的,而从定子电压和转子电流下降的速度来看,加在可控硅上的触发角度肯定没有达到139°,但应该处在90°~139°,由此可以判断故障就出在脉冲形成和脉冲调理环节上。故首先更换了脉冲形成板和脉冲调理板,再次空载做手动逆变试验,逆变正常。

(5)进一步分析,从功率柜的脉冲放大板上的脉冲指示灯显示可以判定在整个逆变过程中功率柜没有出现脉冲丢失的现象,励磁调节器也没有报“脉冲丢失”信号,初步判断脉冲调理环节出故障的概率要高于脉冲形成板。接下来仅更换脉冲调理板,再次空载做手动逆变试验,一切正常。

8. 运行中励磁控制器显示屏参数无动态变化

(1)故障现象:运行中励磁控制器显示屏参数无动态变化。

(2)故障原因:励磁控制器死机或故障。

(3)故障处理:①查看励磁控制器显示屏参数动态显示是否正常;②运行指示灯闪烁是否正常;③若控制器显示参数和指示灯正常,则重启电脑;④电脑重启进入监控画面后查看各参数,若还无动态变量则将机组转入空转态;⑤操作液晶电脑关闭计算机;⑥关闭双路电源盒上交、直流电源开关;⑦再次打开交、直流电源开关监视电脑启动;⑧查看调节装置正常后将机组转入发电态;⑨若不正常,将机组转入空转态或停机,并汇报相关负责人维护处理。

9. 远方增磁(或减磁)故障

1)故障现象

远方增磁(或减磁)无反应。

2)故障原因

(1)增磁(或减磁)控制回路断线、接线松动等,励磁调节器无法收到控制命令。

(2)励磁调节器自身故障。

3)故障处理

(1)使用就地增磁、减磁按钮调节一次。

(2)若动作正常则检查监控屏和励磁屏上远方增磁、减磁继电器是否在随远方调节脉冲同步动作,同时联系相关人员处理故障。

(3)当就地操作不正常时将机组转入空转状态或停机并汇报相关负责人。

10. 实例二:远方“增磁”“减磁”功能失灵

1)故障现象

××年××月××日××时××分,某水电厂 CCS 上报“5#机组励磁故障”报警信号,现场检查发现 5#机组励磁系统控制屏上有报警,故障代码为“069 Auxiliaries OFF”,现地无法复归。检查 5#机组励磁系统无其他异常,监控系统不能远方“增磁”和“减磁”。

2)故障原因

5#机组励磁系统快速输入/输出板 FIO(U70)24 V 电源电流限制模块故障,导致 U70 的 DI 信号回路电源故障,远方“增磁”“减磁”功能失灵。

3)故障处理

(1)使用同型号备品更换快速输入/输出板 FIO(U70),检查新备品板件与原板件配置相同。与监控系统核对 U70 板件相关 DI 和 DO 信号,信号核对无误。

(2)对于库存备品及新到货备品,严格把控验货流程,积极与厂家沟通交流板件检查措施。按照设备周期轮换机制对重要的元器件进行更换,防止因设备老化、工作不稳定导致不安全事件发生。

(3)进行励磁系统改造。

11. 可控硅 SCR 触发脉冲丢失

1)故障现象

(1)主通道发生脉冲丢失故障后调节器自动切换到备用通道运行。

(2)智能操作屏发出中文的红色闪烁报警信号。

(3)调节器面板上"脉冲故障"黄色 LED 指示灯亮,微机监控装置同时报警。

2)故障原因

脉冲形成电路、脉冲功放电路、开关量输出电路故障等。

3)故障处理

检查切换到备用通道后的运行情况,检查调节器中故障通道的脉冲功放电路或开关量输出板,根据故障情况停机、停电处理。

12. 实例三:2#机组励磁调节器 A 套通信故障

1)故障现象

××年××月××日××时××分,某水电厂 2#机组并网运行(475 MW,72 MVA),CCS 报"2#机组励磁调节器综合报警动作、2#机组励磁 A 套调节器异常、2#机组励磁 A 套调节器主用复归、2#机组励磁 B 套调节器主用动作、2#机组故障录波装置启动/复归"信号,2#机组励磁 A 套调节器异常切 B 套调节器运行。

2)故障原因

2#机组励磁系统 A 套调节器 SPU232 板件故障,导致 SPU232 板件内的励磁控制程序不可用。

3)故障处理

(1)更换同型号西门子励磁调节柜 SPU232 板件,并进行空载试验检查板件性能(包括起励、逆变、切换、增减励磁、伏赫限制及 5%、10%电压阶跃试验、励磁故障动作等试验)。

(2)机组检修时严格按规程要求进行励磁调节器空载试验性能检查,提前发现问题。

13. 实例四:发电机励磁系统通信故障造成机组非计划停运

背景:某水电厂 700 MW 混流式水轮发电机组,励磁系统均采用自并励励磁系统,励磁调节器均为 ABB UNITROL 5000 型微机励磁调节器。4#机组励磁系统故障前运行方式:1#机组、2#机组、3#机组、4#机组并网运行,其中 4#机组有功 520 MW,无功-38 MV·A,全厂总有功 2 050 MW。

1)事故现象

××年××月××日 13:31 上位机监控系统报"4#机组励磁系统故障,4#机组整流桥一级报警、4#机组整流桥二级报警、4#机组起励闭锁、4#机组有报警、4#机组灭磁开关跳闸、804 开关跳闸、4#机组电气过速>115%"。现场检查 4#机组在空转状态,灭磁开关跳闸,804 开关跳闸,励磁系统励磁调节器有"119 另一通道报警,-197 整流桥失灵 1、-198 整流桥失灵 2、-196 整流桥被闭,备用通道报警"信号。

2)事故原因

(1)振动原因:事后现场检查调节器 B 通道 ARCNET 电缆,调节器报出与故障跳闸时一样的故障信息。该事故跳闸时间也恰好处于机组调节负荷时期,机组振动相对较大。

(2)接地不良:经检查,励磁盘柜接地母排没有互联,且没有与大地连接,盘柜通过电焊方式连接至槽钢,槽钢与大地的连接,接地不良,造成系统抗干扰能力较差。

(3)进一步排查确定主因:4#机组励磁调节器的 ARCNET 总线在机组振动过程中 T 形接头插孔与插针松动产生接触不良引起的故障,并延时 200 ms 后闭锁励磁脉冲,造成

发电机组励磁系统故障跳灭磁开关和发电机出口开关。

3)事故处理

(1)加强运行监视,使机组避开振动区运行。

(2)更换了5个功率柜的CIN板件和B套的COB板件,加接了各CIN板电源与本柜接地铜排的接地线,加接了各柜之间接地铜排间的连接线。

(3)对该厂全部的发电机组励磁系统ARCNET总线T形接头进行了改造,再也没有发生因励磁系统同类问题造成机组非停事件。

14. 脉冲检测部分故障

1)故障现象

人机界面中自动/手动通道的显示频率不正常。

2)故障原因

(1)自动/手动通道同步采样电路板故障。

(2)自动/手动通道脉冲检测板故障。

(3)可编程CPU板故障。

3)故障处理

(1)检测人机界面中自动通道的显示频率,若频率不正常,则更换自动/手动通道同步采样电路板。

(2)若自动/手动通道脉冲检测板故障,则更换自动/手动通道脉冲检测板。

(3)若可编程CPU板故障,则更换可编程CPU板。

5.2.2.2　励磁功率单元事故/故障及其处理

1. 整流桥故障

1)故障现象

整流桥面板快熔熔断指示灯亮。

2)故障原因

(1)晶闸管损坏。

(2)快熔熔断。

3)故障处理

(1)退出整流桥并做好安全措施。

(2)检查柜内哪一(几)路快熔熔断或晶闸管损坏,更换损坏的晶闸管和快熔。

2. 整流桥输出电流偏小

1)故障现象

(1)整流桥面板整流输出电流表指示小于其他两柜的1/3或2/3。

(2)面板脉冲指示灯灭。

(3)柜内脉冲指示灯灭。

2)故障原因

(1)脉冲变原边脉冲掉相。

(2)脉冲变副边脉冲掉相。

3)故障处理

(1)脉冲变原边脉冲掉相(面板脉冲指示灯灭),更换脉冲放大盒。

(2)脉冲变副边脉冲掉相(柜内脉冲指示灯灭),更换脉冲变组件。

3.整流桥输出电流偏大

1)故障现象

(1)整流桥面板整流输出电流表指示大于其他两柜的1/3或2/3。

(2)检查其他整流桥有无脉冲掉相。

2)故障处理

(1)其他整流桥无脉冲掉,相则表明该桥晶闸管特性变坏。

(2)退出该整流桥,并做好安全措施。

(3)更换该桥全部晶闸管。

4.监控系统报“功率柜故障”

1)故障现象

(1)监控系统简报“励磁功率柜故障或退出”。

(2)功率柜LCD显示器显示“功率柜有故障,请按故障键查看”。

(3)功率柜快熔熔断。

2)故障原因

(1)风机故障、风温传感器故障。

(2)功率柜、脉冲故障等。

3)故障处理

(1)按故障键检查功率柜故障原因,若风机停运,应设法恢复风机运行;若快熔熔断、脉冲故障,应断开脉冲开关、切除风机电源退出故障功率柜,通知维护值班人员处理。

(2)若故障功率柜爆炸或风机着火,应立即停机灭磁,确认励磁系统无压后,断开励磁系统所有交流、直流电源,组织人员灭火。灭火前应注意做好事故机组与运行机组电源隔离措施。

5.功率柜停风

1)故障现象

(1)风机状态指示灯全部熄灭。

(2)功率柜停风报警。

2)故障原因

(1)风机无工作电源。

(2)风机过流。

3)故障处理

(1)检查两风机柜风机状态(投运和停运)指示灯是否全部熄灭,若全部熄灭表明无风机工作电源,投入工作电源后合上风机电源开关,将风机切换开关置于“自动”位置。

(2)检查两风机柜风机过流热继电器是否动作,若动作,检查风机过流原因并处理。

6. 功率柜风机故障

1）故障现象

励磁系统报“功率柜风机故障”信号。

2）故障原因

（1）风机断相、风机电机损坏。

（2）风机电源未投入。

3）故障处理

（1）功率柜风机部分停运时，检查风机、电源情况，如无异常，立即恢复电源手动启动风机运行，恢复功率柜运行；无法恢复风机运行时，在不影响机组运行的情况下，退出该功率柜，联系检修人员处理。

（2）功率柜风机全部停运时，检查风机、电源情况，如无异常，立即恢复电源手动启动风机运行；无法恢复风机运行时，注意测量晶闸管温度，必要时调节励磁电流，降低无功负荷。采用单柜独立冷却装置的励磁功率柜发生故障时，退出故障的励磁功率柜，联系检修人员处理；采用集中冷却方式的功率整流系统发生故障时，应立即减少发电机的无功负荷，并切换至备用冷却装置或倒换至备励运行，否则应将机组解列灭磁。

（3）检查风机故障原因，若风机断相、风机电机损坏或风叶损伤，应手动退出该组风机。

（4）检查为风机电源未投入或风机电源继电器没有接通造成的，应检查风机电源是否正常，及时恢复风机运行。

7. 晶闸管任一功率柜着火

1）故障现象

现场检查功率柜着火。

2）故障原因

功率柜内元件老化、绝缘击穿短路。

3）故障处理

（1）切功率柜脉冲，断开功率柜交、直流开关刀闸，退出功率柜。

（2）断开故障功率柜风机电源、励磁操作电源。

（3）用干式灭火器、二氧化碳灭火器灭火。

（4）通知检修人员处理。

8. 励磁系统报“励磁PT故障”信号

1）故障现象

（1）监控系统报“×F 励磁调节器限制动作”“励磁系统 YH 故障”“×F 励磁调节器故障”“×F 励磁调节器 B 套运行”。

（2）励磁调节器人机界面上显示“PT 故障”“A 套调节器故障”或“B 套调节器故障”或“C 套调节器故障”报警信息。

（3）调节器自动切换到备用通道运行。

2）故障原因

（1）励磁电压互感器断线或内部故障。

（2）调节器故障。

3）故障处理

（1）检查电压互感器三相电压是否正常，判断故障原因。若为电压互感器二次保险熔断引起，则机组保护装置也可能有报警信息，做好保护装置措施后，更换同容量保险；若为PT自身故障引起，通知维护/检修人员检查处理。

（2）若为调节器本身故障引起，通知维护/检修人员检查处理。

（3）待故障消除后，需先在人机界面上取消A、B通道的"手动运行"选项，再通过调节器面板通道切换按钮切回A通道运行，B通道备用。

9. 励磁变压器温度升高动作

1）故障现象

励磁系统有报警信号，励磁变压器温度升高保护动作信号出现。

2）故障原因

（1）环境温度过高。

（2）温控器误发信号。

（3）无功负荷太大。

（4）励磁变压器冷却系统工作异常。

（5）功率柜掉相运行。

3）故障处理

（1）检查励磁变压器温度是否确实升高，检查是否温控器误发信号，若是，联系维护/检修人员处理。

（2）检查环境温度是否过高。

（3）检查励磁系统是否过负荷运行，若为无功负荷太大引起，调整机组无功（尽量压低发电机无功负荷，以使转子电流尽可能降低）。

（4）检查励磁变压器冷却系统工作是否正常（如检查励磁变压器散热风机，若未启动，应手动启动，并通知运维人员检查处理）。

（5）检查励磁功率柜是否掉相运行；若未查出问题，但励磁变压器温度确实升高，且温度仍有升高趋势，应及时向调度申请倒备励或停机处理。

10. 励磁变压器温度过高动作

1）故障现象

继励磁变压器温度升高动作信号发出后，又发出励磁变压器温度过高动作信号，发变组保护有保护跳闸信号，机组跳闸、灭磁（开关FMK分闸），机组事故停机。

2）故障原因

（1）励磁变压器故障/事故。

（2）励磁变压器冷却系统工作异常。

3）故障处理

（1）机组灭磁停机，汇报调度。

（2）对励磁变压器本体全面检查，测量励磁变压器对地绝缘，联系检修人员检查保护是否误动。

（3）若励磁变压器着火，应立即将励磁变隔离进行灭火。

(4)按《变压器运行规程》(DL/T 572—2010)处理,事故原因消除后,对发电机做递升加压试验,正常后即可将励磁变重新投入运行。

11. 励磁变压器过流保护动作

1)故障现象

发励磁变压器过流保护动作信号,机组跳闸、灭磁、停机。

2)故障原因

(1)励磁交流回路有短路点。

(2)励磁变压器/转子故障或绝缘不合格。

3)故障处理

(1)检查机组停机灭磁和保护动作情况,汇报调度。

(2)详细检查励磁变压器至各功率柜交流侧电缆是否有异常,确认是否有短路点。

(3)检查励磁装置,确认是否励磁功率柜失控或转子回路有短路点,测量励磁变压器绝缘及转子绝缘电阻是否合格。

(4)联系检修人员检查励磁变压器本体并进行处理。

(5)如查明非转子回路故障,可用备励恢复运行。

(6)故障消除或未发现明显故障点,在检查励磁变压器绝缘电阻正常情况下,可以用手动方式对机组带励磁变压器零起加压,无异常后再正式投运。

12. 实例一:励磁变压器着火

背景:某水电厂属于地下厂房,左岸厂房共有3×20 MW混流式机组,由于8月天气干旱、降雨少,入库流量远小于一台机组的发电流量。机组励磁变压器是1997年生产的绕线式干式变压器(型号为ZLSG-350/10.5),绝缘等级为B级,2#机组停备20 d,厂房湿度在80%以上。

1)事故现象

(1)××年8月21日18:04:19按负荷曲线运行上位机开2#发电机并网成功。

(2)18:25:52上位机设2FP=19.5 MW。

(3)18:29:25上位机报“2#机组调节方向错误,无功调节退出”。

(4)18:31:13上位机报“2#机组测量PT断线”。

(5)18:31:13上位机报“2#机组励磁故障”。

(6)18:31:13上位机报“2#机组差动保护回路断线”。

(7)18:31:13上位机报“10.5 kVⅠ段母线接地故障”。

(8)18:31:14上位机报“2#机组励磁PT断线”。

(9)18:31:15上位机报“2#机组频率(交采)越高限(51.05)”。

(10)18:32:06上位机报“2#机组差动保护动作”“2#机组SCR故障”“2#机组频率越高限动作,有功调节退出”“2#机组保护跳闸输出动作”“2#机组保护跳闸输出动作复归”“2#机组保护跳闸输出动作,2#机组电气事故停机”“2#机组控制电源消失”。

2)事故原因

(1)2#机差动保护动作的直接原因是差动范围内电气一次回路A、B、C三相短路。因励磁变压器高压绕组多点对地绝缘击穿、产生电弧引起励磁变压器高压侧三相短路。

(2)励磁变烧损原因:8 月天气持续高温,2#机组所在地下厂房内湿度一直偏大。检查 2#机组开机记录,从 8 月 1 日开机 3 h,一直到 8 月 21 日没有开机带负荷,在此期间励磁变压器绕组逐渐受潮,绝缘能力降低至不能耐受额定电压,导致励磁变压器高压侧绝缘损坏接地,并短路着火。

3)事故处理

(1)18:32:15 值班员立即到现场检查,发现 2#发电机励磁变压器起火,立即组织人员对 2#发电机励磁变压器进行灭火。

(2)18:33:20 检查 2#机组停机态,将 2#机组励磁变压器着火情况报告给上级调度值班人员,并要求开 3#机组。

(3)18:33:50 开 3#机组并网成功,接带 2#机组负荷。

(4)18:40:09 将 2#发电机励磁变压器着火扑灭,并开启厂房通风设备进行通风。

(5)18:41 电厂值班员将事故情况报各级管理人员,检维班长立即组织人员进行检查。

(6)19:50 现场人员对 2#机组进行全面检查,摇测发电机定子、转子绝缘,绝缘值都合格,并对励磁进行检查和试验没有发现异常,经过检查只发现励磁变压器损坏,其他设备正常。

(7)积极联系电网公司,寻找备用变压器,用 1 台 315 kVA 的 10 kV 配电变压器临时替代作为励磁变压器,试验合格后安装,经零起升压等试验正常后投入运行,并制订了临时运行方案。

(8)编写新的励磁变压器采购方案,考虑到厂房潮湿,选用树脂绝缘干式电力变压器。

(9)联系保险公司进行索赔。

5.2.2.3 灭磁及保护装置事故/故障及其处理

1.运行中灭磁开关 FMK 误跳闸

1)故障现象

(1)励磁调节器人机界面上显示“灭磁开关误分”报警信息。

(2)机组保护屏:“励磁事故 FMK”出口信号灯点亮,“发电机失磁 t1”“发电机失磁 t2”“过励保护动作”出口信号灯可能点亮;“FMK1”“FMK2”“DL×TQ1”“DL×TQ2”“启动机组故障录波”出口跳闸灯点亮。

(3)机组有无功指示、各电气回路模拟量指示为零。

(4)机组出口开关及灭磁开关跳闸,机组处于空转运行状态。

2)故障原因

(1)灭磁开关控制回路异常。

(2)转子回路及励磁功率柜电源存在短路故障。

(3)人为误操作。

3)故障处理

(1)停机,通知维护/值班人员检查灭磁开关控制回路是否正常,检查转子回路及励磁功率柜电源是否存在短路故障。

(2)若 FMK 跳闸,伴随着转子过压、非线性电阻灭磁动作,应测量转子回路绝缘,检查功率柜有无异常。

(3)查明灭磁开关跳闸原因,消除故障后,做 FMK 入切试验无异常后方可投入运行。

2. 灭磁开关跳闸

1) 故障现象

有灭磁开关跳闸信号,伴随保护动作信号,机组解列空转。

2) 故障原因

(1)保护动作引起。

(2)误操作引起。

3) 故障处理

(1)维持机组空转,通知专业班组查明事故原因,待消除缺陷后,汇报电站同意,将发电机重新并入系统运行。

(2)若为 FMK 误跳闸引起,应重点检查 FMK 机构和操作回路,在未查清原因并修复前不许送电。如果是误碰、误操作引起,可立即升压并网。

3. 过励保护动作

1) 故障现象

(1)监控系统报"×F 转子过励保护动作"。

(2)励磁调节器人机界面上显示"过励保护"报警信息。

(3)机组保护屏:"过励保护动作"出口信号灯点亮;"FMK1""FMK2""DL×TQ1""DL×TQ2""启动机组故障录波"出口跳闸灯点亮。

(4)机组出口开关及灭磁开关跳闸,机组处于空转运行状态。

2) 故障原因

(1)快熔、灭磁柜非线性电阻损坏。

(2)励磁变压器、发电机转子回路有短路或故障点。

3) 故障处理

(1)检查快熔、灭磁柜非线性电阻是否损坏。

(2)故障消除后,在检查励磁变压器及发电机转子绝缘正常情况下,对机组零起递升加压,无异常后方可并入系统。

4. 励磁调节器限制动作

1) 故障现象

监控系统报"×F 励磁调节器限制动作"。

2) 故障原因

(1)励磁电流过大或过小。

(2)机组空载运行时,转速过低。

3) 故障处理

(1)机组并网运行中,若"过励(欠励)限制"动作,调节器人机界面上将显示"过励限制动作"或"欠励限制动作"报警信息,过励(欠励)限制灯亮,此时将闭锁增(减)磁操作,且会削弱励磁系统的动态性能,可通过减(增)磁调整给定解除限制。

(2)机组空载运行中,调节器人机界面上显示"V/f 限制动作"时,应检查机组电压是否正常,机组转速是否过低,调整机组转速至额定。

5. 发电机强励动作

1) 故障现象

强励动作前系统电压过低,动作后发电机电压升高,定子和转子电流增大,发出"强励动作”现地与远方故障信号,此时为电流闭环控制或恒无功运行。

2)故障原因

(1)系统内或其他并列运行的发电机发生事故引起电压下降。

(2)调节器本身故障,强励误动。

3)故障处理

(1)检查调节器工作情况及功率柜电流是否正常,检查一次系统有无异常。

(2)当系统发生事故引起电压剧烈降低时,发电机强励装置动作定、转子电流增加到最大,在 1 min 内值班人员不得干涉其动作,1 min 后若强励不复归,则打开强励压板 1LP,将定子、转子电流降低到额定值,以保护发电设备不受损害,并将此情况及时汇报调度,要求调整系统潮流。

(3)发生励磁系统误强励时,应立即减少励磁电流,减磁无效时立即灭磁或停机。

(4)若判明是直流接地、电压回路故障等原因造成强励误动,则应打开强励压扳 1LP,通知维护人员检查处理。

6. V/f 限制动作

1)故障现象

中控室计算机有调节器 V/f 限制动作信息,现场调节柜有 V/f 限制故障信号,此时按曲线限制电压给定值运行,并闭锁增磁信号。

2)故障原因

(1)机组转速异常。

(2)V/f 限制器误动作。

3)故障处理

(1)检查调节器工作情况及功率柜电流是否正常,检查一次系统电压及频率。

(2)同时进行减磁,直至“V/f 限制”信号消失。

(3)若减磁无效,可发停机令逆变灭磁或直接跳灭磁开关灭磁。

(4)在机组空载运行时,应检查机组电压是否正常,机组转速是否过低,调整机组转速至额定时再增加励磁电压。

7. 转子过压

1)故障现象

(1)监控系统报“×F 转子过压保护动作”。

(2)励磁调节器人机界面上显示“过压保护动作”报警信息。

(3)现地灭磁开关柜显示屏闪烁报警。

(4)灭磁开关 FMK 分闸。

2)故障原因

(1)发电机出现机端短路、失步、失磁、非同期合闸等情况时,会因为发电机定子回路中的负序电流在转子回路中感应出过电压。

(2)发电机空载或负载状态下灭磁开关跳开时,也会因为转子的电感储能在转子上产生反向过电压。

(3)发电机励磁系统故障,发生强励。

(4)发电机绕组对地非金属性短路,发生接地电弧。

(5)线路过电压通过变压器进入发电机绕组。

(6)灭磁开关FMK跳开后,电流无法流通,就会在转子上产生过电压。

3)故障处理

(1)过压保护动作后,检查灭磁(开关)柜内特种熔断器(RD)是否熔断,非线性电阻是否损坏。

(2)查看"转子过压"保护动作后的计数情况,按下复归按钮复归信号,判断"转子过压"保护动作的正确性。

(3)若FMK分闸,检查FMK分闸原因并处理。

8. 转子过电流保护动作

1)故障现象

转子过电流保护动作。

2)故障原因

(1)励磁调节器或励磁功率柜失控。

(2)转子回路短路。

3)故障处理

(1)检查励磁装置,确认励磁调节器或励磁功率柜是否失控。

(2)检查转子回路,确认是否有短路点,若有,通知检修处理。

(3)若调节器或励磁功率柜失控可退出主励,用备励升压并网。

5.2.2.4　励磁系统其他事故/故障及处理

1. 机组起励失败

1)故障现象

机组自动开机起励,起励后10 s左右机端电压还小于10%的额定电压时,监控系统报"×F励磁系统起励失败"。

2)故障原因

(1)起励电源消失。

(2)FMK分闸。

(3)回路断线或故障。

(4)励磁调节器内部故障。

(5)机组未达到起励转速或相关起励信号未送入。

(6)起励电流不够。

3)故障处理

(1)检查励磁系统的阳极开关、直流开关是否合上,灭磁开关合闸是否到位(面板FMK合闸指示灯是否亮,用万用表测量FMK两断口电压大小)。

(2)检查机组转速是否大于90%。

(3)检查起励电源(起励电源指示灯是否亮)、脉冲电源和稳压电源、熔断器是否投入良好(功率柜脉冲开关,励磁电压互感器及其二次保险等是否均投入)。

(4)检查励磁操作控制回路是否正常。

(5)检查自动励磁调节器和各种反馈调节信号是否正确接入。

(6)检查微机调节是否进入监控状态。

(7)调节器无停机信号时,可切换调节器屏直流电源开关重新启动调节器,检查故障是否排除;若未排除,另选一个通道进行起励,检查是否是调节器通道内部故障。

(8)按调节器面板逆变按钮复归起励失败信号,若调节器没有发出“起励失败”信号,但机组仍无法自动起励,可在人机界面上按“起励”按钮人工起励,检查“机组95%转速”令及“投励磁”令信号是否送入。

(9)若励磁装置已有励磁电流输出,但机组仍不能减压成功,则有可能为起励电流不够,可投入起励直流电源,重新起励。

(10)检查起励回路、脉冲公共回路、可控硅整流器、转子回路、同步回路等是否有接地、短路、断线等故障,若有则通知检修人员处理,未查明原因之前不得再次起励。

2. 实例一:开关位置重复继电器损坏引起逆变灭磁失败

1)故障现象

××年××月××日××时××分某水电厂2#机组在停机过程中在油开关跳闸后,励磁装置接收到停机令10 s后机端电压还大于10%U_e时,监控系统报“逆变灭磁失败、励磁变压器过流动作、保护总出口动作、FMK分闸、非线性电阻灭磁”等信号,机组正常的停机转变为事故跳灭磁开关停机。

2)故障原因

(1)正常情况下当油开关跳闸后,励磁调节器中机组状态也应由并网状态转换为空载状态,当LCU发出停机令时,励磁调节器响应停机并启动逆变程序,将可控硅的触发角度移到逆变给定角度(139°),功率柜由整流工作状态转变为逆变工作状态,定子电压迅速降低。

(2)由现场检查情况看,励磁调节器有停机令记录,无逆变失败信号。可以分析励磁调节器在接收到停机令后并没有启动逆变程序。这是由于油开关的位置重复继电器线圈断线,该继电器一直处于失磁状态,当油开关跳闸后机组由发电状态转换为空载状态时,励磁调节器却因油开关的位置重复继电器不能励磁而仍在运行发电程序,即使此时接收到停机令,也不会进入停机逆变程序。并且由于励磁调节器的状态没有转换为空载状态,也无法启动V/f限制功能。

(3)由于调速器工作正常,它接受停机令后就启动停机程序将导叶关闭,机组转速不断下降,定子电压随机组转速的下降而不断降低,而此时的励磁调节器却判断机组在发电状态而要维持定子电压为额定值,势必加大励磁电流来阻止定子电压的下降,最终导致励磁变压器过流保护动作,造成事故停机。

3)故障处理

(1)检查励磁调节器与功率柜均没有发现故障信号,同时检查功率柜元件无异常。查询励磁调节器工控机中的故障一览表信息,并没有发现“逆变失败信号和其他故障信号”,但在开关量一览表中有停机令的记录,同时发现开关量信号中“油开关位置”显示在合闸位置,而此时油开关已经分闸。检查油开关的辅助接点是在分闸位置,其重复继电器却为失磁,油开关位置重复继电器采用的是油开关分闸位置接点重动,当油开关为分闸时该继电器励磁,当油开关为合闸时该继电器失磁,进一步检查发现该继电器的线圈已断线。

(2)仔细检查该继电器动作时发现,当舌片吸合时线圈引线也会被拉动,在几年的运行过程中该继电器动作上千次最终线圈引线因疲劳而断线。当即对该类型的继电器的引线进行处理,采取防止继电器动作时拉动线圈引线的措施。

(3)导致本次故障加重的原因在于LCU的停机流程,在停机流程中励磁调节器与调速器的停机令为同一继电器,即调速器中的停机程序和励磁调节器中的停机程序同时被执行,在正常情况下没有问题,但当励磁系统不能逆变时就会发生上述故障。所以,对LCU中的正常停机流程进行了改进,将励磁停机令与调速器的停机令分开为两个继电器。即当油开关跳闸后,先给励磁调节器发停机令启动逆变灭磁;当定子电压小于50%的额定电压时,再给调速器发停机令关导叶。若励磁系统不能正常逆变,定子电压就不会小于50%的额定电压值,就不给调速器发停机令,停机流程就此中断退出并报警。

3. 实例二:运行中发电机励磁回路绝缘电阻突然降低

1)故障现象

运行中测量励磁回路正、负极对地电压和极间电压,发现发电机励磁回路绝缘电阻突然降低。

2)故障原因

碳粉和油雾的混合物附着在刷架拉杆绝缘子、集电环支臂及支撑绝缘子处,使带电部分与大地发生间接电气联系,造成绝缘下降。

3)故障处理

(1)用压缩空气吹扫碳刷、刷架、刷框、滑环。

(2)如果不能恢复,则应对发电机严密监视,尽量找机会停机处理。

4. 励磁TV断线

1)故障现象

(1)励磁调节器故障信号出现。

(2)调节器切换至“手动”状态,或者切换至“备用”调节单元运行。

2)故障原因

励磁TV一次或二次熔断器熔断。

3)故障处理

(1)稳定机组的无功出力,尽量不改变机组的负荷出力。

(2)主通道发生TV断线时,如果只有一个自动调节通道应切至手动运行。多调节通道励磁调节器应自动或手动切换至备用调节通道运行。检查调节器动作情况及运行情况,查看是否切换至备用通道运行,并记录调节器的信号。

(3)备用通道发生TV断线后,对主通道无影响。若出现该故障信号,正处在备用通道运行,应人工切换到主通道运行。

(4)检查TV熔断器及回路,更换相同型号熔断器。如不能恢复,通知维护/检修人员处理。运行中处理断线的TV二次回路故障时,应采取防止短路的措施,无法在运行中处理的应提出停机申请。

(5)TV恢复正常后,将励磁调节器的运行方式恢复正常。

5. 发电机失磁

1) 故障现象

(1) 定子电流表指针指示增大并摆动,转子电流表指针指示为零或接近于零。

(2) 有功指示降低并摆动,无功指示进相。

(3) 定子电压表降低且摆动。

(4) 功率表的指针周期性摆动。

(5) 转子回路感应出滑差频率的交变电流和交变磁动势,转子电压表指针也周期性地摆动,功率因数指示为进相。

(6) 机组事故停机。

2) 故障原因

(1) 灭磁开关误跳闸。

(2) 励磁整流系统故障。

(3) 励磁调节器故障。

(4) 励磁回路断线:转子回路断线、励磁机电枢回路断线、励磁机励磁绕组断线等。

(5) 励磁一次回路或控制回路故障使得励磁电流消失。

(6) 转子回路短路或两点接地。

(7) 手动方式下操作调整不当。

3) 故障处理

(1) 若"失磁保护动作"事故信号发出而机组未解列,应手动解列,并检查厂用电切换情况,若未切换则手动切换。

(2) 如"失磁"信号发出,首先在失磁 60 s 内将机组负荷降到 60%额定负荷,在失磁 90 s 内机组负荷降为 40%额定负荷,总的失磁运行时间不得超过保护定值限制。

(3) 在允许时间内应尽快恢复励磁,调整发电机电压正常。若超过允许时间仍未恢复,则手动解列停机。

(4) 对励磁系统进行如下检查:转子滑环有无环火短路痕迹,转子有无两点接地短路或断路现象,灭磁开关是否误跳闸,励磁调节器是否故障,励磁功率柜是否故障,励磁机是否故障等。

(5) 发现发电机着火时,立即进行灭火。

(6) 若励磁调节器或功率柜故障,可切换备励系统工作,恢复机组运行。

(7) 若转子回路或励磁机回路故障,停机后,做好安全措施检修。

(8) 对失磁保护进行检查并处理。

5.3 同期装置常见事故及其处理

5.3.1 同期装置基本知识

5.3.1.1 作用

在电力系统中,同步发电机并列运行时,所有发电机转子都是以相同的角速度旋转,

转子间的相对位移角也在允许的极限范围内,这时发电机的运行状态称为同步运行。发电机在投入电力系统运行之前,与系统中的其他发电机是不同步的。把发电机投入到电力系统并列运行,需要进行一系列的操作,这种操作称为并列操作或同期操作。用于完成并列操作的装置称为同期装置。同期并列是水电厂一项重要且需经常进行的操作。

水电厂同期一般是指准同期,即调节发电机电压和频率,使发电机与系统的电压差、频差、相角差均在允许的范围内并列。同期装置是用来判断断路器两侧是否达到同期条件,从而决定能否执行合闸并网的专用装置,它是在电力系统运行过程中执行并网时使用的指示、监视、控制装置,它可以检测并网点两侧的频率、电压幅值、电压相位是否达到条件,以辅助手动并网或实现自动并网。

随着电力工业快速发展,单台大容量机组技术日趋成熟,大容量发电机组在并入电网运行时,若是并列不当,不但会影响机组本身设备安全,还会对电网造成冲击,甚至可能直接造成设备损坏或电网垮网。

5.3.1.2　构成

同期装置主要包括微机同期装置、同步表、同步检查继电器、中间继电器(含投PT继电器、启动同期继电器、增/减速继电器、增/减压继电器、选点继电器、合闸出口继电器等)、同期点选择开关、合闸开关、同期方式选择开关、增/减压开关、增/减速开关等。我们常用的自动同期装置一般有单点同期装置和多点同期装置,其区别只是并列点的多少,工作原理相同。

5.3.1.3　分类

发电机与系统并列的方式有两种,即自同期并列和准同期并列。

1. 自同期并列

自同期是将未加励磁而转速接近同步转速的发电机投入系统,并立即(或经过一定时间)加上励磁。这样,发电机在很短的时间内被自动拉入同步。自同期并列的这一优点,在为电力系统发生事故而出现低频低压时启动备用机组创造了良好条件,这对防止系统瓦解和事故扩大,以及尽快地恢复系统的正常工作,起着重要的作用。

经常使用自同期方式并列,冲击电流产生的电动力可能对发电机的定子绕组绝缘和端部产生积累性变形和损坏。由于现在电网整体稳定性较高且该方式对系统冲击很大,所以已极少采用,目前主要采用的并网方式是准同期并列。

2. 准同期并列

准同期是指当发电机转速接近额定转速后,先加励磁建立发电机电压,调整发电机与系统满足准同期并列条件后再合上断路器与系统并网的方式。

(1)准同期并列须满足以下条件:①待并发电机的电压与电网(系统)电压相等,其偏差不大于额定电压的±5%;②待并发电机的频率与电网频率相等,其频率偏差不大于±0.25 Hz;③待并发电机与电网相位相同,其偏差在±10°相位角以内。

(2)准同期一般分两种:自动准同期和手动准同期。

自动准同期指由同期装置自动进行发电机的频率调整、电压调整,捕捉到同期点后自动合闸,以平稳的方式将发电机并入电网,减小对电网和发电机本身的冲击。在并网过程中,电压差会导致无功性质的冲击,频率差会导致有功性质的冲击,相位差则会同时包含有功和无功性质的冲击。因此,掌握准确的并网时间和并网条件尤为重要。目前水电厂机组并网均采用自动准同期方式。

手动准同期指发电机的频率调整、电压调整、并列合闸操作由运行人员手动进行,只是在控制回路中装设了非同期合闸的闭锁装置,现已极少采用或仅作为备用,只在自动准同期装置发生故障、检修或机组未安装自动准同期装置时使用。

5.3.1.4 同期装置实例分析

下面以国立 SID-2FY 智能复用型同期装置为例,分析同期装置的组成及工作原理。

1. 结构组成

SID-2FY 智能复用型同期装置采用整面板形式,面板上设有液晶显示器、信号指示灯、同步表指示灯、操作键盘、USB 通信接口等。装置机箱采用加强型单元机箱,按抗强振动、强干扰设计,确保装置安装于条件恶劣的现场时仍具备高可靠性。不论组屏或分散安装均不需加设交、直流输入抗干扰模块。

装置主要由以下插件构成:电源插件、CPU 插件、信号插件、人机接口插件、测试插件,以及输入回路、输出回路等。

电源插件由电源模块将外部提供的交、直流电源转换为装置工作所需的各类直流电压。模块输出+5 V、±12 V 和+24 V、+5 V 电压用于装置数字电路,±12 V 电压用于 A/D 采样,+24 V 电压用于驱动继电器及装置内部 DI 量输入信号的光耦电路使用。

CPU 插件由主控 CPU、SDRAM、Flash Memory、A/D 采样芯片等构成。主控 CPU 为高速 RISC MPU,主频达 200 MHz,支持 DSP 运算指令集。采用 24 路高精度高速同步采样技术,确保装置响应速度。所有集成电路全部采用工业级,使得装置有很高的稳定性和可靠性。

信号插件选线器接口板用来与选线器装置进行连接。同期控制板提供同期控制输出信号、系统侧和待并侧的电压输入接口。信号开入板最多可采集 16 路强电开入信号。信号开出板用来提供 14 路空接点告警信号输出。备用开出板提供 9 路空接点信号输出,可根据实际需求进行输出配置。

人机接口插件主要指前面板,前面板提供 9 个按键、36 个高亮度 LED 发光管构成的同步表、10 个信号灯、一块 320×240 液晶屏方便人机交互,同时提供一个串口,供厂家测试及软件升级专用。

测试插件由测试电源板和测试系统板组成,提供测试需要的电压信号和自动检测装置的主要功能。

2. 工作原理

SID-2FY 智能复用型同期装置既可用于发电机差频并网,又可用于线路差频和同频并网。装置具有自动识别并列点并网性质的功能,即自动识别当前是差频并网还是同频并网(合环)。在差频并网时,精确地控制数学模型,确保装置能绝无遗漏地捕捉到第一次出现的并网时机,并精确地在相角差为零时完成无冲击并网。在发电机并网过程中,按模糊控制理论的算法,对机组频率及电压进行自动控制,确保又快又平稳地使频差及压差进入整定范围,实现更为快速的并网。

同期装置输入、输出及控制逻辑原理图如图 5-11~图 5-13 所示。

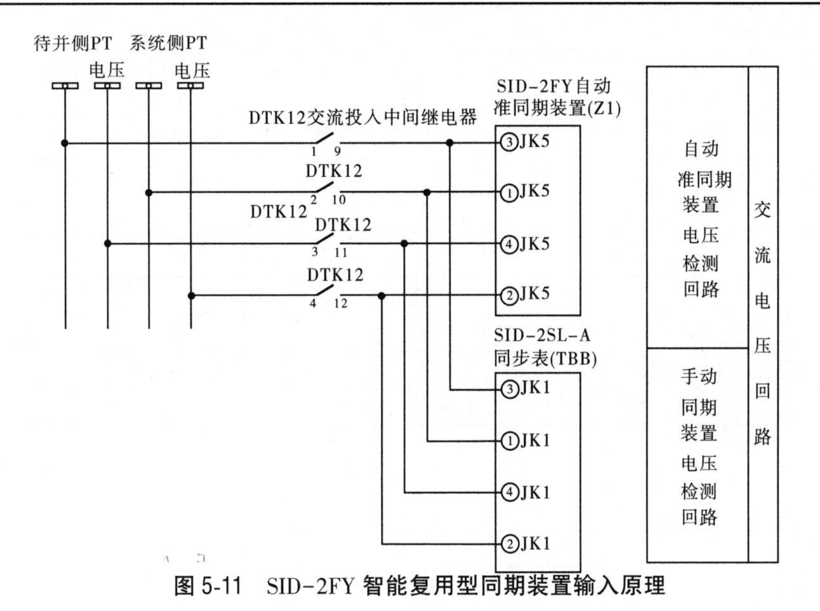

图 5-11　SID-2FY 智能复用型同期装置输入原理

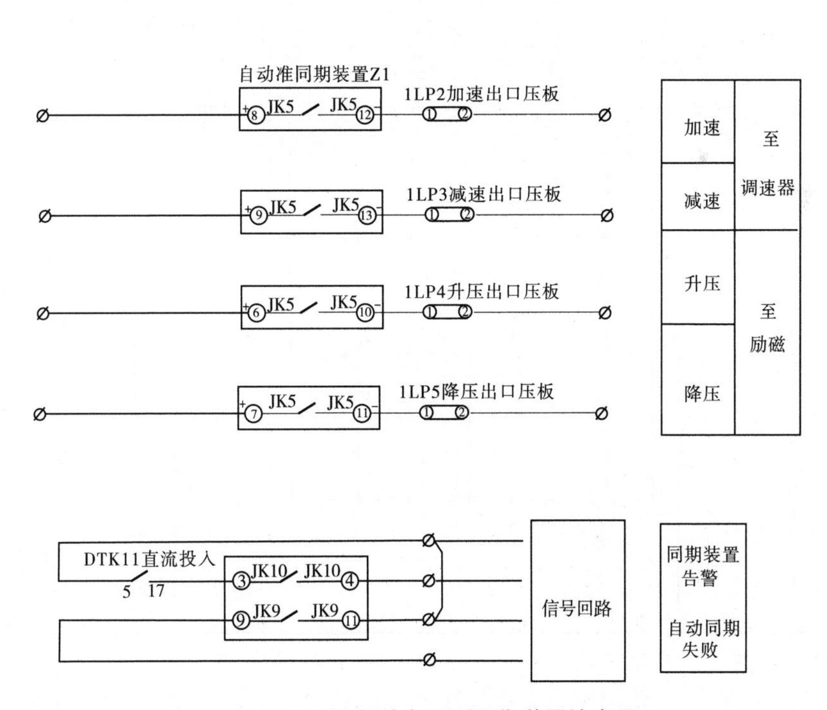

图 5-12　SID-2FY 智能复用型同期装置输出原理

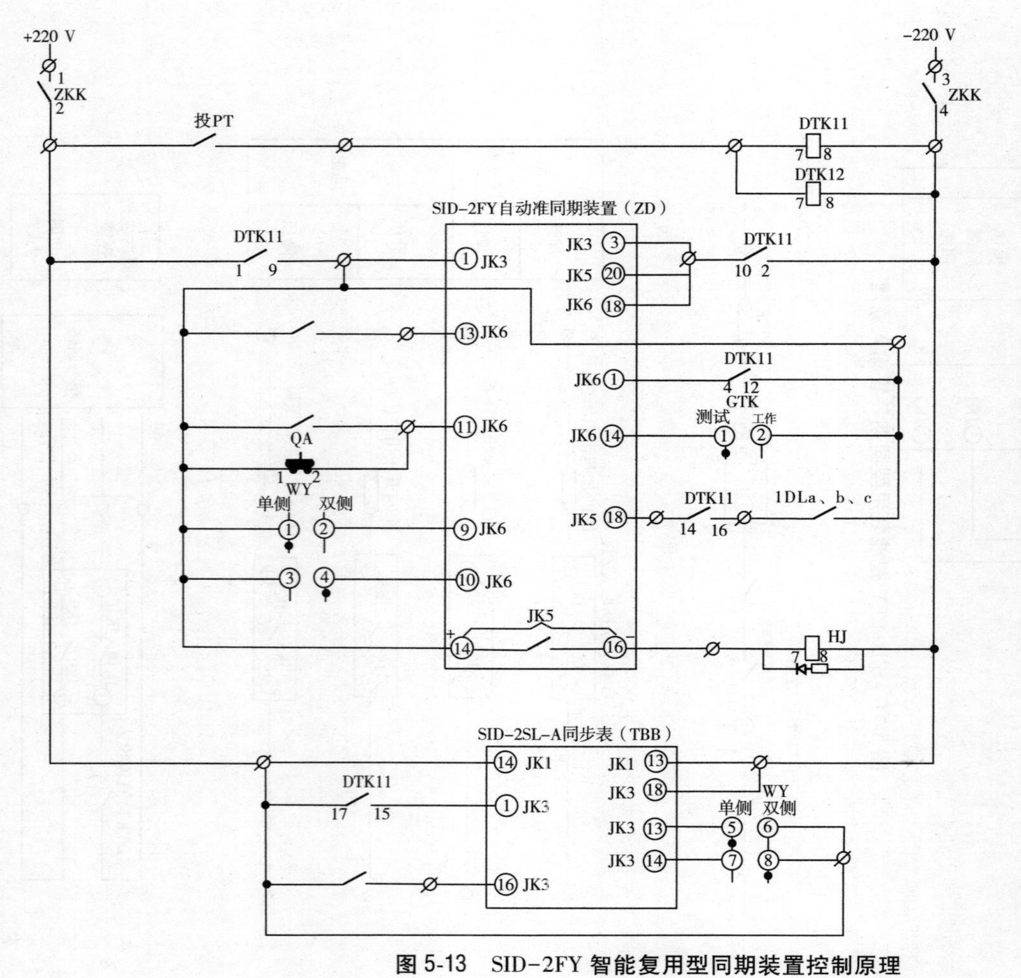

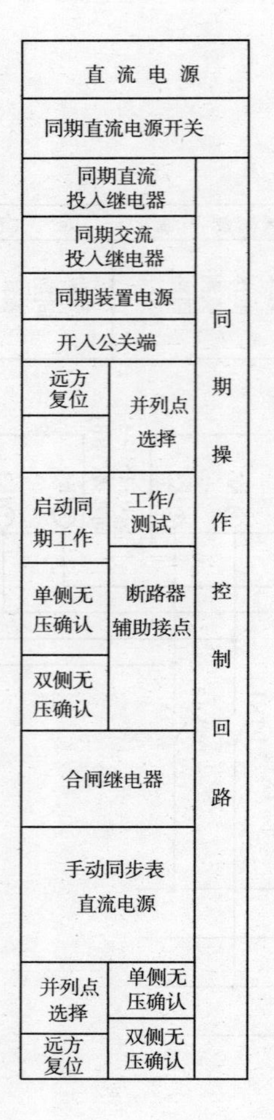

图 5-13 SID-2FY 智能复用型同期装置控制原理

(1)同期装置工作流程:

①装置进入同期工作状态后,首先进行装置自检,如果自检不通过,装置报警并进入闭锁状态。

②自检通过后装置对输入量进行检查,如果输入量或 PT 电压不满足条件,装置报警并进入闭锁状态。

③如果输入量正常,装置输出“就绪”信号,此时如果“启动同期工作”信号有效,装置输出“开始同期”开出信号,并判定同期模式,可能的同期模式有单侧无压合闸、双侧无压合闸、同频并网、差频并网、确定同期模式后,进入同期过程。

④同期过程中,如果出现异常情况(如非无压合闸并网、系统侧或待并侧无压、同期超时等),装置报警并进入闭锁状态;当符合同期合闸条件时,装置发出合闸令,完成同期操作。

⑤在发电机同期时,如果频差或压差超过整定值,且允许调频调压,装置发出调频或调压控制命令,以期快速满足同期条件。

⑥完成同期操作后装置进入闭锁状态。

⑦整个同期装置工作流程如图 5-14 所示。

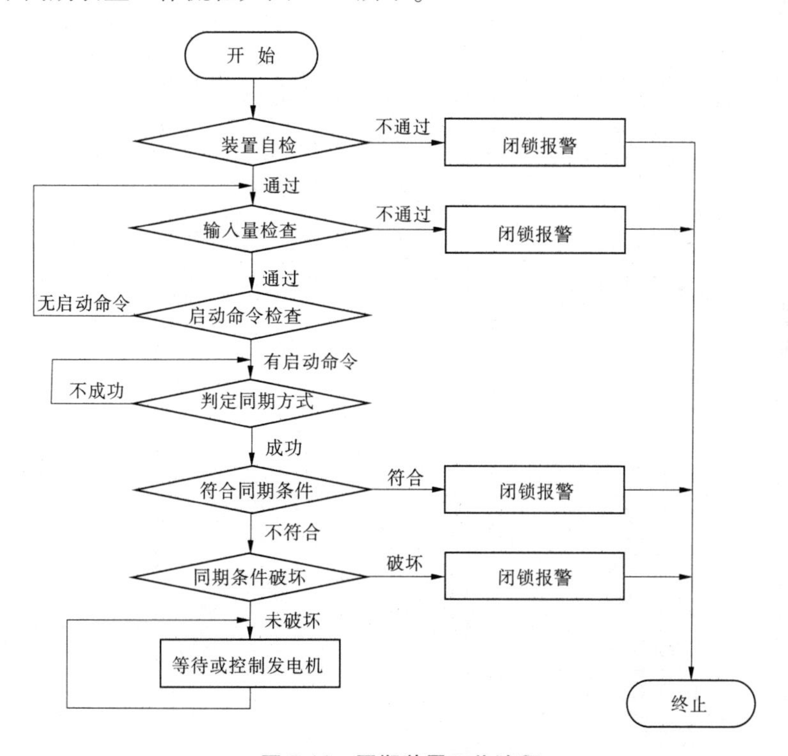

图 5-14　同期装置工作流程

(2)同期定值单(以某大型水电厂实际运行参数为例)如表 5-1 所示。

5.3.2　同期装置常见事故/故障及其处理

同期装置的常见故障主要有装置本体故障、输入/输出回路故障及同期定值参数错误等。

5.3.2.1 同期装置本体事故/故障及其处理

1. 实例一：同期装置本体故障导致同期合闸失败、机组事故停机

1) 事故现象

(1)某水电厂运行人员按调度令在中控室开始进行4#机组自动开机并网操作。启动同期后由于超时未并网，上位机报“4#机组出口断路器合闸失败，流程退出”“投PT信号”复归、“启动同期信号”复归，机组在空载状态。

表5-1 同期定值单

序号	名称	整定值
1	同期对象类型	差频
2	断路器合闸时间	94 ms
3	差频并网电压区间	待并侧在系统侧两侧
4	允许压差	2%
5	差频并网频率区间	待并侧高于系统侧
6	允许频差	0.2 Hz
7	待并侧额定电压	100 V
8	系统侧额定电压	100 V
9	过电压保护值	110%
10	低压闭锁	80%
11	有压确认值	80%
12	无压确认值	20%
13	系统侧应转角	0°
14	同频同期允许功角	15°
15	单侧无压合闸	退出
16	无压侧选择	系统侧
17	双侧无压合闸	投入
18	同频阈值	中
19	均压控制系数 *K*	50
20	自动调压	投入
21	自动调频	频宽调节
22	最小正脉冲	70 ms
23	最小正脉冲倍率	3
24	最小频度	5
25	最大频率倍率	10
26	同频调频脉宽	10 ms
27	TJJ 同频同期开放角	15°
28	TJJ 频差同期开放角	15°

(2)通知二次维护人员现场检查,二次维护人员到现场观察过程中,运行人员在上位机重新发并网令,4#机组监控流程启动同期,随后同期装置面板显示合闸成功,但合闸继电器未动作,机组出口断路器仍然处于分闸位置,运行人员在上位机终止流程,下发停机令。

(3)4#机组处于停机状态,用检验合格的备件将同步检查继电器(插拔式)更换,运行人员在上位机执行4#机组发电操作,流程自启动同期,4#机组出口断路器合位。同时上位机报4#发电机保护A/B套保护停机、4#发电机保护A/B套误上电保护动作,机组电气事故停机,断路器分位。

(4)2 s后,上位机报4#发电机保护A/B套保护动作停机复归、误上电复归,4#发电机灭磁开关误分,报4#发电机出口断路器合位。同时相关保护再次动作,断路器分位。上位机报4#发电机A/B套失磁保护动作,4#机组事故停机流程执行正常。

2)事故原因

(1)对4#发电机同期回路进行检查,将同期回路输入端、输出端甩开,外加量对同期装置和回路进行校验,均动作正常。更换新的自动准同期装置,检查核对所有参数与原装置一致,对其校验后,工作正常,检查机组PLC开出指令的相应接线正确,继电器动作正常。

(2)对4#发电机出口断路器操作控制回路进行检查,4#发电机出口断路器同期合闸回路与设计相符,未发现异常现象,回路芯线之间绝缘、对地绝缘正常。

(3)对发电机一次相关设备进行检查,并测量4#发电机定子绝缘,4#发电机中性点及出口软连接螺杆无松动,定子无发热、放电、烧焦现象,定子上下端无异物,设备运行正常。

(4)根据现场检查结果,一次、二次设备都无异常后,对4#发电机零起升压,无异常后进行假同期并网试验正常。

(5)恢复假同期试验接线,合上4#发电机出口隔离开关,机组并网正常,机组带负荷正常。

(6)根据检查试验情况综合分析:

①两次误合闸期间,相关设备等位置均无人工作,排除人为原因造成误合的可能。

②经过对合闸回路的检查,未发现存在寄生回路、绝缘降低、接线错误等问题,排除外部回路原因造成误合的可能。

③经过对一次设备的检查,一次设备无异常,排除一次设备故障造成误合的可能。

④第一次非正常合闸时,实际合闸角度为20°,恰好是同步检查继电器TJJ的整定角度20°,由于同期装置的实际定值为10°,因此分析认为同期装置开出接点存在粘连,导致启动同期继电器动作后,未经过同期装置的检测判据,而此时同步检查继电器TJJ已满足条件,造成发电机断路器第一次合闸。

⑤第一次非正常合闸后,发电机误上电保护(满足条件)正确动作跳闸,由于同期装置开出接点仍存在粘连,在监控PLC流程中复归"投PT信号"指令后,同步检查继电器TJJ首先失电造成其常闭接点导通,此时复归"启动同期"指令的动作结果未与复归"投PT信号"指令同步,导致启动同期继电器仍处于动作状态,同期合闸回路导通,造成发电机断路器第二次合闸。

综上所述,同期装置存在硬件上的缺陷,装置本体的合闸开出接点处于粘连状态是导致本次同期合闸失败,进而机组事故停机的主要原因,同时通过分析,发现监控系统 PLC 复归"投 PT 信号"指令、复归"启动同期"指令流程不合理等问题。

3)事故处理

(1)对同期装置本体进行升级改造。

(2)将监控系统 PLC 逻辑中的复归"投 PT 信号"指令与复归"启动同期"指令分开,按顺序先复归"启动同期"指令,延时 2~3 s 后再复归"投 PT 信号"指令。

(3)在同期合闸回路中再串接一个启动同期继电器的常开接点,参与同期合闸的逻辑闭锁,提高设备运行稳定性。

2. 实例二:同期装置 CPU 板件接头氧化导致同期装置合闸超时

(1)故障现象:某水电厂 4#机组并网过程中同期失败,同期超时流程退出。

(2)故障原因:现场检查发现同期装置 CPU 板件接头氧化导致同期装置启动时间较长,装置启动后不开出增速、减速、增磁、减磁信号,导致同期装置合闸超时。

(3)故障处理:已更换同期装置 CPU 板件,定值已按定值单整定,假同期试验正常,机组并网成功。

3. 实例三:参数设置不当导致并网时出现无功功率冲击和发电机机端电压偏高

1)故障现象

某电厂 3#发电机机端额定电压为 20 kV,通过主变高压侧断路器并入 220 kV 系统,电厂机组采取典型发电机-变压器组单元机组接线方式,主变选用三相双绕组强油风冷无激磁调压变压器,型号为 SFP-400000/220,额定电压为$(242\pm2)\times2.5\%/20$ kV,采用 YN,d11 接线方式,正常运行时,主变高压侧抽头选取 3 档,以 242 kV 额定电压运行。机组待并侧电压互感器在机端,变比为$(20/\sqrt{3})/(0.1/\sqrt{3})$(kV),系统侧电压互感器在 220 kV 母线,变比为$(220/\sqrt{3})/(0.1/\sqrt{3})$(kV)。机组并网时,有功负荷约 6.9 MW,无功功率最高达 222 MV·A,机端电压峰值达 21.32 kV。

2)故障原因

(1)经过分析判断是发电机并网时产生无功冲击引起的。根据分析,并网点两侧额定电压(或压差)整定不正确,将造成"压差并网",引起系统及机组的"无功冲击",主要表现为:机组并网带大无功或并网时发电机进相运行。发电机并网时,待并侧电压 U_G 与系统电压 U_S 同相位,$\varphi=0°$且频差 $\Delta f=0$ Hz,并网冲击电流 $I_c=(U_G-U_S)/jX''_d$。当 $U_G-U_S>0$,即待并侧电压大于系统侧电压时,则冲击电流滞后机端电压 90°,电流将对发电机起去磁作用,使机端电压降低,同时发电机并网时立即输出无功;当 $U_G-U_S<0$,即待并侧电压小于系统侧电压时,冲击电流超前机端电压 90°,电流将对发电机起增磁作用,使机端电压升高,同时发电机并网时立即吸收无功。根据自动准同期装置整定原则:在同步点合闸时,不应产生较大的冲击电流,同时不应对两侧电压平衡要求太高而延误同步时间。

(2)查阅机组同期装置设定值,其压差定值设置为 3%且待并侧高于系统侧,与定值单一致且满足整定计算要求,排除了因同期装置压差定值设置偏大的影响。此外,在与压差相关参数中"待并侧额定二次电压""系统侧二次额定电压"与定值单有所区别,定值单中待并侧二次额定电压 95 V、系统侧二次额定电压 104 V,同期装置内参数设定待并侧二

次额定电压 100 V、系统侧二次额定电压 100 V。

(3)当机组并网时,系统 220 kV 实际电压为 235 kV,则系统侧二次电压为 106.81 V,按照同期装置内设定值及对压差设定不大于 3%且待并侧高于系统侧的要求,此时机端电压在 106.81~110.01 V 允许并网,对应的发电机机端电压一次侧电压范围为 21.36~22.0 kV,则主变高压侧一次电压范围为 258.46~266.20 kV,主变高压侧与 220 kV 系统母线电压差最小为 23.46 kV,在并网时必然造成较大冲击。根据历史曲线查询结果,并网前发电机机端电压为 19.5 kV,主变高压侧电压为 235.95 kV。机组并网后由于冲击电流的作用,立即输出无功,由于与系统对应的电压差距较大,故发电机大量输出无功功率满足系统的需求。

(4)按照定值单定值进行核算,系统 220 kV 实际电压为 235 kV,则机端电压允许并网的二次电压范围为 97.57~100.50 V,对应发电机机端电压一次侧电压范围 19.52~20.10 kV,主变高压侧一次电压范围为 236.19~243.21 kV,则主变高压侧与 220 kV 系统母线电压差最小为 1.19 kV,此时,并网对系统和发电机或变压器的冲击影响较小。

(5)查阅电厂接入系统侧 220 kV 母线运行电压长期保持在 235~236 kV,则系统侧二次电压为 106.81~107.27 V。根据整定计算算法,当发电机机端电压在 19.42~19.51 kV 时,主变高压侧电压为 234.98~236.07 kV,能够实现并网无冲击或微小冲击。

3)故障处理

(1)按照分析和核算结果,将同期装置中设置待并侧二次额定电压为 97 V,系统侧二次额定电压为 106 V,压差定值 3%,待并侧高于系统侧,基本实现并网无冲击现象。

(2)从该事例分析可以看出,同期装置的参数至关重要,必须确保整定可靠,同时执行定值过程必须严格把关,以满足各种工况下同期并列的可靠性,减少对发电机、变压器等主要设备的冲击,延长设备运行寿命。

4. 实例四:同期参数与调速器特性不匹配造成同期合闸失败

1)故障现象

某水电厂上位机发 1#机组由“停机”至“发电”流程,执行至“同期装置投 PT”时流程退出,上位机执行 1#发电机“同期合闸”流程时失败退出。

2)故障原因

经检查,同期装置不能成功合闸原因为同期装置的调速周期参数设置和系统频率、调速器转速调整特性不匹配。目前同期装置的调速周期是按照厂家推荐值整定的,时间为 7 s,这个时间会引起同期装置调整到适合并网频率范围内时,如果 7 s 内系统频率和发电机频率波动超过设定频率范围(-0.15~0.15 Hz),同时发电机和系统电压相位没有达到合闸角度,就会发出系统侧频率低或者对象侧频率的低报警信号。

3)故障处理

调整同期装置参数后,1#机组顺利并网。

5.3.2.2 同期装置继电器或二次回路事故/故障及其处理

1. 实例一:电压二次回路接线错误造成非同期并网

1)故障现象

某电厂扩建工程 1#机组出线间隔和主变进线间隔改造完成后,发现 1#机组在每次同期并网时都会引起220 kV母线电压及频率的波动,尤其是在2016年的2次并网过程中均产生了较大的冲击电流。

2)故障原因

某水电厂1#机组停机期间,组织专业人员对引发同期并网时出现较大冲击电流的各种因素和环节进行逐项分析和排查。

(1)检查故障录波动作情况发现,发变组、线路故障录波装置均有录波记录,录波报文为电流突变量启动录波,三相电流幅值大幅增加,220 kV母线电压幅值降低,且有畸变。查看计算机监控系统上位机简报,发电机励磁电流、无功功率、有功功率在机组并网瞬间均有较大增幅。

(2)检查同期装置定值及性能。同期装置定值如下:允许频差为±0.2 Hz,允许压差上限为0 V、下限为-11 V,导前角20°,导前时间160 ms,均符合要求。核查同期装置送检试验报告,压差闭锁、频差闭锁、角差闭锁动作值符合整定值要求。调频、调压性能完好,同步指示、同期合闸脉冲正确动作,未发现异常。

(3)在1#机组停机前对同期装置上电检查,发现装置测量机端电压与系统的幅值、频率均相同,但相位相差66°,正常情况下机组并网后机端电压与系统电压相位应保持一致或有很小的测量误差,而此时有66°的相位差,说明电压二次回路存在接线错误,使得测量值与实际值不符,导致机组在并网时与系统实际有60°的相位差,造成非同期并网。停机后对二次回路检查发现,现场实际是将L730-Sb730接入了同期装置,而图纸要求将L730-Sa730电压引入同期装置,如图5-15所示。

电压回路向量如图5-16所示,机端A-C电压与高压侧开口三角形L730-Sb730电压有60°的相位差,机端电压超前高压侧电压60°。也就是说,当同期装置认为机端电压与系统电压达到同步时,实际上主变高压侧一次电压与220 kV母线一次电压之间是有60°相位差的。当装置发出合闸命令后,发电机与系统非同期并网,因此会产生较大的冲击电流。

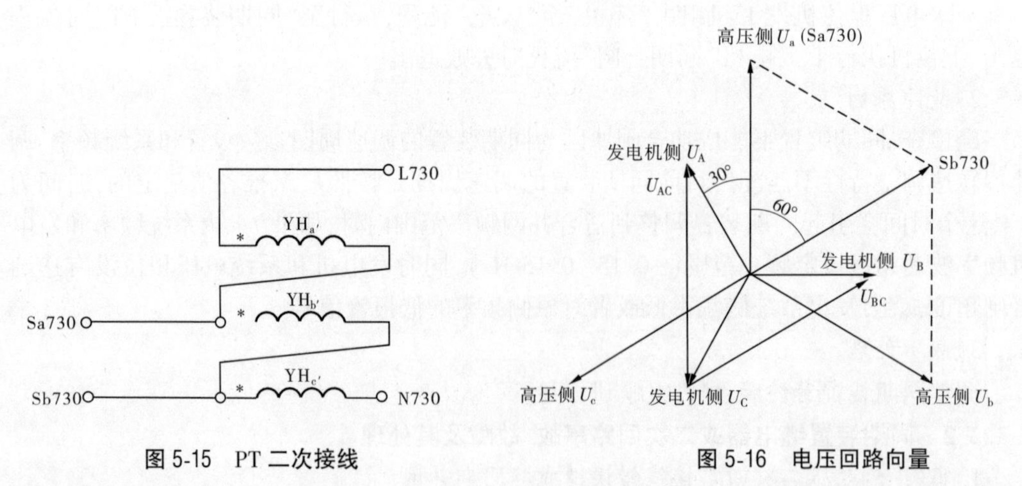

图5-15 PT二次接线

图5-16 电压回路向量

3)故障处理

此接线错误为扩建改造时施工人员未按图纸施工造成的。由于220 kV母线仍在运

行中，PT二次回路带电改线安全风险较大，因此需设法在发电机侧对二次回路进行修改以满足同期需要。由图5-16可知，同期点两侧电压有以下两种选取方式：

（1）当机端电压取 U_{AC} 时，220 kV电压取母线PT开口三角形a相电压。

（2）当机端电压取 U_{BC} 时，220 kV电压取母线PT开口三角形a、b相电压矢量和（L730-Sb730电压）。

以上两种接线方式引入同期装置的电压均大小相等、方向相同，满足同期要求。故现场选用第2种方式对二次回路进行改造，在同期柜内将机端电压A-C改为B-C接线方式。回路改造后，60°的测量误差消除，重新开机后机组并网一次成功，并网时电流正常，系统无波动。运行中检查机端电压与系统电压幅值、频率均正常一致，相位相差为6°（属正常PT制造误差及同期装置采样误差）。

此次故障也进一步提醒继电保护工作人员，在新建工程调试期间和二次回路改造工作结束后，一定要仔细检查二次回路，确保图实相符；要按规定进行发电机电压与系统电压之间的核相试验并不得有漏项，确保包括同期电压在内的二次电压接线正确，杜绝类似事件的发生。

2. 实例二：合闸继电器卡涩导致同期并网失败

1）故障现象

某水电厂GIS同期装置同期点为5011、5012、5013开关，所有同期装置默认为自动同期方式，无手动同期回路。完成相关检修工作后，现场运行人员申请恢复运行，合5011开关。得到省调许可后，上位机发出同期合闸指令，然而开关并未自动完成合闸操作，而且上位机也没有接收到开关合闸的反馈信号。

2）故障原因

（1）现场运行人员对开关进行检查，其控制方式为正常的远方位置，随后使用万用表对开关电源进行测量，全部正常。对 SF_6 真空断路器进行检查，压力也处于正常状态。

（2）为避免故障问题的影响范围进一步扩大，导致GIS运行稳定性下降，经过研究讨论后，决定采取维护检查的方法，经现场全面检查后发现，二次回路运行正常，传动试验结果也显示正常，再次发出合闸指令后，同期装置启动，但在数秒之后便会自动退出。

（3）通过对5011开关同期合闸回路进行检查后发现，导致开关未实现同期合闸的原因主要有以下几个方面：

①GIS同期装置本身存在故障问题，致使同期合闸无法完成。

②切换继电器故障。

③在其他的线路中可能存在合闸指令，使得断路器处于开断状态，由于该断路器未能完全闭合，导致开关无法完成同期合闸。

④当同期合闸指令发出后，因开关所处的位置并不是分位，或分闸信号未能及时返回，接点未闭合。

⑤同期自动选线继电器故障。

⑥在数字同期装置自动方式下，未达到合闸指令输出条件的要求。

⑦开关合闸继电器存在故障问题。

3）故障处理

（1）当同期合闸失败以后，相关工作人员对开关及电源的控制方式和同期合闸装置进行了现场检查，但在检查过程中并未发现任何的异常现象，并且同期装置也没有发出报警信息，故此排除同期装置故障的可能性。

（2）对继电器进行检查，设备运行正常，控制方式切换过程动作灵活，无异常情况，排除切换故障。

（3）对同期选线回路进行检查，由于故障发生时，并未对其他线路进行停送电操作，开关也处于分闸位置上，同期装置在合闸指令下能够正常启动，全部正常，即电压接入信号正常，继电器动作正常，由此表明，同期选线回路正常。

（4）当上述故障原因排除后，导致该故障的原因可能是同期合闸回路问题，随即重点对该回路进行检查，结果发现极有可能是回路中的继电器存在问题。

（5）为进一步验证故障原因，发出开关合闸指令，并对该继电器进行检查，结果发现其并未动作。现场人员进行检查后发现，该继电器存在卡涩的现象，动作灵活性较差，经多次手动调拨之后，该继电器的动作恢复正常。

（6）随后，上位机发出合闸指令，开关成功合闸，故障问题得以消除。

3. 实例三：同期电压继电器接触不良造成机组无法并网

1）故障现象

某水电站按工作计划对其 2# 机组进行小修，小修顺利完成后，机组准备并网。当同期电压和同期装置投入之后，在同期装置寻找同期点的过程中，同期闭锁告警一直存在，导致机组无法并网。

2）故障原因

（1）经现场检查发现，在机组同期过程中由同期装置检测到的发电机电压和系统电压发生等幅值跳动变化的现象，该幅值变化范围最大为 55 V，最小为 25 V。同时，同期闭锁继电器 K7 发生无周期性的动合，即继电器一直处于动作励磁状态，从而发出同期闭锁信号。在同期屏端子排处实测发电机电压和系统电压，测量值却正常。

（2）该机组的发电机侧电压 A 相和主变压器低压侧电压 A 相分别接到同期屏端子排上，而发电机侧电压和主变压器低压侧电压 N 侧在同期屏端子排上短接在一起。发电机侧电压 A 相和主变压器低压侧电压 A 相分别经同期电压继电器 K8 的两对动合触点接入同期装置和同期闭锁继电器 K7 的电压线圈回路中，N 线则经同期电压继电器 K8 的另外一对动合触点接入同期装置和同期闭锁继电器。

（3）若同期电压继电器 K8 的动合触点接触不良导致发电机侧电压和系统侧电压的 N 线断开时，加在同期闭锁继电器 K7 两个线圈上的电压会随发电机电压及系统电压两者间夹角的改变而做有规律地摆动，但极性相同，造成 K7 继电器一直被励磁。同时，由于系统电压与发电机电压差摆动范围在 0~110 V，同期装置检测到的两个电压恰好分别为此电压的一半，因此大小总是相等，频率相同，摆动范围分别在 0~55 V，造成同频现象，由此可初步判断连接至 N 侧的 K8 继电器动合触点接触不好，导致两电压失去 N 线侧。

3）故障处理

对 K8 继电器的动合触点进行处理后，机组顺利并网成功。

5.3.2.3 其他原因引起的事故/故障及其处理

实例:调速器超调导致同期并网超时报警。

1)故障现象

某水电厂3#机组空载运行正常后,准备并网,而频率时高时低(46.6~54.4 Hz),1 min多才并网。并网后发"3#机组同期超时""3#机组发电控制失败"等故障信号。

2)故障原因

接力器改造后行程变长导致调速器超调,调节时间变长,而同期装置在建压正常后立即投入并参与机组频率调节也导致调节的不稳定。

3)故障处理

修改机组PLC流程,当机组建压正常10 s后再启动同期装置,即等调速器调节机组频率稳定一些后再投入同期装置进行调节,经试验机组空载运行正常后频率不再摆动。

5.4 继电保护装置常见事故及其处理

5.4.1 继电保护装置基本知识

5.4.1.1 继电保护的任务及基本要求

所谓继电保护装置,是一种能反映电气设备的故障或不正常工作状态,并作用于断路器跳闸或发出信号的自动装置。其主要作用是防止电力系统事故的发生和发展,限制事故的影响及范围,保证电能质量并提高供电的可靠性。继电保护的任务及基本要求如下。

1.继电保护的任务

(1)发生故障时,迅速而准确地动作,自动地将故障设备从系统中切除,以保证其他正常设备继续运行,并防止故障设备继续遭到破坏。

(2)当电力系统出现不正常工作状态时,自动发出信号,使值班人员得以及时察觉并采取必要的措施。反映不正常工作状态的继电保护,通常允许带一定的延时动作。

(3)继电保护与自动重合闸等自动装置相配合,可在输电线路发生瞬时性故障时,迅速恢复故障线路的正常运行,从而提高系统供电的可靠性。

2.继电保护的基本要求

(1)可靠性。是指继电保护的工作应安全可靠,即当在保护范围内发生故障时,保护装置应可靠地动作,而在不属于它动作的情况下,则不应误动作。

(2)快速性。就是要求继电保护快速动作,以尽可能短的时间将故障从电网中切除。

(3)灵敏性。是指保护装置对其保护范围内故障或不正常工作状态的反应能力。

(4)选择性。指继电保护的动作应该是有选择的,即只切除故障设备,以保证非故障部分继续运行,从而将事故影响限制在最小的范围内。

5.4.1.2 继电保护的结构原理及组成

1.继电保护的结构原理

继电保护构成原理虽然很多,但一般说来,整套保护装置是由测量部分、逻辑部分、执行部分组成的,其结构原理如图5-17所示。

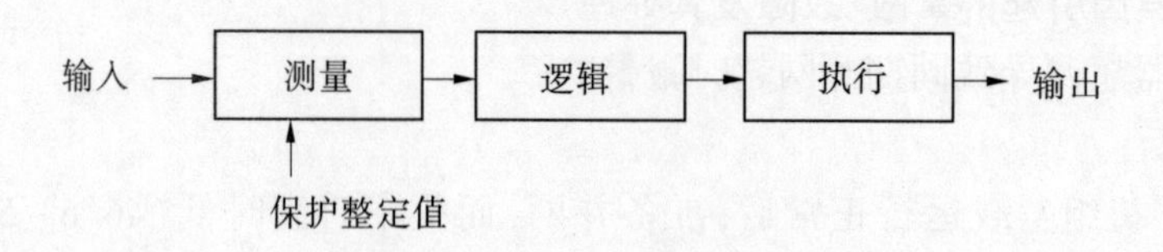

图 5-17　继电保护的结构原理

1)测量部分

测量部分是测量从被保护对象输入的有关物理量,如电流、电压、温度、压力等,并与给定的整定值进行比较,根据比较结果,确定"是"或"非"的一组逻辑信号,判断保护是否应该启动。这些功能都可由计算机软件完成。

2)逻辑部分

逻辑部分是根据测量部分各输出量的大小、性质,输出的逻辑状态,出现的顺序等按一定的逻辑关系组合各输出量,然后确定是否应该使断路器跳闸或发出信号,并将有关命令传给执行部分。继电保护中常用的逻辑功能有"或""与""否""延时启动""延时返回""记忆"等,对微机保护装置,这些功能都是由计算机软件完成。

3)执行部分

执行部分是根据逻辑部分送出的开关量信号,通过出口继电器去完成相关任务。如跳开关,发异常信号等。这些功能由微机外部的出口继电器来完成。

2. 微机保护装置的组成

微机保护是用微型计算机构成的继电保护,是电力系统继电保护的发展方向,它具有高可靠性、高选择性、高灵敏度,微机保护装置硬件以微处理器(单片机)为核心,配以输入、输出通道,人机接口和通信接口等。

微机保护装置由硬件和软件两部分组成,其软件由初始化模块、数据采集管理模块、故障检出模块、故障计算模块、自检模块等组成;其硬件电路由六个功能单元构成,即数据采集系统、微机主系统、开关量输入/输出电路、工作电源、通信接口和人机对话系统。

5.4.1.3　水电厂中常用继电保护的配置

水电厂中最常用的保护有发电机保护、变压器保护及线路保护,现对其进行简要介绍。

1. 发电机的继电保护

发电机的安全运行对保证电力系统的正常工作和电能质量起着决定性的作用,同时发电机本身也是一个十分贵重的电气元件,因此应该针对各种不同的故障和不正常运行状态,装设性能完善的继电保护装置。

(1)发电机的故障类型主要有:

①定子绕组相间短路。

②定子绕组一相的匝间短路。

③定子绕组单相接地。

④转子绕组一点接地或两点接地。

⑤转子励磁回路励磁电流消失。

(2)发电机的不正常运行状态主要有:

①外部短路引起的定子绕组过电流。

②负荷超过发电机额定容量而引起的三相对称过负荷。

③外部不对称短路或不对称负荷(如单相负荷,非全相运行等)而引起的发电机负序过电流和过负荷。

④突然甩负荷而引起的定子绕组过电压。

⑤励磁回路故障或强励时间过长而引起的转子绕组过负荷。

(3)针对上述故障类型及不正常运行状态,按规程规定,发电机应装设的继电保护装置有:

①对 1 MW 以上发电机的定子绕组及其引出线的相间短路,应装设纵联差动(简称纵差)保护。

②对直接联于母线的发电机定子绕组单相接地故障,当发电机电压网络的接地电容电流大于或等于 5 A 时(不考虑消弧线圈的补偿作用),应装设动作于跳闸的零序电流保护;当接地电容电流小于 5 A 时,则装设作用于信号的接地保护。

对于发电机变压器组,一般在发电机电压侧装设作用于信号的接地保护;当发电机电压侧接地电容电流大于 5 A 时,应装设消弧线圈。

容量在 100 MW 及以上的发电机,应装设保护区为 100%的定子接地保护。

③对于发电机定子绕组的匝间短路,当绕组接成星形且每相中有引出的并联支路时,应装设单继电器式的横联差动(简称横差)保护。

④对于发电机外部短路引起的过电流,可采用下列保护方式:负序过电流及单相式低电压启动过电流保护,一般用于 50 MW 及以上的发电机;复合电压(负序电压及线电压)启动的过电流保护;过电流保护,用于 1 MW 以下的小发电机。

⑤对于由不对称负荷或外部不对称短路而引起的负序过电流,一般在 50 MW 及以上的发电机上装设负序电流保护。

⑥对于由对称负荷引起的发电机定子绕组过电流,应装设接于一相电流的过负荷保护。

⑦对于水轮发电机定子绕组过电压,应装设带延时的过电压保护。

⑧对于发电机励磁回路的故障:

水轮发电机一般装设一点接地保护,小容量机组可采用定期检测装置;对大容量机组则可以装设一点接地保护。

对两点接地故障,应装设两点接地保护,在励磁回路发生一点接地后投入。

对于发电机励磁消失的故障,在发电机不允许失磁运行时,应在自动灭磁开关断开时连锁断开发电机的断路器;对采用半导体励磁以及 100 MW 及以上采用电机励磁的发电机,应增设直接反映发电机失磁时电气参数变化的专用失磁保护。

对于转子回路的过负荷,在 100 MW 以上用半导体励磁系统的发电机上,应装设转子过负荷保护。

⑨当电力系统振荡影响机组安全运行时,在 300 MW 机组上,宜装设失步保护。

⑩为了快速消除发电机内部的故障,在保护动作于发电机断路器跳闸的同时,还必须动作于自动灭磁开关,断开发电机励磁回路,以使转子回路电流不会在定子绕组中再感应

电势,继续供给短路电流。

因此发电机主要装设的保护有:纵差保护、横差保护、过压保护、复合电压闭锁过电流保护、负序过流保护、FMK 联跳保护、失磁保护、定子接地保护、转子一点接地保护、强行励磁保护、强行减磁保护。

2. 变压器的继电保护

电力变压器是发电厂和变电站中的重要设备之一,随着电力系统的发展,电压等级越来越高,在电能输送过程中升压和降压的层次必然增多。目前,变压器总容量比发电机总容量高 8~10 倍,可见变压器在电力系统中所占的地位有多重。它的故障和事故将给系统正常运行带来严重后果,因此必须根据变压器的容量和重要程度装设性能良好、动作可靠的继电保护。

1) 变压器的故障和不正常运行状态

(1) 故障类型可分为油箱内故障和油箱外故障。

油箱内故障有相间短路、绕组的匝间短路和单相接地短路,危险性高,高温电弧烧毁绕组和铁芯,而且还会使变压器油绝缘受热分解产生大量气体,引起变压器油箱爆炸。

油箱外故障:引线及套管处会产生各种相间短路和接地短路。

(2) 不正常工作状态:由外部短路或过负荷引起的过电流、油面降低和过励磁等。

2) 变压器应装设的保护

(1) 为反映变压器油箱内部各种短路故障和油面降低,对于 0.8 MVA 及以上的油浸式变压器和户内 0.4 MVA 以上变压器应装设瓦斯保护。

(2) 为反映变压器绕组和引出线的相间短路,以及中性点直接接地电网侧绕组和引线的接地短路及绕组匝间短路,应装设纵差保护或电流速断保护。对于 6.3 MVA 及以上的厂用变压器,应装设纵差保护。对于 10 MVA 以上变压器且其过电流时限大于 0.5 s 时,应装设电流速断保护,当灵敏度不满足要求时(2 MVA 及以上变压器),宜装设纵差保护。

(3) 为反映外部相间短路引起的过流和作为重瓦斯、纵差保护(或电流速断保护)的后备,应装设过电流保护,如复合电压启动过流保护。

(4) 为反映大接地电流系统外部接地短路,应装设零序电流保护。

(5) 为反映过负荷,应装设过负荷保护。

(6) 为反映变压器过励磁,应装设过励磁保护。

因此变压器主要装设的保护有:差动、重瓦斯、复合电压过电流、冷却器、失电、零序、过电流、轻瓦斯、零序电压保护。

3. 线路保护

线路担负着由电源向负荷输送电能的任务,正常时线路上流的是负荷电流。当电力线路发生相间短路时,故障相的电流会急剧增大(是正常运行时负荷电流的几倍)、故障相的电压会急剧下降、故障相的电流和电压的相角急剧变化,故障相的测量阻抗也会减小。可以根据这些变化构成各种相间短路保护。

1) 相间短路保护

(1) 无时限电流速断保护。

(2) 限时电流速断保护。

(3)定时限过流保护。

(4)电流电压连锁速断保护。

(5)三段式方向过电流保护。

无时限电流速断保护的选择性靠动作电流保证,限时电流速断和定时限过电流保护靠动作电流和动作时限来保证选择性。三段式电流保护的Ⅰ、Ⅱ段保护动作迅速,但Ⅲ段动作时限长,特别是靠近电源的保护动作时间达几秒,这是Ⅲ段的主要缺点。无时限电流速断保护不能保护线路全长,而限时电流速断保护的灵敏度受运行方式的影响很大。过流保护作为本线路的后备保护时,一般情况能满足要求,但在长距离重负荷线路上也往往满足不了灵敏度的要求。灵敏度差是电流保护的主要缺点。三段式电流保护一般配合使用,用于66 kV及以下的单电源输电线路。在多电源和单电源环网中,采用三段式方向过电流保护。

电流保护范围受系统运行方式变化的影响较大,在某些运行方式下无时限速断保护的保护范围很小,甚至没有保护区。对于长距离、重负荷线路,采用过流保护时灵敏度往往不能满足要求。此时可选择采用性能更加完善的距离保护、纵联保护,如三段式距离保护及纵联保护。纵联保护是利用线路两端的电气量在故障与非故障时的特征差异构成保护的。纵联保护按原理可分为纵联电流差动保护、纵联方向保护等。纵联保护的通道类型主要有导引线、载波通道、微波通道、光纤通道等。

2)接地短路保护

在电力系统中,110 kV及以上电网是中性点直接接地系统(大电流接地系统),66 kV及以下电网一般都是中性点不接地或不直接接地系统(小电流接地系统)。在中性点直接接地系统中,当发生单相接地故障时,通过变压器中性点构成短路通路,故障相流过很大的短路电流。运行经验表明,在中性点直接接地系统中,单相接地短路的概率占总故障率的70%~90%。因此,如何正确设置反应接地故障的保护是该系统的中心问题之一。而在该系统中发生单相接地短路时,系统中会出现零序分量,而正常运行时无零序分量,故可利用零序分量构成接地短路的保护。在中性点非直接接地系统中,当发生单相接地时,其故障相电压接近零,非故障相的对地电压上升$\sqrt{3}$倍,同时流过故障线路和非故障线路接地电容电流的大小和方向也不同,根据这些特点可以构成相应的保护。

(1)用于中性点直接接地系统的线路保护:①阶段式零序电流保护;②阶段式零序电流方向保护。

(2)用于中性点非直接接地系统的线路保护:①绝缘监视装置;②零序电流保护;③零序功率方向保护。

5.4.2　继电保护装置常见事故/故障及其处理

5.4.2.1　继电保护装置事故/故障原因分析及处理思路

1. 继电保护装置事故/故障原因分析

在继电保护装置中,电压互感器与电流互感器是两个重要的设备,一旦这两个设备出现了故障,将会造成严重的后果。此外,继电保护装置容易受到手机、对讲机等设备的影响,从而导致微机继电保护元件出现误动。具体如下:

1)配套电压互感器二次回路故障分析

电压互感器二次回路故障主要表现在以下几个方面:一是,二次回路中性点存在多点接地或未接地现象。一般来说,二次回路中性点虚接故障的发生,可能是由变电站接地网直接引发,但更多是因接地线工艺不科学而引发。一旦发生该故障,则会导致各相电压之间出现失衡,从而出现阻抗元件及方向元件拒动或误动现象。二是,电压互感器开口三角电压回路发生断线问题,从而导致零序保护出现拒动现象。

2)配套电流互感器饱和问题引发的故障分析

目前,大量变电站主要采用电磁式电流互感器,而这种互感器容易出现饱和问题,饱和程度越严重,励磁阻抗越小,励磁电流极大地增大,使互感器的误差成倍地增大,影响保护的正确动作。最严重时会使一次电流全部变成励磁电流,造成二次电流为零的情况。引起互感器饱和的原因一般为电流过大或电流中含有大量的非周期分量,这两种情况都是发生在事故情况下的,这时本来要求保护正确动作快速切除故障,但如果互感器饱和就很容易造成误差过大引起保护的不正确动作,进一步影响系统安全,可能导致越级跳闸等现象的发生。

3)继电保护装置的干扰与绝缘问题引发的故障分析

在实践中我们发现,继电保护装置容易受到手机、对讲机等设备的影响,从而导致微机继电保护元件出现误动。同时,由于微机继电系统具有较高的集成性,线路较为密集,因此随着使用时间的变长,电路表面往往会由于静电现象吸附大量灰尘,甚至会在原有电路的连接点上出现新的导电通道,影响继电系统的监测工作。

此外,施工工艺和运行环境等原因,也会导致二次电缆绝缘性降低,从而引发继电保护装置故障。

2. 继电保护装置事故/故障处理基本思路

1)全面收集原始数据和运行信息

收集现场故障录波器报告、微机保护打印报告(包括分析报告)、微机保护的整定值、当地监控系统报告、故障当时的系统运行情况、断路器跳闸情况、故障相别、现场和调度运行记录(对于线路快速保护应收集两侧信息)、故障时各种装置特别是本保护装置的动作信号记录。请事故当值运行人员详细介绍事故时有关运行情况,例如运行方式、现场作业情况(应查看现场工作票),保护动作信号、保护打印报告、录波报告、中央信号、当地监控系统记录情况、断路器实际位置、天气、事故后高频保护交换信号情况(仅对高频保护)等。利用有用的信息做出准确判断是解决问题的关键。

2)增强继电保护装置的抗干扰性

针对继电保护装置运行过程中受到的各种通信设备影响,我们可以对继电保护装置进行抗干扰处理,主要包括以下两种方法:

(1)硬抗干扰。主要是通过改变保护柜材质,从而增强硬件设备的抗干扰能力。比如,保护柜可以采用铁质材料,这样能够有效地屏蔽电场与磁场。

(2)软抗干扰。在继电保护装置布线时,始终确保信号电路之间的距离符合标准,从而降低系统内部存在的干扰。

3)采取替换法和参照法进行处理

对于由某些元件引发的故障,检修人员可以采用以下两种方法进行处理:

(1)采用元件替换法进行处理。替换法是一种常用的继电保护系统故障处理方法,主要是指在元件设备出现问题的时候,采用新的元件设备进行代替,从而保障继电保护系统的正常运行。

(2)采用元件参照法进行处理。参照法主要是指当继电保护系统出现问题的时候,可以对故障发生前后元件设备的运行参数进行对比,从而找出元件设备出现故障的原因。这种方法的适用范围相对较广,既可以应用于测试接线错误中测试值存在的偏差,还能够有效地处理回路改造后二次系统无法正常运行的问题。

5.4.2.2　继电保护装置事故/故障处理基本方法

1.发电机组继电保护装置事故/故障处理的基本方法

(1)装置闭锁与报警。

当继电保护装置CPU(CPU板或MON板)检测到装置本身硬件故障时,发出装置闭锁信号,闭锁整套保护。硬件故障包括:内存出错、程序区出错、定值区出错、该区定值无效、光耦失电、DSP出错和跳闸出口报警等。此时装置不能够继续工作。当出现运行指示灯不正常时,按以下方式处理:①保留全部打印报告数据,记录有关现象;②复归装置信号,若信号不能复归,通知维护值班人员处理。

当继电保护装置CPU检测到下列故障时(装置长期启动、不对应启动、装置内部通信出错、CT断线或异常、PT断线或异常、保护报警),发出装置报警信号。此时装置可继续运行。通知维护值班人员进行检查处理,按照要求退出有关保护的压板。

当继电保护装置某些异常报警可能会闭锁部分保护功能时,严重的硬件故障和异常报警会闭锁保护装置,此时运行灯将会熄灭。同时开入信号的装置闭锁接点将会闭合,保护装置必须退出运行。通知维护值班人员检查处理,按照要求退出有关保护的压板。

(2)当保护装置检测到硬件故障时,CPU发装置闭锁信号闭锁整套保护,按以下方式处理:

若其中一套保护装置硬件故障,退出相应的保护联片及跳闸出口联片,将该故障装置退出,并通知维护值班人员处理。

若装置硬件故障将导致发电机失去非电量保护,此时应汇报主管生产副厂长,经同意可继续运行,否则联系集控中心将机组停运,待故障消除后,方可投入运行。

若“PT断线”灯亮,反映机端电压互感器YH所带的电压回路断线。此时,发电机保护装置自动将与电压有关的保护闭锁,运行值班人员应将机组调速器切“机手动”,然后检查机端电压互感器YH一、二次保险有无异常。若为一、二次保险熔断,可在运行中进行更换。检查正常后,保护装置将自动恢复至正常运行状态;若更换了一、二次保险后,“PT断线”灯仍不能消除,则可判明为电压回路有断线,应尽快找机会联系调度/集控中心停机后更换。

2.主变继电保护装置事故/故障处理的基本方法

(1)保护装置正常运行中,严禁随意拉、合装置直流电源,如因查找直流系统接地情况,需要短时拉、合相关保护装置的直流电源空气开关,必须联系调度中心同意后,退出相关保护装置的跳闸出口压板后才能进行；恢复保护装置直流电源时，应检查保护装置上电正常，无异常动作信号后，才能投入相关保护装置的跳闸出口压板，目的是防止在装置上电过程中保护可能发生的误动。

（2）当保护装置自检故障时，同时自动发出装置报警信号，或出现运行指示灯不正常时，按以下方式处理：①保留全部打印报告数据，记录有关现象；②复归装置信号，若信号不能复归，应通知维护值班人员处理；③当继电保护装置检测到不对应启动、装置内部通信出错、TA 断线、TV 断线等故障时发装置报警信号，此时装置可继续运行。通知维护值班人员进行检查处理，按照要求退出有关保护的压板；④当 RCS-974 装置检测到长期启动、TA 异常、非电量外部重动接点信号、失灵第二时限启动等信号时，发报警信号，此时装置可继续运行。通知维护值班人员检查处理，按照要求退出有关保护的压板。

（3）当保护装置检测到硬件故障时，CPU 发装置闭锁信号闭锁整套保护，按以下方式处理：①若其中一套继电保护装置硬件故障，退出相应的保护联片及跳闸出口联片，将该故障装置退出，并通知维护值班人员处理；②若继电保护装置硬件故障将使主变压器失去非电量和失灵保护，应汇报主管生产副厂长，经同意可继续运行，否则联系调度将主变压器停运，待故障消除后，方可投入运行。

3. 线路继电保护装置事故/故障处理的基本方法

（1）线路保护装置正常运行中，严禁随意拉、合装置直流电源，如因查找直流系统接地情况，需要短时拉、合相关保护装置的直流电源空气开关，必须联系调度中心同意后，退出相关保护装置的跳闸出口压板后才能进行；恢复保护装置直流电源时，应检查保护装置上电正常，无异常动作信号后，才能投入相关保护装置的跳闸出口压板，目的是防止在装置上电过程中保护可能发生的误动。

（2）在正常运行时，若线路保护装置出现异常信号、保护动作、开关跳闸等信息，“呼唤”指示灯点亮，同时人机界面自动弹出事件画面，或液晶屏幕上自动显示最新一次故障报告信息，实际故障跳闸相（跳 A、跳 B、跳 C）指示灯点亮。此时运行值班人员应立即对保护装置、上位机简报信息、开关变位情况进行检查，记录保护装置动作信息、信号灯指示情况、开关状态等内容，汇报调度中心并通知维护值班人员处理。在异常情况和事故未处理前，不得随意复归保护信号。

（3）线路正常运行时，若线路保护装置的“运行”指示灯熄灭，立即通知维护值班人员处理。

（4）线路保护装置故障时，“装置告警”指示灯点亮，装置将闭锁整套保护装置，此时应立即联系调度中心同意后退出该套保护功能压板，通知维护值班人员进行检查处理。在排除告警原因后，才能复归告警信号。

（5）线路保护装置上的“TV 断线”指示灯点亮，表明 PT 断线，装置自动投入“TV 断线零序电流保护”“TV 断线相电流保护”，闭锁与电压相关的保护，待 PT 断线故障消除 10 s 后，保护自动恢复正常功能。运行值班人员应进行如下处理：

①发生 PT 断线故障时，严禁退出距离保护功能硬压板。此时，线路保护功能不完善，应尽快处理。

②若因线路保护屏后的线路电压互感器（YH）二次电源（1ZKK）或线路 PT 端子箱的

电压二次空气开关(1ZKK)断开引起的,如无异常情况则合上线路保护屏后的线路 YH 二次电源 1ZKK 或线路 PT 端子箱的电压二次空气开关 1ZKK,检查保护装置“PT 断线”或“TV 断线”指示灯熄灭;如恢复后再次跳闸,禁止再投入空气开关,通知维护值班人员处理。

(6)若高频收发信机出现“装置告警”和“通道告警”指示灯点亮,收发信机出现“运行”或“正常”灯熄灭,运行中有异常声音、胶臭味、冒烟等情况时,应立即通知维护值班人员处理。

(7)进行高频信号交换发生以下情况时,应立即通知维护值班人员处理。

①“3dB 告警”“装置告警”“通道告警”灯亮。

②收信插件的“收信启动”灯不亮。

③接口插件的“起信”“停信”“收信”灯,其中之一不亮。

④功率放大插件表计无指示。

⑤信号交换后信号不能复归。

(8)正常运行中,若保护装置重合闸“充电”指示灯熄灭,应联系调度中心退出该断路器的重合闸,然后通知维护值班人员处理。

(9)线路正常运行中保护装置报控制回路断线时,应检查相关断路器操作箱上的“OP”灯是否熄灭、屏柜后断路器操作电源空气开关是否跳闸、断路器机构弹簧是否已储能;对于 SF_6 断路器,还应检查其 SF_6 压力是否降低,并通知维护值班人员进行检查处理。

某型微机继电保护装置的故障告警信息、故障原因及相应处理方法如表 5-2 所示。

5.4.2.3 继电保护装置常见事故/故障处理实例

1. 实例一:发变组保护插件故障导致保护装置闭锁动作

1)故障现象

(1)2015 年 8 月 19 日 11:59,CCS 上报“1#机组 1#发变组保护 RCS985AW 装置报警”“1#机组 1#发变组保护 RCS985AW 装置闭锁动作”。现场检查发现 1#机组 1#发变组保护 RCS985AW 装置报警灯点亮,液晶屏内有“管理板长期启动”“DSP 采样异常”异常记录报告,且故障不能复归。

(2)2015 年 8 月 29 日 00:41,CCS 上报“4#机组 2#发变组保护 RCS985AW 装置报警”“4#机组 2#发变组保护 RCS985AW 装置闭锁动作”信号。现场检查发现 4#机组 2#发变组保护 RCS985AW 装置报警灯点亮,液晶屏内有“DSP 采样异常”记录报告,且故障不能复归。

(3)2015 年 9 月 12 日 05:59,CCS 上多次报“3#机组 1#发变组保护频率报警”“3#机组 1#发变组保护 RCS985AW 装置报警”“3#机组故障录波触发动作”信号,持续时间 11 s,现场检查 3#机组注入式定子一点接地保护装置报警灯未点亮,1#发变组保护 RCS985AW 装置液晶屏内有“20 Hz 电源异常”记录报告。

2)故障原因

(1)1#机组 1#发变组保护装置故障原因为管理板采样异常,经厂家技术人员现场检查,原因为管理板由于振动发生瞬时性故障。

(2)4#机组 2#发变组保护装置故障为管理板永久性损坏,经送厂家研发部进一步检测,具体故障原因为管理板的 UAD16 芯片永久性损坏。

表 5-2　微机保护装置故障告警的处理方法

故障现象	故障原因	处理方法
发“装置闭锁”和“其他报警”信号,闭锁装置	(1)保护板(管理板)内存出错;保护板(管理板)的 RAM 芯片损坏、FLASH 内容被破坏。 (2)保护板(管理板)定值出错;保护板(管理板)定值区内容被破坏。 (3)保护板(管理板)DSP 定值区求和校验出错。 (4)保护板(管理板)FPGA 芯片校验出错。 (5)保护板(管理板)CPLD 芯片校验出错 (6)保护板(管理板)DSP 出错,FPGA 被复位 (7)保护板和管理板采样(包括开入量和模拟量)不一致,采样校验出错	退出保护,通知厂家处理
	(8)定值区无效	定值区号或系统参数定值整定后,母差保护和失灵保护定值必须重新整定
	(9)光耦失电	检查电源板的光耦电源及开入/开出的隔离电源是否接好
	(10)内部通信出错:保护板与管理板之间的通信出错	检查保护板与管理板之间的通信电缆是否接好
发“装置闭锁”和“其他报警”信号,闭锁装置,跳闸出口报警(加电做故障试验时,若故障电流不退,10 s 后也会报此错误,注意区分)	出口三极管损坏	退出保护,通知厂家处理
在保护板没有启动的情况下,管理板长期启动并且发“其他报警”信号,不闭锁装置	管理板启动开出故障	退出保护,通知厂家处理

续表 5-2

故障现象	故障原因	处理方法
发“其他报警”信号，不闭锁保护	保护板（管理板）DSP1 启动元件长期启动	检查二次回路接线（包括 CT 极性）
	母线电压闭锁元件开放；此时可能是电压互感器二次断线，也可能是区外远方发生故障长期未切除	检查电源板的光耦电源及开入/开出的隔离电源是否接好
发“其他报警“信号，同时解除对母差保护的闭锁	母差开入异常，外部闭锁母差接点不返回	检查二次回路接线（包括 CT 极性）及失灵接点
发“其他报警“信号，闭锁失灵保护	保护板（管理板）DSP2 长期启动（包括失灵保护长期启动等）	立即退出保护，检查 CT 二次回路
发“位置报警”信号，不闭锁保护，刀闸位置报警	刀闸位置双跨，变位或与实际不符	检查 CT 二次回路
发“其他报警”信号，不闭锁保护；母联 TWJ=1 但任意相有电流	母联 TWJ 报警，可能是通信电缆未接	检查面板与保护板之间的通信电缆是否接好
发“交流断线报警”信号，不闭锁保护	TV 断线；母线电压互感器二次断线	定值区号或系统参数定值整定后，母差保护和失灵保护定值必须重新整定
由外部保护提供的闭锁母差开入保持 1 s 以上不返回，发“其他报警”信号，同时解除对母差保护的闭锁	闭锁母差开入异常	检查保护板与管理板之间的通信电缆是否接好
电流互感器二次断线，发“断线报警”信号，闭锁母差保护	CT 断线	检查二次回路接线（包括 CT 极性）
电流互感器二次回路异常，发“CT 异常报警”信号，不闭锁母差保护	CT 异常	检查二次回路接线（包括 CT 极性）及失灵接点
面板 CPU 与保护板 CPU 通信发生故障，发“其他报警”信号，不闭锁保护	面板通信出错	立即退出保护，检查 CT 二次回路

（3）3#机组 1#发变组保护报“20 Hz 电源异常”信号，经现场检查装置采样，“20 Hz 电压”采样值稳定在 0.362 V 左右，“20 Hz 电流”采样值在 22~27 mA，存在较大的波动，其他机组该采样值均很稳定，初步判断“20 Hz 电流”回路或回路中元器件存在异常。

3)故障处理

(1)对1#机组1#发变组保护 RCS985AW 装置插件及通信线插口进行了压紧处理,并对装置进行断电重启后恢复正常。之后在2015年11月,1#机组检修中更换了1#机组1#发变组保护 RCS985AW 装置管理板。

(2)检修人员更换4#机组2#发变组保护 RCS985AW 装置内管理板(MON 板)后设备恢复正常。

(3)经现场检查,装置内部采样回路及元器件无异常,外部电流回路未见异常,对回路端子进行了紧固,原因为发电机中性点安装的20 Hz 计量 CT 测量异常,更换20 Hz 计量 CT 后恢复正常。

(4)加强检修维护管理,在每年机组检修中强化端子紧固方法和措施。

(5)与调度加强沟通,改善机组运行环境。

(6)储备适量的合格备品,发生相似缺陷时及时消除。

2. 实例二:4#主变低压侧计量 CT 二次回路短路

1)故障现象

2015年1月22日20:30,4#机组在并网运行13.1 h后,4#主变低压侧计量 CT 二次电缆短路,导致电能表计量减小,使发电量读数小于供电量读数。

2)故障原因

(1)直接原因:4#主变低压侧 B 相计量 CT 引出线首端破损处与末端接线端子接触短路,4#机组3#现场监控屏4LCU3 内电能表 B 相电流被分流,电能表 B 相电流减小,导致电能表计量减小。

(2)间接原因:设备安装阶段,4#主变低压侧计量 CT 二次电缆芯线绝缘被刮破,留下安全隐患。机组 C 检修期间,在 CT 端子检查及紧固工作中,工作人员未发现电缆破损情况,且回装端盖时,未考虑盖板内电缆芯线规范布置,使首端破损相芯线与末端端子间的间隙过小,投运后因电缆受振动、弹性变形等因素影响,破损相芯线逐渐与另一相端子短路。

3)故障处理

(1)对相关设备和回路进行检查,将破损的线芯及电缆包扎处理。

(2)在后续机组检修过程中,全面排查 CT 二次电缆及电缆布线等存在的安全隐患,强化检查项目和内容,全面、细致地开展各项检修工作。

3. 实例三:保护定值设置不当导致试验时母联开关保护跳闸

1)故障现象

2015年10月13日,1#主变在进行第4次冲击合闸试验时,合上1#主变201DL(第4次),1#主变201DL三相合闸成功。CCS 报“开关站保护跳闸动作”“开关站保护跳闸复归”“开关站第二套母线保护柜(南自)运行异常”“开关站母联开关保护柜出口跳闸”“开关站第二套母线保护柜(南自)交流断线”,开关站母联断路器212开关三相跳闸。

现场检查母联开关保护装置显示“充电过流Ⅱ段”保护动作。

2)故障原因

(1)直接原因:1#主变冲击试验时,按调度要求,220 kV 母联212DL 充电过流保护Ⅰ

段定值改为231.1 A，时限改为0.1 s，Ⅱ段定值修改为0.18 A，时限改为0.7 s并启用。通过对录波数据和保护动作报告进行查看和分析，主变在进行第4次冲击时励磁涌流衰减较慢，导致在0.7 s时电流仍大于0.18 A，“充电过流Ⅱ段”保护动作。

(2)间接原因：①主变在进行冲击试验时，励磁涌流大小和主变剩磁及合闸角等因素有关，具有一定的随机性；②主变差动保护具有励磁涌流闭锁功能，而用于给主变充电的母联开关过流保护无励磁涌流闭锁功能，不能区分故障电流还是励磁涌流；③主变充电时，母联开关过流保护Ⅱ段定值偏低。

3)故障处理

(1)查看保护动作报告及故障录波数据，分析保护动作原因为励磁涌流衰减较慢导致“充电过流Ⅱ段”保护动作。

(2)在进行后续试验时，因“充电过流Ⅱ段”保护具有较高的灵敏性，可适当抬高“充电过流Ⅱ段”动作值。

4.实例四：重瓦斯接点误短接导致2#主变重瓦斯保护动作跳闸

1)事故现象

2015年10月21日01:02，某水电站2#主变连接至220 kV 2#母线，通过合上母联开关212，对2#主变进行冲击合闸试验。在212开关合闸瞬间，CCS上报：“2#机组变压器非电量保护主变重瓦斯跳闸动作、2#机组主变高压侧开关202分闸、2#机组变压器非电量停机令动作、2#机组调速器机柜紧急停机状态发生、2#机组调速器系统机械跨接器动作发生、2#机组发电机第一套保护灭磁开关联跳动作、2#机组发电机第二套保护灭磁开关联跳动作、2#机组故障录波装置动作、2#发变组保护动作”等报警信号。事件造成该水电站2#主变停运。

2)事故原因

经检查，2#主变重瓦斯继电器接线盒内部一根施工遗留的细铜线受振动短接重瓦斯接点造成误动。

3)事故处理

(1)将端子盒中的细铜丝取出，并对端子盒进行仔细检查。

(2)施工单位和监理单位加强质量验收，并对类似端子盒进行普查，防止类似事故再次发生。

5.实例五：保护装置元件老化导致发变组保护装置采样异常

1)故障现象

某水电站发变组保护采用国电南京自动化股份有限公司生产的DGT801A型微机保护装置，2016年多次发生因通道采样误差偏大导致保护装置告警的异常事件。

2)故障原因

(1)发变组保护CPU插件上的电容元件老化。

(2)发变组保护CPU插件存在缺陷。

3)故障处理

(1)制订发变组保护CPU插件异常的临时应对措施：一是增加对发变组保护装置的巡检频次，由原来的每周一次增加到每三天一次，重点关注发变组保护装置各采样通道的数值,发现异常及时汇报处理;二是发现保护装置采样通道异常,及时组织人员进行采样通道校准处理;三是组织开展发变组保护采样通道校准培训,确保班组所有人员都能熟练掌握发变组保护通道校准技能。

(2)备足发变组保护 CPU 插件备品,若现场通过通道校准的方法不能完全消除,即更换 CPU 插件。

(3)对发变组保护系统进行改造。

6. 实例六:保护装置绝缘回路损坏导致发电机发生跳闸停机

(1)故障现象:某水电站发电机发生跳闸停机的事故。

(2)故障原因:发电机保护装置机箱后部跳闸插件板的背板接线相距很近,在跳闸触点出线处相距只有 2 mm,由于带电导体的静电作用,将灰尘吸到接线焊点周围,使两焊点之间形成了导电通道,绝缘击穿,造成发电机跳闸停机的事故。

故障结论:跳闸回路中保护出口和开关触点间发生接地引起开关跳闸。

(3)故障处理:接线接地点清理后重新焊接。

7. 实例七:发电机保护插件内部接线错误导致 3#机组保护动作跳闸

(1)故障现象:某发电厂 3#机组发电机失磁,但失磁保护拒动,后发电机发生振荡,1 min 13 s 后发电机对称过电流保护动作跳闸。

(2)故障原因:发电机失磁保护出口闭锁回路插件内部接线错误,将负序电压继电器的常闭触点接成了常开触点,发电机失磁后,负序电压继电器不能动作,常开触点不能闭合,失磁保护无法出口跳闸。

(3)故障处理:改正错误接线,重新接线。

8. 实例八:电流互感器极性接反导致主变压器差动保护动作

(1)故障现象:发电厂 3#机组主变差动保护动作,机组全停。

(2)故障原因:因高压厂用变压器高压侧电流互感器极性接反,给水泵启动时导致保护误动跳闸,导致机组全停。

(3)故障处理:改正错误接线,重新接线。

9. 实例九:因保护装置中间连片操作顺序错误导致主变差动保护动作

1)事故发生背景

(1)500 kV 第一串 5011、5012 断路器在检修状态,5013 断路器在合闸状态;500 kV 第二串 5021、5022、5023 断路器在合闸状态;500 kV 第三串 5031、5032、5033 断路器在合闸状态;500 kV××一、二线正常运行;500 kV 2#、3#、4#主变正常运行。1#主变停运。

(2)2#~4#机组正常运行,1#机组检修完成后处于停机备用状态,厂用电正常方式运行。

(3)入库流量 305 m^3/s,坝前水位正常无泄洪。

(4)2012 年 7 月 26 日,1#机组检修完成后进行机组带 1#主变及开关升流试验,根据《1#机组带 1#主变及开关站升流、升压试验方案》要求进行相关的临时保护措施。

2)事故现象

11:56,××单位××电厂项目部现场施工人员对 500 kV 主变高压侧 5013 断路器保护

柜 T2 变压器差动-短引线保护Ⅰ、Ⅱ两组 CT 短接工作时,2#主变差动保护动作。保护动作结果为:2#发电机出口开关跳闸、2#机组灭磁开关跳闸、2#机组电气事故停机、500 kV 第一串 5013 开关跳闸。

3)事故原因

××单位该水电厂项目部施工人员对 500 kV 主变高压侧 5013 断路器保护柜 T2 变压器差动-短引线保护Ⅰ、Ⅱ两组 CT 短接工作时,没有严格执行《1#机组带 1#主变及开关站升流、升压试验方案》中的临时保护措施:先在端子排上断开中间连片,再在端子排内侧(靠电流互感器侧)进行短接接地。而是先短接端子排内侧(靠电流互感器侧)端子,造成 2#主变高压侧电流因为分流而减少(见图 5-18),引起 2#主变差动保护增量动作,2#发电机出口开关跳闸、2#机组灭磁开关跳闸、2#机组停机、500 kV 第一串 5013 开关跳闸。

如图 5-19 所示,短接 TA45 进线端子时,TA58 电流会经过短接片分流,路径为:TA58 出线至 2#主变保护屏—合电流至 2#主变保护—TA45 出短引线保护 1—进短引线保护 1—短接点。造成去 2#主变保护屏电流减少,引起 2#主变差动保护动作。

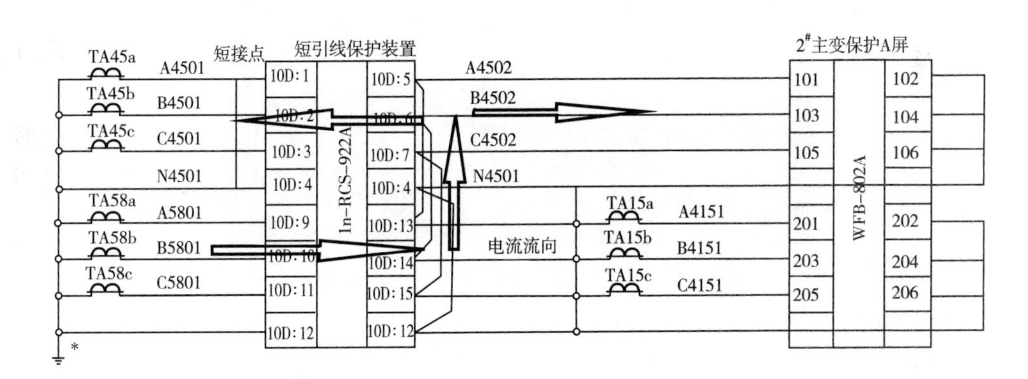

图 5-18　电流流向

4)事故处理

(1)现场运行人员立即监视保护动作和 2#机组事故停机流程,将 2#机组出力转移至其他机组,并向调度中心汇报。

(2)经现场检查分析,××电厂主变保护装置为××电气股份有限公司型号为 WFB-802A 的设备,根据主变保护装置动作报告和故障录波波形所示,A 相差动电流为 0.41 A,C 相差动电流为 0.42 A,大于增量差动保护动作值(0.035 2 A),满足主变差动保护动作条件,保护正确动作,未造成人身伤亡和设备损坏事故。

(3)执行《1#机组带 1#主变及开关站升流、升压试验方案》中第 1.3.5 条中临时保护措施前,建议先将 2#主变保护 A 套退出,待确认无问题后,再投入 2#主变保护 A 套,然后执行 2#主变保护 B 套短接 CT 工作。

(4)严格执行工作票制度,特别是二次安全措施票,加强二次安全措施票的审核。

(5)加强外来施工或维护单位人员现场安全管理,加强工作监护和技术交底。

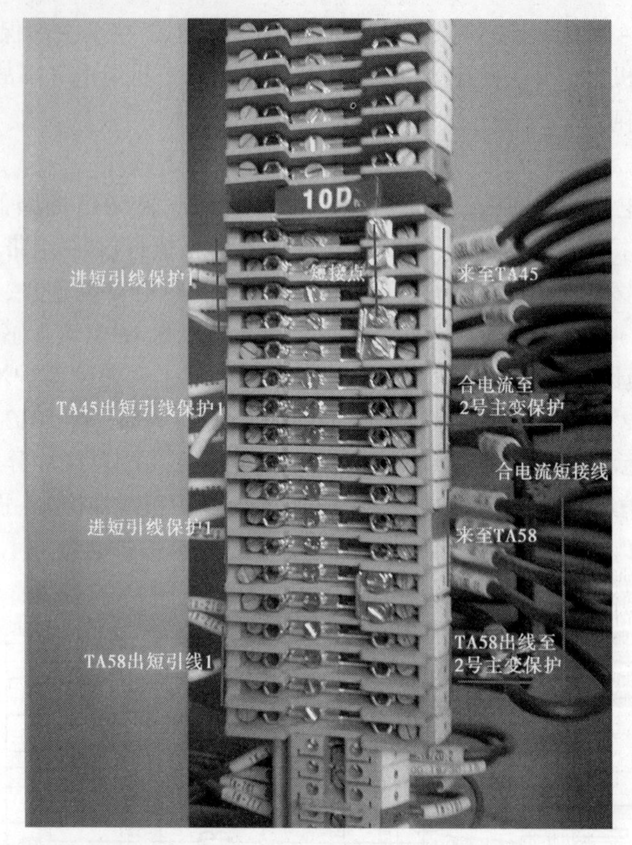

图 5-19　500 kV 5013 断路器保护屏电流端子

5.5　安稳装置常见事故及其处理

5.5.1　安稳装置基本知识

5.5.1.1　安稳装置的作用及功能

1. 安稳装置作用

电力系统安全稳定控制装置，简称“安稳装置”“稳控装置”或“安控装置”，是保证电力系统安全稳定而在电厂或变电站内装设的控制设备，实现切机、切负荷、快速减出力、直流功率紧急提升或回降等功能，是保证电力系统安全稳定运行的第二道防线，尤其当电力系统发生严重故障时通过采取切机、切负荷、局部解列等控制措施，确保电力系统能继续保持稳定运行。

电厂安稳装置作为安控系统的重要组成部分，可接收、执行换流站发来的切机令；根据策略切除机组；具有高周切机、过载切机等功能。现以某水电厂安稳装置为例，分析安控装置的功能、配置、组成、运行方式识别及控制策略等。

2. 安稳装置功能

某水电厂安稳装置主要监测东天Ⅱ线、东天Ⅰ线、东锦Ⅱ线、东锦Ⅰ线、1#发变组高压

侧至8#发变组高压侧及两段500 kV母线的运行情况，识别系统运行方式，进行故障判别，并按策略表执行相应的控制措施。

装置接收×屏换流站的切机令，并将某水电厂可切机组容量送至×屏换流站，同时检测、判断东天Ⅱ线、东天Ⅰ线、东锦Ⅱ线、东锦Ⅰ线四回线路的故障类型（单永、相间短路、无故障跳闸），根据事故前的电网运行方式及断面潮流，判断出事故时的故障类型，查找控制策略表的内容，确定本站切机的总容量。装置同时检测东锦双回线、东天双回线跳闸，查询对应方式下的策略表采取按台数切机的控制措施；检测东锦双回线、东天双回线过载，查询过载策略表采取按台数切机的控制措施；检测500 kV母线高周，查询高周策略表采取按台数切机的控制措施。具体如下：

（1）当东锦单回线路故障跳闸或东锦双回线路故障跳闸时，若故障前东天、东锦四回线功率和大于整定值，某水电厂安稳装置启动，发出切除某水电厂机组命令。东锦双回线路故障跳闸时，根据故障前东锦双线功率和某水电厂切机情况，向×屏站安稳装置发出调制直流命令。

（2）当东天单回线路故障跳闸或东天双回线路故障跳闸，且故障前东天、东锦四回线路功率和大于整定值时，某水电厂安控装置启动，发出切除某水电厂机组命令。东天双回线路故障跳闸时，根据切除某水电厂机组容量，向×屏站安稳装置发出调制直流命令。

（3）接收并执行×屏站安稳装置发来的切除指定机组命令。

（4）当东锦单回线跳闸时，根据故障前某水电厂送×屏线路功率，发出切除某水电厂机组命令。

（5）东锦或东天任一线过载时，根据过载策略表，某水电厂安稳装置启动，发出切除某水电厂机组命令。

（6）系统高周时，根据策略表，发出切除×东电厂机组的命令。

（7）东锦线N-1故障功能增加切2机功能：

故障前东锦双线潮流>门槛值P1（250万kW），切除1机。

故障前东锦双线潮流>门槛值P2（280万kW），切除2机。

注：N-1不调制直流，避免影响N-2故障的速降功能。

5.5.1.2 安稳装置的配置及组成

1. 安稳装置的配置

某水电厂安稳装置共有七面屏，有四面屏布置于主变洞GIS继保室，分别为1#安稳装置主机屏、1#安稳装置从机屏、2#安稳装置主机屏、2#安稳装置从机屏；有两面屏布置于1#发电机层、5#发电机层，为安稳装置1#接口屏、安稳装置2#接口屏；还有一个安稳装置通信接口屏布置于端副厂房通信机房。某水电厂安稳装置采用双重化配置原则，均为南瑞SCS-500型安稳装置，两套装置功能完全相同、相互独立，调度命名分别为某水电厂安稳装置1、某水电厂安稳装置2。

2. 安稳装置组成

SCS-500型安稳装置主要由主控单元、I/O单元及通信单元组成。

（1）主控单元。

如图5-20所示，主控单元主要由电源插件SCM-750、弱电开入插件SCM-840、主控单元开入插件 SCM-850、主控单元开出插件 SCM-800、光口扩展板 SCM-890、主控单元 CPU 插件 SCM-700A 及 PC104 插件 SCM-730 组成。

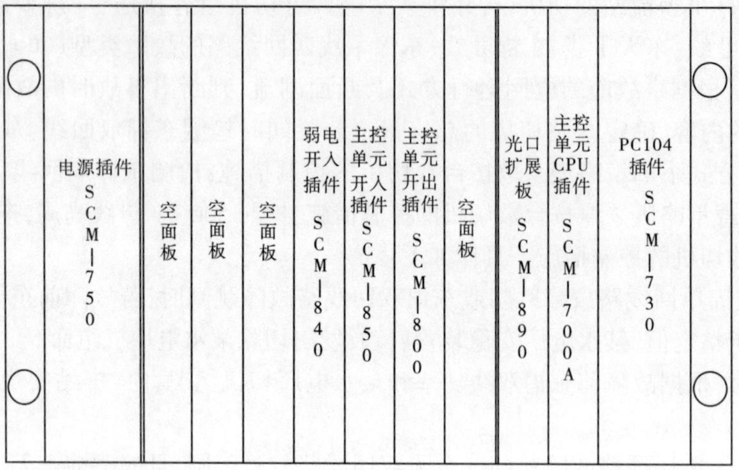

电源插件 SCM-750	空面板	空面板	空面板	弱电开入插件 SCM-840	主控单元开入插件 SCM-850	主控单元开出插件 SCM-800	空面板	光口扩展板 SCM-890	主控单元 CPU 插件 SCM-700A	PC104 插件 SCM-730

图 5-20 主控单元

其中弱电开入插件 SCM-840 主要采集至×屏换流站通道压板、至南天变通道压板及备用压板的投入或退出信息，送入 CPU 模块中，通过程序控制实现相应功能。

主控单元开入插件 SCM-850 主要采集传动试验压板、总功能压板、高周切机功能压板、监控信息闭锁压板、运行方式 1~10 压板的投入或退出信息，并送入 CPU 模块。

主控单元开出插件 SCM-800 主要用于将程序运算的结果，以指示灯的亮灭形式进行输出或告警，主要的开关输出量有(装置)启动、PT 断线、异常、通信异常、过载告警、动作保持、动作瞬时等。

(2)I/O 单元。

I/O 单元主要用于采集安稳装置所需模拟量、开关量信息，根据程序运行结果控制指示灯亮灭、开关跳闸等。其采集的模拟量主要有：东天Ⅱ线、$1^{\#}$~$8^{\#}$发变组高压侧、东天Ⅰ线、东锦Ⅱ线、东锦Ⅰ线、500 kV Ⅰ母、500 kV Ⅱ母的三相电压及电流信息；采集的开关量主要有：$1^{\#}$~$8^{\#}$机组允切压板投退信号，5011、5012、5013、5021、5022、5023、5031、5032、5033、5041、5042、5043 开关 A、B、C 各相的分合闸状态及上述各开关检修压板投退状态；其输出的开关量主要有 $1^{\#}$~$8^{\#}$机组动作跳闸及跳闸指示信号。

(3)通信单元。

该水电厂安稳装置的通信单元主要有×屏换流站及南天变两个通信通道，用于实现与×屏换流站及南天变的通信，其通道配置如图 5-21 所示，具体通信功能如下：①根据设备运行情况向×屏换流站发送回降锦苏直流的控制措施。②接收×屏换流站远方指定切机命令及上送机组出力等远方功能。③接收×屏换流站联切东天双回命令，向南天变转发联切命令。④将机组跳闸信息及第一台跳闸机组的功率发送至×屏换流站。

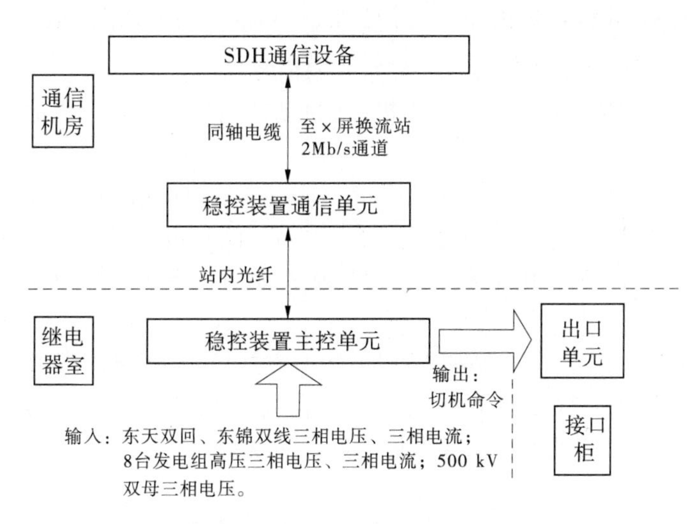

图 5-21 ×东电厂安稳装置通道配置

5.5.1.3 安稳装置的运行方式识别及策略表

1. 运行方式识别

根据设备的运行情况,该水电厂共有 10 种运行方式可供选择,目前 6 种运行方式已被设置/采用, 4 种供备用。安稳装置对电网运行方式的识别,优先采用自动识别方式,辅助采用人工投退运行方式压板的方式。具体运行方式如表 5-3 所示。

表 5-3 运行方式

方式名称	方式说明	方式识别方法
运行方式 1	全接线方式	"运行方式 1"压板投入
运行方式 2	东锦单线检修方式	"运行方式 2"压板投入
运行方式 3	东天单线检修方式	"运行方式 3"压板投入
运行方式 4	东锦双线检修方式	"运行方式 4"压板投入
运行方式 5	东天双线检修方式	"运行方式 5"压板投入
运行方式 6	东锦一回、东天一回检修方式	"运行方式 6"压板投入
运行方式 7	备用	"运行方式 7"压板投入
运行方式 8	备用	"运行方式 8"压板投入
运行方式 9	备用	"运行方式 9"压板投入
运行方式 10	备用	"运行方式 10"压板投入

(1)正常运行时,装置只能投入一个方式压板,如果加用一个以上方式压板或未加用方式压板,将无法识别方式,报运行方式异常并闭锁装置。

(2)只有在"运行方式1"下,装置才能完成自动转至与当前状态相适应的运行方式,其他方式下装置不能自动转换。

(3)在"运行方式1"下,装置检测到东锦、东天任意一回线路跳闸或东锦、东天双回线路跳闸,将自动转至与当前状态相适应的运行方式,同时报运行方式异常信号,但不闭锁装置;此时,运行人员应停用"运行方式1"压板并加用与当前状态相适应的"运行方式×"压板。

(4)在"运行方式1"下,若线路跳闸后不切换方式压板,当跳闸线路合闸后,装置运行方式将自动切换回"运行方式1"。装置运行在其他方式下(除"运行方式1"外的方式),不会因线路投停状态的变化而导致运行方式的改变。

2. 策略表

根据不同故障类型查找当前方式下策略表,按照策略表执行该故障下对应措施。×东电厂策略表中的元件故障类型包括相间故障、单相永久故障及无故障跳闸等三相跳开的故障。表5-4为运行方式1,也即正常运行方式策略表。

表5-4 运行方式1(正常运行方式)策略

故障元件	检查断面及功率方向	断面潮流(MW)	控制措施		
			切机台数	速降锦苏直流(否/是)	断面潮流说明(MW)
东锦双回故障	东锦双回+东天双回(×东送出)	2 000	1	1	2 000≤∑P<2 200
		2 200	2	1	2 200≤∑P<2 550
		2 550	3	1	2 550≤∑P<3 050
		3 050	4	1	3 050≤∑P<3 650
		3 650	5	1	3 650≤∑P<3 900
		3 900	6	1	3 900≤∑P
东天回线故障	东锦双回+东天双回(×东送出)	2 700	1	0	2 700≤∑P<3 800
		3 800	2	1	3 800≤∑P

5.5.1.4 安稳装置的过载联切及高周切机

1. 过载联切

×东电厂安稳装置具有过载联切功能,过载联切策略表如表5-5所示,根据过载线路切除相应的机组。

表 5-5　过载联切策略

过载元件及功率方向	过载轮次	切机台数
东天任一回（×东送出）	过载第 1 轮	0
	过载第 2 轮	0
	过载第 3 轮	0
	过载第 4 轮	0
东锦任一回（×东送出）	过载第 1 轮	0
	过载第 2 轮	0
	过载第 3 轮	0
	过载第 4 轮	0

注：目前按照国调安稳装置定值单，×东电厂线路过载不切机组。

2. 高周切机

装置具有高周切机功能，高周功能的判别元件为 500 kV 1#M（母线）和 2#M（母线）。若两段母线均正常，则需两段母线同时发生高周才认为系统发生高周；若其中一段母线异常（电压消失或频率异常），则取正常的一段母线进行高周判断；若两段母线均异常（电压消失或频率异常），则闭锁高周功能。高周 3 轮相互独立。其高周切机原则如下：

（1）×屏换流站安稳装置内部定值“切机优先级定值”由高到低依次为官地电厂、×西电厂、×东电厂。

（2）考虑×西电厂到×东电厂减水段（大河湾）在枯水期下泄流量突然增大造成安全隐患，×西、×东电厂按照“依次交错”切机原则，即：先切除×西电厂 1 台机组，然后切除×东电厂 1 台机组，依次交错切机，直至×西电厂机组全部切完后，再切除×东电厂剩余机组。

（3）×东电厂同一水力单元的两台机组，一台并网运行，一台停机备用，并网运行机组优先按照切机策略切机。

（4）同一水力单元两台机组均在并网运行情况下，安稳装置“切机优先级定值”由高到低依次为 2F、4F、6F、8F、1F、3F、5F、7F。

（5）所有的策略均按台数切机。每台机组均设有一个优先级定值，其范围为 0～8。优先级从高到低为 1～8，优先级越高（数值越小）越容易被切。优先级设为 0 时，机组不可切。

（6）停运的机组、已判出跳闸的机组、允切压板未投入的机组、已被切除的机组均不可切，最多可切 8 台机组。

（7）当元件故障的同时有机组发生跳闸，此时的切机措施需要考虑：实际切机台数=策略需切机台数-已跳闸机组台数。

（8）多重故障下，如果后一个故障或者是组合故障的控制措施比前面措施严重（切机台数更多），则：实际切机台数=后一个故障需切机组台数-前面故障已切机组台数。

（9）当某联合单元内运行机组所在对应 GIS 500 kV 侧的边开关检修时，若同串线路跳闸，该机组或相邻机组会被连带切除，此时的切机措施将被连带切除的机组出力优先计算在切机容量内。

(10)正常方式下,并网运行机组中选择一台计划出力最低的机组不投切机压板,其余运行机组均投切机压板。

5.5.1.5　**安稳装置的压板**

1.装置压板说明

×东电厂安稳装置的压板主要有传动试验压板、总功能压板、高周切机功能压板、监控信息闭锁压板等,其压板类型、功能及操作要求具体如下:

(1)传动试验压板。投入则装置可以进行开出传动试验,退出则不可以进行开出传动试验。正常运行时应退出该压板。

(2)总功能压板。投入该压板,装置判出逻辑后才可以采取动作措施;退出则闭锁装置所有出口逻辑和策略。

(3)至×屏换流站通道压板。投入则开放收发正常数据和命令功能;退出则仅向该通道发送压板投退信息,不发送任何命令及有效数据,此时该通道接收异常时也不亮通信异常指示灯。两侧通道压板投退不一致时,装置发不一致异常告警信号。

(4)至南天变通道压板。投入则开放收发正常数据和命令功能;退出则仅向该通道发送压板投退信息,不发送任何命令及有效数据,此时该通道接收异常时也不亮通信异常指示灯。两侧通道压板投退不一致时,装置发不一致异常告警信号。

(5)高周切机功能压板。投入则开放高周判断功能;退出则闭锁高周判断功能。

(6)监控信息闭锁压板。投入则不向后台监控上送信息;退出则正常上送。

(7)运行方式××压板。当且仅当该运行方式压板投入时,装置识别为运行方式××;装置正常运行时只能投入一个方式压板,如果投入一个以上方式压板或无方式压板投入,装置将无法识别方式,报方式压板异常,并且闭锁装置。

(8)××开关检修压板。投入则认为该开关检修,装置根据其他开关的跳闸信号进行故障判断;退出则认为该开关运行,装置根据该开关的跳闸信号并结合其他相关运行开关的跳闸信号进行故障判断(例如:5012 开关检修时,投入“5012 开关检修压板”,则东天Ⅰ线只根据 5013 开关的跳闸信号进行故障判断;5012 及 5013 开关运行时,退出“5012 开关检修压板”和“5013 开关检修压板”,则东天Ⅰ线根据 5012、5013 开关的跳闸信号进行故障判断)。

(9)××机组允切压板。投入则该机组运行时允许被切除;退出则即使该机组运行也不允许被切除。

(10)××机组跳闸出口压板(跳闸出口接点)。投入则装置动作后可以通过出口回路跳开该机组开关,退出则不能跳开该机组开关;装置对每台机组提供两组跳闸出口接点。

(11)备用压板。其他压板为备用压板。

2.装置压板运行规定

(1)安稳及失步解列装置启用时,应先将其电源投上,再加用功能压板,检查装置无异常后加用切机出口压板,停用时顺序相反。操作压板时,应注意不得与相邻压板或盘面相碰,以防装置误动或直流接地。

(2)500 kV 开关检修压板随开关的实际状态而定。

线路停运时,应先加用安稳装置上相应线路的开关检修压板,再根据调令加用相应运行方式压板,最后拉开线路开关。如线路停运后开关需要合环运行,则应在线路开关合环运行后,再停用线路开关检修压板。

线路投运时,应先加用安稳装置上相应线路的开关检修压板,再合上该线路开关使线路转运行,然后根据调令加用相应运行方式压板,最后停用相应线路开关检修压板。

主变高压侧开关检修时,应先拉开开关,后加用该开关检修压板;主变高压侧开关恢复运行时,先停用该开关检修压板,后合上开关。

(3)×东电厂开机台数为4台及以上时,投入切机压板的机组单机出力应不低于50万kW。

(4)安稳允切压板和切机出口压板操作规定如下:

①每套安稳装置接口屏上的机组允切压板、切机出口压板必须保持一致。

②开、停机或机组出力调整时,应及时调整安稳装置接口屏机组允切压板和出口压板。

③机组正常运行时,为了防止调压井水位波动涌浪总振幅超过30 m,同一水力单元的两台机组不宜同时作为允切机组。

④机组检修时,应停用安稳装置接口屏上相应检修机组的“机组允切压板”和切机出口压板。

5.5.2 安稳装置常见事故/故障及其处理

5.5.2.1 安稳装置事故/故障处理基本方法

1. 装置运行时发生异常处理方法

(1)装置运行时发异常(非通道异常)报警信号,运行人员进行简单处置后,若报警信号仍未复归,应立即汇报集控中心,按调度指令执行,并通知检修人员检查、处理。

(2)装置运行时出现通道异常告警,应立即汇报集控中心,按调度指令停用相应通道压板,并通知检修人员进行处理。检修工作结束后,按调度指令加用相应通道压板。

2. 安稳装置动作切机后处理方法

(1)首先监视和控制升速最高的机组,必要时手动帮助,防止机组过速。

(2)立即汇报集控中心,根据调度指令调整全厂有功、无功,恢复系统的频率、电压,未经调度同意严禁擅自调整全厂总有功。

(3)监视安稳装置所切机组停机过程正常,若不正常手动辅助。

(4)安稳装置动作后机组转速达到三级及以上过速值(148%额定转速),通知检修人员对发电机转动部件全面检查,通知水工人员对上游调压井和引水隧洞进行全面检查。

(5)安稳装置动作后若有其他过速情况,需对发电机风洞、水车室、滑环室进行外观检查。

(6)对所切机组、引水隧洞、上游调压室全面检查或外观检查无异常后,做好重新并网准备。

(7)如安稳装置误切机组,则通知检修人员检查处理,正常后恢复设备运行。

3. 安稳装置动作切机,但机组拒绝跳闸时处理方法

(1)将设备运行状况汇报调度并按其指令执行。

(2)调度要求拍停机组,应采取跳相应机组出口开关GCB方式,并监视机组紧急停机流程。

(3)通知检修人员检查机组拒绝跳闸原因。

4. 安稳装置发生部分或全部故障时处理方法

(1)按调度命令,停用电厂安稳装置相关功能。

(2)按调度命令,控制系统电压、频率。

5.5.2.2 安稳装置事故/故障处理实例

1. 实例一:安稳装置动作切1#、6#、7#机组

1)背景

某水电厂安稳装置动作前,各设备运行状态如下:

(1)发变组系统:1FB、2B、3FB、4FB、5B、6FB、7FB、8B并网运行;2F冷备用,5F冷备用,8F冷备用。

(2)安稳装置1、2:至×屏通道、至南天通道启用;按判据定值整定,启用标准策略表功能,投方式一跳闸;1F、3F切机压板投入。

2)事件现象

(1)2016年6月17日13:39CCS报"主变洞公用500 kV第一套故障录波装置启动""主变洞公用500 kV第二套故障录波装置启动""主变洞公用安稳装置主机柜A动作保持""主变洞公用安稳装置主机柜A动作瞬时""主变洞公用安稳装置主机柜B动作保持""主变洞公用安稳装置主机柜B动作瞬时"。

(2)CCS报"3#机组调速器一般故障""3#机组调速器控制模式开度""4#机组调速器一般故障""4#机组调速器控制模式开度"。

(3)CCS报"1#机组安稳跳发电机出口开关201动作""6#机组安稳跳发电机出口开关206动作""7#机组安稳跳发电机出口开关207动作""1#机组安稳跳发电机出口开关201分闸""6#机组安稳跳发电机出口开关206分闸""7#机组安稳跳发电机出口开关207分闸"。

(4)CCS报"1#机组励磁系统总报警""1#机组励磁系统跳闸""1#机组励磁系统跨接器动作""6#机组励磁系统总报警""6#机组励磁系统跳闸""6#机组励磁系统跨接器动作""7#机组励磁系统总报警""7#机组励磁系统跳闸""7#机组励磁系统跨接器动作"报警信号。

(5)CCS报"1#机组发电机A、B套频率保护动作""1#机组转速大于129%n_e"(最大133.56%n_e)、"6#机组发电机A、B套频率保护动作""6#机组转速大于129%n_e"(最大131.87%n_e)、"7#机组发电机A、B套频率保护动作""7#机组转速大于129%n_e"(最大130.92%n_e)报警信号。

3)事件原因

因锦苏直流G1故障闭锁(G2未投运),安稳装置发令切除×东电厂1#、6#、7#机组,电站安稳装置动作正常,机组解列至空转态流程正常。

4)事件处理

(1)13:40汇报集控中心:安稳切机动作切除×东1F、6F、7F;立即令值班员检查继保

室安稳装置、机组切机装置屏动作情况，检查 1#、6#、7#机组及其辅助设备运行情况，复归运行机组 3F、4F 调速器一般故障、励磁系统总故障，监视被切机组 1F、6F、7F 空转态运行情况。

(2)13:45 值班员汇报：现场检查安稳装置有“收×屏换流站指定切机命令(0061)”“切 1#机组(513.3 MW)”“切 6#机组(515.2 MW)”“切 7#机组(515.9 MW)”“装置动作出口”“1#发变组高压侧无故障跳闸”“6#发变组高压侧无故障跳闸”“7#发变组高压侧无故障跳闸”报警信号。汇报集控中心，并确认为锦苏直流故障导致。

(3)13:46 值班员汇报：3F、4F 调速器一般故障已复归，3F、4F 励磁系统总故障已复归。令监盘值班员将 3F、4F 调速器由开度模式切换至功率模式运行。

(4)13:48 值班员汇报：3F、4F 调速器已由开度模式切换至功率模式运行正常。

(5)13:50 通知水工部：安稳切除 1F、6F、7F，注意加强水工数据观测，令闸坝值班员加强闸坝库区水位关注。

(6)13:58 集控中心令：14:00 至 14:10×东减 260 MW 负荷，14:09 执行完成。

(7)14:00 值班员汇报：1#机组及其辅助设备运行正常。

(8)14:05 将安稳切除 1F、6F、7F 情况汇报运行部副主任。

(9)14:18 集控中心令：×东减 50 MW 负荷，保持 290 MW 负荷运行，立即执行。

(10)14:20 值班员汇报：7#、8#机组及其辅助设备运行正常。

(11)14:28 与×西联系确认：×西负荷 300 MW，3 台机空转，粗略计算×东入库流量增加 100 m^3/s 左右，汇报集控中心。

(12)14:30 值班员汇报：经全面检查机组 1F、6F、7F 空转运行正常，具备开机至并网条件。将上述情况汇报集控中心。

(13)14:33 将上述情况汇报相关领导。

(14)14:35 集控中心令：×东电厂 1F、6F、7F 由空转转冷备用；×东电厂安稳装置 1、2 停切 1F、6F、7F。

(15)14:54 执行完毕，汇报集控中心。

2. 实例二：某水电厂东天Ⅰ线跳闸导致安稳装置动作切机

1)背景

(1)发变组系统：1FB、2B、3FB、4FB、5B、6FB、7B、8B 并网运行；2F 冷备用、5F 冷备用、7F 冷备用、8F 冷备用。

(2)500 kV 系统：东锦Ⅰ、Ⅱ线运行，东天Ⅰ、Ⅱ线运行；GIS 第一、二、三、四串开关合环运行。

(3)安稳装置 1、2：安稳装置 1、2 至×屏、南天通道启用；按判据定值整定，启用标准策略表功能，投方式一跳闸；1F、4F、6F 切机压板投入。

2)事故现象

2019 年 6 月 7 日 02:37CCS 报：

(1)主变洞公用 5022 开关第一组出口跳闸动作、主变洞公用 5022 开关第二组出口跳闸动作、主变洞公用 5023 开关第一组出口跳闸动作、主变洞公用 5023 开关第二组出口跳闸动作。

(2)主变洞公用东天Ⅰ线分相电流差动保护1保护动作、主变洞公用东天Ⅰ线分相电流差动保护2保护动作、主变洞公用5022开关保护动作、主变洞公用5023开关保护动作。

(3)GIS第一串5022开关A相分闸、GIS第一串5022开关B相分闸、GIS第一串5022开关C相分闸、GIS第一串5023开关A相分闸、GIS第一串5023开关B相分闸、GIS第一串5023开关C相分闸。

(4)GIS第一串东天Ⅰ线523YH无压、开关站总事故、主变洞公用500 kV第一套故障录波装置启动、主变洞公用500 kV第二套故障录波装置启动。

3)事故原因

对×东电厂东天Ⅰ线保护装置动作分析如下:

(1)×东电厂东天Ⅰ线分相电流差动保护1、2,在0 ms时刻因A相差动电流超过启动值(0.1 A)而启动,但未达动作值(0.17 A)而只是处于启动状态,不会动作出口。

(2)×东电厂东天Ⅰ线分相电流差动保护1,在80 ms后因A相差动电流(1.24 A)超过动作值,于是在97 ms时动作出口。由于其判断非全相只检测本侧开关,不存在非全相情况,于是单跳A相。

(3)×东电厂东天Ⅰ线分相电流差动保护2,在80 ms后因A相差动电流(1.25 A)超过动作值,于是在103 ms时动作出口。由于其判断非全相还要检测对侧开关,而对侧A相开关已经被南天变侧东天Ⅰ线分相电流差动保护2经16 ms判A相故障单跳,处于分闸状态,存在非全相情况,于是永跳三相。

(4)×东电厂东天Ⅰ线开关实际分闸时间为A相144 ms,B、C相151 ms,与保护装置的动作开出时间相适应。

(5)×东电厂东天Ⅰ线分相电流差动保护1、2,因对非全相的检测逻辑不一致,导致动作出口也不一致,但都符合其本身设定的逻辑,属于正确动作。

4)事故处理

(1)02:38令值班员现场检查东天Ⅰ线保护装置动作情况;汇报集控中心,通知电气班、保护班现场检查。

(2)02:39令值班员加强线路、机组的有功、频率、电压等参数的监视,如有异常及时汇报。CCS上显示东天Ⅰ线线路电压显示为536 kV、有功显示为0 MW、无功显示为-142 MV·A、线路电流显示为150 A。

(3)02:46值班员汇报:现地检查东天Ⅰ线线路差动保护动作,5022、5023开关三相分闸正常。

(4)02:49汇报集控中心:

①东天Ⅰ线线路差动保护动作,线路停运,现场天气为晴天。

②东天Ⅰ线第一套线路保护装置电流差动保护动作(距离Ⅰ段),动作时间为02:37:10,故障相别:A,故障测距:58.6 km。

③东天Ⅰ线第二套线路保护装置纵差保护动作(距离Ⅰ段),动作时间为02:37:10,故障相别:A,故障测距:46.43 km。

④500 kV第一、二套故障录波装置测距:无。

⑤行波测距装置:单端测距:57.48 km,双端测距:112.43 km。

(5)02:55 令值班员全面检查东天Ⅰ线线路保护压板状态是否正常。

(6)02:56 集控中心令:×东电厂安稳装置1投方式三跳闸;×东电厂安稳装置2投方式三跳闸。

(7)02:57 令值班员执行:×东电厂安稳装置1投方式三跳闸;×东电厂安稳装置2投方式三跳闸。

(8)03:02 值班员汇报:×东电厂安稳装置1投方式三跳闸;×东电厂安稳装置2投方式三跳闸执行完毕。

(9)03:03 汇报集控中心:×东电厂安稳装置1投方式三跳闸;×东电厂安稳装置2投方式三跳闸已执行完毕。

(10)03:07 值班员汇报:全面检查东天Ⅰ线线路保护压板状态正常。

(11)03:10 电气班汇报:东天Ⅰ线一次设备检查无异常,东天Ⅰ线一次设备具备送电条件。

(12)03:11 将上述情况汇报运行部主任。

(13)03:22 询问保护班检查情况及东天Ⅰ线重合闸未动作原因,其告知:东天Ⅰ线重合闸未动作原因尚不清楚,需做进一步分析。要求尽快分析,及时给予明确答复。

(14)03:24 将上述设备检查情况汇报集控中心。

(15)03:33 集控中心告知:东天Ⅰ线线路保护A套单相跳闸,而B套三相跳闸,并且南天站东天Ⅰ线B套保护也为单相跳闸。将相关情况通知保护班,要求其检查原因。

(16)03:46 分值班员汇报:

①500 kV第一套故障录波装置显示:故障相电压一次值为311.661 kV(A相)、二次值为56.665 V(A相),故障相电流一次值为0.059 kA(A)、二次值为0.04 A(A相)。

②第一套安稳装置显示:故障相电压一次值为311.6 kV(A相),故障相电流一次值为63 A(A相)。

③第二套安稳装置显示:故障相电压一次值为311.0 kV(A相),故障相电流一次值为61 A(A相)。

④东天Ⅰ线避雷器(1#)动作次数:A相:10,B相:10,C相:7;避雷器(2#)动作次数:A相:18,B相:18,C相:18。

⑤现场检查5023开关动作次数:A相:237,B相:237,C相:235;5022开关动作次数:A相:328,B相:328,C相:326。

(17)04:20 将故障录波图、保护动作事件报告发送给集控中心。

(18)04:41 多次询问保护班东天Ⅰ线保护装置动作检查情况。其告知:东天Ⅰ线保护装置动作情况正在检查。

(19)05:00 将东天Ⅰ线跳闸后全厂AGC未退出、CCS上线路电流显示为150 A的缺陷通知监控班检查处理。

(20)05:27 分集控中心告知:南天站在故障录波图中,0 ms时刻有保护动作,而×东电厂保护却未动作。将相关情况通知保护班,要求其检查原因。

(21)05:47 多次询问保护班:东天Ⅰ线检查情况,保护装置是否存在异常。其告知:

已将东天Ⅰ线相关数据发送给厂家,会同厂家分析,尚无法确认是否存在异常。

(22)06:17 将上述情况汇报相关领导。

(23)06:23 令值班员全面检查东天Ⅰ线重合闸相关压板状态是否正常。

(24)06:42 值班员汇报:经全面检查东天Ⅰ线重合闸相关压板状态正常。

(25)06:56 集控中心询问:东天Ⅰ线是否具备恢复送电条件。

(26)06:57 询问保护班:东天Ⅰ线重合闸未动作原因是否已分析清楚,是否具备送电条件。其告知:东天Ⅰ线重合闸未动作原因正在会同厂家分析,是否具备送电条件,需与生产部专工商议决定。

(27)07:01 询问生产部专工东天Ⅰ线重合闸未动作原因分析情况,其告知:东天Ⅰ线尚未分析清楚,需做进一步检查。将该情况汇报运行部主任工。

(28)07:04 运行部主任工令:东天Ⅰ线重合闸未动作原因未查明前,不应恢复线路送电。

(29)07:11 汇报集控中心:东天Ⅰ线重合闸未动作原因尚未查明,需做进一步检查分析,是否具备恢复送电条件需做进一步确认。

(30)07:13 集控中心告知:目前×东电厂负荷输送情况暂未受到影响,国调中心未催促东天Ⅰ线送电,现场需做好重合闸未动作原因分析,若有结果,及时汇报集控中心。

(31)08:26 与生产部专工确认东天Ⅰ线重合闸未动作原因分析情况、是否具备恢复送电条件,其告知:暂不具备送电条件,原因尚不清楚,待查明原因后送电。将上述情况汇报集控中心、运行部主任工。

(32)09:56 监控班汇报东天Ⅰ线跳闸后全厂 AGC 未退出原因为:东天Ⅰ线跳闸后未触发“全厂总事故”事故信号;东天Ⅰ线跳闸后监控系统立即发“开关站总事故”事故信号,但事故信号仅保持了 45 ms 就自动复归,未达到监控系统对象计算时间最短为 2 s 的设定(“开关站总事故”信号需保持 2 s 才会触发“全厂总事故”事故信号)。

(33)10:55 收到生产部《申请对东天Ⅰ线分相电流差动保护 2 发开关三跳命令进行检查的说明》及《对东天Ⅰ线分相电流差动保护 2 动作判断 A 相故障但发永跳三相跳闸的问题进行检查处理申请单》并传真至集控中心,与集控中心核对无误。

(34)12:11 监控班汇报东天Ⅰ线跳闸后 CCS 上显示线路电流 150 A 的原因为:电抗器容性无功产生的电流。

(35)12:29 执行操作命令票(退出东天Ⅰ线线路保护 2),集控中心令:退出×东电厂东天Ⅰ线分相电流差动保护 2;退出×东电厂东天Ⅰ线远方跳闸及过电压保护 2。12:56 执行完毕,汇报集控中心。

(36)12:59 集控中心令:紧急检修申请单(工作内容:对东天Ⅰ线分相电流差动保护 2 动作判断 A 相故障但发永跳三相跳闸的问题进行检查处理,批准工期:2019 年 6 月 7 日 11:00 至 2019 年 6 月 7 日 18:00)开工,通知相关领导。

(37)13:00 集控中心令:×东电厂东天Ⅰ线 5023 开关由热备用转运行。13:11 执行完毕,汇报集控中心。

(38)13:13 集控中心令:×东电厂东天Ⅰ线 5022 开关由热备用转运行。13:16 执行完毕,汇报集控中心。

（39）13:17集控中心令:×东电厂安控装置1投方式一跳闸;×东电厂安控装置2投方式一跳闸。13:34执行完毕,汇报集控中心。

（40）13:20将东天Ⅰ线恢复送电情况及单保护运行情况汇报相关领导。

（41）17:48经生产部副主任同意将紧急检修申请单(工作内容:对东天Ⅰ线分相电流差动保护2动作判断A相故障但发永跳三相跳闸的问题进行检查处理,批准工期:2019年6月7日11:00至2019年6月7日18:00)向集控中心报完工,17:52集控中心同意报完工。

（42）6月8日00:18收到保护班"关于500 kV东天Ⅰ线线路PSL 603U保护动作情况的说明"邮件,与保护班、生产部确认无误,发送至集控中心,并通知集控中心。

（43）12:08执行操作命令票(投入东天Ⅰ线线路保护2),集控中心令:投入×东电厂东天Ⅰ线分相电流差动保护2;投入×东电厂东天Ⅰ线远方跳闸及过电压保护2。12:37执行完毕,汇报集控中心。

（44）12:40将东天Ⅰ线线路保护2恢复运行情况汇报相关领导。

5.6　计算机监控系统常见事故及其处理

5.6.1　计算机监控系统基本知识

5.6.1.1　作用

水电厂计算机监控系统主要完成水轮机、发电机、励磁系统、调速系统、油水气系统等设备的管理与监控,通过远程操控实现水轮发电机组的正常开停机、机组负荷调节、断路器及隔离开关分合、自动发电控制(AGC)、自动电压控制(AVC)、事故停机、闸门启闭及各辅助设备控制等,同时还具备冗余切换、系统自诊断、数据处理、历史数据库、安全运行监视、人机接口、事件顺序记录、统计记录、故障报警、操作指导、事故追忆等系统功能。

如今水电厂的计算机监控系统已经发展成集计算机硬件、软件、网络、通信和电力电子保护等为一体的综合系统,正向着生产过程控制的智能化、运行检修决策的智能化、数据信息平台一体化、经济效益最大化的方向发展,不仅与水电厂各个重要设备的运行息息相关,还直接影响到整个水电厂安全、稳定、经济运行。

5.6.1.2　构成

目前水电厂计算机监控系统多数采用全计算机核心监控方式,全开放、分层分布式模块化冗余系统结构,主要由三部分构成:厂站控制层、现地控制层和通信网络系统。各部分组成及作用如下。

1. 厂站控制层

厂站控制级设备通常也称为上位机,布置在中控室及计算机房,主要由各类服务器、网络通信设备、时钟同步系统、不间断电源(UPS)系统、存储装置、打印设备、二次安防相关设备、监控系统软件及大屏幕系统等组成,其主要功能包括实时数据采集与处理、安全运行监视、数据存储、控制与调节、自动发电控制(AGC)、自动电压控制(AVC)、经济调度控制(EDC)、系统通信,同时提供生产数据分析、事故追忆、WEB查询、生产报表及打印、系统诊断、语音报警及 ONCALL 等扩展功能。

(1)各类服务器:主要包括实时数据主机服务器、历史数据服务器、历史数据备份服务器、调度通信服务器、厂内通信服务器、光纤磁盘阵列、语音报警服务器、WEB 数据服务器、WEB 发布服务器、ONCALL 短信发送服务器、操作员工作站、培训工作站、工程师站、报表工作站等。其中实时数据主机服务器、历史数据服务器、调度通信服务器及厂内通信服务器等要冗余配置,操作员工作站可根据电厂实际需要配置,一般不少于 2 台。

(2)时钟同步系统:时钟同步系统用以实现水电厂内所有自动装置的时钟同步,通常有单 GPS 主时钟、GPS/北斗冗余配置、双 GPS 冗余配置等工作方式。一般水电厂使用 GPS/北斗冗余配置工作方式,由 GPS 主时钟及天线、北斗主时钟及天线、扩展箱及时间信号传输通道等组成。时钟同步系统除应为监控系统提供标准时间外,还需具有满足 IEEE Std 1344-1995(R2001)标准的 IRIG-B(AC)码、IRIG-B(DC,RS485/422/TTL)码、1PPS/1PPM/1PPH/1PPX 脉冲输出(空触点/差分/光纤/测试用 TTL)、时间报文信息(RS232/RS422)、NTP/SNTP(以太网接口,物理隔离)等多种串口通信及脉冲对时,能适应各种保护装置和自动化设备的接口要求,以满足机组调速系统、励磁系统、保护系统、安全自动装置、同步相量测量装置、故障录波装置、电能量采集系统、水情水调系统、MIS 系统、工业电视系统等设备的对时需要。

(3)不间断电源(UPS)系统:计算机监控系统供电电源是否可靠,是系统正常运行的关键。电源系统的稳定可靠可以有效保障在事故情况下监控系统正常运行,有利于事故处理。为了保证计算机设备、网络设备的不间断工作,需要配置冗余的逆变电源。一般由 2 套 UPS 主机(包括静止整流/充电器、逆变器、静止转换开关、模拟控制面板、控制保护装置等)、2 路交流输入电源、2 路直流输入电源、负荷配电柜等设备组成冗余不间断电源系统,交流输入电源取自厂用电,直流输入电源取自厂内直流系统或专用蓄电池组。正常运行时 UPS 使用厂用交流电源,通过整流器整流,再通过逆变器逆变成交流 220 V、50 Hz 电源后向上位机设备供电。当交流电源异常时,UPS 将使用直流电源经由逆变器逆变成交流 220 V、50 Hz 的电源向厂站级设备供电。

传统 UPS 供电冗余方式一般采用并机方式,即 2 台 UPS 输出并接在一起向外部设备供电,当 2 台 UPS 正常工作时,各承担 50%的负荷,出现故障时,由另 1 台 UPS 承担 100%负荷。目前,多数计算机监控系统的电源设备由单电源供电发展为独立的双电源供电,两套 UPS 完全独立运行,具有双电源供电的计算机设备的供电分别来自两套独立的 UPS,对于那些少量的只有单电源供电的计算机设备,可由两套独立运行 UPS 输出至静态切换开关,通过静态切换开关无扰动切换后供电。

(4)监控系统软件:是上位机系统的核心控制部分,采用全分布式数据库,系统应用软件选用面向对象的计算机监控系统软件,具有良好的开放性、实时性、可移植性、高可靠性,包含多层分布式对象架构,支持异构平台的特性。具有功能强大的数据库、报表、通信接口文件、系统软件的组态工具,系统用户管理工具,画面编辑工具,顺控流程编辑及调试工具,以及多种接口标准。

(5)大屏幕系统:大屏幕系统设备完成对控制系统的各类信号的综合显示,形成一套完整的信息准确、查询便捷、管理高效、美观实用的信息显示管理控制系统。

2. 现地控制层

现地控制层设备由多个现地控制单元(LCU)组成,通常也称为下位机,主要由机组现地控制单元、公用设备现地控制单元、开关站现地控制单元、大坝现地控制单元等组成。主要由可编程控制器(PLC)、现地工控机或者触摸屏、同期装置、温度巡检装置、通信管理装置、供电装置、测速装置、电能表、交采装置、各控制回路、水机保护、各类端子、把手按钮、指示灯、继电器等组成。LCU 通过 PLC 采集现场开关量、模拟量、温度量等信号送给上位机系统,数据上行处理实现对全厂设备的监视,同时通过上位机人机接口,将数据下行到 PLC,由 PLC 通过开出模块或者通信方式实现发电机组自动开停机、功率自动调节和控制、断路器和隔离开关分合控制,以及全厂辅助设备的自动控制。同时 LCU 具备较强的独立运行能力,在脱离厂站层的状态下能够完成其监控范围内设备的实时数据采集处理、设备工况调节转换、事故处理等任务。

(1)可编程控制器(PLC):是 LCU 的核心控制部分,主要与上位机监控系统软件进行数据交互。目前大多数水电厂采用双机热备的硬件冗余配置,即两个主处理器(CPU)分别安装在两个独立的框架上,每个主处理器(CPU)机架包括主处理器模块、电源模块、通信模块、IO 通信网络(包括远程 I/O 通信网)模块,以保证在异常情况下能够自动切换到备用系统。同时为确保双机热备用切换时无扰动、实时任务不中断,每个 CPU 必须配置两个网卡,分别接入 A、B 网。此外,PLC 还包括 DI(数字量输入)、SOE(事件顺序记录)、AI(模拟量输入)、RTD(温度量)、DO(数字量输出)、AO(模拟量输出)等 IO 模块来实现数据采集、监视和设备控制等功能。

(2)现地工控机或者触摸屏:与现地 PLC 进行实时通信,是现场主要人机交互平台,具备数据及设备状态显示、设备控制等功能,如机组开停机、负荷调整、开关分合等。

(3)同期装置:机组执行并网时使用的指示、监视、控制装置,可以检测并网点两侧的电网频率、电压幅值、电压相位是否达到条件,以辅助手动并网或实现自动并网,主要有准同期并列操作和自同期并列操作。

(4)通信管理装置:由于水电厂内部自动化设备种类较多,通信网络多样性的特点,该装置具有以太网、CAN 现场总线接口、RS232 串行接口等多种接口方式,每个通信口都能完成与上级或下级设备通信的功能,实现异种网络之间通信协议转换和数据管理功能,主要完成与机组调速系统、励磁系统、保护系统、电度表、辅机系统等控制系统的通信。

(5)供电装置:LCU 必须配置交、直流输入的冗余供电电源,交流电源分别取自厂用电两段 380 V 交流母线,直流电源分别取自直流系统两段 220 V 母线。同时供电装置为自动化元件和传感器等设备提供 24 V 直流电源供电。

(6)测速装置:水电厂测速装置对于机组的控制和状态监测十分重要,其测量精度及可靠性直接关系到水电机组的调节性能和运行安全性,所以大中型水电厂多数采用残压、齿盘双路测速装置。残压测速信号取自发电机端电压互感器信号的频率信号,齿盘测速信号取自接近传感器(探头)位置在齿盘转动时发出的周期变化信号。

(7)交采装置:主要用于 LCU 对 CT、PT 的信号采集,经过计算得出有关的电流、电压、功率、频率等数值,经通信管理装置将信号送入 PLC 模块。

(8)各控制回路:主要包括保护控制回路、电源控制回路、SOE 量/DI 量/AI 量/TI 量

(温度量)/DO 量/AO 量等输入/输出量回路。

(9)水轮机保护:大多数水电厂水轮机保护均设置了一套基于 PLC 水机保护和一套基于继电器水机保护回路,两套保护相互独立,共同构成水轮机完善、可靠的保护体系。

3. 通信网络系统

通信网络系统主要包括厂站控制层与电力调度机构之间、厂站控制层计算机节点之间、厂站控制层与厂内其他子系统之间、厂站控制层与现地控制层之间、现地控制层设备之间的通信等,主要由通信服务器、网络交换机、隔离装置、纵向加密认证装置、防火墙、电力猫、光纤、双绞线等设备组成。目前水电厂计算机监控系统多数采用开放的分层、分布式的体系结构,较为主流的网络结构形式为双星形和双环形网络结构。

(1)厂站控制层与电力调度机构通信由调度通信服务器、纵向加密认证装置、电力猫等设备通过调度数据专用网络、调制解调器与话音(专用)线路等方式来进行数据传输。

(2)厂站控制层计算机节点间的通信方式为厂站级交换机,采用千兆工业级以太网交换机,冗余配置,通过 RJ45 接口与厂站级各服务器、工作站等设备互联,传输介质采用双绞线。

(3)厂站控制层与厂内管理信息系统(MIS)、水情测报系统等其他子系统的通信按照电力二次系统安全防护规定,由厂内通信服务器、隔离装置、防火墙等设备通过串口或网口实现。

(4)厂站控制层与现地控制层通信主要由厂站级交换机与现地控制层每个现地控制单元(LCU)双 PLC 的 CPU 模块通过光纤(单模光口或多模光口)连接,采用传输速率为 100 /1 000 Mb/s 的冗余工业光纤以太网系统连接在一起,网络传输协议为 TCP/IP,系统内各节点全部接入该网络,并具有网络链路断线时备份链路进行网络数据传输恢复的功能。

(5)现地控制层设备间的通信采用冗余的现场总线,用以连接远程 I/O 及现地智能监测设备,现场总线的物理拓扑结构为星形或环形冗余结构。现场设备网络全面采用现场总线技术。对于无法采用数字通信的设备采用硬布线 I/O 或者通信管理机串口进行连接。另外,对于安全运行的重要信息、控制命令和事故信号,除采用现场总线通信外,还通过 I/O 点直接连接,以实现双路通道通信,保证通信安全。每套现地控制单元根据控制对象不同,内部配置设备不同。

(6)各网络设备主要功能如下:

①网络交换机(又称网络交换器),是一个扩大网络的器材,能为子网络提供更多的连接端口,以便连接更多的计算机。

②路由器是一种连接多个网络或网段的网络设备,它能将不同网络或网段之间的数据信息进行"翻译",以使它们能够相互"读"懂对方的数据,从而构成一个更大的网络。

③正向隔离装置是用于调度数据网与公用信息网络之间的安全隔离装置,用于安全Ⅰ/Ⅱ区向安全Ⅲ区的单向数据传输。它在物理层实现两个安全区之间的单向的数据传输,并且在电路级保证安全隔离装置内外两个处理系统不同时连通。可以识别非法请求并阻止超越权限的数据访问和操作,从而有效地抵御病毒、黑客等通过各种形式发起的对电力网络系统的恶意破坏和攻击活动,保护实时闭环监控系统和调度数据网络的安全;同

时它采用非网络传输方式实现这两个网络的信息和资源共享，保障电力系统的安全稳定运行。

④反向隔离装置是位于调度数据网络与公用信息网络之间的一个安全防护装置，用于安全区Ⅲ到安全区Ⅰ/Ⅱ的单向数据传递。反向型隔离装置内嵌智能IC卡读写器，在实现安全隔离的基础上，采用数字签名技术和数据加密算法保证反向应用数据传输的安全性。因此，该设备的应用将有助于进一步提高电网调度系统的整体安全性和可靠性，并为建立全国电网二次系统安全防护体系提供有力保障。

⑤纵向加密认证装置位于电力系统内部局域网与电力调度数据网之间，用于安全Ⅰ/Ⅱ区之间的广域网边界保护。可为本地安全Ⅰ/Ⅱ区提供一个网络屏障，同时为上下级之间的广域网控制系统提供认证与加密服务，实现数据传输的机密性、完整性保护。纵向加密认证装置必须使用经过国家指定部门检测认证的电力专用纵向加密认证装置。

⑥防火墙用于安全Ⅰ区与安全Ⅱ区之间的数据隔离，它具备过滤功能、CF（内容过滤）、IDS（入侵侦测）、IPS（入侵防护）及VPN（虚拟专用网络）等功能；与软件防火墙相比，硬件防火墙的功能更全面，反应速度更快，同时硬件防火墙具有多种用户身份认证方式，包括如OTP（一次性通信协议或动态口令）、RADIUS（远程用户拨号认证系统）、数字证书（CA）等，实现基于用户的访问控制。

⑦电力猫是用于调度系统串口通信的设备，它将通信机串口产生的数字信号转换成模拟信号发送到电力专用数据网上，实现电力系统内部局域网与电力调度数据网之间的数据交换。

5.6.1.3　分类

水电厂计算机监控系统有许多种不同的分类方法，归纳起来有如下几种。

1. 按计算机的作用分类

按计算机的作用可分为计算机辅助监控系统、以计算机为基础的监视控制系统、计算机和常规控制设备双重化的监控系统。

2. 按计算机系统控制方式分类

按计算机系统控制方式可分为集中式计算机监控系统、分散式计算机监控系统、分布处理式计算机监控系统和全分布全开放式计算机监控系统。

3. 按计算机的配置分类

按计算机的配置可分为单计算机系统、双计算机系统（其中包括前置处理机和不带前置处理机）和多计算机系统。

4. 按网络拓扑结构分类

按网络拓扑结构可分为单星形网络结构、单环形网络结构、双星形网络结构、双环形网络结构、星环网络结构等，其网络冗余和可靠性指标依次递增。目前较为主流的网络结构形式为双星形和双环形网络结构。

5. 按系统的构成方式分类

按系统的构成方式可分为计算机直接构成系统和专用计算机监控系统。

6. 按控制的层次分类

按控制的层次可分为直接控制和分层（级）控制。

7. 按控制的算法分类

按控制的算法可分为经典控制和现代控制。

8. 按操作方式分类

按操作方式可分为按键、开关的传统操作方式和利用监盘、CRT 屏幕的计算机式操作方式。

5.6.1.4 计算机监控系统实例分析

下面以亭子口水电厂计算机监控系统为例,分析计算机监控系统的组成及工作原理。

亭子口水电厂位于四川省广元市苍溪县境内,是嘉陵江干流的控制性骨干水利枢纽工程,开发任务以防洪、灌溉及城乡供水、发电为主,兼顾航运,并具有拦沙减淤等综合利用效益。工程等别为Ⅰ等,工程规模为大(1)型。水库正常蓄水位 458 m,总库容 40.67 亿 m^3,防洪库容 10.60 亿 m^3,灌溉面积 292.14 万亩,通航建筑物为 2×500 t 级。大坝为碾压混凝土重力坝,大坝轴线总长 995.4 m,最大坝高 116 m。总装机容量 1 100 MW(4×275 MW),设计年平均发电量为 31.75 亿~29.51 亿 kW·h,额定水头 73 m。亭子口水电厂以 500 kV 电压等级接入电力系统,在系统中担任调峰、调频和事故备用。电站按“无人值班(少人值守)”设计,首台机组于 2013 年 8 月 9 日投产发电,2014 年 5 月 1 日 4 台机组全部投产发电。

1. 整体设计

考虑到亭子口水电厂在系统中所处的地位及电站厂房形式特点,为保证电厂安全可靠、经济运行,提高电厂运行和管理的自动化水平,电厂计算机监控系统按照“初期少人值班、远期无人值班(少人值守)”的原则设计。计算机监控系统采用分层分布式结构,全分布数据库,冗余光纤星形网络结构,系统分厂站级和现地控制单元级两层,整个系统通过 100 M 光纤网进行连接。

2. 厂站层组成及功能

厂站层计算机监控系统网络采用冗余工业以太网星形结构,遵循 IEEE802.3 标准,采用 TCP/IP 协议,传输速率为 100 Mb/s,传输介质为光纤。计算机监控系统软件为南瑞 NC3.0,共配置 16 个系统监控节点和时钟同步装置、不间断电源(UPS)系统等,主要设备具体如下:

(1)实时数据服务器配置 2 套 SUN T3-2 型服务器,完成电厂数据实时采集、数据库管理、综合计算、高级功能 AGC /AVC 计算和处理、事故故障信号的分析处理,以及 NC3.0 系统的管理功能。实时数据服务器采用双机热备工作方式,任何一套服务器故障,系统仍可正常运行,提高系统的安全可靠性。

(2)历史数据服务器集群系统由 2 套 SUN T3-2 型服务器和 1 套 SUN Storage Tek 6180 光纤磁盘阵列组成,采用全分布式 Oracle 数据库,通过双 FC 光纤通道 RAID5 卡及光缆连接,监控系统数据存放在磁盘阵列中,并另设 1 台历史数据备份服务器。历史数据服务器集群主要实现控制信息管理、历史数据,以及历史事件的显示、存储和归档,并提供应用软件的历史数据和曲线查询服务。

(3)调度通信服务器配置 2 套南瑞生产的 SJ30-642 无硬盘通信管理主机,互为热备。主要负责和上级调度中心的光纤网络和专线的连接、协议及标准的转换等,完成水电

厂数据的实时上送并接收调度机构下发指令,实现远程调控。

(4)厂内通信服务器选用 DELL T1600 工作站,2 套互为热备。负责与厂内自成体系的系统进行数据通信,实现与水情、大屏、在线监测、继电保护管理信息系统等系统的通信功能。

(5)WEB 数据服务器选用 1 套 DELL T5500 工作站,通过设置防火墙(配置相应网络隔离设备),在保证监控系统安全的前提下,用于与电厂 MIS 系统连接,授权对象可通过 WEB 查看电厂设备的运行情况,并对历史数据进行分析处理,同时配置 1 套 DELL T1600 WEB 发布服务器,用于电厂主要设备信息包括状态监测趋势的图形化显示,并生成相关分析报告和报表,为预防性维护提供可靠的依据。

(6)操作员工作站由 3 套 DELL T5500 工作站组成,其中操作员站 1 和操作员站 2 为厂内操作员工作站,布置在中控室,两站并行运行;操作员站 3 为大坝操作员工作站,布置在泄洪闸集控室。操作员工作站的功能包括图形显示,定值设定及变更工作方式,运行人员对电厂生产、设备运行进行实时监视,控制及调节命令发出操作,报表打印等人机界面功能等。操作员工作站配置声卡和语音软件,用于当被监控对象发生事故或故障时,发出语音报警提醒运行人员。各站从 LCU 实时采集反映全厂主要设备运行状态和参数的各类数据,更新数据库并广播发送至上位机所有站点,运行 AGC/AVC 后台程序,同时作为人机接口,供运行人员对全厂主要设备进行集中监控。

(7)培训工作站配置 1 台 DELL T5500 工作站,负责运行人员的操作培训等工作。

(8)工程师工作站配置 1 台 DELL T5500 工作站,用于系统维护和管理人员修改系统参数,修改定值,增加和修改数据库、画面及报表。

(9)外设服务器选用 1 套 DELL T1600 工作站,主要负责连接并管理各种公用的外设,配置 2 台 A3 幅面黑白网络激光打印机 LJ5200DTN、2 台 A3 幅面彩色网络激光打印机 HP LJ2605、激光刻录机和其他外设设备,打印机用来完成监控系统的各种打印服务功能。

(10)语音报警工作站配置 1 台 DELL T1600 工作站,主要完成报表的生成及打印、语音报警、电话查询、事故自动寻呼(ON CALL)、移动短信息群发等功能,配有扬声器,当事故发生时,可立即按事先定义实现语音报警和光字牌显示功能。

(11)时钟同步装置由 GPS 主时钟 SZ-DUA、北斗主时钟 SZ-BDA、LCU 二级时钟 GPS 扩展箱 SK-BM、GPS/北斗双模天线、双机切换装置、GPS 扩展箱等组成。GPS 主时钟和北斗主时钟装在计算机房,接收天线装在室外,GPS/北斗卫星时钟系统对监控系统的厂站级计算机和各现地控制单元(LCU)进行时钟同步。它通过串口方式向厂级管理工作站传送时钟信息,通过 DCF77 规约接口,向各 LCU 的 SOE 模件发送时钟同步数据。时钟装置除为监控系统提供标准时间外,还具有多种串口通信及脉冲对时和 IRIG-B 对时信号,以满足继电保护装置、故障录波装置及电能量采集装置等设备的对时需要。

(12)不间断电源(UPS)系统按照 UPS 的容量为总容量的 125%的要求计算,采用了两套并联冗余 UPS,2 台 30 kVA 并联冗余方式运行的 UPS 平时各自带 50%的负荷,使整个电源系统的总容量可以扩展到 60 kVA。当其中 1 台主机出现故障时,另 1 台主机自动带 100%负荷,当故障主机恢复运行后,2 台主机自动平均分配负荷。如果 2 台主机均出现故障,所有负载将自动切换到旁路运行。所有切换无扰动,电压输出波形连续。每套

UPS采用2路交流380 V和2路直流220 V电源输入,输出交流220 V稳定电源,1路检修旁路交流220 V电源。同时,UPS将所有的状态、故障信息以无源接点的方式送给监控系统。

3. 现地控制层组成及功能

(1)现地控制层采用南瑞SJ-500型现地控制单元,按电厂设备分布设置,整个电厂设置4套机组现地控制单元(LCU1~LCU4)、1套公用现地控制单元(LCU5)、1套开关站现地控制单元(LCU6)和1套大坝现地控制单元(LCU7)。各机组(LCU1~LCU4)均由3个本地柜、1个机组测温单元柜、1个机组远程I/O柜组成;公用LCU5由1个本地柜和1个空压机及排水系统远程I/O柜、2个机组直流系统远程I/O柜、2个10 kV厂用电远程I/O柜、4个400 V厂用电远程I/O柜组成;开关站LCU6由2个本地柜、1个550 kV GIS远程I/O柜、1个开关站直流系统远程I/O柜组成;大坝LCU7由1个本地柜、2个大坝10 kV/400 V厂用电远程I/O柜组成。

(2)现地控制层所有LCU均采用目前在热备技术和模块带电插拔能力方面最优的施耐德Quantum系列PLC,能在13~48 ms内完成主从机无扰动切换,所有模块均支持带电插拔,分别还配置了智能液晶触摸屏、自动准同期装置、手动准同期装置、交流采样装置、水机保护装置,功率、电压、电流变送器等设备。Quantum系列PLC采用双CPU加触摸屏直接上网的方式,使用CHS(光纤模块)实现双机光纤互联,NOE(以太网网络模块)上双以太网,采用远程I/O扩展模式,全部I/O测点和控制输出插箱均由CRP(远程接口主站控制器)、CRA(远程接口从站控制器)和同轴电缆组成的双冗余远程I/O网连接。双CPU还通过MB +网,与交流采样装置、便携工作站及各外部设备(如调速器、进水口闸门、技术供水装置、中压低压空压机、检修渗漏排水泵等设备)通信。

(3)现地控制单元LCU主要完成对被监控设备的就地数据采集及监控功能,其设计能保证当它与厂站级系统脱离后仍能在当地实现对有关设备的监视和控制功能。当其与厂站级恢复通信后又能自动地服从厂站级系统的控制和管理。

4. 电厂监控系统二次安全防护设备的配置

水电厂计算机监控系统是安全防护的重点,计算机监控系统内部的防护措施主要是对重要的服务器和通信网关进行安全加固,以提高操作系统、应用程序、数据库的安全性。根据电力二次系统安全防护规定,水电厂计算机监控系统属于生产控制大区的控制区(安全区Ⅰ),其中WEB服务器外移至安全区Ⅲ,作为独立系统运行。从安全区Ⅰ、Ⅱ往安全区Ⅲ单向传输信息须采用电力专用横向单向安全隔离装置(正向隔离装置)。

亭子口水电厂计算机监控系统配置了1套南瑞公司的Syskeeper2000型正向安全隔离装置,用于安全区Ⅰ/Ⅱ到安全区Ⅲ的单向数据传递;该装置硬件采用非Intel(及兼容)的双微处理器,软件系统基于特别配置的LInux内核,实现两个安全区之间的非网络方式的安全数据交换,并且保证安全隔离装置内外两个处理系统不同时连通,取消所有网络功能,并且采取无IP地址的透明监听方式,支持网络地址转换,内设综合报文过滤,防止穿透性TCP连接,应用层解析,支持身份认证、单向数据通信控制、单向连接控制,维护管理界面灵活方便。

亭子口水电厂计算机监控系统的实时数据服务器、操作员工作站、工程师工作站、调

度通信服务器、WEB服务器等关键位置均使用了主机安全加固软件。主机安全加固软件采用的操作系统保护可在不改变操作系统内核的情况下,对核心服务器进行保护。

5.6.2　计算机监控系统常见事故/故障及其处理

计算机监控系统在水电厂安全运行管理中起着核心指挥的作用,所属设备多且布置分散,在系统控制及运行监视等方面处理环节相对复杂。所以,当计算机监控系统出现故障后,第一步判断故障点,计算机监控系统故障点主要包括厂站层(上位机)、通信网络系统及现地控制单元(LCU),同时现地控制单元还要考虑所属外围辅助设备;第二步判断故障类型,常见的计算机监控系统故障类型有通信故障、测点异常、控制及调节异常、报表及事件记录异常等。

5.6.2.1　上位机数据不刷新处理

1. 监控系统画面数据不刷新

1)故障现象

监控系统画面数据不刷新。

2)故障原因

(1)当前节点上的数据库与实时数据服务器不一致。

(2)实时数据服务器上数据库文件配置不正确。

(3)当前节点状态异常。

(4)被查询节点的数据刷新选项未勾选。

3)故障处理

(1)首先检查当前节点上的数据库与实时数据服务器是否一致,如果不一致,先将数据库同步,重启后继续观察。

(2)检查当前节点的状态,在实时数据服务器上使用命令查看系统节点状态。

(3)检查实时数据服务器上数据库文件是否配置正确。

(4)检查被查询节点的数据刷新选项是否勾选。

2. 简报窗口内容不刷新

1)故障现象

简报窗口内容不刷新。

2)故障原因

(1)前节点上的数据库与实时数据服务器不一致。

(2)简报窗口状态栏设置中“报警屏蔽”子项对应电站或LCU未被勾选。

(3)节点状态异常、系统设置中“简报”项未勾选等。

(4)实时数据服务器上数据库文件配置不正确。

(5)实时数据服务器相关运行异常。

3)故障处理

(1)首先检查当前节点上的数据库与实时数据服务器是否一致,如果不一致,先将数据库同步,重启后继续观察。

(2)检查简报窗口,简报窗口状态栏设置中在“报警屏蔽”子项检查有没有电站或是电站下的 LCU 未被勾选。

(3)没有切到自选状态,并且没有自选中任何类型的子简报栏,在运行的时候没有注意到。

(4)检查当前节点的状态,在实时数据服务器上使用命令查看系统节点状态。

(5)检查实时数据服务器上数据库文件是否配置正确。

(6)打开系统中“系统配置”,检查被查询节点的“数据库”“简报”项有没有勾选,如果没有勾选,则简报不会报。

(7)查看实时数据服务器相关进程是否运行正常,如果没有启动,检查是什么原因导致启动不成功或异常退出的。

3. 实例一:人为修改系统配置文件后未同步更新导致数据不刷新

1)故障现象

某电厂运行人员监盘过程中发现操作员工作站 OP1 计算机监控系统画面模拟量、温度量等所有数据 1 min 无变化,正常监控系统刷新时间 20 ms。查看正在发电的 1#机组,各项数据均无变化。根据以往监盘经验,上述数据在机组正常发电运行时都会有略微的跳动变化,操作员工作站 OP2 计算机监控系统画面及数据正常。

2)故障原因

(1)检查发现,由于操作员工作站 OP1 所有数据不刷新,首先排除画面单个测点链接错误或者数据库测点问题。

(2)在实时数据服务器上查看系统配置文件,发现操作员工作站 OP1 不在线,检查发现数据库配置文件由于系统消缺进行了编辑和修改,最新版本时间为 5 月 18 日 10:28,查看操作员工作站 OP1 上配置文件还是 1 月 10 日的。

(3)至此找到问题所在,由于维护人员消缺修改了数据库配置文件后,遗漏了操作员工作站 OP1 的更新与同步,导致在维护人员重启服务器后,操作员工作站 OP1 节点离线,数据不刷新。

3)故障处理

将实时数据服务器最新的配置文件重新下载至操作员工作站 OP1,重启后,操作员工作站 OP1 各项数据恢复正常,刷新正常。

5.6.2.2 电厂与调度(集控)数据通信故障处理

1. 电厂与调度(集控)数据通信异常

1)故障现象

(1)电厂与调度(集控)无法通信或数据通信不正常。

(2)电厂上位机与集控上位机信号不一致。

(3)通信频繁中断。

2)故障原因

(1)现地控制单元数据采集通道异常。

(2)通信设备故障。

(3)通信程序异常等。

(4)集控中心与电厂的通信点表错误或通信参数设置不合理等。

3）故障处理

（1）退出与异常数据点相关的控制与调节功能。

（2）检查对应现地控制单元数据采集通道情况。

（3）检查通信设备运行情况。

（4）检查相关数据通信进程及通信数据配置表。

（5）必要时，做好相关安全措施后在厂站侧重启通信进程。

（6）目前电厂与调度数据通信的主要方式及针对性检查方法：

①IEC101 串口通信一般为主从应答模式，调度侧通信机为主站，电站侧通信机为从站。在这种方式下，一般通过观察调度通信机串口收发指示灯及电力猫的状态来初步诊断故障原因。101 通信中断，大多数情况是电力调制解调器和链路通道原因。出现中断后，应按照电力调制解调器说明中的方法，采用内环和外环方法确定通道问题所在。

②IEC104 网络通信一般为平衡式或者非平衡式。在这种方式下，一般通过查看网络链路状态检查网络通信是否正常。常见的网络链路状态有 ESTABLISH（链路正常）、LISTEN（监听状态）、TIMEWAIT（等待状态）、SYSSEND（发送状态），如果链路中断，一般为后面三种状态。检查本端及对端通信程序是否启动正常；检查本端到对端的网络是否畅通，如果网络中断，需要联系相关单位或者部门处理网络问题；如果网络正常，则将本端通信进程杀掉，并重新启动进程，检查网络是否恢复；如果进程正常启动，而数据仍然接收不到，则需要使用背对背联调的方式进行测试；将电站侧通信机与对侧设备配置在同一网段中，使用直连线连接两台机器，测试两台机器网络已经正常连接，启动两台机器通信程序，测试程序收发是否正常；将两台机器恢复到原有网络中，测试两台机器通信是否正常。

2. 实例一：通信点表错误导致上送信号错位

（1）故障现象：某电厂与集控中心调试时发现电厂上位机与集控上位机部分信号不一致。

（2）故障原因：集控中心与电厂的通信点表公用部分第 1 023 点遥信选项没有打钩，导致第 1 023 点后面的通信点错位，信号上送不一致。

（3）故障处理：将集控中心与电厂的通信点表公用部分第 1 023 点遥信选项打钩后将新的点表传至集控中心与电厂两台通信机，重启后信号恢复正常。

3. 实例二：104 通信参数设置不合理造成通信频繁中断和恢复

1）故障现象

某电厂 104 多主站通信程序配置后，与网调 104 主调、备调通信频繁发生中断和恢复现象，进程重新启动时上送给调度数据全零。

2）故障原因

（1）电厂侧远动通信机共有 2 台：TSQCOM3 和 TSQCOM4，两台机器按并列运行方式配置。每台机器各有 4 个网卡，分别是：tsqcom3（4）、tsqcom3（4）a、tsqcom3（4）b 和 tsqcom3（4）c，其中前两个用于监控系统内部 NC2000 通信，后两个用于调度通信。调度侧有区域电网调度和省调两个调度中心，前者有 3 条链路与 TSQCOM3 和 TSQCOM4 同时连接，分别是：主调数据网、备调数据网和专线数据网，后者只有一条链路与 TSQCOM3 和 TSQCOM4 同时连接，即调度数据网。总之，网调和省调共有 8 条链路接入 TSQCOM3 和

TSQCOM4,每台通信机同时连接 4 条链路,但同一时刻只能有 4 条链路会被激活,只有当激活的链路出现故障后,才会切换到另一链路。

(2)检查发现只有与主调和备调 104 通信才会出现通信反复中断及恢复现象,频率大概是每天出现 10 次左右,而与网调专线和省调 104 通信基本上未出现这种现象。

(3)首先对 TSQCOM3 和 TSQCOM4 的自启动文件的参数做了检查,发现自启动文件中进程的启动顺序存在问题。两台机器的 mam 进程都放在 drvman 进程后启动,这就有可能导致 104 进程启动后,未能收到主机通信送来的数据,导致一开始上送数据可能都为零。

(4)对配置文件中的 MAXIFRAM_NUM 参数进行检查,发现参数不同。其中:电网调度为 12,省调为 999。MAXIFRAM_NUM 参数的含义是发送 I 格式报文序列号与接收对侧确认序列号的最大允许差值,规约给出的默认值为 12。将每台机器上的 104 通信进程重启后,发现区域电网调度的主调和备调通信中断都是发送序列号与接收对侧确认序列号的差值超过 12,而本侧将链路关闭所致。检查 104 进程的打印信息,发现有时两者的差值会超过 65,但随后收到对侧的确认序列号增加较快,两者的差值逐渐减小到零。

(5)初步判断与区域电网主调和备调通信频繁中断/恢复可能是由于 MAXIFRAM_NUM 所给出的值不合适所致。MAXIFRAM_NUM 取值可以根据 TCP 连接双方的数据通信量来加以确定,并且与本侧循环发送的定时时间有关,另外也取决于对侧进程的处理和反应速度。通常情况下,取值 12 到 20 个 APDU 就足够,但若网络中介质(如路由器)较多,数据交换会存在一定时间的延迟,这个取值有可能就不合适了。

3)故障处理

(1)对进程重启时上送全零数据情况的处理方式是将自启动文件中的 mam 进程先于 drvman 进程启动。这样可以保证 104 进程启动后,将取到主机同步来的数据。

(2)将区域电网主调和备调中的参数放大到 999。重新启动进程,发现 I 格式报文差值有时会达到 76,但随之就逐渐缩小到零。经过不断地测试,差值最大在 80。这说明,差值超过 12 后,链路实际根本没有断。最后将 MAXIFRAM_NUM 设值为 100,避免因本侧的判断而误断链路。通过几天观察,区域电网主调和备调通信未发生中断/恢复现象,通信正常。

(3)对比分析,区域电网在主调和备调发生上述情况时,区域电网专线从未发生中断/恢复现象,MAXIFRAM_NUM 的值一直为 12。这说明调度专线的可靠性、反应速度都比调度数据网要高。调度数据网的网络设备较多,传输延时性和对侧机器的反应速度也可能是发生上述情况的原因。

(4)遇到这类问题时,应将远动通信机当作未配置 104 通信来对待,不放松对每个参数的检查,从而能较早判断出原因,及早解决问题。

(5)对于多主站 104 通信,因通信机上的一个网卡要负责与好几个主站通信,为了更好地确保系统安全运行,应采用系统命令来查看是否有信文积压;查看系统 CPU 和内存使用情况,避免一些老系统因硬件原因而引起的 104 多主站程序存在运行隐患。

4. 实例三:通信程序出现死循环导致数据上送异常

1) 故障现象

某电厂现场与调度通信调试时,104 子站程序已对过点,数据值正确,但运行 20 min 左右后就报“机器内存不能为读”错误并停止数据传送,并且机器速度明显变慢。重启 104 程序后恢复正常,但大约 20 min 后又出现同样情况。

2) 故障原因

(1) 可能是监控系统的版本问题所致。对监控系统进行升级,并更新系统动态库文件,问题仍然出现。重新更换了一个新版本的软件(已在其他工程成功使用过的安装程序),该问题依然存在。

(2) 由于 104 程序中有专门的防报文丢失处理程序,可能是报文传送过程中出现报文丢失情况导致报错。多次启动 104 程序,查看程序出错的地方。发现调试窗口报几个“Connection terminated, channel is full or is connecting”后程序就开始报“First-chance exception in IEC870. exe”,接着弹出错误对话框,程序“死”掉。在程序里查找该报错语句,并在该函数处设置断点,重新启动程序,但发现程序并不是在该段处理时报错。

3) 故障处理

(1) 对 104 程序中组召唤信文处理(包含遥信遥测)的 while 语句的入口条件进行修改后,程序不再进入死循环,运行正常。

(2) 在做子站通信程序时,要对主站可能发送的所有信文进行测试,尤其是循环语句的地方要进行严格测试,以防程序进入死循环。

5. 实例四:101 通信规约版本不同导致通道出现误码

1) 故障现象

某电厂计算机监控系统在投运过程中,需要与地调建立通信,在调试中发现复位链路过后,进行总召唤时,子站程序所发送的总召确认帧调度不接收,然后通道出现误码,程序进行反复握手,反复确认。

2) 故障原因

(1) 首先检查通道,确认通道和参数设置无误。

(2) 由于出现通道灯异常,在电厂侧和调度侧分别进行环并,确认通道是否有问题,是否存在干扰,造成误码。

(3) 由于每次总是在子站发出总召确认后,开始出现异常,应该对规约进行解释。

3) 故障处理

(1) 针对通道的检查:101 原本默认的是偶校验,更改为无校验后,现象一样。

(2) 在电厂侧进行环并,调度自发自收,测试一段时间后,收发正常,没有问题。调度侧环并,电厂自发自收,测试后,收发正常。

(3) 对双方的调制解调器配合方面进行测试,电厂侧使用的是单调制解调器,而调度侧使用的是双调制解调器。恢复原有接线后,对收发电平进行测量,发现只要在调度侧的调制解调器进行切换时,收发电平会变为 0,而我们的调制解调器此时就认为收到误码,驱动程序就会报错。由于每次总是在子站发出总召确认后,开始出现异常,应该对规约进行解释。

(4)由此确认,通道正确,只是双方电力猫的配合有问题。

(5)针对规约检查:由于101是标准规约,开始并没有怀疑双方对规约的理解不一样,之后在排查中发现,调度侧使用的是DL645-101,即97版的101详细比对其总召唤的解释后发现,97版的101对总召并不需要总召确认帧,直接进行总召结束。于是在驱动程序中将总召确认帧跳过,至此问题解决,通信恢复正常。

5.6.2.3 上位机与现地控制单元数据通信故障处理

1. 上位机与现地控制单元数据通信异常

1)故障现象

上位机与现地控制单元数据通信中断或异常。

2)故障原因

(1)上位机或现地控制单元网络接口模件、网络设备故障。

(2)监控系统进程异常。

(3)通信连接介质损坏。

(4)操作系统问题导致。

3)故障处理

(1)退出与该现地控制单元相关的控制与调节功能。

(2)检查上位机与对应现地控制单元通信进程。

(3)检查现地控制单元工作状态。

(4)检查现地控制单元网络接口模件及相关网络设备。

(5)检查通信连接介质。

(6)必要时,做好相关安全措施后在上位机设备和现地控制单元侧分别重启通信进程。

(7)在实际处理异常情况时,经常暂时无法找出异常原因,并且也没有更多的时间排除故障。在条件允许的情况下,若重启进程无效,可以尝试重启服务器。某些因为操作系统问题而导致的通信异常情况,没有明显的症状,也很难再现异常,通过重启后就能恢复正常。所以,在做好相关安全措施确保安全的前提下,重启可以当作常用的方法。

2. 实例一:尾纤接触不良导致LCU通信中断

1)故障现象

监控系统上位机简报:监控系统"右岸公用系统光字"画面公用1事故、公用1故障光字内容全部灰色,右岸上、下游水位显示灰色。

2)故障原因

右岸公用现地控制单元通信光纤终端盒,尾纤耦合器接口松动。

3)故障处理

(1)检查上位机侧服务器、交换机等设备运行正常。

(2)检查监控系统进程无异常。

(3)检查右岸公用现地控制单元所属现场设备运行正常。

(4)检查右岸公用现地控制单元PLC模件运行正常。

(5)检查右岸公用现地控制单元通信光纤终端盒,尾纤耦合器接口明显松动。

(6)拔出通信光纤终端盒的尾纤接头,用酒精擦拭后,重新装上并固定好耦合器接口,右岸公用与上位机通信恢复正常。

3. 实例二:PLC 程序溢出导致开关站信号中断

1)故障现象

监控系统上位机简报:开关站主机架模件故障、CPU 主从备份异常、CPU 不在线动作。

2)故障原因

开关站监控现地控制单元 A1 柜 A 套 CPU PLC 程序溢出,CPU 离线报故障信息。

3)故障处理

(1)检查通信链路正常。

(2)重启开关站现地控制单元 A1 柜的 CPU,重启后工作正常。

(3)手动切换两套 CPU 主备,切换后 CPU 均工作正常,与上位机通信正常。

4. 实例三:PLC 模块异常导致通信中断

1)故障现象

监控系统报中孔闸门现地控制单元“10BLCU AU 或 MCPU 故障”信号无法复归,与监控系统通信中断。

2)故障原因

(1)经现场检查中孔闸门现地控制单元 10BLCU 的 CPU 板上 RY 黄灯常亮(表示 10BLCU 的 MCPU 能正常采集现地板卡信号)、COM 黄灯常亮(表示与监控系统 1 网、2 网均通信中断)、ER 红灯常亮(表示 MCPU 有异常工作情况)。

(2)初步判断为中孔闸门现地控制单元 10BLCU 的通信模块与上位机之间的通信出现异常,导致闸门现地控制单元“10BLCU AU 或 MCPU 故障”信号无法复归。

3)故障处理

(1)经重启中孔闸门现地控制单元 10BLCU 的 MCPU 后,“10BLCU AU 或 MCPU 故障”信号复归,RY 黄灯常亮(表示 10BLCU 的 MCPU 能采集现地板卡信号),COM 黄灯不亮(表示与监控系统 1 网、2 网通信均正常)。

(2)由于相关 PLC 模块已运行多年,为确保设备运行稳定,已将中孔闸门现地控制单元 10BLCU 的 MCPU(CP-6014)、网卡(SM-2556)、串口模块(SM-0551)更换为同型号新板件,更换后中孔闸门现地控制单元 10BLCU 已恢复正常,与监控系统 1 网、2 网通信正常。

5.6.2.4　测点异常处理

1. 测点异常

1)故障现象

计算机监控系统的开关量、模拟量或温度量等测点异常。

2)故障原因

(1)设备故障。接入监控 LCU 的对侧设备可能信号线断线或对侧设备无输出信号。

(2)人为失误。人为接线失误也可能引起此类情况,比如对侧设备的输入信号线接错(例如第 1 点的通道接入了第 2 点的信号线)或者是接入的信号线正负极接反。

(3)人为修改等。设计或者电厂提供的相关数据(高低量程、电阻特性、节点类型等)与实际设备不符,因此监控系统显示的测值与设备本身不一致,应该按照设备实际情况修改,监控系统才能正确反映设备真实状态。

3)故障处理

(1)模拟量测点异常。①退出该测点相关的控制与调节功能;②采用标准信号源检测对应现地控制单元模拟量通道是否正常;③检查相关电量变送器或非电量传感器是否正常;④检查数据库中相关模拟量组态参数是否正确。

(2)温度量测点异常。①退出与该测点相关的控制与调节功能;②用标准电阻检验对应现地控制单元温度量测点采集通道是否正常;③检查温度传感元件;④检查现地控制单元数据库中相关温度量的组态参数是否正确。

(3)开关量测点异常。①退出该测点相关的控制与调节功能;②短接或开断对应现地控制单元开关量采集通道,以检测模件是否正常;③检查现场开关量输入回路是否短接或断线;④检查现场设备是否正常。

2. 实例一:接触不良导致无功偏差过大

1)故障现象

(1)监控系统报“4#机组无功交采与变送器偏差大于10 MVA动作”“4#机组无功交采与变送器偏差大于20 MVA动作”。

(2)检查发现监控系统4#机组无功“交采实发”有跳变现象,跳变幅度在-30~11 MVA,无功调节PID自动退出。

2)故障原因

交流采样测量装置二次侧电压回路中性点保险管内部熔丝有虚焊现象,导致接触不良。

3)故障处理

4#机组交流采样测量装置更换保险后无功功率显示正常,故障报警消失。

3. 实例二:PLC模块损坏导致温度量死值

1)故障现象

(1)监控系统报“2#机组CW1号扩展机架8#槽TIM07模块故障动作”信号。

(2)检查发现监控系统2#机组现地控制单元PLC模块监视扩展机架(测温1)TIM07红灯亮,机旁测温柜该模块相关测点无显示,“OK”红灯亮。

2)故障原因

现场检查发现2#机组现地控制单元7#测温模块上所有信号灯熄灭,该模块上的温度测点显示为死值。对测温回路进行检查无异常,对该模块进行重新安装,故障现象未消除,初步判断为2#机组现地控制单元测温模块7损坏。

3)故障处理

更换同型号备品后,恢复正常,监控系统温度测点显示正确。

4. 实例三:程序设计不合理造成信号与现场实际不一致

(1)故障现象:巡检发现3#机组LCU A1柜上主轴密封备用水源电动阀3224在自动位,全开、全关状态灯均亮起,经现场核实3#机组技术供水3224电动阀在自动位,全开状态,监控系统与现场情况不符。

(2)故障原因:主轴密封供水现场实际主/备用水源与原设计存在不匹配的情况,且

1#~4#机组该阀的控制方式不统一，故3#机组3224阀全关信号存在被强制以适应原设计逻辑的情况。

(3)故障处理：将该信号恢复正常，检修时认真分析控制程序，在各种工况下模拟装置动作流程。

5. 实例四：引点错误导致信号异常

1)故障现象

巡屏发现4#机组模拟量监视2中励磁变A、B、C三相温度数据显示异常。

2)故障原因

(1)上位机画面查看测点属性，实际引点描述为4#机组高厂变A、B、C三相第一线圈温度。初步判断为引点错误。

(2)经现场检查对比后确认，故障原因是4#机组模拟量监视2中励磁变A、B、C三相温度错误引为4#机组高厂变A、B、C三相第一线圈温度。

3)故障处理

经过重新引点后数据恢复正常。

6. 实例五：现场传感器故障导致设备启动异常

(1)故障现象：上位机报"3#机组顶盖水位高"，3#机组顶盖排水1#、2#泵不启动，实际水位已超过顶盖水泵启动水位。

(2)故障原因：现场检查3#机组顶盖排水控制回路及液位开关接线良好，模拟浮球动作，PLC开入、开出均正常，液位开关及PLC均无故障。进一步检查发现水泵日常启动后泵体振动造成水泵移位，出水管靠住液位开关造成浮球卡阻。

(3)故障处理：将液位开关移至不受阻挡的位置，3#机组顶盖排水泵自动启停正常。

7. 实例六：参数设置不当导致上位机数据与现场不符

(1)故障现象：公用LCU模拟量透平油库事故油池油位、透平油库1#~4#油罐油位与现场磁翻板液位计偏差大。

(2)故障原因：在公用LCU程序中模拟量信号换算处理时，量程未修改与现场一致。

(3)故障处理：将透平油库事故油池油位量程由100 m改为6 m，透平油库1#~4#油罐油位量程由100 m改为4 m，更改后显示值与现场保持一致。

8. 实例七：供电电压偏低模件重启造成温度测点瞬时为0

1)故障现象

某电厂1#机组开停机过程中有90%的机会会发生10多个温度测点越低限至0，然后1 s后又复低限至正常值，有时单独开出启动某个泵、风机也会发生同样现象。

2)故障原因

(1)可能存在的几种原因：电源回路有问题，导致温度量模件重启；温度量模件本身有问题；开出启动泵等外部负载时会对测温回路形成干扰，引起误发。

(2)检查简报发现每次都是16点(1整块模件)或者32点(2块模件)同时报警越限至0，1 s后复低限至正常值。

(3)更换新的同型号模件后问题依然存在，排除模件故障可能。

(4)初步怀疑为温度量模件重启了,启动完成的瞬间,模件还没有采集到实际的温度值,但是此时已与LCU建立了通信,而把0值送至LCU再到上位机造成越低限报警,但很快模件采集到正确的温度值后,形成复低限报警。

(5)在温度量模件的扩展插箱背板端子上进行测量,测得主5 V电压为4.85 V,偏低,检查回路的配线,A1柜扩展插箱的5 V电源由A2柜插箱电源转接而来,由于转接回路较长,压降大,造成扩展插箱主5 V电源电压较低,且在临界值,所以开、停机过程中,多个继电器动作对电源回路产生影响,会造成电压瞬时偏低,从而最大可能出现模件供电不足重启的情况。

3)故障处理

(1)因为无法更改结构,因此只能从缩短转接回路考虑,尽量减少多余的电线长度,整改后,测得扩展插箱主5 V电源电压为4.99 V。

(2)把1#机组开机到空转,然后停机,两次试验均未出现原现象;单个开出启停油泵、风机等设备多次,均未出现原有故障现象。

(3)经过运行观察,在随后进行的多次开停机操作均未出现原现象。

(4)由于模件特性不同,其他某电厂2#、3#机组电压也非常低,最低为4.88 V,但是这两台机组并没有出现上述机组的温度越复限报警刷屏的现象,所以要严格测量电压而不要认为更低电压的都没有问题。

5.6.2.5 控制、调节异常处理

1.控制操作命令无响应

1)故障现象

控制操作命令无响应。

2)故障原因

(1)监控系统网络通信异常。

(2)相关控制流程出错。

(3)联动设备动作条件不满足。

(4)相关对象定义了不正确的约束条件等。

3)故障处理

(1)检查工作站CPU资源占用情况并主从切换试验。

(2)检查监控系统网络通信是否正常。

(3)检查相关控制流程是否出错。

(4)检查联动设备动作条件是否满足。

(5)检查相关对象是否定义了不正确的约束条件。

(6)针对具体情况更换相关元器件或进行处理。

2.系统控制命令发出后现场设备拒动

1)故障现象

系统控制命令发出后现场设备拒动。

2)故障原因

(1)开关量输出模块或输出继电器故障。

(2)开关量输出工作电源未投入或故障。

(3)开关量输出回路接线松动或被控设备本身故障。

3)故障处理

(1)检查开关量输出模块是否故障。

(2)检查开关量输出继电器是否故障。

(3)检查开关量输出工作电源是否未投入或故障。

(4)检查柜内接线是否松动,控制回路电缆或连接是否故障。

(5)检查被控设备本身是否故障。

(6)针对具体情况更换相关元器件或进行处理。

3. 系统控制调节命令发出后现场设备动作不正常

1)故障现象

系统控制调节命令发出后现场设备动作不正常。

2)故障原因

(1)被控设备故障。

(2)控制电压不正常。

(3)调节参数设置不合适。

3)故障处理

(1)检查现场被控设备是否故障。

(2)检查控制电压是否正常。

(3)检查调节参数设置是否合适。

(4)依据实际情况进行处理。

4. 控制流程退出

1)故障现象

退出控制流程。

2)故障原因

(1)判据条件出现测值错误或不满足。

(2)判据条件限值错误。

3)故障处理

(1)检查相应判据条件是否出现测值错误。

(2)检查判据条件所对应的设备状态是否不满足控制流程要求。

(3)检查判据条件限值是否错误。

(4)依据实际情况进行处理。

5. 机组有功、无功功率调节异常

1)故障现象

机组有功功率或无功功率调节不正常。

2)故障原因

(1)调节参数不正常。

(2)现地控制单元有功、无功功率控制调节输出通道工作不正常。

(3)调速器或励磁调节器工作不正常。

3)故障处理

(1)退出该机组 AGC/AVC,退出该机组的单机功率调节功能。

(2)检查调节参数是否正常。

(3)检查现地控制单元有功、无功功率控制调节输出通道(包括 I/O 通道和通信通道)是否工作正常。

(4)检查调速器或励磁调节器工作是否正常。

(5)依据实际情况进行相应处理。

6. 机组自动退出 AGC/AVC

1)故障现象

机组自动退出 AGC/AVC。

2)故障原因

(1)调速器或励磁装置故障。

(2)机组给定值调节失败或超调。

(3)因测点错误出现机组状态不明。

(4)现地控制单元故障或与上位机通信中断。

3)故障处理

(1)检查调速器是否故障。

(2)检查励磁装置是否故障。

(3)检查机组给定值调节是否失败或超调。

(4)检查是否因测点错误而出现机组状态不明的现象。

(5)检查机组现地控制单元是否故障。

(6)检查机组现地控制单元与上位机设备之间的通信是否中断。

(7)依据具体情况进行相应处理。

7. 下发控制令时按钮为灰色

1)故障现象

下发控制令时按钮为灰色。

2)故障原因

(1)当前节点上的数据库与运行主机不一致。

(2)数据库文件配置不正确或控制对象属性设置不正确。

(3)操作节点的“操作”项未被勾选等。

3)故障处理

(1)首先检查当前节点上的数据库与运行主机是否一致,若不一致,先将数据库同步,重启后继续观察。

(2)检查当前节点的状态,在主机上使用命令查看系统节点状态。

(3)检查主机上数据库文件是否配置正确。

(4)检查画面动态链接,查看控制对象属性。

(5)检查数据库对象的控制属性。

(6)需要注意的是,打开上位机系统中“系统配置”,检查被操作节点的“操作”项有没有勾选,如果没有勾选,则会屏蔽该节点的操作,操作时报“该节点禁止操作”,而不会导致点击控制按钮时能正常弹出控制子画面,但下发控制令按钮为灰色的情况。

(7)依据具体情况进行相应处理。

8. 操作员站调节机组有功(无功)无响应

1)故障现象

操作员站调节机组有功(无功)无响应。

2)故障原因

(1)操作员站死机。

(2)AGC(AVC)控制方式未在闭环模式。

(3)机组 LCU 未在远方控制、通信中断、LCU 故障或其 P(Q)调节模式未正确投入。

(4)调速器或励磁系统故障。

(5)转子电流、出力超出限值或机组在振动区。

(6)机组单机运行或处于现地运行方式。

3)故障处理

(1)检查操作员站是否死机,画面、数据等是否正常。

(2)检查 AGC(AVC)控制方式是否在闭环模式。

(3)若机组已投入 AGC(AVC),需单机调节时,退出 AGC(AVC)后进行。

(4)检查机组 LCU 是否在远方控制,通信是否中断。

(5)检查机组 LCU 是否故障,通信是否中断。

(6)检查机组 LCU 的 P(Q)调节模式是否正确投入。

(7)检查机组是否有调速器(励磁系统)故障信号。

(8)检查是否因转子电流偏大或偏小而限制。

(9)检查是否因已达到该水头下出力限制或机组振动区。

(10)紧急情况下,在现地 LCU 进行操作。

(11)依据具体情况进行相应处理。

9. 全厂 AGC 投入不成功

1)故障现象

全厂 AGC 投入不成功。

2)故障原因

(1)有一台及以上并网机组已投入 AGC。

(2)系统频率越限。

(3)全厂有功实发值与设定值不一致。

(4)各机组出力与 AGC 分配值不一致。

(5)机组有功调节未投入或投入不正常。

(6)与省调通信不正常。

3)故障处理

(1)检查确认有一台及以上并网机组已投入 AGC。

(2)检查确认系统频率未越限[(50±0.3) Hz]。

(3)检查全厂有功实发值与设定值是否一致,数值偏差在正常范围以内,若超过以上值,则调整正常后再投入全厂 AGC。

(4)检查各机组出力与 AGC 分配值是否一致,若不一致,则调整正常后再投入全厂 AGC。

(5)检查机组有功调节是否投入正常。

(6)检查与省调通信是否正常,否则联系检修处理。

(7)依据具体情况进行相应处理。

10. 单机 AGC 投入不成功

(1)确认在当前水头下,机组有功在可调范围内且在非振动区运行。

(2)确认机组有功调节投入,若退出,则投入机组有功调节。

(3)确认机组有功测量源无故障,若故障,不得调整机组有功功率,投入另一台并网机组 AGC。

(4)确认机组 LCU 无故障,若有故障,不得调整机组有功功率,投入另一台并网机组 AGC。

(5)确认机组调速器在“自动”方式,若在“手动”方式,检查机组调速系统无故障且机组已有开机令,则将机组调速器切至“自动”位。否则,不得调整机组有功功率,投入另一台并网机组 AGC。

(6)若满足机组投入 AGC 条件,但机组 AGC 仍不能投入,则投入另一台并网机组 AGC。

11. LCU 供电中断

1)故障现象

LCU 供电中断。

2)故障原因

机组或开关站 LCU 柜供电中断。

3)故障处理

(1)机组或开关站 LCU 柜供电中断,应及时查明供电中断原因,按下 LCU 柜“调试”按钮,设法恢复 LCU 供电后,弹起 LCU 柜“调试”按钮。

(2)机组 LCU 柜供电中断,应检查该机 AGC、AVC 控制自动退出,若该机 AGC、AVC 控制未退出,则退出该机 AGC、AVC 控制,并及时汇报调度。

(3)若机组 LCU 柜供电中断短时无法恢复,派专人进行监视,将励磁系统、调速系统等受控设备控制方式切到“现地”。

(4)若机组 LCU 柜供电中断不能恢复,应视情况转移机组负荷,做好安全措施。

12. LCU 死机

1)故障现象

LCU 数据不刷新,按键无反应等。

2)故障原因

LCU 死机。

3）故障处理

（1）机组LCU柜死机，应检查该机AGC、AVC控制自动退出，若该机AGC、AVC控制未退出，则退出该机AGC、AVC控制，并及时汇报调度。

（2）将受控设备控制方式切到“现地”，安排专人到现场对设备进行监视。

（3）将LCU的“调试”按钮按下。

（4）弹起“PLC电源”按钮、“IO电源”按钮，重新按下“PLC电源”按钮、“IO电源”按钮。

（5）检查LCU重启正常，相应指示正常。

（6）弹起LCU“调试”按钮。

（7）若机组LCU死机不能恢复，应视情况转移机组负荷，做好安全措施。

13. 实例一：AGC曲线控制模式策略不合理导致全厂AGC故障退出

1）故障现象

某电厂在有功曲线控制方式下，AGC按照计划曲线从1 300 MW调整至1 000 MW时，上位机简报“AGC有功分配错误动作、AGC有功曲线新设定值执行动作、AGC开环模式投入动作、AGC半闭环模式投入复归、AGC有功曲线新设定值执行复归”，2 min后报“AGC设定值跟踪故障、AGC曲线模式投入复归”，全厂AGC退出。

2）故障原因

检查发现AGC程序中设定机组单机有功变化步长最大80 MW，有功差限保护为250 MW。AGC有功分配错误动作时，共有4台机组并网，有功目标值由1 300 MW变化至1 000 MW，AGC分配为4#机组单机跨振区下调负荷340 MW，3#机组上调40 MW。其中4#机组在达到最大步长之后依然越过有功差限保护定值250 MW，导致AGC有功分配错误动作，退出半闭环。此时目标值与实测值差值大于100 MW并保持2 min，触发AGC设定值跟踪故障。

3）故障处理

（1）AGC在曲线模式下，负荷经常有较大变化，为避免频繁退出AGC程序，已将AGC程序中有功差限保护定值由250 MW修改为650 MW，定值模式下未做修改。

（2）在退AGC条件画面上增加曲线模式下设定值越限和设定值不可分配两个报警点。

14. 实例二：有功限制算法不当导致有功调节退出且无法再次投入

1）故障现象

运行人员监盘发现水库水位下降导致机组“当前水头下有功最大出力最大限制”值低于当前有功设定值，机组有功调节功能自动退出。此时如果当前机组实际出力大于当前水头下有功最大出力最大限制值，有功调节功能无法再次投入，导致在监控系统上无法调整该机组出力。

2）故障原因

检查确认监控系统程序中，机组有功最大值采用当前水头下有功最大出力，由于实际发电过程中水位降低导致当前水头下有功最大出力小于有功设定值，造成机组有功调节退出，导致机组有功不可调整现象。

3）故障处理

（1）修改有功设定值有效范围，将当前有功设定值最大限制值由当前水头机组最大出力修改为机组额定最大出力。

(2)修改有功调节 PID 模块,将当前有功设定值最大限制值由当前水头机组最大出力修改为机组额定最大出力。

(3)优化监控系统程序,实现机组有功实发值超过当前水头有功最大出力时,有功增闭锁动作,并发报警信号。

(4)优化监控系统程序,实现 1 s 内有功负荷偏差大于 30.6 MW(最大额定出力 153.1 MW 的 20%)时,退出有功可调,并发出“有功测值波动过大,PID 调节退出动作”报警信号。

(5)通过优化上位机有功策略,故障消除,同时确保机组安全稳定运行。

15. 实例三:数据库节点配置错误导致 AGC 投退异常

1)故障现象

某小水电厂 A 在进行 AGC 试验时,AGC 厂内试验正常,将全厂控制权切换至集控时,全厂 AGC 投退、机组 AGC 投退可以操作,负荷给定、水头设置也正常,但是 AGC 投退操作后监控系统简报一直报“全厂 AGC 功能投入”“全厂 AGC 功能退出”“1#机组 AGC 投入”“1#机组 AGC 退出”“2#机组 AGC 投入”“2#机组 AGC 退出”,将全厂控制权切至电厂后,以上简报不再出现。

2)故障原因

(1)集控中心设在某小水电厂 B,和某小水电厂 A 组成流域梯级调控,集控中心采用的是南瑞 NC2000 的系统,水电厂 A 与集控 AGC 的四遥量通过 104 通信实现,有一台通信机 KLSKGATE 与集控的两台主机进行 104 的通信,集控中心对水电厂 A 的 LCU 直接控制。

(2)根据现象初步判断有可能是集控中心在下发遥控,检查 104 通信发现集控中心未曾下发遥控量,在 AGC 实际操作时确认集控中心下发的遥控是正确的;检查集控中心数据库高级功能模块,发现集控不直接运行 AGC,也不会自动发送遥控,故排除是集控侧的原因。

(3)检查水电厂 A 数据库脚本对接收集控下发的 AGC 的遥控、遥调量的处理,没有发现错误,暂时排除脚本的问题。

(4)查看水电厂 A 主机上进程,发现主机上在不停地启动 AGC 全厂及机组的投退的顺控,启动的顺序与简报中报警正好对应;检查数据库发现以上进程中所启动顺控是在水电厂 A 的数据库中通过脚本运算实现的,由此确定是相关的遥调量未清零所引起的。

(5)检查水电厂 A 主机、通信机上遥控量的数值,结果发现主机上遥控量数值与通信机不一致,通信机 KLSKGATE 上的数值为 1,不清零,而主机上的数值为 0,是因为脚本运算只是清该节点上的相关数据,由此判断可能是数据库中关于遥控量的配置节点错误。

(6)再次检查水电厂 A 数据库,发现遥调、遥控量的节点配置为 KLSKGATE,而脚本运算都将节点配置为 KLSKMAIN,由此找到原因。

3)故障处理

将水电厂 A 的数据库中所有的有关 AGC 的遥调、遥控测点别名修改为主机节点名,更新数据库后试验正常。

16. 实例四:脚本逻辑判断不合理导致上位机压信,进而造成AGC操作无响应。

1)故障现象

某电厂近几个月内连续发生几次AGC操作无响应。

2)故障原因

(1)现场检查在操作无响应时,上位机AGC相关进程、通信及现场设备运行均无异常情况。

(2)每次出现AGC操作无响应时,都会出现上位机有压信现象。进一步详细检查发现电厂与集控中心控制权限切换的脚本写得有问题,多处都有类似情况,现举例说明如下:

修改前:

```
if ($1#机组控制权$ == 0 && $2#机组控制权$ == 0 && $3#机组控制权$ == 0 && $开关站控制权$ == 0 && $公用控制权$ == 0 && $闸门控制权$ == 0 && $AGVC控制权$ == 0 ){
$全厂控制权均在电厂$ = 1;
$集控控制权中间量$ = 0;
}
else {
$全厂控制权均在电厂$= 0;
$集控控制权中间量$= 1;
}
```

具体分析,其中$全厂控制权均在电厂$是输入属性中的测点,即该点是数据库中其他测点作为判断条件的引入对象,其本身是带有地址及测值的,而如上脚本则每次扫描都不停写入数据,导致内存消耗,从而有可能引起压信情况。

3)故障处理

(1)对上述程序进行修改完善,如下:

```
if ($1#机组控制权$ == 0 && $2#机组控制权$ == 0 && $3#机组控制权$ == 0 && $开关站控制权$ == 0 && $公用控制权$ == 0 && $闸门控制权$ == 0 && $AGVC控制权$ == 0 && $全厂控制权均在电厂$ == 0 ){
$全厂控制权均在电厂$ = 1;
$集控控制权中间量$ = 0;
}
if ( ($1#机组控制权$ == 1 || $2#机组控制权$ == 1 || $3#机组控制权$ == 1 || $开关站控制权$ == 1 || $公用控制权$ == 1 || $闸门控制权$ == 1 || $AGC控制权$ == 1 ) && $全厂控制权均在电厂$ == 1 ){
$全厂控制权均在电厂$ = 0;
$集控控制权中间量$ = 1;
}
```

(2)修改后则在每次有数据变位时才发生对$全厂控制权均在电厂$进行数据写入。

(3)观察运行3个月,AGC操作正常,再未发现有类似情况出现。

17. 实例五:厂家软件 BUG 导致无法设定有功最大值

1)故障现象

某电厂在机组投运时进行负荷调节试验。机组额定有功功率 60 MW,允许调节的最大有功功率为 65 MW。上位机直接设值 60 MW,但是上位机报设值越限无效。

2)故障原因

(1)造成这种问题的原因可能有:

①PLC 程序中 P_MAX 未正确设置成 65 MW。

②上位机数据库 PID 功能块里的"PID 最大值"未正确设置成 65 MW。

③画面链接上有错误,没有把"PID 手动设值"的最大值设置成 65 MW,或"最大变化值"没有设置成 65 MW。

④画面上在设置有功负荷的地方还重叠了一个多余的链接,这个多余的链接影响到了负荷的下发。

根据以上四点可能存在的问题进行检查,发现设置都正确,不存在问题。

(2)再次试验,多次下发有功负荷进行测试,发现有功功率最多只能设值 55 MW,超过 55 MW 简报就会报设值越限无效。

(3)经过与厂家多次沟通,并和相同软件厂家的电厂技术人员进行交流,怀疑现在的数据库生效的还是老的设置,新的"PID 最大值"65 MW 设置并没有生效,发现这个问题是由于该厂家上位机软件的一个 BUG 造成的。

3)故障处理

(1)如果要修改数据库中 PID 功能块里面的"PID 最大值",在修改完两台主机的数据库之后,不要急着重启主机,要先把两台主机数据库测点索引里面对应的"PID 最大值"强制修改成所需要修改成的数值,比如 65 MW,然后重启主机。否则就会造成数据库中"PID 最大值"显示的是 65 MW,但是生效的还是未修改前的数值,本实例中就是 55 MW。

(2)按照上述方法实施后,故障现象消失,机组试验正常,运行稳定。

5.6.2.6 报表及事件记录异常处理

1. 不能打印报表、报警列表、事件列表

1)故障现象

不能打印报表、报警列表、事件列表。

2)故障原因

打印机缺纸或故障等。

3)故障处理

(1)检查打印机是否缺纸、打印介质是否需要更换。

(2)检查打印机自检是否正常。

(3)检查打印队列是否阻塞。

2. 部分现地控制单元报警事件显示滞后

1)故障现象

现地控制单元部分报警事件显示滞后。

2)故障原因

(1)现地控制单元时钟不同步。

(2)现地控制单元事件、报警过于频繁。

(3)现地控制单元所对应网络节点的网络通信负荷过重。

3)故障处理

(1)检查事件列表,确认其他节点的事件正常。

(2)检查对应现地控制单元时钟是否同步。

(3)检查对应现地控制单元是否出现事件、报警异常频繁。

(4)检查对应现地控制单元网络节点的网络通信负荷。

(5)根据具体情况进行处理。

3.报表无法正常自动生成

1)故障现象

报表无法自动生成。

2)故障原因

(1)历史数据库的数据记录功能异常。

(2)报表功能工作异常。

(3)表功能生成定义不正确。

3)故障处理

(1)检查历史数据库的数据记录功能。

(2)检查报表功能工作是否正常。

(3)检查报表功能生成定义是否正确。

(4)根据具体情况进行处理。

4.实例:监控系统“电厂机组发电量”等报表数据缺失严重

1)故障现象

运行人员监盘发现,监控系统“电厂机组发电量”等报表数据缺失严重。

2)故障原因

历史数据服务器存在硬件故障,导致历史数据存储过程中部分丢失。

3)故障处理

(1)已重启监控系统主机、历史数据服务器,故障现场未能消除,初步判断与新增的监控系统安防系统、主机加固有关。

(2)联系厂家远程指导,现场进一步排查后发现历史数据服务器存在硬件故障,导致历史数据存储过程中部分丢失。

(3)重新采购历史数据服务器,安装调试后,恢复正常。

参考文献

[1] 李奎生,等.水电厂运行[M].北京:中国电力出版社,2016.
[2] 龚在礼,陈芳,等.水电厂机电运行[M].郑州:黄河水利出版社,2014.
[3] 马素君,等.水电厂辅助设备运行与监测[M].郑州:黄河水利出版社,2013.
[4] 梁建和,袁文勇,陈炳森,等.水轮机及辅助设备[M].北京:中国水利水电出版社,2016.
[5] 聂卫东,等.水力机组[M].郑州:黄河水利出版社,2018.
[6] 孙效伟,等.水轮发电机组及其辅助设备运行[M].北京:中国电力出版社,2010.
[7] 全国电力生产人员培训委员会水力发电委员会组.水轮发电机组值班(下册)[M].北京:中国电力出版社,2003.
[8] 徐洁.水电厂计算机监控及流域集控技术[M].北京:中国电力出版社,2016.
[9] 南瑞集团.监控系统维护手册[CP/DK].南京:南京南瑞集团公司,2002.
[10] 孙兰凤.水电厂电气一次系统及运行[M].郑州:黄河水利出版社,2014.
[11] 陈彤彤.汤河电厂水轮机剪断销故障原因分析及处理[J].城市建设理论研究(电子版),2012,(14).
[12] 姚琼,石宽宽.沙阡水电站机组剪断销剪断原因分析及处理措施[J].科技风,2017(6):189.
[13] 张冬生,王烈刚,郑钰,等.水轮机过速事故的案例回顾及原因分析[J].水电与新能源,2013(3):53-55.
[14] 南瑞集团,朱华,邢汉,等.水电厂计算机监控系统知识库[CP/DK].南京:南京南瑞集团公司,2012.
[15] 蔡守辉.水电厂计算机监控系统改造思路探究[J].水电厂自动化,2012,33(2):14-17.
[16] 王德宽,王桂平,张毅,等.水电厂计算机监控技术三十年回顾与展望[J].水电站机电技术,2008,31(3):1-9,120.
[17] 凌洪政.亭子口水电站计算机监控系统设计及设备配置[J].水力发电,2014,40(9):71-74.
[18] 杨朝蓬.330MW机组非同期并网原因分析及解决方案[J].电力安全技术,2018,20(5):25-27.
[19] 冯磊.亭子口电站机组同期装置的优化改造[J].水电站机电技术,2016,39(11):28-29,61.
[20] 李志军,林建华.同期装置压差定值整定对机组并网的影响[J].电气技术,2015(5):20,113-114.
[21] 杨红,李波.一例机组小修后同期装置无法并网案例分析[J].农村电工,2012(8):31.
[22] 周桂庭.电压互感器几种典型故障及处理分析[J].科技信息:中旬刊,2017(7).
[23] 冯丽.发电厂常见电气事故处理原则及方法[J].理论与创新,2017(32).
[24] 程斌,王海峰,于强.互感器在运行中的常见故障与处理方法[J].科技创新导报,2012(15):72.
[25] 李淦忠.配电线路常见故障及处理方法[J].卷宗,2018(17).
[26] 叶龙,王文贞.发电机定子接地保护的分析及整定计算[J].电子测试,2017(11):42-43.